BIANYAQI
JIDIAN BAOHU SHEJI JI ZHENGDING JISUAN

发电机变压器
继电保护设计及整定计算

（第二版）

高有权　高华　魏燕　高艳　编著

中国电力出版社
CHINA ELECTRIC POWER PRESS

内 容 提 要

根据现代大型发电机组发展水平和设计理念更新，并结合《继电保护和安全自动装置技术规程》（GB/T 14285—2006）、《大型发电机变压器继电保护整定计算导则》（DL/T 684—1999）等要求和发电机—变压器组保护设计、运行实际情况，组织编写《发电机变压器继电保护设计及整定计算》一书，以满足人们对发电机—变压器组保护技术发展和实际运行经验掌握与解决问题的需要。

本书主要介绍了发电机—变压器组保护设计主要原则、微机型保护构成原理，同时针对当前电力工程设计及整定计算的实际需要介绍了发电机保护、变压器保护、发电机—变压器组保护、厂用电源和高压电动机保护及其整定计算、保护整定计算实例等内容。本次修订根据读者需求新增加了高压电动机保护及其整定计算的内容。

本书可供从事电力工程电气设计，特别是电气二次和继电保护方面的设计、制造、调试和现场运行维护等技术人员阅读，也可供大专院校电力系统自动化和继电保护专业师生参考。

图书在版编目（CIP）数据

发电机变压器继电保护设计及整定计算 / 高有权等编著 .—2 版 .—北京：中国电力出版社，2021.12（2023.3 重印）

ISBN 978-7-5198-5966-4

Ⅰ. ①发… Ⅱ. ①高… Ⅲ. ①发电机—继电保护②变压器—继电保护 Ⅳ. ①TM310.7②TM410.7

中国版本图书馆 CIP 数据核字（2021）第 180699 号

出版发行：中国电力出版社
地　　址：北京市东城区北京站西街 19 号（邮政编码 100005）
网　　址：http://www.cepp.sgcc.com.cn
责任编辑：刘　薇（010-63412357）
责任校对：黄　蓓　李　楠
装帧设计：郝晓燕
责任印制：石　雷

印　　刷：三河市百盛印装有限公司
版　　次：2011 年 7 月第一版　2021 年 12 月第二版
印　　次：2023 年 3 月北京第五次印刷
开　　本：787 毫米 ×1092 毫米　16 开本
印　　张：19.25
字　　数：442 千字
印　　数：1001—1500 册
定　　价：82.00 元

前　言

首先说明，为了全书文字符号基本统一，在本书编写过程中对不同企业参考资料的文字符号进行了必要统一，并避免文字符号与汉语拼音符号的混用。另外，为了读者使用方便，除特殊处以大写字母表示设备或电压等级一次值外，一般在公式表达中尽量采用小写字母注脚。有关文字符号可见各章节的具体文字符号说明或参见附录D文字符号说明。

本书是根据近几年参加《继电保护和安全自动装置技术规程》（GB/T 14285—2006）和《电力工程电气设计手册》修编工作及在工程中应用各种保护和继电保护整定计算积累的资料，整理编写的，可基本满足从事发电厂、变电站主设备保护的设计、制造、调试、运行维护的工程技术人员实际工作的需要。在写作中力争做到概念清晰，使读者能较快掌握保护设计的配置原则，方便地应用书中的计算步骤和保护整定计算公式，进行保护设计及整定计算，从而提高工效，减少差错，尤其对不很熟悉保护设计及整定计算的人员，能起到一定指导作用。本书与类似书籍的不同点（特点）在于注重基本概念和结论，偏重于工程实用，避免烦琐分析而不接触实际问题。

本书主要讲述发电机、变压器、发电机—变压器组、高压厂用变压器、启动/备用变压器保护的构成原理及整定计算，附录中给出了一些保护设计和整定计算需要的资料，可供从事电气二次及继电保护的设计人员，电厂继电保护整定计算及有关运行维护人员，生产制造、调试和现场服务人员，大专院校电力系统自动化及继电保护专业的师生参考。本次修订特增加了对自耦联络变压器各种过负荷与系统运行方式变化关系的数理及图解分析。另外还为使电厂继电保护设计运行，以及上、下级保护使用配合方便，增加了高压电动机保护及其整定计算的内容。

本书主编高有权（教授级高级工程师），西安交通大学发电厂电力网及电力系统专业五年制本科毕业，在西北电力设计院从事电力工程设计工作30多年，从20世纪60～70年代就结合西北330kV刘天关输变电工程在南京参加了晶体管保护的开发研究工作，经历了从机电型到整流型、晶体管型、集成电路型以至微机型各个时期继电保护技术的不断进步，并一直参与其中，不但参加过传统型发电厂元件保护的典型设计，而且也参与了发电厂和变电站微机保护的典型设计工作，还参加了《继电保护和安全自动装置技术规程》（GB/T 14285—2006）的条文起草和修编工作，在工作中得到了电力系统的许多继电保护专家、大学老师和电力设计院同行，以及国电南京自动化股份有限公司、南京南瑞继保电气有限公司、许继电气股份有限公司、北京四方继保自动化股份有限公司等单位的许多专家朋友的指导和帮助，且提供了大量的技术资料，特在此表示深深的谢意。

本书第一章及第五、六章由高有权编写并任全书主编，第二章由高华和高有权编写，第三章由魏燕和高有权编写，第四章由高艳和高有权编写。

由于作者水平有限，不妥或错误之处在所难免之处，请专家和读者不吝指正。

编著者

2021年6月于西安

目　录

前言

第一章　保护设计原则及微机型保护基本构成原理 …… 1
　第一节　保护设计原则及内容 …… 1
　第二节　微机保护简述 …… 2
　第三节　保护选型 …… 19
　第四节　保护出口及对外接口 …… 22
　第五节　保护电源配置原则 …… 23

第二章　发电机保护 …… 24
　第一节　发电机故障和不正常运行方式及保护装设原则 …… 24
　第二节　定子绕组回路相间短路主保护 …… 30
　第三节　定子绕组匝间短路保护 …… 42
　第四节　相间短路后备保护 …… 47
　第五节　发电机对称及不对称过负荷保护 …… 51
　第六节　定子绕组单相接地保护 …… 59
　第七节　发电机励磁回路继电保护 …… 65
　第八节　发电机低励失磁保护 …… 72
　第九节　发电机失步保护 …… 79
　第十节　发电机过电压和过励磁保护 …… 85
　第十一节　发电机逆功率保护 …… 88
　第十二节　发电机频率异常保护 …… 90
　第十三节　发电机其他几种异常运行保护 …… 91

第三章　电力变压器保护 …… 97
　第一节　变压器故障和不正常运行方式及保护装设原则 …… 97
　第二节　变压器电流速断保护 …… 107
　第三节　变压器纵联差动保护 …… 108
　第四节　变压器瓦斯保护和其他非电量保护 …… 117
　第五节　变压器相间短路后备保护 …… 119
　第六节　变压器接地故障后备保护 …… 126
　第七节　变压器过负荷保护 …… 129

第八节　变压器过励磁保护…………………………………………………………… 137
第九节　自耦变压器几种特殊保护………………………………………………… 138
第十节　变压器保护接线示例……………………………………………………… 141

第四章　发电机—变压器组保护…………………………………………………… 146
第一节　发电机—变压器组接线特点及继电保护概述…………………………… 146
第二节　发电机—变压器组单元接线继电保护配置……………………………… 152
第三节　发电机—变压器组公共保护……………………………………………… 158
第四节　发电机—变压器组保护及其接线示例…………………………………… 161

第五章　厂用电源和高压电动机保护及其整定计算………………………………… 185
第一节　高压厂用工作及启动/备用变压器保护 ………………………………… 185
第二节　厂用工作及备用电抗器保护……………………………………………… 196
第三节　低压厂用工作及备用变压器保护………………………………………… 198
第四节　厂用电源保护整定计算…………………………………………………… 202
第五节　高压电动机保护及整定计算……………………………………………… 210

第六章　保护整定计算实例…………………………………………………………… 227
第一节　发电机—变压器组保护整定计算实例…………………………………… 227
第二节　联络变压器常用保护整定计算实例……………………………………… 261
第三节　启动/备用变压器和低压厂用工作变压器保护整定计算实例 ………… 270
第四节　高压电动机保护整定计算实例…………………………………………… 279

附录 A　短路保护的最小灵敏系数……………………………………………………… 289
附录 B　短路电流计算常用公式、数据 ……………………………………………… 290
附录 C　Yd11 接线变压器正、负序电压在三角形侧的相量转动示意图 ……………… 294
附录 D　单相接地电容电流的计算……………………………………………………… 295
附录 E　中压不同规格电缆单位长度阻抗对应表 …………………………………… 297
附录 F　文字符号说明 ………………………………………………………………… 298

参考文献……………………………………………………………………………………… 300

第一章 保护设计原则及微机型保护基本构成原理

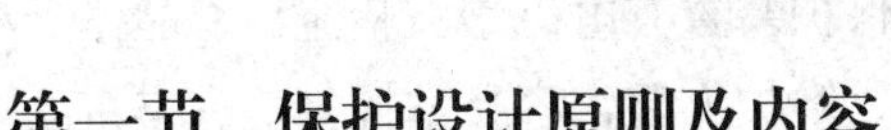

第一节　保护设计原则及内容

随着电力系统容量的增大，大机组不断增多，在电力主设备上要求装设优越完善的或者双重化的继电保护装置，这不仅对电力系统的可靠运行有着重大的意义，而且可保护重要而昂贵的主设备，减少在各种故障和异常运行中所造成的设备损坏，有着显著的经济效益。因此，在电力主设备的保护设计中应遵守的原则是符合现行的《继电保护和安全自动装置技术规程》（GB/T 14285—2006），对具体的工程设计项目，则要求保护在配置、原理接线和设备选型等方面，根据电气主接线和被保护设备的一次接线及主设备的运行工况和结构特点，达到可靠性、灵敏性、速动性和选择性等要求。当灵敏性与选择性产生矛盾时，首先要保证灵敏性，没有灵敏性即失去了装设保护的意义；当快速性与选择性产生矛盾时，宜优先满足选择性，但特殊情况下也可以考虑快速无选择性动作并采取补救措施。

保护设计一般有以下内容：

（1）配合电气一次专业做好电流互感器 TA 和电压互感器 TV 的配置，并根据不同保护的要求进行选型和容量校验。

（2）在初步设计或施工图前期做好保护配置图，保护配置图要求安装的保护种类要齐全，所接 TA、TV 组别接线具体，变比准确、清楚，时间段及出口要求表示明确无误并符合现行规程规范。

（3）在保护招标前应做好标书，国际招标应符合国际惯例，条款内容应齐全，适当写入保护性条款，特别注意供货进度、资料提供、相互配合及设计联络会、售后服务等内容。

（4）技术协议及订货合同。技术协议通常作为订货合同的附件，一定要准确无误，如对保护的设置及动作指向、出口及信号要求，跳合闸回路对保护的触点容量及自保持电流电压的要求等都应明确无误。

（5）保护的订货图不仅要求有保护配置图，而且对复杂的保护最好有必要的逻辑图，以保证整套保护动作的正确性。

（6）交、直流回路展开图是施工订货设计的主要内容，关系到 TA、TV 接线的正确与否，关系到保护正确逻辑的实现，除装置内部的软硬件主要由厂家保证外，用户设计必须认真配合，设计好动作出口，信号直流接线回路图以及串行通信口、故障录波等回路，应保证设计意图的准确实现。出口回路可以接线图及矩阵出口的方式表示。

（7）保护设备选型整定计算。所选保护设备的整定功能必须满足现场运行的实际需要。

（8）订货图一般应包括订货说明、保护配置接线图、小母线配置图、必要的逻辑图、交直流回路展开图、电源接线图、屏面布置图、端子排图，以及与成套订货密切相关的供货方提供的图纸。

第二节 微机保护简述

过去广泛应用的继电保护装置有电磁型、整流型、晶体管型、集成电路型等几种。电磁型继电器原理接线简单、维护方便，容易掌握，且有丰富的运行经验，所以在小容量机组和小型变电站和厂用电源设备及电动机等的保护中仍有采用。

随着数字技术的飞速发展和信息化要求的提高，上述保护装置已显得力不从心，而渐渐被微机保护所代替。由于数字计算技术的进步也促进了微机保护新原理、新装置的不断出现，把继电保护技术带到了一个全新的境界。尤其是它与数字测量和控制技术、现代通信技术及远动技术的进一步结合，可以实现一些新原理的保护，并可以进一步全面实现发电厂和变电站的综合自动化。

从最近几年继电保护技术发展和使用的情况看，整流型保护、晶体管型保护和静态集成电路保护，已退居次要地位。今后若干年内大中型电厂和变电所将主要采用微机保护。目前原理较为复杂的微机保护多采用CPU芯片，还有些采用了具有快速计算功能的DSP芯片，也有的把工控机配套组成微机保护装置。对于中低压配电系统的微机保护，由于其原理一般并不很复杂，故多为由16位或32位CPU单片机构成的微机保护。在一定的意义上说简单才是高科技，性能价格比低也应该是追求目标之一。另外评价保护装置的优越，不应只看所用芯片的位数，而作为保护设计者更应注重保护配置的合理性及其技术性能，而且后者应该是最主要的。

由于机电型、整流型、晶体管型、集成电路型保护在大中型发电厂和变电站已逐步被微机保护所代替，从实用出发，本章不再介绍这几种保护的构成原理，而仅介绍微机保护的基本构成原理，为微机保护的应用建立一个最基本的初步概念。

一、微机保护概述

微机型保护是由数字电路实现的新型保护装置，通常在发电厂和变电站应用中常用的有各种纵差、横差、匝间、定子接地、转子接地、低励失磁、失步、逆功率、低频、过励磁、过电压、定时限过流（过负荷）、反时限过流（过负荷）、定时限负序过流（过负荷）、反时限负序过流（过负荷）、定时限励磁回路过流（过负荷）、反时限励磁回路过流（过负荷）、轴电流、轴电压、低压过流（可带记忆）、复合电压过流（可带记忆）、厂用变压器分支过流、变压器零序过流、变压器零序过电压、负序功率方向、零序功率方向、相间功率方向、断路器失灵、断路器非全相、机组误上电等微机保护，各种非电量微机保护接口器件。还可配打印机及管理机，并提供对外通信接口。微机保护品种可满足各类大小电厂汽轮发电机、水轮发电机、燃气轮机发电机、风力发电机、主变压器、高低压厂用变压器，以及变电站主设备保护的需要。

保护装置一般设有运行方式选择开关或按钮，当运行方式选择“调试”状态时，保护装置即退出运行，调试人员可以使用键盘、显示器以及打印机等对保护装置进行各种调试操作。整定值一般是存放在电可擦写的存储器中，仅需用键盘以十进制数键入新的定值，即可进行定值现场更新。装置应设有键盘按钮（有的在触摸屏操作），通过键盘命令可对保护进行全面检查。当运行方式选择“运行”状态时，保护装置投入运行，对被保护设备进行故障检测，保护装置还应有在线检测功能，能自动检查出保护装置的硬件故障，并闭锁所有有关出口信号。在正常运行时，要求装置可进行自检，并设有可区别正常或故障的明确显示；通常通过“随时打印”按钮可根据需要在任意时刻打印运行参数，供运行监视。当被保护设备发生故障时，保护装置应能紧急中断判定故障，并发出相应故障信号，同时启动打印机自动打印各种有关信息，如故障类别或性质、动作的保护、故障时刻、故障前后一段时间内的有关数据或波形等，供故障分析或存档等。

二、保护基本构成原理

（一）硬件构成简介

微机保护装置硬件系统大致如图 1-1 所示，其输入量是根据所装设保护的项目、与所

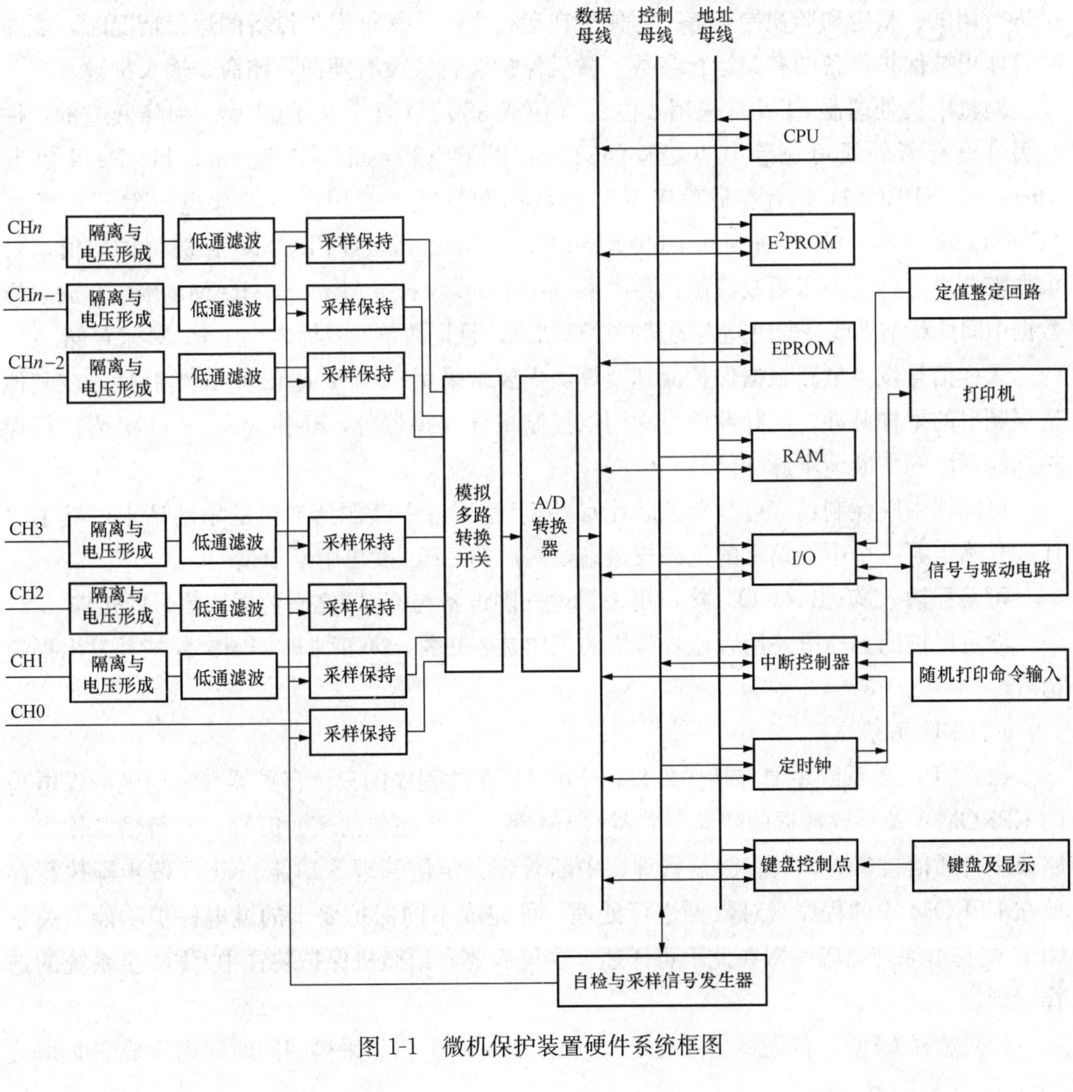

图 1-1　微机保护装置硬件系统框图

采用的保护原理和算法决定的。不同的保护对输入量的要求不同。如电动机差动保护要求输入机端和中性点侧电流互感器的二次电流 i_{Ta}、i_{Tb}、i_{Tc} 和 i_{Na}、i_{Nb}、i_{Nc} 计 6 个电流量。当所采用的保护原理要用到电压量和开关量时，还需引入所需的电压量和开关量，另外还有标准直流电压信号 u_{sc} 等。通道输入均由中间隔离变流器或中间隔离变压器形成所需要的适当大小的电压量，通常要求正常额定情况下为 5V 左右，但要兼顾到故障情况下保护的精度要求和装置元器件的承载能力，即不会被损坏。模拟量通常再经过低通滤波器送到采样保持器进行保持。分时转换同时采样的采样保持信号均由采样发生电路发出的采样脉冲控制，以保证微机分时读到的数据是同一时刻的数值。其采样保持的信号通过模拟多路转换开关逐步分别送到模数转换器进行模数转换，转换后的数据由缓冲锁存电路保存，以备微机读入。多路转换开关、模/数（A/D）转换器均由计算机经地址总线和控制总线进行选址和控制，将读入模数变换后的数据进行计算和判断，并将有关数据及故障处理信号和命令送给相应的外设驱动电路控制执行跳闸、重合或切换、减载等相关的命令或发出报警信号。微机保护配有小型的键盘、显示器及打印机用于实现人机对话，以便对相关微机保护进行调试、整定和监视检查等。为便于在运行中需了解被保护设备的运行情况时，能随时打印出被保护设备的有关运行参数，微机保护装置应设有随即打印命令输入按键。

微机中央处理器 CPU 常采用 8 位、16 位或 32 位以至 64 位的芯片。为降低造价，往往另外设有紫外线可擦除电可编程的只读存贮器（Erasable Programmable Read Only Memory，EPROM）芯片存放程序及其他数据和参数。常用电可擦除电可编写存贮器（Electrically Erasable Programmable Read Only Memory，E^2PROM）存放保护定值，可根据需要通过键盘予以更改。随机存贮器（Random Access Memory，RAM）用于存放采样数据中间计算结果或一段时间内的某些计算结果，且记数单元及标志也用 RAM 来存储。

采样信号发生电路根据保护原理及算法需要常采用 600Hz 或 1200Hz 的脉冲，或其他适当频率的采样脉冲。此脉冲信号除用以控制采样保持器外，还作为向 CPU 申请执行保护功能程序的中断请求脉冲信号。

可编程中断控制器（可为单独芯片），用于管理各中断源所产生的中断请求，其主要任务是确定哪一个中断请求的优先权最高，然后向 CPU 发出中断申请。

可编程输入/输出（I/O）接口用来管理外围设备与 CPU 之间数据和信号的传输。

微机保护的自检电路用以检查微机的工作是否正常，不正常时即闭锁保护并发出报警信号。

1. CPU 主系统

（1）CPU 主系统主要包括微处理器 MPU、存放程序的只读存贮器（常用光可搽电写的 EPROM）及存放数据的随即存贮器 RAM 等，往往还包括实时时钟，并行输入输出电路或串行通信接口等，具有键盘管理、中断管理、定值管理等功能。CPU 按步骤执行存放在 EPROM 中的程序，对数据进行处理，可完成不同保护要求的继电保护功能。关于 CPU 的基本原理篇幅所限在此不再详述。这里简要介绍微机保护装置中 CPU 主系统的选择原则。

（2）选择 CPU，首先要考虑的是 CPU 能否在两个相邻采样间隔时间内完成它必须完成的工作，即 CPU 的速度问题。衡量 CPU 速度的一个重要指标就是字长。字长越长，一次所能处理的数据位数越多，处理速度越快。另外，CPU 的速度还与其所采用的主工作频率有关，主频越高，CPU 速度越快。选择 CPU 时另一个需要注意的问题是，CPU 与微机保护装置内其他各子系统之间的协调配合，不能片面追求 CPU 字长和主频高。

CPU 主系统涉及以下几方面的问题：

(1) CPU 字长应与 A/D 转换器的位数相配合。如目前许多微机保护装置，出于精度上的考虑，采用 16 位 A/D 转换器，如采用 32 位或 64 位 CPU 即可一次读取数据，速度较快。

(2) 与微机保护装置算法上的配合。由于微机保护的算法一般都需要以相当数目的采样值为基础，过高地追求速度将会增加 CPU 处于等待状态的时间，而并不能缩短保护的动作时间。因此微机保护装置只要选用速度合适的 CPU 就可以了，不必选用速度很高的 CPU 系统。

(3) 微机保护装置采用专用的定时控制系统，它需要的内存容量有限，不需要很多的地址线位数。目前已使用在同一芯片上，集成了 A/D 转换器、定时器、接口等功能的高性能的芯片，以及 DSP 芯片等，更简化了装置，提高了保护的动作速度和可靠性。随着技术进步，根据保护的复杂程度和组态需要，可以采用多 CPU 单片机一数字信号处理 (Digital Signal Processing，DSP) 硬件系统、可编程逻辑器件（FPGA/CPLD)，使保护更具集成度高、高速度、高抗干扰能力、性能稳定、设计灵活、电路简化等特点。硬件平台要灵敏、可靠，尽可能减少误动和拒动，并具有很好的网络通信能力；能支持多种通信方式，如现场总线方式、以太网通信等，方便实现与厂站监控系统交换信息，更加友好的人机界面，如汉化、图形化显示，甚至采用彩屏液晶等；能根据要求提供很好的辅助功能，如 GPS（Global Positioning System）校时、故障录波、打印等。此外，硬件模块化设计，核心模块如采集计算模块与外设模块宜相对独立。

2. 模拟量输入及数字转换系统

模拟量输入系统也称数据采集系统（DAS)，由电压形成、模拟滤波、采样保持、多路转换、模/数转换、数据总线组成，如图 1-2 所示。

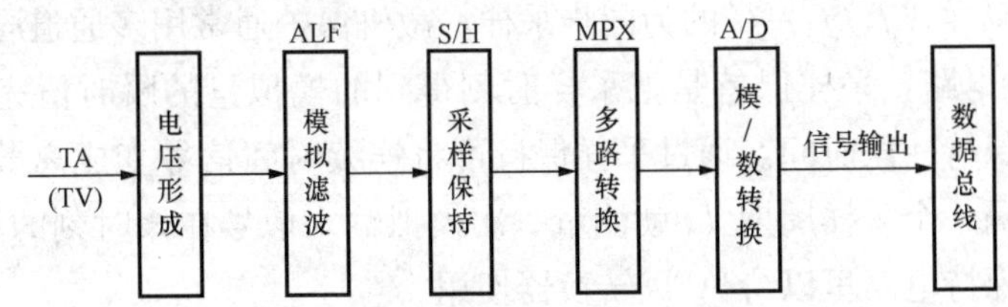

图 1-2　模拟量输入系统示意图

(1) 电压形成回路。通常把电力设备电流互感器 TA（或电压互感器 TV）送来的电信号，经过保护装置内部的中间电压互感器、小型电流互感器或辅助电流互感器（电流信号通过其二次接适当电阻变换为电压信号）转变为符合微机保护要求的电压信号，必要时需采取限压保护措施。

(2) 模拟滤波电路。通常采用较为简单的 RC 滤波回路，使用模拟滤波可防止频率混叠。采样频率用的太高，将对硬件速度提出更多的要求。微机保护常常是反应工频量或二次谐波分量、三次谐波分量等，因此通常采样频率并不需要很高（除某些特殊原理的保护，如间断角原理差动保护要求采样频率较高）。在这种情况下可以在采样前用模拟低频滤波器（ACF）将高频分量滤除，降低采样频率 f_s，以消除频率混叠。从而降低对硬件的要求。模拟滤波只要求能滤除 $f_s/2$ 以上的分量即可。低于 $f_s/2$ 的暂态频率分量，可通过数字滤波器消除。

（3）采样保持电路。

1）采样方式：输入保护装置的是连续时间信号量，而微机保护装置所需的是有代表性的离散时间信号。理论和实践证明，采样频率必须大于被采样信号（带限信号）包含有用频率中最高频率的 2 倍，即 $f_s > 2f_{max}$，才能保证不发生频率混叠现象，保证采样得到的信号真实可用。

采样方式常用同时采样，有时用顺序采样。同时采样有一种是同时采样，同时 A/D 转换（每个通道都设 A/D 转换器），另一种是最为常用的是利用多路开关对各个通道同时采样，依次进行 A/D 转换，如图 1-3 所示。

顺序采样如图 1-4 所示，它只设一个公用的采样保持器，电路更为简化，较为经济，但是破坏了多路输入信号离散化的同时性，会给各通道采样值造成时间差，因此适用于采样速度高及 A/D 转换速度快，且算法对同时性要求不高的保护，如某些低压配电系统的小电流接地进线保护装置等。

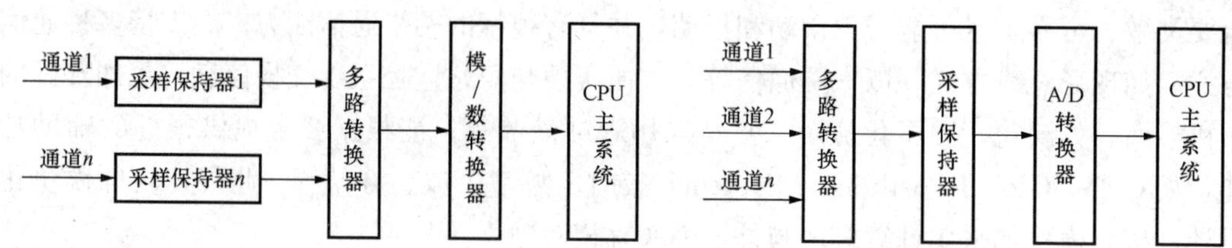

图 1-3　同时采样，依次进行 A/D 转换

图 1-4　顺序采样

采样按通道可分为单通道采样和多通道采样，按采样频率和被采样频率的关系可分为异步采样和同步采样。$f_s/f_1=C$ 的为同步采样，微机保护通常用多通道同步采样。

2）采样保持电路：采样保持是把采样时刻得到的模拟量的瞬时值完整地记录下来，并按需要准确地保持一段时间。通过采样保持可将连续时间信号变成离散时间信号序列。采样保持电路每隔一个采样周期 T_s 就测量一次模拟输入信号在该时刻的瞬时值，然后将该瞬时值存放在保持电路里以待 A/D 转换器使用。

采样保持电路的型式很多，其工作原理可用图 1-5 所示。它由一个受逻辑输入控制的模拟电子开关 S、电容器 C_h 和两个阻抗变换器组成。阻抗变换器 Ⅰ 为低输入阻抗、高输出阻抗，低输入阻抗的作用是尽量缩短采样时间 τ，高输出阻抗的作用是防止漏电以达到保持时间。阻抗变换器 Ⅱ 为高输入阻抗、低

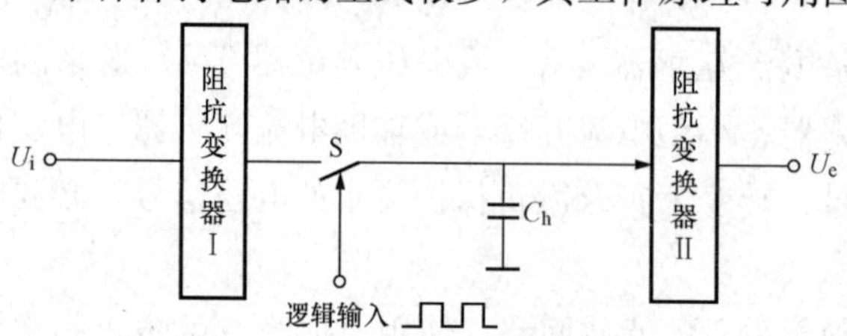

图 1-5　采样保持电路基本工作原理

输出阻抗，低输出阻抗可增强带负荷的能力。当逻辑输入为高电平时，开关S闭合，电路处于采样状态，C_h 被迅速充电或放电到被采样信号在该时刻的电压值；当逻辑输入为低电平时，S断开，电容 C_h 上保持住S断开瞬间的电压，电路处于保持状态。

显然，在采样过程中，人们希望开关S闭合时间越短越好。因为S闭合的时间越短，电容器 C_h 上的电压值就越接近被采样时刻信号的瞬时值。但实际上 C_h 的充电是需要时间的，因此开关S必须有一个足够的闭合时间（称为采样脉冲宽度），这段时间也可称为采样时间 τ。在这种情况下，采样保持电路的输出是一串周期为 T_s 而宽度为 τ 的脉冲，该脉冲的幅度重现了在时间 τ 内信号的幅值，如图 1-6 所示。

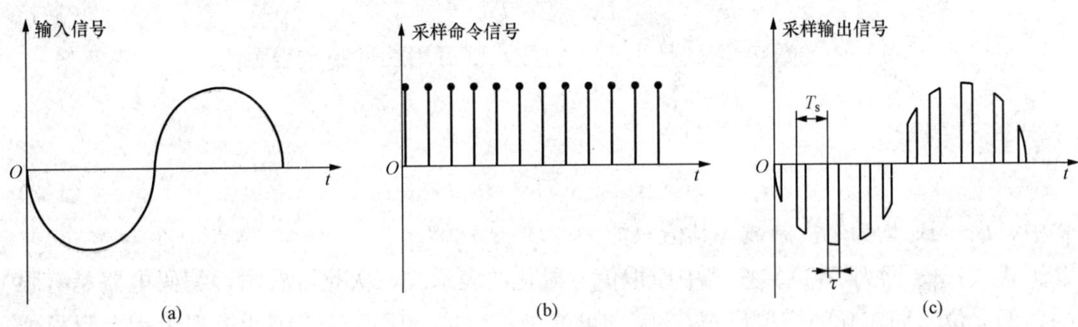

图 1-6　采样保持过程示意图

（a）输入信号；（b）采样命令信号；（c）输出信号

（4）模拟量多路转换开关（MPX）。为了获得合理的性能价格比，通常不是每个模拟量输入通道都设一个 A/D 转换器，而是共用一个 A/D 转换器，即多通道共享 A/D 转换器，中间经多路开关（MPX）切换轮流由共用的 A/D 转换器转换成数字量输入给微机。

模拟量多路转换开关包括选择接通路数的二进制译码电路和由它控制的各路电子开关，它们被集成在一个集成电路芯片中。

图 1-7 示出了微机保护装置中常用的 AD7506 内部电路组成框图，芯片通过对 A0～A3 共 4 回路由选择线赋以不同的二进制码，选通 S1～S16 共 16 路模拟电子开关中的某一路，从而将该路接通，使之连至公共的输出端以供给 A/D 转换器。EN 端为片选。当超过 16 路以上时可以增加片数，实现更多路采样的目的。

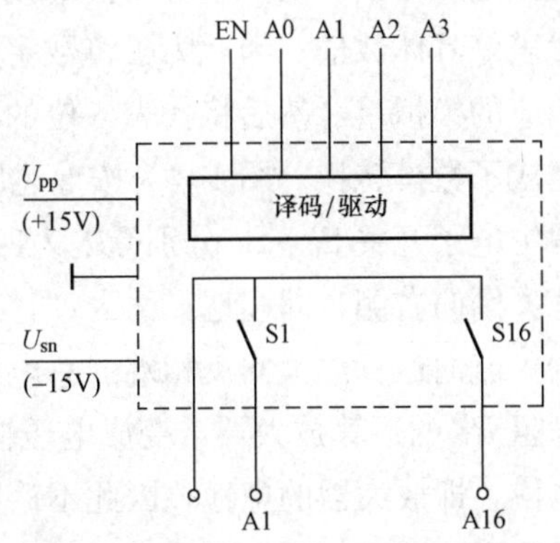

图 1-7　AD7506 内部电路组成框图

1）A/D 转换器的主要性能指标是：①输入极性，即仅允许输入单极性信号，还是可以输入双极性信号；②量程，即所能转换的电压范围，如 5、10、±5、±10V；③分辨率，是衡量对输入量的微小变化反应灵敏程度的指标，通常用数字量的位数表示，如 8 位、10 位、12 位、16 位等，分辨率为 n 位，表示它可以对满量程的$1/2^n$的增量作出反应；④精度，有绝对精度与相对精度两种表示方法，绝对精度是指对应于某个数字量的理论模拟输入值与实际模拟输入值之差，将理论模拟输入值与实际模拟输入值之差用满量程的百分值表示，则称相对精度，如±0.05%；⑤转换时间和转换率，完成一次A/D转换所需的时间称为转换时间，而转换率是转换时间的倒数，如转换时间是50ns，则转换率为20MHz。

2）A/D转换器。A/D转换器的一般工作原理是由于微机只能对数字量进行运算，所以模拟电量如电压、电流等，经采样电路变成离散的时间序列后，还需采用A/D转换器将其变为数字量。

A/D转换器可以认为是一种编码电路，它将输入的模拟量U_A相对于模拟参考量U_R经一编码电路转换成数字量输出，即

$$D=U_A/U_R \tag{1-1}$$

假定式（1-1）中的数字量D是小于1的数，则可用二进制数表示为

$$D=B_1 2^{-1}+B_2 2^{-2}+\cdots+B_n 2^{-n} \tag{1-2}$$

于是

$$U_A \approx U_R(B_1 2^{-1}+B_2 2^{-2}+\cdots+B_n 2^{-n}) \tag{1-3}$$

式中，$B_1 \sim B_n$均为二进制数，其值只能为“1”或“0”。

式（1-3）即为A/D转换器中模拟信号量化的表示式，从此可看出，编码电路是有限的，即n位。而实际的模拟量U_A/U_R却可能是任意值。因而对连续的模拟量用有限长位数的二进制数表示时，不可避免地要舍去比最低有效位（LSB）更小的数，从而引入一定的误差。显然这种量化误差的绝对值最大不会超过与LSB相当的值。因而A/D转换器编码的位数越多即数值分的越细，所引入的量化误差越小，分辨率越高。

3）D/A转换器。因为A/D转换器一般要用到D/A转换器，所以这里先介绍一下D/A转换器。

D/A转换器的作用是将数字量D经一解码电路（T形电阻解码网络下面介绍，）变成模拟电压输出。数字量是用代码按位的权组合起来表示的，每一位代码都有一定的数，即代表一具体数值。因此为了将数字量转换为模拟量，必须将每一位代码按其权的值转换成相应的模拟量，然后将代表各位的模拟量相加，即得与被转换数字量相当的模拟量，亦即完成了数模转换。图1-8为按上述原理构成的一个4位D/A转换器的原理图及等效电路。图中电子开关$S_0 \sim S_3$分别受输入四位数字量$B_4 \sim B_1$控制，在某一位为“0”时，其对应开关倒向右侧，即接地；而为“1”时，开关倒向左侧，即接至运算放大器A的反相输入端，流向运算放大器反相端的总电流I_2反映了四位输入数字量的大小，它经过带负反馈电阻R_F的运算放大器，变成电压输出。运算放大器A的反相输入端的电位实际上也是地电位，即放大器的虚地，因此不论图中各开关倒向哪一边，对图中电阻网络的电流分配是没有影响的，这种电阻网络有一个特点，从图中$-U_R$端、a、b、c四点分别向右看网络的等效电阻都是R。等效电路图1-8（b）中已做了分析。因而a点电位必定是$\frac{1}{2}U_R$，b点电位则为$\frac{1}{4}U_R$，c点电位则为$\frac{1}{8}U_R$。相应的各电流为：$I_1=U_R/2R$，$I_2=\frac{1}{2}I_1$，$I_3=\frac{1}{4}I_1$，$I_4=\frac{1}{8}I_1$，各电流之间的相对关系正是二进制数各位的权的关系，因而图1-8中的总电流

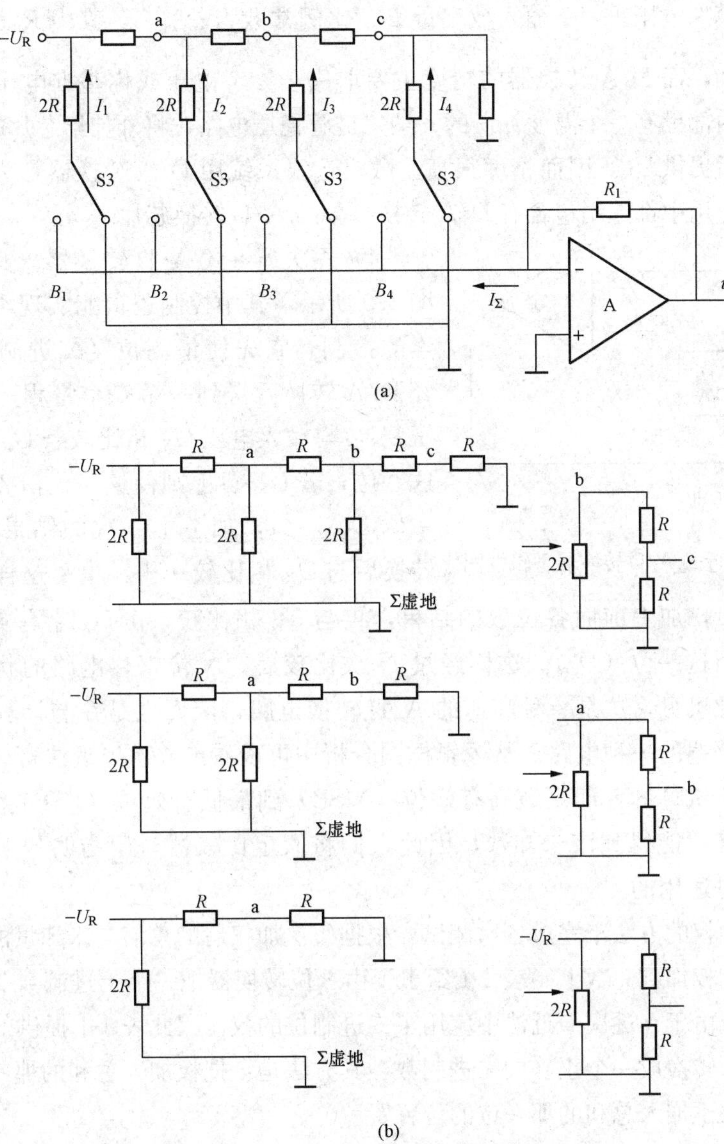

图 1-8　4 位 D/A 转换器原理图及等效电路

（a）原理图；（b）等效电路图

I_Σ必然正比于数字量 D。式（1-2）已给出

$$D = B_1 2^{-1} + B_2 2^{-2} + \cdots + B_n 2^{-n}$$

由图 1-8 得

$$I_\Sigma = B_1 I_1 + B_2 I_2 + B_3 I_3 + B_4 I_4$$

$$= \frac{U_R}{R}(B_1 2^{-1} + B_2 2^{-2} + B_3 2^{-3} + B_4 2^{-4}) = \frac{U_R}{R} D$$

而输出电压为

$$u_{sc} = I_\Sigma R_F = \frac{U_R R_F}{R} D \tag{1-4}$$

可见输出模拟电压比例于输入数字量 D，比例常数为 $\frac{U_R R_F}{R}$，其中 R_F、R 集成电阻可以做得很精确，而 D/A 转换器的精度主要取决于参考电压或称基准电压 U_R 的精度。在很多芯片的内部设有一个温度补偿的齐纳二极管稳压电路，将外加给芯片的电源电压经过进一步稳压后提供 U_R，因而精度很高。微机选线系统用 D/A 转换器是为了实现 A/D 转换而在实际应用中都选用包含有 D/A 转换部分的 A/D 转换芯片。

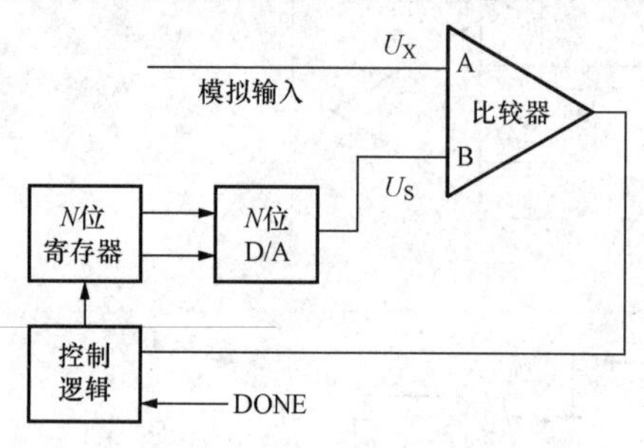

图 1-9 逐次逼近式 A/D 转换器逻辑框图

4）逐次逼近式 A/D 转换器。其逻辑框图如图 1-9 所示，其中控制逻辑能实现类似于对分搜索的控制，它先使最高位（二进制）$D_{N-1}=1$，经 D/A 转换后得到一个整个量程一半的模拟电压 U_S，与输入电压 U_X 相比较若 $U_X>U_S$ 则保留这一位，若 $U_X<U_S$ 则使这一位清零。然后使下一位 $D_{N-2}=1$，加上上一次的结果一起经 D/A 转换后与 U_X 相比较……，重复这样的过程直至使最低位 $D_0=1$，加上前面各位数的结果，再与 U_X 相比较，由 $U_X>U_S$ 还是 $U_X<U_S$ 来决定是否保留这一位（D_0）。这样经过 N 次比较后，N 位寄存电路的状态即为转换后的数据。由此可见，这是一种高速的 A/D 转换电路，因而也是在与计算机接口时应用得最广、最普遍的一种电路。从逻辑框图分析中可以看出逐次逼近法寄予每个二进制位加权以后进行试算的，即从最高有效位（MSB）到最低有效位（LSB）。这种方法只要极少几步试算就能得到该未知数，因此人们将假定比较器对于指明“大于”或“小于”情况仍然是适用的。

用二进制加权的方法来完成各次测试，根据每次加权后的总值与未知量的比较情况决定是否把二进制权加到总数上。表 1-1 给出了由 8 位转换器把一个十进制数 115 转换成对应的二进制数，由于在逐次逼近法中应用了二进制位的权，因此表 1-1 提供的资料很容易把十进制数 115 转换成一个正确的二进制数，其方法是：把权加入总和的那一位的位置置于“1”，而把权不加入总和的那一位的位置置“0”。

十进制数 115 被转换成二进制数为 01110011。

逐次逼近法把 115 转换成相应的二进制数只需要做 8 次，因此对于一个 12 位的 A/D 转换器，使用逐次逼近法技术仅需要 12 次就能得到 0～4096 之间的任何一个整数值。

在逐次逼近法转换中，利用一个 D/A 转换器，为在每次加权时提供一个试验电压，为提高速度，D/A 转换器一般是由硬件完成的。

显而易见，这种转换器的工作原理原则上只适用于单极性输入电压，而交流电压、电流均是双极性的。为了实现对双极性模拟量的模/数变换，需要设置一个直流偏移量，其值为最大允许输入量的一半。将此直流偏移量同交变的输入量相加变成单极性模拟量后再接到比较器。但这种接法允许的最大电压输入值将比单极性时缩小一半，而且这种接法中 A/D 转换器的输出必须减去所加的偏移分量才能还原成真实的结果。这可由软件实现，也可由 A/D 转换器的最高输出位接反相器来实现。

表 1-1　　　　　　　　十进制数 115 转换成对应的二进制数

试验值	响 应 情 况						总 和
128	太高，不加入总和						0
64	太低，把 64 加入总和并继续进行						64
32	64＋32＝96 仍太低，把 32 加入总和						96
16	16＋32＋64＝112 仍太低，把 16 加入总和						112
8	8＋16＋32＋64＝120 太高，不把 8 加入总和						112
4	4＋16＋32＋64＝116 太高，不把 4 加入总和						112
2	2＋16＋32＋64＝114 太低，把 2 加入总和						114
1	1＋2＋16＋32＋64＝115 正好						115
2^7	2^6	2^5	2^4	2^3	2^2	2^1	2^0
128	64	32	16	8	4	2	1
0	1	1	1	0	0	1	1

5）对 A/D 转换器的主要要求。目前大规模集成电路的 A/D 转换芯片种类繁多，选择哪种 A/D 芯片才能适应系统的需求，只要考虑两个指标：一是转换时间；二是数字输出的位数。对于转换时间，由于各通道共用一个 A/D 芯片，至少要求所有的通道轮流转换所需的时间总和小于采样时间间隔 T_S，若在此系统中一工频周波采样 16 个点，那么 T_S＝1.25ms，若以 20 个通道计算，则要求转换时间小于 75μs。而 AD574 转换时间为 25μs，符合系统要求。多 A/D 转换方式对转换时间要求不高。另外，对转换时间的要求和 A/D 芯片与 CPU 主系统的接口方式也有密切关系。

至于 A/D 的位数，它决定量化误差的大小，应满足输入大信号时，A/D 不饱和，其峰值不溢出；而输入小信号时峰值必需大于 1LSB，否则输入小信号正弦量时，A/D 转换输出始终为零。这就要求 A/D 转换有近 200 倍的精确工作范围。实际上，对于交变的模拟输入信号不论有效值多大，在过零附近的采样值总是很小，因而经 A/D 转换器转换后的相对量化误差可能相当大，这样将产生波形失真。但是只要峰值附近的量化误差可以忽略，这种波形失真所带来的谐波分量可用数字滤波来抑制。经验表明，采用 12 位 A/D 配合数字滤波可以做到约 200 倍精确工作范围。

当某些微机保护装置的 CPU 主系统中自身就包含数路 A/D 转换器及相应的采样保持电路和多路转换器，如通道满足要求，就不需再另外设计这些电路了。

6）模拟量输入系统与 CPU 主系统的接口方式，主要有以下两种：

一是程序查询方式。其基本过程是通过定时器控制采样间隔时间，当定时器发出采样脉冲后，向 CPU 请求中断。CPU 响应中断后，启动 A/D 转换器，通过多路模拟开关逐次对各路通道信号进行 A/D 转换。CPU 将 A/D 转换的结果存入 RAM 中相应地址。在 A/D 转换期间，CPU 将一直监视 A/D 转换状态。当最后一路信号转换和贮存完毕后，CPU 将多路转换开关重新切至第一通道，以便下一轮的采样中断时使用。每个循环 A/D 转换贮存过程完成以后，CPU 执行中断服务程序的其他内容（或返回中断，执行微机保护功能所要求的其他程序），并等待下一次定时器发出的采样脉冲。

程序查询方式的主要缺点是，在多通道数据被转换的过程中，CPU 一直处于等待状态，这部分时间实际上是被浪费了。这种方式一般适用于快速 A/D 转换器而通道路数不多的场合。

二是中断方式。也是利用定时器控制采样间隔时间，其特点是在 A/D 转换期间，CPU 不是反复查询，等待 A/D 转换完成，而是转向其他数据处理程序段。当 A/D 转换完成后，由 A/D 转换器发出中断请求，CPU 响应中断，开始执行另一个优先级别更高的中断服务程序。在此之后数据处理程序将不断地被 A/D 转换器完成请求中断所打断。每次执行定时器中断服务程序过程中，它被 A/D 转换器完成请求中断所打断地次数等于通道数。

当最后一个通道转换完成后，在 A/D 转换器完成中断服务程序中，将多路转换开关重新切至第一通道，以便下一次采样时使用。

在中断方式中，在 A/D 转换期间，CPU 不是处于消极等待状态，而是去处理其他一些事物，这样就充分利用了 A/D 转换这段时间。但是中断方式 A/D 转换器每完成一次转换就要请求一次中断，这使 CPU 要额外消耗一些时间用于保存现场、恢复现场、执行与中断复位有关的指令。中断方式仅在 A/D 转换速度慢而 CPU 速度快时才值得采用。

3. 数字滤波电路

微机保护装置是根据数据采集系统采样所得的数据对被保护系统的状态进行判断，从而决定保护装置动作与否。在电力系统中，由于受到暂态过程和各种谐波源的影响，输入到保护装置的被采样波形中不仅含有计算机保护动作特性所需的有用信息，同时还包含了一些与计算机保护特性无关的无用信息。为了使微机保护装置能正确判断被保护系统所处的状态，保证保护动作的可靠性，微机保护装置必须滤去其中无用成分而保留其有用信息。除前面介绍过的模拟滤波器外，还有用软件实现的，基于数学运算的数字滤波器。相比较而言，数字滤波器实现起来比较灵活。数字滤波器是以软件形式实现的，只要程序调试正确，且能保证程序和初始设计时一致，即可保证滤波器功能的实现。目前，数字滤波器在微机保护装置中已得到广泛的应用。一种处理办法是通过数字滤波器滤去不需要的频率成分，只保留有用频率供保护分析计算作出判断；另一种更为简单的办法是只计算有用频率信号（如工频或二次谐波等），这实际上也使其他信号为零被滤除。由于数字滤波器的理论比较复杂，篇幅关系不再细述。

4. 开关量、数字量输入/输出系统

（1）开关量输入回路。

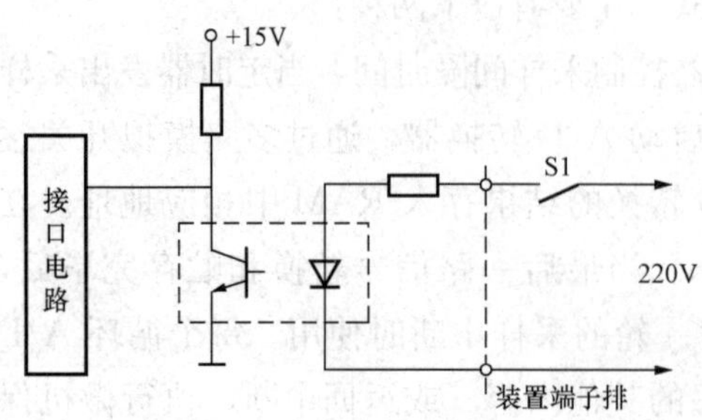

图 1-10　开关量输入回路接线图

1）开关量来自断路器、隔离开关等开关设备及有关继电器触点的开关量信号。这类信号一般从外部经过端子排引入保护装置，需经光电隔离后再经并行接口进入 CPU 系统。这样就可以将带有电磁干扰的外部接线回路和微机的电路部分相互隔离。图 1-10 表示了开关量输入回路接线。

2）开关量来自装置调试或运行过程中定

期检查装置使用的键盘及切换装置的转换开关等的触点的开关信号。对于这一类信号可直接通过通用并行接口电路进入CPU系统。

(2) 开关量输出回路。开关量输出回路主要包括保护的跳闸出口及本地和中央信号出口等，一般都采用并行接口电路的输出口来控制有触点继电器的方法实现，但为提高抗干扰能力，最好也经过一级光电隔离，如图1-11所示。其中，当通过软件使并行接口的A端子输出0，B端子输出1，则与非门输出低电平，光敏三极管导通，继电器K闭合。A经反相器，B不经反相器，可防止拉合直流电源过程中的短时误动。由于微机保护装置往往有大量的电容器，所以拉合直流电源时，有可能使继电器K触点短时闭合。由用两个相反条件制约，可以有效防止这种误动。采用与非门后也增强了抗干扰能力。设置反相器和与非门的另一个原因是并行接口芯片一般驱动能力有限，不足以直接驱动发光二极管。初始化或继电器K返回时，应通过软件使并行接口的A端子输出1，B端子输出0。

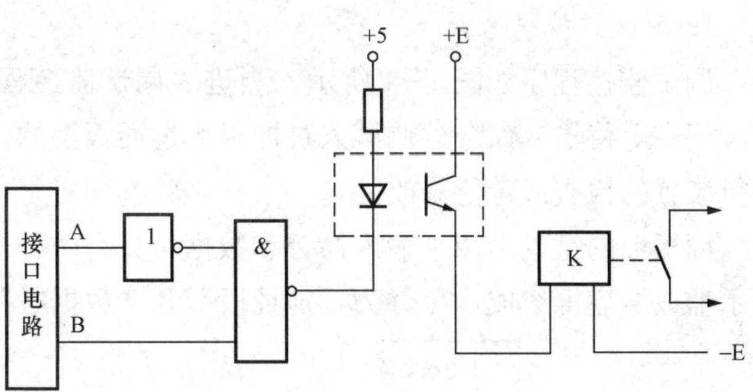

图1-11　开关量输出回路接线图

5. 稳压电源电路

一般采用高频开关电源，由蓄电池直流110V或220V逆变成高频（如20kHz）电压后经高频变压器隔离变换成合适的交流量，然后再经整流器、开关稳压器、滤波器电路等环节后，便可输出保护装置所需要的直流电源，如图1-12所示。这种电源的特点是体积小，效率高，它的稳压性能和抗干扰能力都很强。

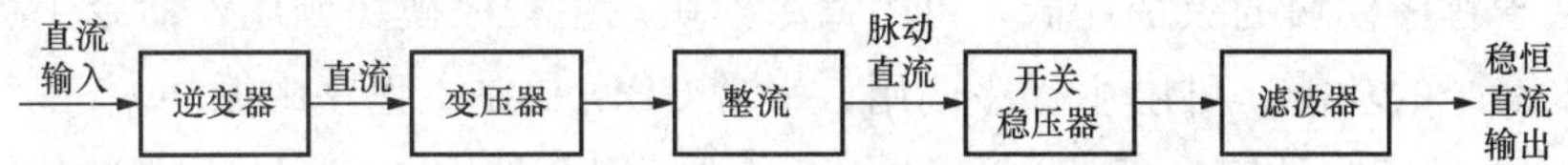

图1-12　逆变高频开关电源结构示意图

微机保护装置一般要求有相互独立的两个电源供电，且高频变压器的二次边绕组开始，应有多个独立的二次绕组，用于承担不同的任务。各组电源的地线内部是否相接，由外电路的要求决定。

电源输出回路通常应有供微机用的、A/D转换回路用的、继电器动作用的。如有供主机的+5V，A/D转换的±15V及继电器动作用的24V三个电压等级的电源输出。各电源要保证输出电流满足负荷容量要求，纹波系数及输入电压在允许波动范围内，有一定抗干扰能力。

(二) 软件结构简介

除人机界面程序外，保护软件一般主要由运行监控程序、调试监控程序、继电保护功能程序等模块组成。软件系统总框图如图1-13所示。当面板上“调试/运行”键在调试位置时，接通电源或按系统复位键，装置就进入调试监控程序。若面板上“调试/运行”键在运行位置，装置则进入运行监控程序，经静态自检后，即可执行保护功能程序和动态自检程序。

1. 调试监控程序

调试监控程序如图 1-14 所示。当进入调试监控程序后，显示器应有显示标志，标志着程序在等待输入命令，调试人员即可通过面板上的（或外接的）键盘、显示器、打印机进行装置的检查或定值修改。

面板上的键盘多用来输入命令和数据，具有两种以上的功能。显示器由数码管或液晶显示器或触摸屏组成，可分为“地址段”和“数据段”。

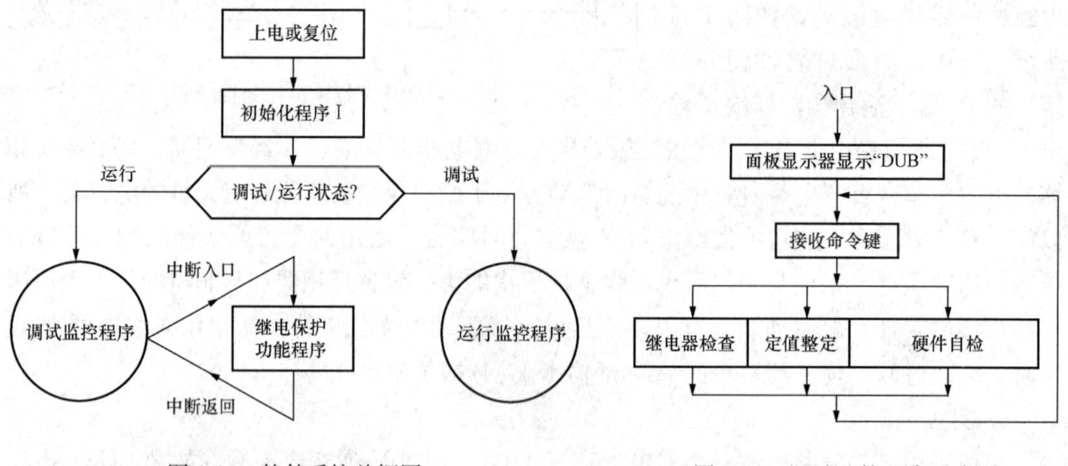

图 1-13　软件系统总框图　　图 1-14　调试监控程序示意图

调试监控程序设有多种命令，调试监控程序由数据说明模块、公共子程序模块、命令子程序模块和调试监控程序模块四个模块组成，其数据说明模块定义程序中采用的常数和变量。公共子程序模块的级别最低，可由命令模块及主程序模块调用，命令子程序模块实现各键盘上命令的功能，可由主程序调用，平常 CPU 是在主程序中循环。

CPU 进入调试监控程序后首先关闭中断（使一切硬件中断），包括功能中断程序都不准进入，从而对调试监控程序用的戈区及运行的戈区进行初始化，然后在显示器上显示标志，并搜索键盘上有无命令输入及判别命令是否有效，再按不同的命令，调用不同的命令子程序模块。CPU 执行完一条命令后，又进入等待下一条命令的状态。如果命令键按错或在命令执行中出现其他操作错误，显示器应示出错误标志，可再重新输入正确的命令。

2. 运行监控程序

由图 1-13 所示的软件系统总框图可知，当键在运行监控状态时，系统复位或加电后，装置即进入运行监控程序。首先进行静态自检、继电保护程序初始化，然后打开中断。保护功能程序在每个采样周期都会以中断方式执行一次动态自检。

运行监控程序设子程序模块、静态自检模块、动态自检模块、出错处理模块，其中子程序模块级别最低。运行监控程序示意如图 1-15 所示。

（1）静态自检程序在保护功能程序未执行的情况下完成对装置 EPROM 区的自检、数据采集系统自检、并完成保护功能程序要求的初始化。

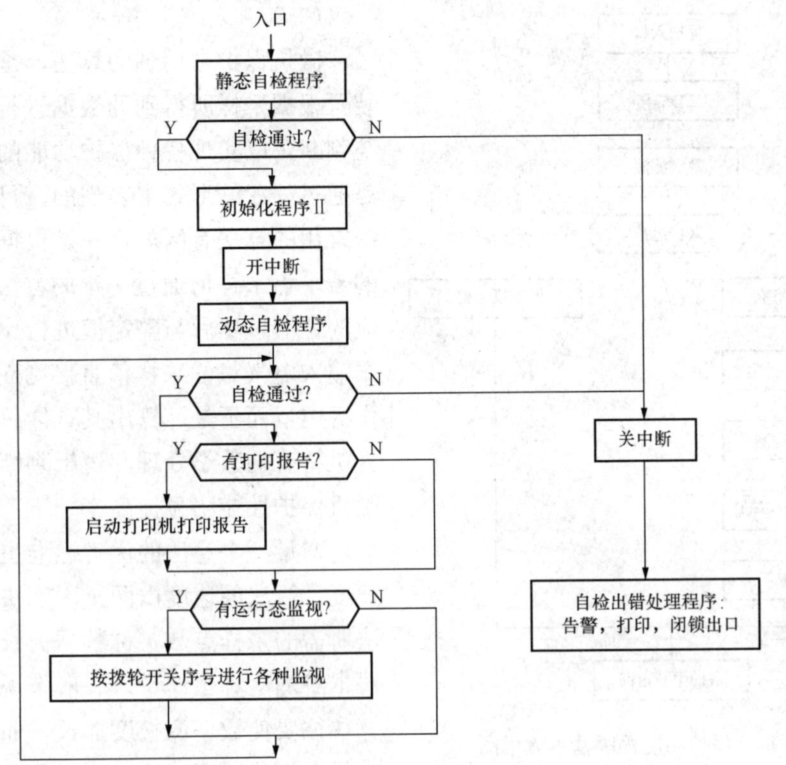

图 1-15　运行监控程序示意图

当保护装置进入监控程序后，首先将静态自检程序所用的各内部缓冲器、暂存计数单元，及外部接口（如 8255、8279 等）初始化，并关断，然后进行静态自检。如果自检中某一项没有通过，则置静态自检出错标志，然后动态停机。如果静态自检全部通过，则进行整个装置的初始化，以及有关接口的初始化，开中断，并可打印系统运行标志。

在开中断后，CPU 则可响应中断申请，包括中断功能程序及中断服务程序。在执行完全部中断程序后 CPU 返回到运行监控程序，进行动态自检。

（2）动态自检程序在执行保护功能程序的同时对保护装置进行自检，包括保护功能程序自检、动态数据采集系统自检。如果动态自检连续 3 次未通过，则关闭中断，置动态自检出错标志，并重投。如果重投 3 次后，动态自检仍然未通过，则动态停机。停机、打印，找出原因，发“装置故障”信号，闭锁所有出口命令，转向调试监控程序，以备检修。

（3）出错处理程序可完成在自检未通过时所需进行的各种处理，包括软件重投、动态停机等。

3. 保护功能程序

虽然各种保护原理不同，算法各异，但流程基本一致，一般包括输入信号的 A/D 转换，必要的数字滤波处理，电气参数的计算分析，各个判据的实现以及保护动作出口的输出等，如图 1-16 所示。

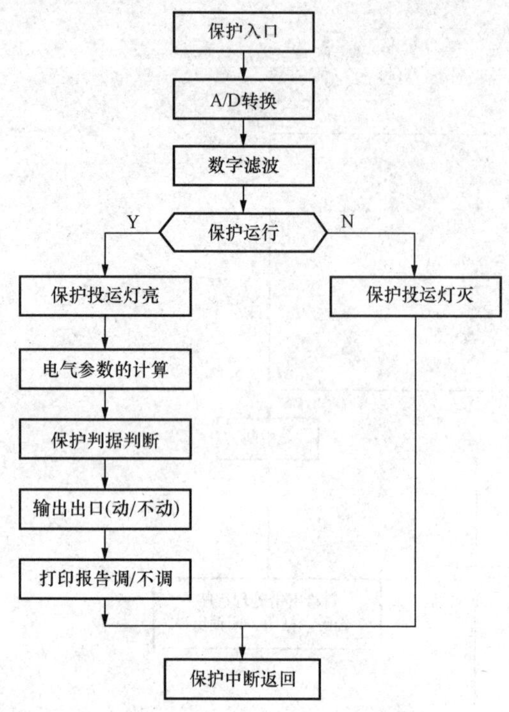

图 1-16 保护功能程序基本流程图

（三）微机保护算法

微机保护中用到的算法，是指微机保护装置根据采样所得到的数据进行计算、分析与判断，以实现各种保护功能的方法。算法是通过程序的形式来表现的。目前微机保护中常用的算法有两类：一是根据输入电气量的若干点采样值通过一定的方法计算出其反应的量值，然后与整定值进行比较；二是根据输入电气量的采样值直接判断是否处于动作区内，而不是计算出其具体量值。由于计算机特有的数学处理和逻辑判断功能，可使微机保护性能明显提高。

衡量一个算法的优劣标准主要是精度和速度。算法的速度由两个因素决定：一是算法所需的采样点数，称数据窗长度；二是算法本身的运算工作量。一般来说，要精确计算往往要使数据窗长度加长，而加大运算工作量会影响运算速度，所以算法研究中一个重要问题是要在精度与速度之间作出权衡。

1. 正弦函数模型的算法

正弦函数模型的算法假设被采样的电压、电流信号只是频率已知的正弦波，不含其他分量。计算出正弦电压、电流幅值和相位的方法常用以下两种：

(1) 两点算法。一个正弦量可由频率、幅值和相位三个参数决定，其实只需其中两个采样值即可。为计算方便起见，一般取相距 $\pi/2$ 的两点。

假定一纯正弦的电流信号，对其采样后可表示为

$$i(nT_S)=\sqrt{2}I\sin(\omega nT_S+\alpha_0) \tag{1-5}$$

式中 ω——角频率；

I——电流有效值；

T_S——采样间隔；

n——采样时序；

α_0——当 $n=0$ 时电流相位角。

设 i_1 和 i_2 为两个采样时刻 n_1 和 n_2 时的采样值，且

$$\omega(n_2T_S-n_1T_S)=\pi/2$$

即 n_1 和 n_2 两采样时刻相隔 $\pi/2$，于是

$$i_1=i(n_1T_S)=\sqrt{2}I\sin(\omega n_1T_S+\alpha_0)=\sqrt{2}I\sin\alpha_1 \tag{1-6}$$

$$\begin{aligned}i_2=i(n_2T_S)&=\sqrt{2}I\sin\left(\omega n_1T_S+\alpha_0+\frac{\pi}{2}\right)\\&=\sqrt{2}I\sin\left(\alpha_1+\frac{\pi}{2}\right)=\sqrt{2}I\cos\alpha_1\end{aligned} \tag{1-7}$$

式中　α_1——当 n_1 采样时刻电流的相位角。

将式（1-6）和式（1-7）平方后相加得

$$2I^2 = i_1^2 + i_2^2 \tag{1-8}$$

可求得有效值

$$I = \sqrt{\frac{i_1^2 + i_2^2}{2}} \tag{1-9}$$

将式（1-6）和式（1-7）相除得

$$\tan\alpha_1 = i_1/i_2 \tag{1-10}$$

可求出相位角。

式（1-9）和式（1-10）表明，只要知道任意两相隔 π/2 的正弦量之瞬时值，就可以计算出该正弦量的有效值和相位。

本算法由于利用了两个相距 π/2 的采样值，所以其数据窗长度为 1/4 周期。采用 1/4 周期数据窗的两点算法较为简便。这种算法假设输入量为纯正弦波，所以对于有暂态分量的电气量应先进行数字滤波，主要用于动作时间长或故障量中含暂态分量小的场合，如用于配网系统的电压、电流保护。

（2）导数算法。导数算法可利用输入正弦波及其导数，计算正弦量的有效值和相位。以电压为例，设 u_1 为 t_1 时刻的电压瞬时值，即

$$u_1 = \sqrt{2}U\sin(\omega t_1 + \alpha_0) = \sqrt{2}U\sin\alpha_1 \tag{1-11}$$

则该时刻电压的导数为

$$u'_1 = \omega\sqrt{2}U\cos(\omega t_1 + \alpha_0) = \omega\sqrt{2}U\cos\alpha_1 \tag{1-12}$$

由以上两式，可得出

$$2U^2 = u_1^2 + (u'_1/\omega)^2 \tag{1-13}$$

将式（1-11）和式（1-12）相除得

$$\tan\alpha_1 = \frac{u_1\omega}{u'_1} \tag{1-14}$$

只要已知 u 在 t_1 时刻的采样值及该时刻该值的导数，即可算出有效值和相位。在对电流进行采样后，导数值可计算为

$$u'_{\mathrm{k}} = \frac{u_{\mathrm{k+1}} - u_{\mathrm{k-1}}}{2T_{\mathrm{S}}} \tag{1-15}$$

式中　u'_{k}——相应于第 k 个采样点的电压导数值；

$u_{\mathrm{k+1}}$——第 $k+1$ 个采样点的电压采样值；

$u_{\mathrm{k-1}}$——第 $k-1$ 个采样点的电压采样值。

利用上述方法计算导数，则算法的数据窗长度为 2 个采样间隔，即 3 个采样点。

导数算法是利用了正弦量的导数与其自身具有 90°相位差的性质，所以与两点算法本

质上是一致的。但导数算法可使数据窗缩短，有利于保护动作的加快。其缺点是导数将放大高频分量，如不另外利用差分近似求导，需较高的采样率以减小误差，一般对于 50Hz 的正弦波，采样率高于 1000Hz 才可满足要求，如 1200Hz。

2. 周期函数模型的算法

电力系统在故障情况下输入信号一般都不是纯正弦的，所以要利用上述两种算法必须先经过数字滤波。周期函数模型的算法是以周期函数模型为基础的，或是可以近似作为周期函数模型处理。在各种周期函数模型的算法中，最常用到的是傅立叶算法。

傅立叶算法是在傅立叶级数的基础上发展而来的。在傅立叶算法中，假定输入信号是一个周期性的时间函数，该周期函数由基波、各种整数次谐波和不衰减的直流分量组成。根据傅立叶级数的展开式，该信号中的基波分量 x_1 (t) 可以写成以下形式

$$x_1(t) = a_1\cos\omega t + b_1\sin\omega t \tag{1-16}$$

其中

$$a_1 = \frac{2}{T}\int_0^T x(t)\cos\omega t\,dt$$

$$b_1 = \frac{2}{T}\int_0^T x(t)\sin\omega t\,dt$$

由式 (1-16) 可推出基波分量 x_1 (t) 的有效值和初相角，即

$$X_1^2 = a_1^2 + b_1^2 \tag{1-17}$$

$$\tan\alpha_1 = \frac{b_1}{a_1} \tag{1-18}$$

而傅立叶算法用于微机保护时，CPU 是对离散的采样值进行计算的，此时，实用的基波 a_1、b_1 的计算式为

$$a_1 = \frac{2}{N}\sum_{k=1}^{N} x_k\cos k\frac{2\pi}{N} \tag{1-19}$$

$$b_1 = \frac{2}{N}\sum_{k=1}^{N} x_k\sin k\frac{2\pi}{N} \tag{1-20}$$

式中 N——每周期采样次数，如 12 点；

x_k——第 k 次采样值，实际应用中为 i_k、u_k 等。

对 n 次谐波，x_n (t) $=a_n\cos n\omega t+b_n\sin n\omega t$，实用的 n 次谐波 a_n、b_n 计算式为

$$a_n = \frac{2}{N}\sum_{k=1}^{N} x_k\cos kn\frac{2\pi}{N} \tag{1-21}$$

$$b_n = \frac{2}{N}\sum_{k=1}^{N} x_k\sin kn\frac{2\pi}{N} \tag{1-22}$$

同理，n 次谐波的幅值和相位为

$$X_n^2 = a_n^2 + b_n^2 \tag{1-23}$$

$$\tan\alpha_n = \frac{b_n}{a_n} \tag{1-24}$$

如果输入信号确是由基波、各整数次谐波及不衰减的直流分量组成，则用傅立叶算法可以准确地求出基波分量或各整数次谐波分量的幅值和相位。但实际的输入波形往往是由

基波、各整数次谐波及按指数规律衰减的直流分量组成。当分布电容引起的分数次谐波的频率远远高于傅立叶算法中所计算的基波或某次谐波的频率时，傅立叶算法对这些分数次谐波有较强的抑制作用。对于目前的输电线路，分数次谐波的频率一般在150Hz以上。当使用傅立叶算法计算基波时，可以认为傅立叶算法有很好的滤波能力。但衰减的直流分量实质上是一个非周期分量，其频谱将是一个连续频谱，这个频谱中所包含的基频分量将会给基波分量的计算带来误差，应当予以注意，必要时应改进滤波措施。

傅立叶算法每经过一次采样，就可用新一次的采样值与前 $N-1$ 次采样值一起计算出基波或某次谐波的幅值和相位，这是傅立叶算法的突出优点。但是傅立叶算法所需的数据窗较长，为20ms，故此算法又称全波傅立叶算法。也就是说，必须等到故障后第 N 个采样值被采入，计算才是准确的（在此之前，N 个采样值中一部分是故障前数据，另一部分是故障后数据，其计算结果无法反映真实的故障电量值）。

电力系统在运行中发生故障，系统基频将偏离工频，这会给傅立叶算法带来较大的影响，这可采用频率同步跟踪技术来保证傅立叶算法的准确性。

第三节　保　护　选　型

保护选型在一个发电厂或变电站设计中宜一致。为了更好地满足保护双重化，或采用不同原理，也可以选用不同类型或厂家的保护。现将部分国内发电机、变压器微机型保护装置型号列于表1-2，部分国产发电机、变压器微机保护装置电气量保护模块列于表1-3，仅供参考。

表1-2　　部分国内发电机、变压器微机保护装置型号（仅供参考）

厂家 保护对象	国电南自保护型号	南瑞继保保护型号	许继电气保护型号	北京四方保护型号
发电机/变压器	WFBZ-01 DGT-801 DGT-801A	RCS-985	WFB-800	CSG-300A
变压器	WBZ-500/500H WBZ-1201 PST-1200	RCS-985T	WBH-800	CST-100B CST200B CST31A/33A

表1-3　　部分国产发电机、变压器微机保护装置电气量保护模块参考表

序号	厂家及型号 保护名称	国电南自	许继电气	南瑞继保	北京四方	备　注
		DGT-801型	WFB-800型	RCS-985型	CSG-300A型	
1	发电机纵差保护	比率制动、标积制动、不完全纵差	比率制动、标积制动、不完全纵差	变制动系数比率制动、工频变化量比率差动	比率制动	有差流速断

续表

序号	厂家及型号 保护名称	国电南自	许继电气	南瑞继保	北京四方	备注
		DGT-801 型	WFB-800 型	RCS-985 型	CSG-300A 型	
2	变压器、发电机-变压器组纵差保护	比率制动、标积制动、波形对称、谐波制动	比率制动(自动提高定值及制动系数)	比率制动、二次谐波制动、波形判别涌流	比率制动、二次谐波制动、模糊识别涌流、五次谐波闭锁	有差流速断
3	发电机匝间保护	横差、高灵敏横差、裂相横差、纵向零序电压(谐波制动、负序功率方向闭锁)	横差、高灵敏横差、纵向零序电压、负序功率增量 ΔP_2	高灵敏横差、裂相横差、纵向零序电压(电流制动)	横差、负序功率方向闭锁纵向零序电压	
4	发电机定子接地保护	$3I_0$(小机组)、$3U_0$ 定子接地、三次谐波高灵敏100%定子接地	基波零序电压、三次谐波电压判据(两种方案Ⅰ、Ⅱ可选)	基波零序电压、三次谐波电压比率、三次谐波电压差动	基波零序电压、三次谐波电压比、自调整三次谐波电压(电压差)	可归为基波零序电压、三次谐波电压比、三次谐波电压和/差
5	发电机转子一点接地	叠加直流式转子一点接地	乒乓式电桥切换原理	乒乓式电桥切换原理	乒乓式电桥切换原理	可归为两类
6	发电机过负荷	定时限、定时限及反时限	定时限、反时限	定时限、反时限	三段定时限及反时限	
7	发电机负序过负荷	定时限、定时限及反时限	定时限、反时限	定时限、反时限	定时限及反时限	
8	发电机失磁保护	静稳边界或异步阻抗、逆无功	静稳边界	异步阻抗或静稳边界	静稳边界	
9	发电机失步保护	遮挡器原理(四电阻线、五区)	三阻抗元件	三阻抗元件	遮挡器原理(四电阻线、六区)	
10	发电机过励磁保护	定时限、反时限	反时限	定时限、反时限	三段定时限及一段反时限	或过电压
11	发电机逆功率保护	逆功率两段时限、程跳逆功率一段时限	均两段时限	逆功率程跳逆功率均一段时限	逆功率两段时限、程跳逆功率一段时限	

续表

序号	厂家及型号 保护名称	国电南自 DGT-801型	许继电气 WFB-800型	南瑞继保 RCS-985型	北京四方 CSG-300A型	备注
12	发电机异频保护	低频或过频可累加	低频或过频可累加	低频或过频可累加	低频或过频可累加	
13	发电机误上电保护	负序过流和阻抗判据（含断路器闪络）	过流阻抗及电阻	低频闭锁低电压、过电流、低电流允许跳	过流及负序电流、阻抗判据	
14	发电机起停机保护	与误上电保护组合在一起	零序电压	相间保护和定子接地保护可低频闭锁	与误上电保护组合在一起	应引入QF辅助触点
15	励磁绕组过负荷	直流定时限过流、反时限过流；交流回路定时限过流、反时限过流	交流回路定时限过流、反时限过流	交流（或直流）回路定时限过流、反时限过流	三段定时限及反时限	
16	QF非全相	负序电流＋断路器三相不一致	负序电流、零序电流＋断路器三相不一致		负序电流、零序电流＋断路器三相不一致	
17	断路器闪络	与误上电同逻辑			负序电流、零序电流＋断路器辅助触点（三相不一致）	
18	发电机相间短路后备保护	过流、低压过流（或记忆）、复压过流（或记忆）	低压过流（或记忆）	复合电压启动过流	复合电压过流（电流可带记忆）负序过流及单相式低压过流	
19	电超速	低电流和断路器触点配合			低电流且大于1.1倍额定值	
20	变压器相间短路后备保护	过流、低压过流、复压过流、功率方向	复合电压启动（方向）过流	复合电压启动（方向）过流	复合电压启动过流	均可提供阻抗保护
21	变压器接地保护	零序电流、零序电压、间隙零序电流、零序方向	零序（方向）电流、零序电压、间隙零序电流及零序电压	零序过流（过压）、零序方向过流（过压）、间隙零序过流过压	零序过流、间隙零序过流和零序过压	

注　当与厂家产品不一致时，以最新厂家说明书样本为准。

第四节　保护出口及对外接口

一、保护出口

1. 跳闸出口方式

(1) 按保护配置的要求，不同的出口要分别设独立的出口继电器。

(2) 出口继电器的触点数量与切断容量应满足断路器跳闸回路可靠动作的要求。

(3) 如要求出口继电器具有自保持功能时，该继电器的自保持线圈的参数应按断路器跳闸线圈的动作电流选择，灵敏系数宜大于2。

微机保护出口元件常用干簧继电器和微型中间继电器。

由于主设备保护是由多种保护组成，为简化接线，一般保护装置按保护出口要求设总出口回路，对多绕组变压器或发电机—变压器组，按保护要求可设分出口回路。常用的方法是按保护的选择性要求，利用各保护的出口元件触点启动各分出口回路或总出口回路。

微机保护受主CPU芯片接口输出功率的限制往往不能直接启动较大功率的继电器，而是通过可编程专用芯片启动保护中间或信号继电器，然后由保护继电器触点启动出口中间继电器动作于跳闸或作用于其他输出的需要，如启动失灵保护，作用于远动或其他闭锁等功能。保护出口回路在微机保护中可以采用软连接片投退方式，以减少屏面布置的困难，但出口跳闸回路必须使用硬连接片进行投退，以便有明显的断开点。而出口回路的划分应以保护功能、动作指向以及被保护设备的安装单位等情况设计，一种为分出口，分出口的动作对象应根据需要装设，其动作对象明确只动作于一定的范围，如三绕组变压器可设高、中、低压各侧的分出口。分出口的作用可缩小故障时的切除范围，有利于较快恢复正常运行；另一种为总出口，如变压器纵差保护动作必须动作于全跳，是否需要装设分出口及总出口应视具体工程情况而定。

2. 信号出口方式

当保护装置放在就地或控制室时，一般均设就地信号和远方信号。远方信号包括中央信号装置的音响信号及在控制屏（台）或显示器上的光子牌信号。当发电厂或变电所采用计算机监控时，应向计算机接口输送触点或串行信号。其信号回路应满足如下要求：

(1) 动作可靠、准确，不因外界干扰误动作。

(2) 信号数量和切断容量应满足回路要求，接线力求简单可靠。

(3) 信号回路动作后，应自保持(除过负荷、接地故障等)，待运行人员手动复归。保护装置屏内动作信号常为发光二极管、数码管或液晶显示器等，引出触点常为微型中间继电器触点。

(4) 微机保护宜尽可能信息共享，充分利用串行口通信方式，以减少有限的继电器触点和端子排的数量。

二、对外接口

保护对外接口主要包括交流回路接口、开关量输入/输出回路接口、直流跳闸出口回路接口、通信接口、连接故障录波接口、电源回路接口等。

（1）交流回路接口，主要指电流互感器与电压互感器的二次输入回路的接口，设计应注意标明主设备的容量，电流互感器、电压互感器的变比，以便保护装置内部交流模块与之配合，特别要确保差动保护各侧的电流量相互平衡。

（2）开关量输入/输出回路接口，主要指保护装置所需要外部提供的断路器及隔离开关的辅助触点以及与外部相关的保护闭锁或联动触点等。

（3）直流跳闸出口回路接口，其触点输出容量一般要求较大，往往采用干簧继电器或触点容量足够大的中间继电器，并且应根据需要满足自保持的要求。跳闸出口回路接口应设连接片，以便跳闸回路的投退。

（4）通信接口，特别是微机保护，包括并行接口和串行接口。其中，并行接口一般每种保护不宜超过3对触点，以尽可能减少安装小型继电器的数量，并减少装置内外接线的困难。尽可能充分利用串行接口的信号，与相关专业及早拟订好通信规约，必要时设置规约转换。

（5）电源回路接口，包括直流电源或不停电电源及保护屏内所需要的交流辅助电源。保护直流电源通常为2回相互独立的直流电源，当只有一组蓄电池时应取自2回熔断器或自动开关相互独立的回路或其中有一回取自UPS电源。

第五节　保护电源配置原则

主设备保护装置的电源主要有以下三种类型：

（1）直接由发电厂或变电站的直流电源供电，如电磁型保护采用此种电源供电。

（2）由逆变电源供电，通常也可由蓄电池直流电源供电，但需经逆变稳压等回路转换，抗干扰性能较好，一般微机保护采用此种电源供电。

（3）电阻降压稳压或单独由小蓄电池（如镉镍电池等）供电，又分为分散供电或集中供电，此种电源供电用于消耗功率较少的保护。

电源装置应满足以下基本要求：

（1）保证供电可靠。成套装置一般消耗功率较大，可采用由直流母线单独供电；对供电回路应设电源监视。

（2）对大容量机组的保护，为满足双重化要求，电厂设有两组蓄电池，保护应由两组蓄电池按保护出口分组分别供电。中小电厂只有一组蓄电池时，应由分设自动开关或熔断器的两回直流馈线取得电源。

（3）电源应有优越的抗干扰性能。

第二章 发电机保护

第一节　发电机故障和不正常运行方式及保护装设原则

一、发电机各种故障和不正常运行方式

（一）发电机各种故障

在电力系统中目前使用的发电机有水冷、氢冷和空冷几种。发电机可能发生的故障主要有定子绕组或引出线回路的两相或三相相间短路、开焊以及定子绕组某相的匝间短路、定子绕组某相绝缘破坏引起的单相接地、转子绕组或引线的接地、转子励磁回路的低励（小于静稳极限所要求的励磁电流）或失磁（失去励磁电流）。发电机的故障通常分为外部故障和内部故障两类。发电机的外部故障最常见的是电力系统或厂用电系统的故障。这些故障可能引起发电机的过电流或过负荷、过电压。虽然由于不断改善发电机的结构和加强绝缘，发电机发生内部相间短路的可能性较小，但于设计、结构、制造工艺、励磁设备和日常运行操作维护方面的某些原因，在实际运行中仍会发生内部故障。对发电机来说，内部故障是非常危险的，因为发电机的内部故障，由于有原动机的拖动，即使断路器跳闸，若不及时灭磁，由电弧引起绝缘物的激烈气化，也可能导致发电机的烧毁。应当注意，发电机绝缘的损坏会产生电弧，电弧的燃烧会进一步破坏绝缘，也会使故障点周围定子铁芯熔化，导致铁芯大量熔化的事故将使修复工作十分困难，这种故障虽比较少见，但其故障后果严重。还应当重视发电机的转子接地故障，转子一点接地一般不难消除，但一定要防止发展成转子绕组两点接地短路故障，这种故障不仅可能烧坏转子绕组，还可能因为磁路的不平衡导致转子震动过大，致使发电机产生严重机械破坏，后果更加严重。

（二）发电机不正常运行

发电机的主要不正常运行状态有：①由于外部故障或系统功率分配的失调或励磁调节系统原因造成的定子绕组过负荷或过电流、定子绕组过电压或过励磁（水轮发电机、大型汽轮发电机）、三相电流不对称运行造成的负序过负荷或非对称短路引起的负序过电流；②接在超高压系统的发电机—变压器组，在未并列前，当断路器两侧电动势的相角差为180°时，则可能有两倍上下的运行电压加在断口上，当系统过电压或断路器绝缘能力降低时则可能引起断路器断口击穿、有时会发生断口单相或两相闪络，从而产生负序电流，使发电机转子表层过热，造成发电机损坏；③运行中汽轮机关主汽门或水轮机关导水翼，或误上电等也会使发电机变电动机运行造成逆功率运行，对机组造成损坏；④系统振荡或机组调节的失灵导致发电机失步、断路器非全相跳闸或非全相合闸引起的发电机非全相运行、发电机组的过频或低频频率（异频谐振）运行；⑤常把发电机在汽机暖机、升速或停机盘车过程中意外的断路器误合闸称为突然加压或误上电，发电机在此状态下突然加压，将流过较大的电流，引起发电机定子及转子过流，转子突然加速还可能损坏轴瓦，对机组造成过严重损坏；⑥发电机转子轴绝缘能力降低导致的轴电流过大等。

二、发电机保护装设原则

发电机是电力系统最重要的设备之一，因此，必须针对发电机可能发生的各种不同故障和不正常的运行状态配置完善的继电保护装置。

（一）发电机故障及异常运行与保护出口

电压在 3kV 及以上，容量在 600MW 及以下的发电机，应对下列故障及异常运行方式装设相应的保护装置：

（1）定子绕组相间短路；

（2）定子绕组接地；

（3）定子绕组匝间短路；

（4）发电机外部相间短路；

（5）定子绕组过电压；

（6）定子绕组过负荷；

（7）转子表层（负序）过负荷；

（8）励磁绕组过负荷；

（9）励磁回路接地；

（10）励磁电流异常下降或消失；

（11）定子铁芯过励磁；

（12）发电机逆功率；

（13）低频；

（14）失步；

（15）发电机突然加电压；

（16）发电机起停机；

（17）其他故障和异常运行。

各保护装置根据故障和异常运行方式的性质及热力系统具体条件，按规定分别动作于：

（1）停机：断开发电机断路器、灭磁，对汽轮发电机，还要关闭主汽门；对水轮发电机还要关闭导水翼；

（2）解列灭磁：断开发电机断路器，灭磁，汽轮机甩负荷；

（3）解列：断开发电机断路器，汽轮机甩负荷；

（4）减出力：将原动机出力减到给定值；

（5）缩小故障影响范围：例如双母线系统断开母线联络断路器等；

（6）程序跳闸：对汽轮发电机首先关闭主汽门，待逆功率继电器动作后，再跳发电机断路器并灭磁；对水轮发电机，首先将导水翼关到空载位置，再跳开发电机断路器并灭磁；

（7）减励磁：将发电机励磁电流减至给定值；

(8) 励磁切换：将励磁电源由工作励磁电源系统切换到备用励磁电源系统；

(9) 厂用电源切换：由厂用工作电源供电切换到备用电源供电；

(10) 分出口：动作于单独回路；

(11) 信号：发出声光信号。

发电机主要故障类型和异常运行状态及其相应的保护装置列于表 2-1。

表 2-1　　发电机主要故障类型和异常运行状态及其相应保护装置

序号	发电机故障或异常运行类型	相应保护装置	备　　注
1	定子绕组及其引出线短路	电流速断保护； 纵联差动保护； 过电流保护； 低电压保护	(1) 1MW 及以下与其他发电机或与电力系统并列运行的发电机装设电流速断保护； (2) 1MW 及以下单独运行的发电机，中性点侧有引出线装过流保护，无引出线装设低电压保护； (3) 1MW 以上的发电机应装设差动保护； (4) 100MW 及以上的发电机应双重化保护
2	定子绕组单相接地	定子一点接地保护	(1) 100MW 以下发电机可装设保护区不小于 90%的接地保护； (2) 100MW 及以上发电机应装设保护区为 100%的接地保护
3	定子绕组同一相的匝间短路	匝间保护	(1) 定子绕组为星形接线，每相有并联分支且中性点有引出端子的发电机，应装设单继电器式横联差动保护； (2) 定子绕组中性点只有三个引出端子的发电机，可装设零序电压式或转子二次谐波电流式匝间短路保护
4	励磁回路一点接地	励磁回路一点接地保护	(1) 1MW 以下发电机一般采用定期检测装置； (2) 1MW 及以上或转子水内冷机组应装设一点接地保护
5	励磁回路励磁电流消失	低励失磁保护装置	(1) 100MW 以下不允许失磁运行的发电机，经业主同意可采用自动灭磁开关断开时联跳发电机断路器； (2) 不允许失磁运行的发电机和失磁对电力系统有重大影响的发电机应装设专用的失磁保护
6	对称和非对称故障(后备)	对称、非对称过电流保护（后备保护）	(1) 1MW 及以下与其他发电机或电力系统并列运行的发电机应装设过电流保护； (2) 1MW 以上的发电机宜装设复合电压启动的过电流保护，灵敏性不满足要求时，可增设负序过电流保护； (3) 当装设定子绕组反时限过负荷及反时限负序过负荷保护，其灵敏性和时间配合能满足要求时可不再装备注栏 2 要求的保护
7	由于短路或单相负荷、非全相运行等引起发电机对称过负荷或非对称过负荷	对称、非对称过负荷保护	(1) 定子绕组为非直接冷却的发电机，应装设定时限过负荷保护； (2) 定子绕组为直接冷却且过负荷能力较低（例如低于 1.5 倍发电机额定电流时允许 60s）的发电机，对称过负荷由定时限和反时限两部分组成； (3) 50MW 及以上发电机，其 $I_2^2t>10$ 时，应装设定时限负序过负荷； (4) 100MW 及以上发电机，其 $I_2^2t<10$ 时，应装设非对称过负荷保护，由定时限和反时限负序过负荷保护两部分组成

续表

序号	发电机故障或异常运行类型	相应保护装置	备　　注
8	由于励磁系统故障或强励时间过长引起的励磁绕组过负荷	励磁回路过负荷保护过电压保护或过励磁保护	100MW及以上采用半导体励磁系统的发电机应装设励磁绕组过负荷保护，300MW以下可为定时限，300MW及以上可由定时限与反时限组成
9	由于突然甩负荷引起的定子电压异常升高或过励磁	过电压保护或过励磁保护	（1）100MW及以上发电机宜装设过电压保护； （2）300MW及以上发电机应装设过励磁保护，不装设过电压保护，有条件时应优先采用反时限保护
10	主汽门误关闭或机炉保护动作关闭主汽门而出口断路器未跳闸，发电机变电动机运行	逆功率保护	200MW及以上汽轮机宜装设，燃气轮机应装设
11	系统振荡影响机组运行	失步保护	300MW及以上发电机宜装设
12	机组频率异常运行造成机械振荡，叶片损伤对汽轮机危害极大	异频保护	300MW及以上汽轮发电机应装设低频保护，100MW及以上汽轮发电机或水轮发电机应装设高频保护
13	水冷却发电机断水	断水保护	由水压触点和时间元件构成

为了提高经济效益，节能和减少污染排放，100MW以下的小机组已经不在发展之列，目前它是作为自备电站的机组，并且小机组保护配置比较简单，故本书不再专述小机组的保护设计，下面仅结合图2-1和图2-2保护配置接线图的介绍来说明小机组保护的配置。当需要这方面更多的内容时可参考过去出版过的一些书籍和设计手册，并应遵守《继电保护和安全自动装置技术规程》（GB/T 14285—2006）规定。大中型机组的发电机保护配置将结合发电机变压器组保护进行介绍，因为目前实际采用的绝大多数都是这种单元接线。

（二）小机组保护保护接线示例

（1）定子绕组为星形接线、容量为12MW发电机（机端变压器励磁）保护配置接线见图2-1。该机组容量为12MW，主要设备参数如图2-1所示。根据机组容量和一次接线要求，装设发电机差动保护作为发电机短路的主保护，装设复合电压启动的过电流保护作为短路的后备保护。根据接线要求还在机端装设了反映零序电流的单相接地保护，当零序电流大于允许值时动作于跳闸（当母线系统装设有零序电流选线保护装置时，该保护可以取消）。为了保护发电机转子，对发电机转子绕组装设了一点接地保护，该保护不仅可反映转子绕组的一点接地，也可反映励磁回路直流出线回路连接设备及引接电缆的一点接地。当机组不允许失磁运行时根据要求也可以装设发电机低励失磁保护。

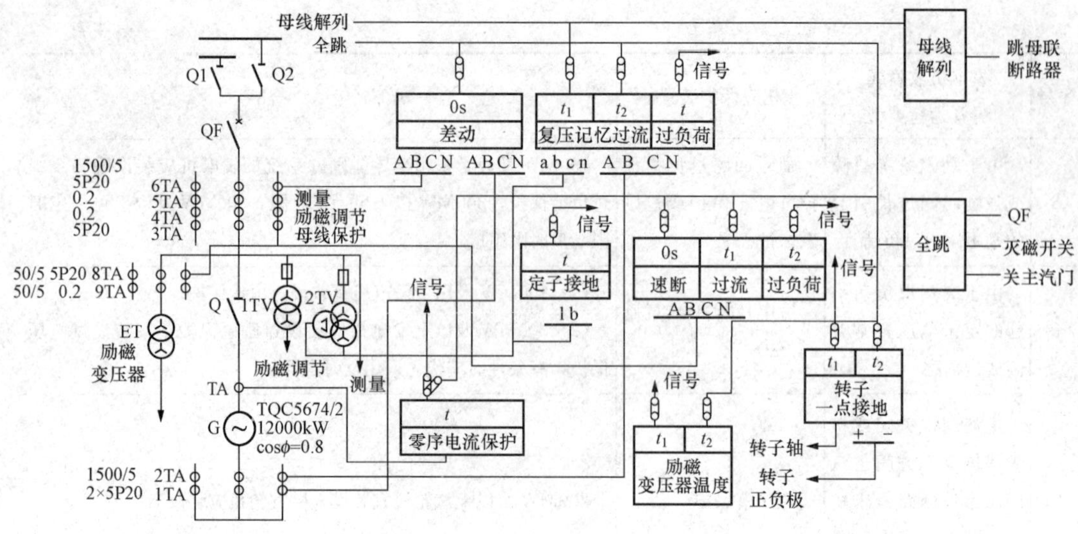

图 2-1 定子绕组星形接线 12MW 发电机保护配置接线图

(2) 定子绕组双星形接线 25MW 发电机微机保护配置接线见图 2-2。机组容量为 25MW，根据机组容量和一次接线要求，装设发电机差动保护作为发电机短路的主保护，装设复合电压启动的过电流保护作为短路的后备保护。另外，本接线考虑设直流励磁机励磁，发电机二次接线设计采用了灭磁开关跳闸（失磁）连跳发电机的接线，以及机组允许

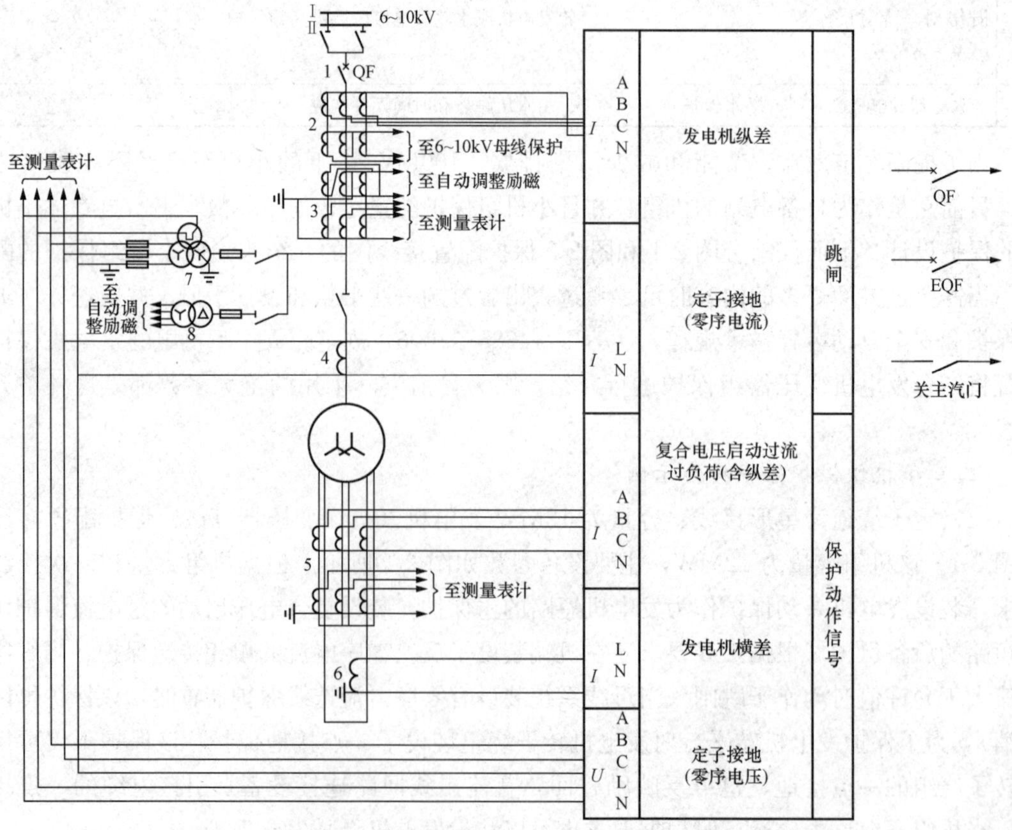

图 2-2 定子绕组双星形接线 25MW 发电机微机保护配置接线图

较长时间无励磁运行（与发电机厂家订合同时应明确），并且业主同意失磁后由人工处理（过去 25MW 以下的小机组常是用灭磁开关联跳发电机，不装设专用的失磁保护），故未装设专用失磁保护。根据接线要求还在机端装设了反映零序电流的定子接地保护，当零序电流大于允许值时动作于跳闸（当母线系统装设有零序电流选线保护装置时，该保护可以取消）。为了保护发电机转子，对发电机转子绕组还应装设转子一点接地保护（图 2-2 中省略，可参见图 2-1）。因为发电机绕组为双星形接线，有条件装设横差保护对定子绕组匝间短路进行保护，所以装设了传统的横差保护。

（三）大型发电机特点及对保护的要求

1. 300MW 及以上大机组的特点

（1）大机组材料有效利用率的提高，造成机组的惯性常数 H 明显下降和发电机的热容量与铜损、铁损之比显著下降。机组惯性常数下降，发电机易于失步，因此大型发电机更有装设失步保护的必要。机组热容量的下降直接影响定子、转子过负荷能力，为了在确保大机组在安全运行的条件下，充分发挥机组的过负荷能力。定子绕组和转子绕组的过负荷保护，转子表层的过负荷保护（即负序电流保护）都不能再沿用以往的定时限保护，而是应采用反时限特性的过负荷保护装置，通常都是采用微机编程的保护。

（2）电机参数的变化，主要是 X_d、X_d'、X_d'' 等电抗的普遍增大，而定子绕组的电阻相对减小。

这些现象导致下述结果：

1）X_d'' 增大，使短路电流水平相对下降，要求继电保护有更高的灵敏系数。

2）X_d 的增加，使发电机的静稳储备系数减小，因此，在系统受到扰动或发电机发生低励故障时，很容易失去静态稳定。

3）X_d、X_d'、X_d'' 等参数的增大，使发电机平均异步转矩大大降低，因此大型机组失磁、异步运行的滑差大，从系统吸收感性无功多，允许异步运行的负荷小、时间短，所以大型发电机更需要性能完善的失磁保护。

4）X_d' 的增大，使大机组在满载突然甩负荷时，变压器过励磁现象比中、小机组严重，因此大型发电机—变压器组装设过励磁保护，通常为发电机、变压器共用。

2. 机组结构和工艺方面的改变

（1）由于大机组的材料利用率高、就必须采用复杂的冷却方式。在铁芯通风方面，有幅向通风槽和轴向通风槽等，使铁芯检修困难，转子承受负序电流的能力降低。这些因素要求发电机单相接地保护和负序反时限保护有良好的性能。

（2）单机容量的增大，汽轮发电机轴向长度与直径之比明显加大，将使机组运行的振动加剧，匝间绝缘磨损加快，因此，宜装设灵敏的匝间短路保护。

3. 运行方面对大机组保护提出的要求

（1）由于单机容量增大，发电机保护的拒动或误动将造成十分严重的损失，因此对大机组的继电保护的可靠性、灵敏性、选择性和快速性有更高的要求。

（2）大型汽轮发电机的启停特别费时、费钱。停机后的热启动：对 100MW 机组，约 2h；对 300MW 机组就得需要 7h。因此，在非必须的情况下，大型机组不应频繁启停，更不应轻易使它紧急突然停机，有条件时应采用程序跳闸、解列、解列灭磁等出口方式等。

由于大机组保护比较复杂，其保护的动作原理和保护配置将分别在本章以及结合发电机—变压器组的保护配置进行介绍。

第二节　定子绕组回路相间短路主保护

一、定子绕组回路相间短路主保护的装设原则

对发电机定子绕组及其引出线的相间短路故障，应按下列规定配置相应的保护作为发电机的主保护：

（1）1MW 及以下单独运行的发电机，如中性点侧有引出线，则在中性点侧装设过电流保护，如中性点侧无引出线，则在发电机端装设低电压保护。

（2）1MW 及以下与其他发电机或与电力系统并列运行的发电机，应在发电机端装设电流速断保护。例如，电流速断灵敏系数不符合要求，可装设纵联差动保护；对中性点侧没有引出线的发电机，可装设低压过流保护。

（3）1MW 以上的发电机，应装设纵联差动保护。

（4）对 100MW 以下的发电机—变压器组，当发电机与变压器之间有断路器时，发电机与变压器宜分别装设单独的纵联差动保护功能。

（5）对 100MW 及以上发电机—变压器组，应装设双重主保护，每一套主保护宜具有发电机纵联差动保护和变压器纵联差动保护功能。

（6）在穿越性短路、穿越性励磁涌流及自同步或非同步合闸过程中，纵联差动保护应采取措施，减轻电流互感器饱和及剩磁的影响，提高保护动作可靠性。

（7）纵联差动保护，应装设电流回路断线监视装置，断线后动作于信号。电流回路断线允许差动保护跳闸。

（8）本条中规定装设的过电流保护、电流速断保护、低电压保护、低压过流和差动保护均应动作于停机。

由于电流、电压保护的动作原理比较简单，在此不做专门介绍，下面简要介绍目前采用的几种差动保护。

二、差动保护原理简介

（一）比率制动式差动保护

1. 比率制动差动保护原理

比率制动特性是指继电器的动作电流随外部短路电流的增大而自动增大，而且动作电流增大比不平衡电流的增大还要快的特性，这样就可以避免继电器误动。

实现这种动作特性的纵差继电器以差动电流作为动作电流，引入一侧或多侧短路电流作为制动电流。图 2-3 示出了传统的比率制动式差动继电器的接线原理和制动特性，其示例目的是通过以下的阐述首先能建立起比率差动保护的基本概念。

在图 2-3（b）中，I_{res}是制动电流，即外部短路时流过制动线圈的电流，I'_d 是差动电

流，即差动继电器的动作电流。图 2-3 中 EB 示出了不平衡电流 I_{unb} 随外部短路电流增长的情况。设最大外部短路电流为 OD，相应的最大不平衡电流为 DB，为了保护继电器不误动，动作电流 I_d 至少应大于 DB，取 $\dot{I}_d$＝DC，从图 2-3 可知，只有在最大外部短路电流（为 OD）时，继电器才有必要取如此大的整定值，在其他的外部短路时，不平衡电流没有那么大，因此动作电流就不必要像 $\dot{I}_d$ 那么大了。当制动电流流入继电器制动线圈时，就使继电器的动作电流随外部短路电流增减而自动增减。继电器的制动电流的引入是通过图 2-3（a）中的电抗变压器 TAM1 实现的，它的一次绕组 N_1 和 N_2 同极性地分别流过电流 $\dot{I}_{1Ⅱ}$ 和 $\dot{I}_{2Ⅱ}$。TAM1 和 TAM2 的二次匝数相同，$N_1=N_2=\frac{1}{2}N_3$，设电流互感器变比等于 n_a 时，则有

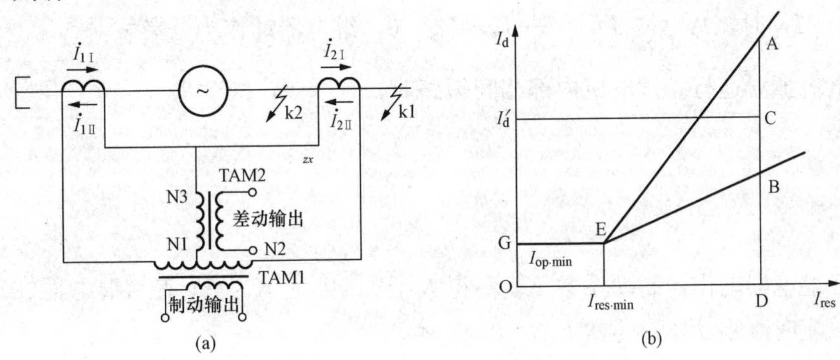

图 2-3　差动保护原理接线及制动特性曲线

（a）原理接线；（b）制动特性曲线

$$\dot{I}_{res}=\frac{1}{2}(\dot{I}_{1Ⅱ}+\dot{I}_{2Ⅱ})=\frac{1}{n_a}\times\frac{1}{2}(\dot{I}_{1Ⅰ}+\dot{I}_{2Ⅰ}) \tag{2-1}$$

$$\dot{I}_d=\dot{I}_{1Ⅱ}-\dot{I}_{2Ⅱ}=\frac{1}{n}(\dot{I}_{1Ⅰ}-\dot{I}_{2Ⅰ}) \tag{2-2}$$

式中　$\dot{I}_{res}$——制动电流；

$\dot{I}_d$——差动电流；

$\dot{I}_{2Ⅰ}$、$\dot{I}_{2Ⅱ}$——流过机端电流互感器的一次和二次电流；

$\dot{I}_{1Ⅰ}$、$\dot{I}_{1Ⅱ}$——流过中性点侧电流互感器的一次和二次电流；

n_a——电流互感器变比。

当外部（k 点）短路时，由于 $\dot{I}_{1Ⅱ}=\dot{I}_{2Ⅱ}=\dot{I}_k$，所以 $\dot{I}_{res}=\frac{1}{n_a}\dot{I}_k, \dot{I}_d=0$。实际上电流互感器有一定误差，$\dot{I}_d=I_{unb}\neq0$，随着 I_k 的增大，虽然 I_{unb} 要增大，但制动电流也增大。

图 2-3 中，OG 表示最小动作电流 $I_{op.min}$，GE＝$I_{res.min}$ 表示继电器开始具有制动作用的最小制动电流，通常取 $I_{res.min}$ 等于或小于负荷电流。因为在负荷电流下，电流互感器误差很小，不平衡电流也很小，$I_{op.min}>I_{unb}$。所以，此时没有制动作用的继电器也不会误动作。而当外部短路电流大于负荷电液，I_{unb} 随 I_k 增大时，若 $I_{unb}/I_k=I_d/I_{res}=K$，调整继

电器的制动特性使之具有$K_{res}=I_d/I_{res}>K$，如图2-3（b）中的直线EA，则继电器就具有这样性能：不管外部短路电流多大，继电器总不会误动，K_{res}被称为制动系数。

当发电机发生内部相间短路（k2点）时，若发电机与系统相连，则系统将向故障点送短路电流$I_{2\mathrm{I}}$，发电机向故障点送短路电流$I_{1\mathrm{I}}$，此时

$$I_d=\frac{1}{n_a}(I_{1\mathrm{I}}+I_{2\mathrm{I}})=\frac{1}{n_a}I_{k\Sigma} \tag{2-3}$$

$$I_{res}=\frac{1}{n_a}\times\frac{1}{2}\quad(I_{1\mathrm{I}}+I_{2\mathrm{I}}) \tag{2-4}$$

式中 n_a——电流互感器的变比；

$I_{k\Sigma}$——总的短路电流。

当$I_{1\mathrm{I}}=I_{2\mathrm{I}}$时，$I_d=\frac{2}{n_a}I_{1\mathrm{I}}=\frac{1}{n_a}I_k$，$I_{res}=0$，继电器动作十分灵敏。

若发电机孤立运行，发电机内部相间短路时，$I_{2\mathrm{I}}=0$，则

$$I_d=\frac{1}{n_a}I_{1\mathrm{I}} \tag{2-5}$$

$$I_{res}=\frac{1}{n_a}\times\frac{1}{2}I_{1\mathrm{I}} \tag{2-6}$$

为保证继电器动作，制动系数K_{res}不得大于1，因为$K_{res}=1$表示继电器在动作电流等于制动电流时刚刚动作，通常$K_{res}=0.3\sim0.5$。

带比率制动特性的用于发电机的差动继电器的最小（起始）动作整定电流一般可取0.3倍发电机额定电流。

2. 微机比率制动式差动保护

（1）WFB-800型比率制动式保护。

WFB-800型比率制动式差动保护动作方程为

$$I_d\geqslant I_{op.0}\qquad(I_{res}\leqslant I_{res.0}\text{ 时}) \tag{2-7}$$

$$I_d\geqslant I_{op.0}+S(I_{res}-I_{res.0})\qquad(I_{res}>I_{res.0}\text{ 时}) \tag{2-8}$$

式中 I_d——差动电流；

$I_{op.0}$——差动最小动作电流整定值；

I_{res}——制动电流；

$I_{res.0}$——最小制动电流整定值；

S——比率制动特性的斜率。

满足上述两个方程差动元件动作。

各侧电流的方向都以指向发电机为正方向，见图2-4，其中：

差动电流为

$$I_d=|\dot{I}_T+\dot{I}_N|$$

制动电流为

$$I_{res}=\left|\frac{\dot{I}_T-\dot{I}_N}{2}\right|$$

式中，$\dot{I}_T$、$\dot{I}_N$ 分别为机端、中性点电流互感器（TA）二次侧的电流。TA 的极性见图 2-4。极性的标示按减极性标示，即电流从电流互感器的一次侧的同极性端流进，则二次侧将从同极性端流出。根据工程情况，也可将极性端定义为靠近发电机侧。

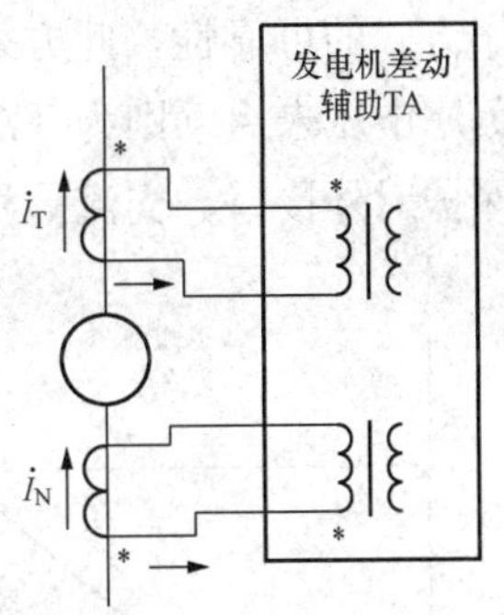

图 2-4　电流极性接线示意图

（2）DGT-801 型单相动作方式的差动保护。

DGT-801 型单相动作方式的发电机纵差保护逻辑框图如图 2-5 所示。单相差动方式差动保护逻辑关系是任一相差动保护动作即可出口跳闸（与传统差动保护同），另配有 TA 断线检测功能，TA 断线时瞬时闭锁差动保护，且延时发 TA 断线信号。这种保护适用于发电机额定电流不大的小机组（对额定电流大的发电机，TA 断线可能产生危及人身和设备的过电压，不宜用闭锁保护的方式，由于这种保护不闭锁差动保护，所以 TA 断线保护动作于跳闸即属于正确动作）。单相动作方式的差动保护对外接口，交流信号要求取发电机机端以及中性点侧 TA 的三相电流（包括中性点 N 线）；跳闸出口则是通过把全停（全跳）出口干簧插件板上的跳闸触点引接到端子排实现；并行信号是由信号插件板上的触点提供，并被引接到对外端子排；串行信号则由总的微机串行口提供，并接到对外端子排。

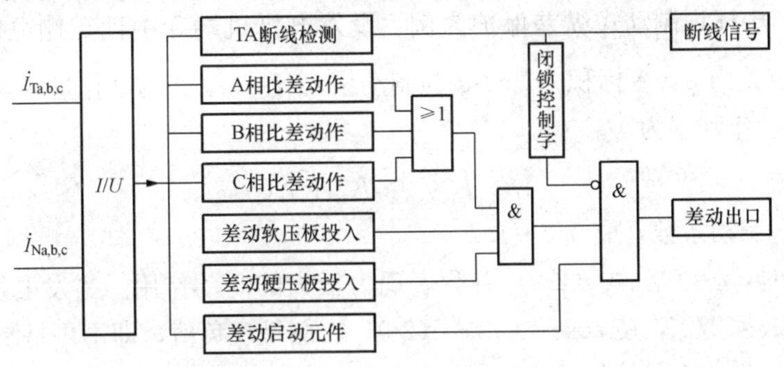

图 2-5　发电机纵差保护逻辑框图

（3）DGT-801 兼有单相动作方式的循环闭锁式纵差保护。

兼有单相动作方式的循环闭锁式差动保护出口逻辑如图 2-6 所示。循环闭锁至少有两相差动动作才启动出口，可有效防止误动。但为防止一点在区内，一点在区外引起的保护拒动，还设有单相受负序电压闭锁的逻辑。该保护一般用于较大机组。循环闭锁的作用是提高保护动作的可靠性，它主要是保护内部相间短路。单相动作方式，是为了补救故障点一点在区内而一点在区外时循环闭锁可能形成一相保护拒动，为提高单相动

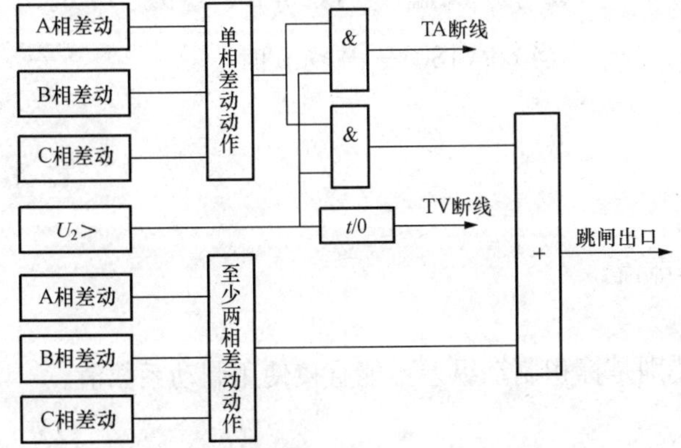

图 2-6　循环闭锁式发电机纵差保护出口逻辑框图

作方式的可靠性，此方式设有负序电压闭锁，其定值一般可取 6~8V。若单相差动动作而负序电压未启动则为 TA 断线信号。这种方式常用于大机组或较大机组。循环闭锁式差动保护对外接口，交流信号也要求取发电机机端 TV 三相电压信号，发电机机端以及中性点侧（包括中性点 N）TA 的三相电流；跳闸出口也是通过把全停（全跳）出口插件板上的跳闸触点引接到端子排实现；并行信号同样是由信号插件板上的触点提供并被引接到对外端子排；串行信号则由总的微机串行口提供，并接到对外端子排。

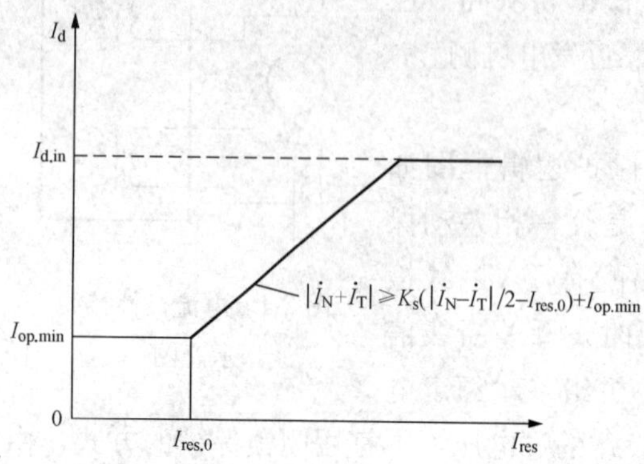

图 2-7 典型比率制动特性曲线

微机发电机比率制动式差动保护的制动特性曲线通常如图 2-7 所示，其中 $I_{d.in}$ 为防止 TA 饱和引起拒动而增设的差动电流速断。此特性曲线与式（2-7）和式（2-8）动作方程相对应，可相互对比理解。

（二）标识制动式纵差保护

1. 保护原理及动作判据

以 DGT-801 标识制动式纵差保护为例，设发电机机端和中性点侧电流分别为 $\dot{I}_t$ 和 $\dot{I}_n$，它们的相位差为 φ，令标积 $I_t I_n \cos\varphi$ 为制动量，$|\dot{I}_t-\dot{I}_n|^2$ 为动作量，构成标积制动式纵差保护，其动作判据为

$$|\dot{I}_t-\dot{I}_n|^2 \geqslant K_{res} I_t I_n \cos\varphi \tag{2-9}$$

式中 K_{res}——制动系数，取 0.8~1.2。

外部短路时，$\varphi=0°$，式（2-9）右侧表现为很大的制动作用。当发电机内部短路时，可能呈现 $90°<\varphi<270°$，使 $\cos\varphi<0$，式（2-9）右侧呈现负值，即不再是制动量而是助动量，保护灵敏动作。本保护仅反应相间短路故障。

实用的标识制动式纵差保护，还要考虑最小动作电流的整定以及制动拐点电流等，其动方程为

$$\begin{cases} |\dot{I}_n+\dot{I}_t| \geqslant K_t[\sqrt{I_n I_t \cos(180°-\theta)}-I_{res.0}]+I_{op.min} & \text{当 } \cos(180°-\theta)>0 \text{ 时} \\ |\dot{I}_n+\dot{I}_t| \geqslant K_t(\sqrt{0}-I_{res.0})+I_{op.min} & \text{当 } \cos(180°-\theta)\leqslant 0 \text{ 时} \\ |\dot{I}_n+\dot{I}_t| \geqslant I_{op.min} \end{cases} \tag{2-10}$$

式中 $I_{res.0}$——制动曲线拐点制动电流；

$I_{op.min}$——差动起始（最小）动作电流；

K_t——制动曲线的斜率。

制动曲线斜率不同于制动系数，特别是标积制动纵差不能直接使用制动系数值。

2. 保护动作特性曲线

标识制动发电机纵差保护的动作特性曲线如图 2-8 所示，其中文字符号意义见

式（2-9）和式（2-10）。

（三）RCS-985 变制动系数（斜率）比率差动保护

随着外部故障短路电流的增大，由于电流互感器更加饱和等原因出现的不平衡电流可能会更大，变制动系数的好处是随着外部故障短路电流的增大也进一步增大制动系数，从而对预防外部故障的误动更为有效。当然长期运行经验证明前面介绍的具有固定制动系数的差动保护，只要制动系数确定的合适，也能保证动作的可靠性，因而也得到了广泛的应用。

变制动系数（斜率）比率差动保护的动作特性曲线如图 2-9 所示，其中包括了差动电流速断电流时间动作曲线（横直线），比率差动动作特性曲线，该曲线实质为三段组成，对应于横坐 I_n 和 nI_n，第一部分为起始斜率部分；第二部分为变比率斜率部分（主要随制动系数增量变化，它可根据相关参数通过保护软件自行计算），第三部分为最大比率斜率部分。动作判据如下

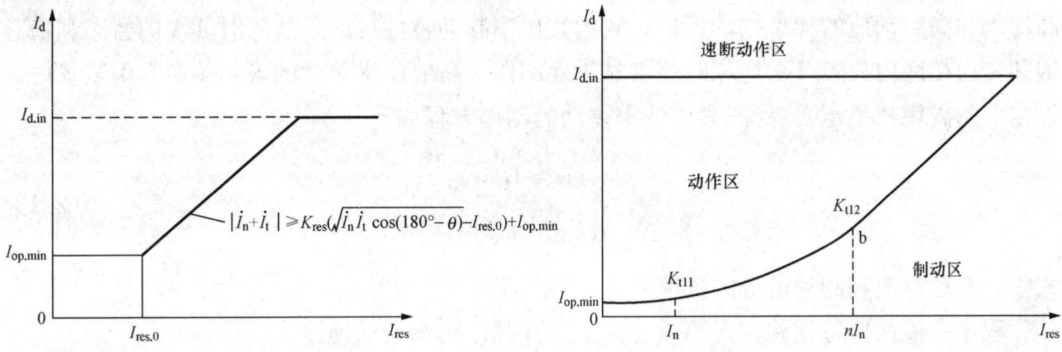

图 2-8　发电机标识制动差动保护的动作特性曲线　　图 2-9　变制动系数比率差动保护动作特性

$$\begin{cases} I_d > K_t I_r + I_{op.min} & (I_r < nI_n \text{ 时}) \\ K_t = K_{t.0} + \Delta K_t (I_r/I_c) \\ I_d > K_{t.max}(I_r - nI_n) + b + I_{op.min} & (I_r \geqslant nI_n \text{ 时}) \\ \Delta K_t = (K_{t.max} - K_{t.0})/(2n) \\ b = (K_{t.0} + \Delta K_t n) nI_n \end{cases} \tag{2-11}$$

其中

$$\begin{cases} I_r = \dfrac{|\dot{I}_1 + \dot{I}_2|}{2} \\ I_d = \dot{I}_1 - \dot{I}_2 \end{cases} \tag{2-12}$$

式中　I_d——差动电流；

I_r——制动电流；

$I_{op.min}$——差动电流启动定值；

I_n——发电机额定电流。

两侧电流定义如下：

对于发电机差动、励磁机差动，其中 I_1、I_2 分别为机端、中性点侧电流。

对于裂相横差，其中 I_1、I_2 分别为中性点侧两分支组电流。

比率制动系数定义如下：

K_t 为比率差动制动系数；

$K_{t.0}$为起始比率差动斜率，定值范围为 0.05～0.15，一般取 0.05；

$K_{t.max}$为最大比率差动斜率，定值范围为 0.30～0.70，一般取 0.5，由计算确定，见第六章示例；

n 为最大比率制动系数时的制动电流倍数，由计算确定，详见第六章示例，小于 4 时取 4；

ΔK_t 为比率差动制动系数增量，由保护装置根据给定的 $K_{t.max}$和 $K_{t.0}$及 n 计算。

RCS-985 高值比率差动的原理。通常 RCS-985 高值比率差动与 RCS-985 变制动系数（斜率）比率差动保护及比率差动保护结合使用，为的是进一步提高 RCS-985 比率差动保护的性能，避免区内严重故障时 TA 饱和等因素引起的比率差动延时动作，他特装设有一高比例和高启动值的比率差动保护，利用其比率制动特性抗区外故障时 TA 的暂态和稳态饱和，而在区内故障 TA 饱和时能可靠正确动作。高值比率差动的各相关参数由装置内部设定（勿需用户整定）。稳态高值比率差动的动作方程如下

$$\begin{cases} I_d > 1.2I_n \\ I_d > 0.7I_r \end{cases} \tag{2-13}$$

式中，差动电流和制动电流的选取同上。

程序中依次按每相判别，当满足以上条件时，比率差动动作。

RCS-985 设有差动速断保护，当任一相差动电流大于差动速断整定值时瞬时动作于出口继电器。其原理与前面介绍的比率差动保护相同。

RCS-985 变制动系数比率差动保护的动作逻辑框图参见图 2-10，它主要包括差动电流速断部分、高值比率差动部分和比率差动部分几个模块，各部分的与或门关系读者不难自行分析。

需要商榷的问题，由上面所介绍的标积制动或比率制动的差动保护动作方程可见，这种利用内部故障动作电流相量相加，而制动电流相量相减原理的保护并不能绝对提高不能大角度改变电流方向的内部短路保护的灵敏性。例如，发生在发电机中性点侧的匝间短路而导致的绕组间短路，这时对外的负荷电流方向可能并无实质性变化（变压器绕组内部匝间短路，负荷电流方向未改变的事例，在现场实际事故录波中已有例证）。因此，在发电机绕组故障时也可能存在有类似的情况，故有时该保护可能并不提高不足以改变负荷电流方向的内部绕组短路时保护的灵敏性，甚至在某些情况下会发生导致拒动的严重后果，比如发生在中性点附近的相间短路（由定子接地或匝间短路导致），其对外的负荷电流方向不变，而中性点侧的电流却很大（电抗与匝数的平方成正比下降，而电势是与匝数的一次方成正比下降），而方向的变化却不足以改变制动量的性质，这将可能影响到保护动作行为的灵敏性或正确性。虽在严重故障情况下，它可大大提高严重内部故障时的动作灵敏性，但传统的只在发电机出线端设制动的比率制动的差动保护却有着良好的可靠性能和足

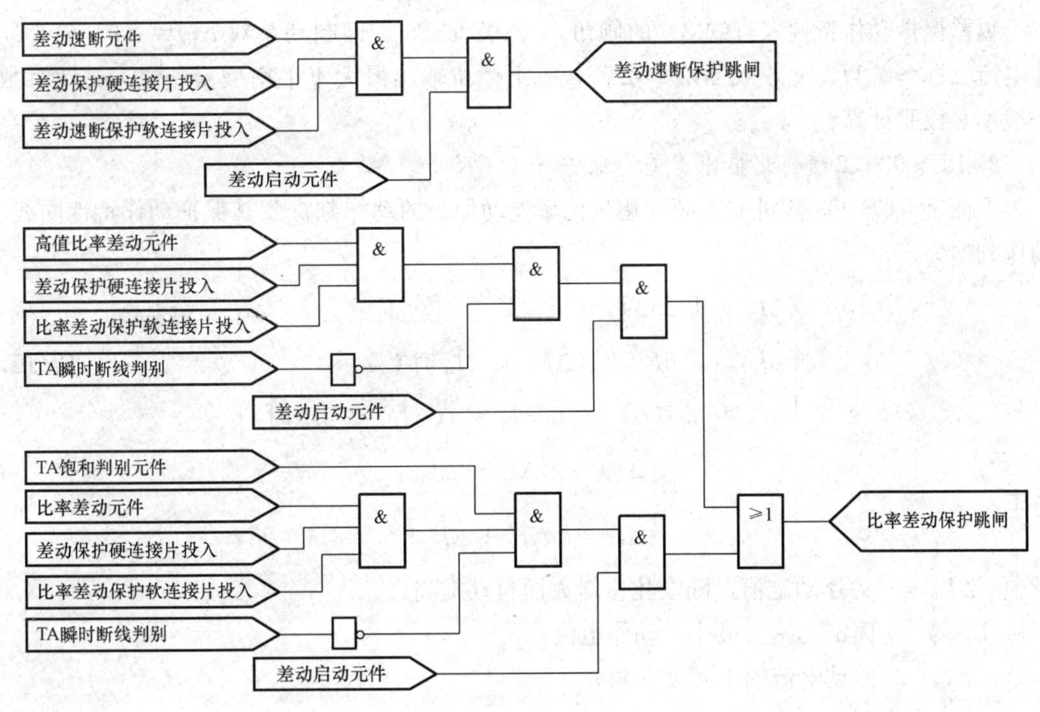

图 2-10　变制动斜率比率差动保护逻辑框图

够高的灵敏度。因此，对具有集中阻抗的元件，按内部故障制动相减（或助动），外部故障制动相加设计的差动保护的使用，值得进一步研究。而传统的只在发电机出线侧设制动的保护原理仍然有其优越性。

（四）故障分量比率制动式纵差保护

1. DGT-801 故障分量比率制动式纵差保护

该保护只与发生短路后的故障分量（或称增量）有关，与短路前的穿越性负荷电流无关，故有提高纵差保护灵敏度的效果。本保护仅反应相间短路故障，其动作判据为

$$|\Delta\dot{I}_t-\Delta\dot{I}_n|\geqslant K_{res}\left|\frac{\Delta\dot{I}_t+\Delta\dot{I}_n}{2}\right| \tag{2-14}$$

式中　$\Delta\dot{I}_t$——发电机机端侧故障分量电流；

$\Delta\dot{I}_n$——发电机中性点侧故障分量电流。

故障分量纵差保护的动作特性如图 2-11 所示，其中 $\Delta\dot{I}_d=\Delta\dot{I}_t-\Delta\dot{I}_n$，$\Delta\dot{I}_{res}=\frac{1}{2}|\Delta\dot{I}_t+\Delta\dot{I}_n|$；直线 1 为故障分量纵差保护在正常运行和外部短路时的制动特性；直线 2 为故障分量纵差保护在内部短路时的动作特性，其斜率 $S\geqslant2.0$；直线 3 为故障分量纵差保护的整定特性。

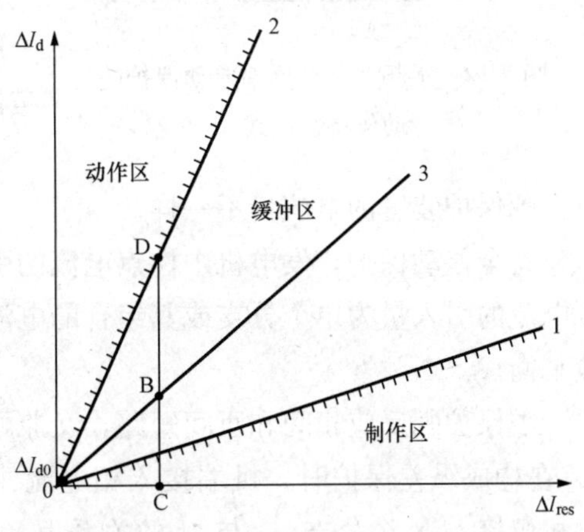

图 2-11　故障分量比率制动式纵差保护动作特性

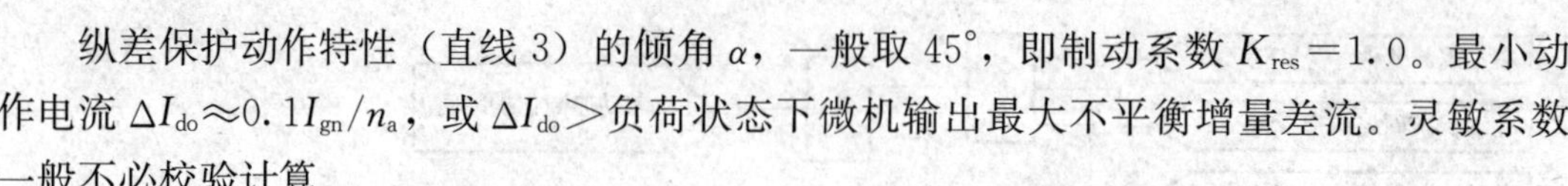

纵差保护动作特性（直线 3）的倾角 α，一般取 45°，即制动系数 $K_{res}=1.0$。最小动作电流 $\Delta I_{do}\approx 0.1I_{gn}/n_a$，或 $\Delta I_{do}>$负荷状态下微机输出最大不平衡增量差流。灵敏系数一般不必校验计算。

2. RCS-985 工频变化量比率差动保护

下面是 RCS-985 微机型工频变化量比率差动保护的动作判据及其保护动作特性曲线，动作判据为

$$\begin{cases}\Delta I_d > 1.25\Delta I_{op} + I_{op.min} \\ \Delta I_d > 0.6I_r \quad (\Delta I_{res} < 2I_n \text{ 时}) \\ \Delta I_d > 0.75\Delta I_{res} - 0.3I_n \quad (\Delta I_{res} < 2I_n \text{ 时})\end{cases} \tag{2-15}$$

其中

$$\begin{cases}\Delta I_{res} = |\Delta I_N + \Delta I_T| \\ \Delta I_d = |\Delta \dot{I}_N + \Delta \dot{I}_T|\end{cases} \tag{2-16}$$

式中 ΔI_{op}——为浮动定值，随变化量增大而自动提高；

$I_{op.min}$——固定起始（最小）动作电流；

ΔI_d——差动电流的工频变化量；

ΔI_{res}——制动电流的工频变化量；

I_n——发电机的额定电流；

ΔI_N——发电机中性点侧电流的工频增量。

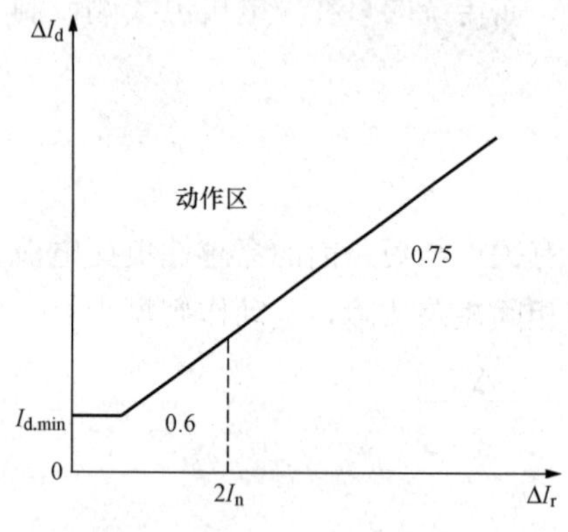

图 2-12 工频变化量比率差动保护的动作特性曲线

该保护对发电机内部小电流故障可提高故障检测的灵敏度，其保护动作特性曲线见图 2-12。由图 2-12 可见，其纵横坐标都是以增变量为准，工频变化量比率差动保护的制动电流选取与稳态比率差动保护不同。工频变化量比率差动的各相关参数由装置内部设定，设计院不需整定计算。

（五）不完全纵差保护

不完全差动保护是一种新的保护连接方式，一般用于水轮发电机组。它使用的保护原理仍然是比率制动差动保护和标积制动差动保护原理。

不完全差动保护和完全差动保护的差别在于引入到保护装置的电流量不一样。

完全差动保护，发电机中性点电流的引入量为相电流。不完全差动保护，发电机中性点电流的引入量为单个分支或其组合的电流量。二次电流的不相等，可以由硬件或通道系数平衡。

本保护既反应相间和匝间短路，又兼顾分支开焊故障。设定子绕组每相并联分支数为 α，在构成纵差保护时，机端接入相电流［见图 2-13（a）中的 TA2］，但中性点侧 TA1 每相仅接入 N 个分支，α 与 N 的关系为

$$1 \leqslant N \leqslant \frac{\alpha}{2} \tag{2-17}$$

式中，α 与 N 的取值见表 2-2。

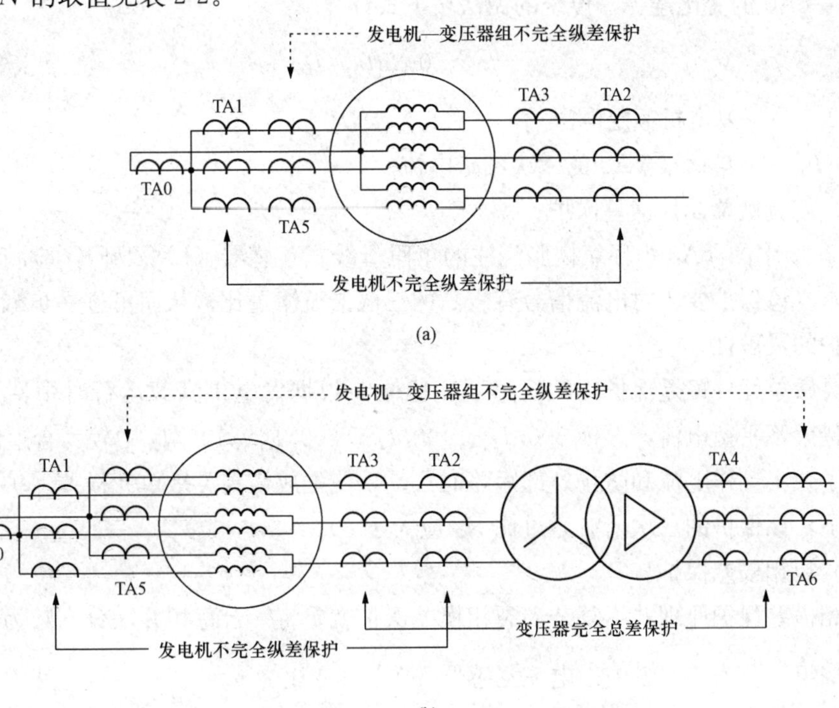

图 2-13　发电机和发变组纵联差动保护的电流互感器配置

(a) 发电机电流互感器配置；(b) 发电机—变压器组电流互感器配置

表 2-2　　**α 与 N 的关系取值**

α	2	3	4	5	6	7	8	9	10
N	1	1	2	2	2 或 3*	2 或 3*	3 或 4*	3 或 4*	4 或 5*

* 与装设一套或两套单元件横差保护有关。

图 2-13（a）中互感器 TA1 与 TA2 构成发电机不完全纵差保护。TA5 与 TA6 构成发电机—变压器组不完全纵差保护，而 TA3 与 TA4 构成变压器的完全纵差保护。TA1 的变比按 $n_a = \frac{I_{gn}}{a} N / I_{2n}$ 条件选择；TA2 的变比按 I_{gn}/I_{2n} 条件选取，因此 TA1 的变比一定不同于 TA2 的。对于微机保护，TA1、TA2 可取相同变比，由软件调平衡。

图 2-13（b）表示发电机中性点侧引出 4 个端子的情况，TA1 和 TA5 装设在每相的同一分支中。

本保护不仅反应相间短路，还能对匝间短路和分支开焊起保护作用，其基本原理是利用定子各分支绕组间的互感，使未装设互感器的分支短路时，不完全纵差保护仍可能动作。

（六）单元件横差保护

本保护反应匝间短路和分支开焊以及机内绕组相间短路。

(1) 传统单元件横差保护。

图 2-13 (a) 和图 2-13 (b) 中，接于发电机中性点连线的互感器 TA0 用于单元件横差保护。TA0 的变比选择，传统的做法按下式计算

$$n_a \approx 0.25 I_{GN}/I_{2n} \tag{2-18}$$

式中 I_{GN}——发电机额定电流；

I_{2n}——互感器 TA0 的二次额定电流。

(2) 高灵敏单元件横差保护。

图 2-13 中的 TA0 为环氧树脂浇注的单匝母线式互感器（LMZ 型），应满足动、热稳定的要求。该保护要求对电流信号有较高的三次谐波滤过比，从而可进一步减小动作电流提高保护的灵敏性。

高灵敏单元件横差保护用的互感器变比 n_a，根据发电机满载运行时中性点连线可能出现的最大不平衡电流，选择 $600/I_{2n}$、$400/I_{2n}$、$200/I_{2n}$、$100/I_{2n}$ 中较为合适的变比。

为了减小动作电流和防止外部短路时误动，使之成为高灵敏单元横差保护，在额定频率工况下，该保护的三次谐波滤过比 K_3 应大于 80。

(3) 裂相横差保护。

裂相横差保护原理并不复杂，裂相横差保护就是将一台每相并联分支数为偶数的发电机定子绕组一分为二，各配以电流互感器 TA，其变比为 $n_a=\frac{1}{a}I_{GN}/I_{2n}$，其中 α 为每相并联分支数。

裂相横差保护也可应用于每相并联分支数为奇数的发电机，此时两个互感器的变比将不同，或者仍用相同变比 $n_a=\frac{1}{a}I_{gn}/I_{2n}$，增设中间互感器平衡；使用微机保护可用软件调平衡。

该保护采用比率制动原理，即外部故障制动量相对较大，内部故障差动量相对较大。

三、差动保护整定计算

1. 发电机额定电流计算

$$I_{GN}=\frac{P_N/\cos\varphi}{\sqrt{3}U_{GN}} \tag{2-19}$$

$$I_{gn}=\frac{I_{GN}}{n_a} \tag{2-20}$$

式中 P_N——发电机额定容量；

$\cos\varphi$——发电机功率因数；

U_{GN}——发电机机端额定电压；

I_{GN}——发电机一次额定电流；

I_{gn}——发电机二次额定电流；

n_a——发电机 TA 变比。

2. 比率制动特性纵差保护整定计算

比率制动式差动保护应用最为广泛。要确保根据该原理实现比率制动特性差动保护动作的正确性，特别需要正确确定保护的有关系数和电流、电压起始动作值。不了解这些基本数据就不会正确使用比率制动式差动保护，也解决不好现场的实用问题。

（1）最小动作（启动）电流 $I_{op.min}$（或标示为 $I_{op.0}$）。

最小动作电流按躲过正常工况下最大不平衡差流来整定，确定差动保护的最小动作电流，即确定图 2-7 中动作电流 $I_{op.0}$ 在纵坐标上的点，动作方程为

$$I_{op.0} = K_{rel} \times 2 \times 0.05 I_{GN}/n_a (或\ I_{op.0} = K_{rel} I_{unb.0}) \tag{2-21}$$

式中　K_{rel}——可靠系数，可取 1.5～2；

I_{GN}——发电机额定电流；

$I_{unb.0}$——发电机额定负荷状态下，实测差动保护中的不平衡电流。

一般整定计算可取 $I_{op.0}=(0.2\sim0.40)I_{GN}/n_a$，如果现场实测 $I_{unb.0}$ 较大，则应尽快查清 $I_{unb.0}$ 增大的原因，并予消除。不平衡差流产生的原因：主要是差动保护两侧 TA 的变比误差，保护装置中通道回路的调整误差（对于不完全纵差，尚需考虑发电机每相各分支电流的不平衡）。

发电机内部短路时，特别是靠近中性点经过渡电阻短路时，机端或中性点侧的三相电流可能不大，为保证内部短路时的灵敏度，最小动作电流 $I_{op.0}$ 不应无根据地增大，也不宜整定太小引起误动。根据经验通常为避免误动一般可取 $0.3I_n$，其中 I_n 为发电机差动保护电流互感器的二次额定电流。

（2）拐点电流 $I_{res.0}$。

$I_{res.0}$ 的大小，决定保护开始产生制动作用的电流大小，可按外部故障切除后的暂态过程中产生的最大不平衡差流整定。不完全纵差取值稍大，但实际准确计算比较困难。一般按 $I_{res.0}=(0.5\sim1)I_{gn}$ 确定制动特性的拐点。拐点横坐标为

$$I_{res.0} = (0.5 \sim 1.0) I_{GN}/n_{TA} \tag{2-22}$$

（3）比率制动系数 K_{res}（曲线斜率）。

按最大外部短路电流下差动保护不误动的条件，确定制动特性，并计算最大制动系数。躲过最大动作电流为 $I_{op.max}$，其值为

$$I_{op.max} = K_{rel} I_{unb.max} \tag{2-23}$$

式中　K_{rel}——可靠系数，取 1.5～2。

其中发电机外部短路时，差动保护的最大不平衡电流由下式进行估算

$$I_{unb.max} = K_{ap} K_{cc} K_{er} I_{k.max}^{(3)}/n_{TA} \tag{2-24}$$

式中　K_{ap}——非周期分量系数，取 1.5～2.0；

K_{cc}——互感器同型系数，取 0.5；

K_{er}——互感器比误差系数，取 0.1；

$I_{k.max}^{(3)}$——最大外部三相短路电流周期分量。

对应的最大短路电流 $I_{k.max}^{(3)}$ 与最大制动电流 $I_{res.max}$ 相对应。最大制动系数 $K_{res.max}$ 按下式计算

$$K_{res.max}=I_{op.max}/I_{res.max}=K_{rel}K_{ap}K_{cc}K_{er} \tag{2-25}$$

该比率制动特性的斜率 S 为

$$S=\frac{I_{op.max}-I_{op.0}}{(I_{k.max}^{(3)}/n_a)-I_{res.0}} \tag{2-26}$$

经验值一般取 0.3～0.5。

根据上述计算确定的制动特性，通常可保在负荷状态和最大外部短路暂态过程中可靠不误动。

按上述原则整定的比率制动特性，当发电机机端两相金属性短路时，差动保护的灵敏系数一定满足要求，不必进行灵敏度校验。

K_{res}应按躲过区外三相短路时产生的最大暂态不平衡差流来整定。通常，对发电机完全纵差，为了在确保灵敏性的基础上保证外部故障时不误动作，通常制动系数取 $K_{res}=0.3\sim0.5$，经验证明一般情况下取 0.4 是可以的。

(4) 负序电压 U_2。

解除循环闭锁的负序电压（二次值）一般可取 $U_2=0.07U_n$，其中 U_n 为发电机电压互感器的二次额定线电压。

(5) 差动速断倍数 $I_{d.in}$。

差动速断具有防电流互感器饱和差动保护拒动时的辅助保护作用，对于发电机的差动速断，其作用也相当于差动保护的高定值，应按躲过区外三相短路时产生的最大不平衡差流来整定。为可靠，可取 $I_s=(4\sim6)I_n$（倍），一般取 4 倍即可，因为一般发电机内部的短路电流倍数不太高。

(6) 解除电流互感器断线功能差流倍数 I_{cb}。

若采用电流互感器断线闭锁差动保护时，差流如果过大就说明是发生故障了，此时必须解除电流互感器断线闭锁，允许差动保护动作，否则会导致保护出口拒动，有损设备的安全，通常取 $I_{cb}=(0.8\sim1.2)I_n$(倍)。

3. 不完全差动保护整定计算

比率制动特性发电机不完全纵差保护的整定计算工作，除互感器变比选择不同于完全纵差保护外，其余均可参考比率制动特性完全差动保护整定计算，但当两端 TA 不同型号时，互感器的同型系数应取 $K_{cc}=1.0$。

第三节　定子绕组匝间短路保护

一、定子绕组匝间短路保护装设原则

(1) 对定子绕组为星形接线、每相有并联分支且中性点侧有分支引出端的发电机，应装设零序电流型横差保护，或裂相横差保护、不完全纵差保护。

(2) 50MW 及以上发电机，当定子绕组为星形接线，中性点只有 3 个引出端子时，根据用户和制造厂的要求，也可装设专用的匝间短路保护。

发电机是否装设匝间保护，国内曾经有两种不同的意见，一种认为发电机定子绕组的

结构不会引起匝间短路，有 100%定子接地保护，可不装设（国外许多都不装设）；另一种意见认为，发电机定子绕组有发生匝间短路的可能，如引线部分，希望装设匝间保护。目前制造厂配套产品一般都配有匝间保护，故对中性点只有 3 个引出端子的发电机，目前设计时一般都按装设匝间保护设计。

对中性点有 3 个引出端子的大容量发电机的匝间保护，目前一般采用定子零序电压式保护装置。还有的采用负序功率增量 ΔP_2 作为匝间保护的动作判据。匝间短路保护应动作于全停。

二、匝间短路保护一些要求

发电机定子匝间短路时，会有零序电流和零序电压产生，发电机单相接地时，也有零序电流和零序电压。因此，两者必须区分。为此目的，可采用图 2-14 所示的零序电压匝间保护的原理接线，把发电机中性点与发电机出口端电压互感器的中性点用电缆连接起来，该电压互感器的一次侧中性点不能接地（要求该电压互感器为全绝缘的），这样，当定子绕组发生匝间短路时，就有零序电压加到电压互感器的一次侧，于是，在其二次侧开口三角形出口处就有零序电压输出，可使电压继电器动作。当发电机定子绕组发生单相接地故障时，虽然一次系统也出现零序电压，但发电机输出端每相对中性点的电压仍然是对称的。因此，电压互感器的一次侧三相对中性点的电压同样是完全对称的，它的开口三角形绕组输出电压仍为零，故保护不会动作。

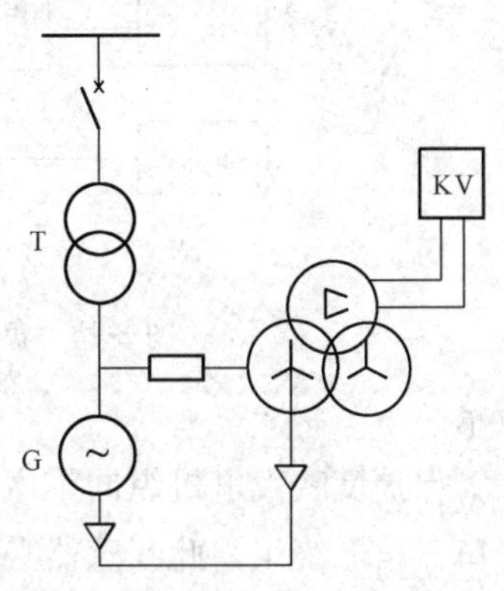

图 2-14　零序电压式匝间保护原理接线图

当外部相间短路时，零序电压保护也反应不平衡电压，为了保证保护动作有足够灵敏性，在外部短路时又不误动作，可增设防止误动作的闭锁元件，一般选用负序功率方向模块或负序功率增量方向模块作为闭锁，有的为动作更为可靠，另外还增加了外部故障谐波制动判据，或采用了电流比率制动判据。经验证明采用专用电压互感器以纵向零序电压作为保护动作量，而以负序功率或增量方向作为闭锁较为可靠，目前采用专用电压互感器以纵向零序电压作为匝间保护的用户非常普遍。

上述不完全差动保护以及横差保护和专用匝间保护不仅能保护匝间短路，并且对发电机定子绕组开焊故障也能反应。诚然发电机定子绕组焊接质量（不开焊）应该由发电机制造厂保证，然而在实际运行中，发电机定子绕组开焊故障也不是绝对没有的。因此，发电机定子匝间保护能兼顾发电机定子开焊故障还是很有意义的，这也是装设匝间保护的另一好处。

应当指出，为使一次设备安全，电压互感器的高压侧通常需装设高压熔断器。为防止熔断器熔断而导致保护误动作，采用专用电压互感器的纵向零序电压匝间保护还需要设计电压断线闭锁接线。

三、两种微机保护原理简介

（1）发电机负序功率方向闭锁式定子匝间短路保护，其保护的逻辑框图如图 2-15

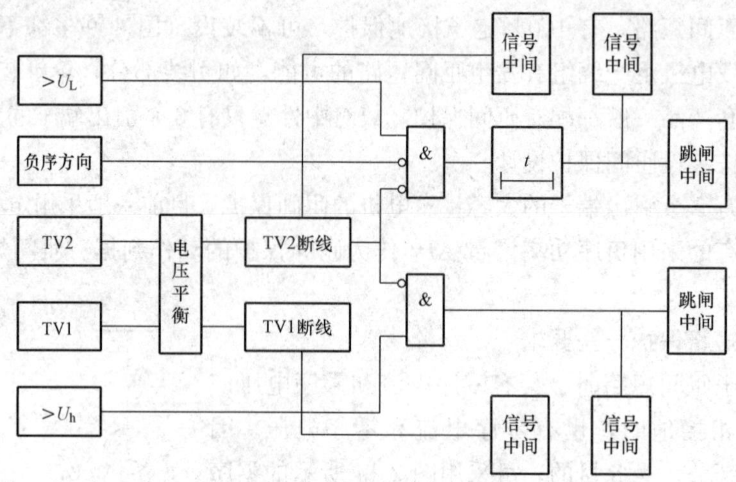

图 2-15　负序功率方向闭锁式定子匝间短路保护逻辑框图

所示。

保护反映发电机纵向零序电压的基波分量。“零序”电压取自机端专用电压互感器的开口三角形绕组，此互感器必须是三相五柱式或三个单相式，其中性点与发电机中性点通过高压电缆相连。“零序”电压中三次谐波不平衡量由数字傅氏滤波器滤除。

为准确、灵敏反应内部匝间故障，同时防止外部短路时保护误动，本方案以负序功率方向（或其他量制动）作为特征量的变化来区分内部和外部故障。

为防止专用电压互感器断线时保护误动作，本方案采用可靠的电压平衡继电器作为互感器断线闭锁环节。

本保护能在一定负荷下反应双星形接线的定子绕组分支开焊故障。

保护分以下两段：

1）Ⅰ段为高定值（图 2-15 中为$>U_h$）段，动作值必须躲过任何外部故障时可能出现的基波不平衡量，保护瞬时出口。

2）Ⅱ段为灵敏段，即低定值段（图 2-15 中为$>U_L$）：动作值应可靠躲过正常运行时出现的最大基波不平衡量，并利用“零序”电压中三次谐波不平衡量的变化来进行制动。保护可带 0.1～0.5s 延时出口以保证动作的可靠性，防止干扰或暂态不平衡引起误动。

保护引入专用电压互感器开口三角绕组零序电压，断线闭锁电压平衡继电器用两组电压互感器电压量，保护相当于用负序功率方向的触点来区分发电机的内部短路和外部短路。

(2) WFB-800 故障分量负序方向（ΔP_2）匝间保护。

1）方案一（不需引入发电机纵向零序电压，仅用故障分量负序）。

保护主要装在发电机端。也可装于发变组主变高压侧，不仅可作为发电机内部匝间短路的主保护还可作为内部相间短路及定子绕组开焊的保护，其保护逻辑框图如图 2-16 所示。

需要说明的是：本保护定义的负序功率 ΔP_2 并非发电机机端故障前后负序功率之差，而是利用故障分量的负序功率增量作判据，虽能判断是外部还是内部发生不对称故障，但

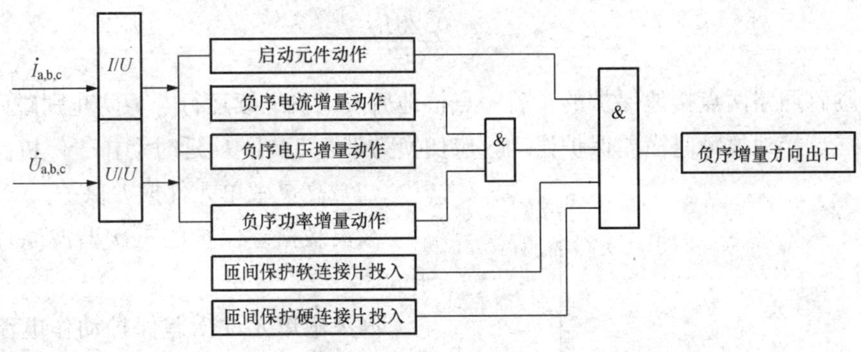

图 2-16　故障分量负序方向匝间保护方案一逻辑框图

是当外部短路切除时，发电机突然失去输入的负序功率，也即相当于增加输出负序功率，保护装置将误判为发电机内部故障。由于傅立叶算法及滤序算法都是基于稳态正弦波周期分量推导出的，利用频率跟踪技术和序分量补偿的方法可躲过暂态过程中误判方向的问题。

2）方案二（纵向零序电压与负序增量 ΔP_2）。

故障分量负序方向元件采用图 2-16 所示的逻辑，方案二的综合框图见 2-17 匝间保护。在并网前，因 $\Delta I_2=0$，则故障分量负序方向元件拒动，仅由纵向零序电压元件经短延时 $t_1=50\sim100\text{ms}$ 实现匝间保护。在并网后，由于不允许纵向零序电压元件单独出口，为此以过电流 $I>I_{\text{set}}$ 闭锁该判据，固定 $I_{\text{set}}=0.06I_{\text{n}}$。

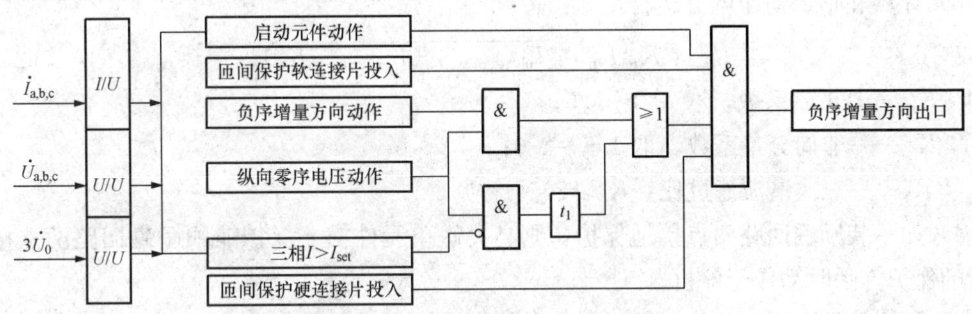

图 2-17　匝间保护方案二综合逻辑框图

四、定子绕组匝间短路保护整定计算

1. 横联差动保护

(1) 普通单元定子绕组回路相间短路横联差动保护。

保护动作电流是按躲过外部短路故障时最大不平衡电流以及装置对高次谐波滤过比的大小整定，由于不平衡电流很难确定，因此当横差保护的三次谐波滤过比大于或等于 15 时，在工程设计中可根据以下经验公式计算

$$I_{\text{op.r}}=\frac{(0.2-0.3)I_{\text{GN}}}{n_{\text{a}}} \tag{2-27}$$

式中　I_{GN}——发电机额定电流；

n_{a}——电流互感器变比，一般采用

$$n_a = \frac{0.25 I_{GN}}{5}$$

对有励磁回路两点接地保护的，若一点接地后发电机继续运行，为防止励磁回路发生瞬时性第二点接地故障时横差保护误动，应切换为带 0.5～1.0s 延时动作于停机。

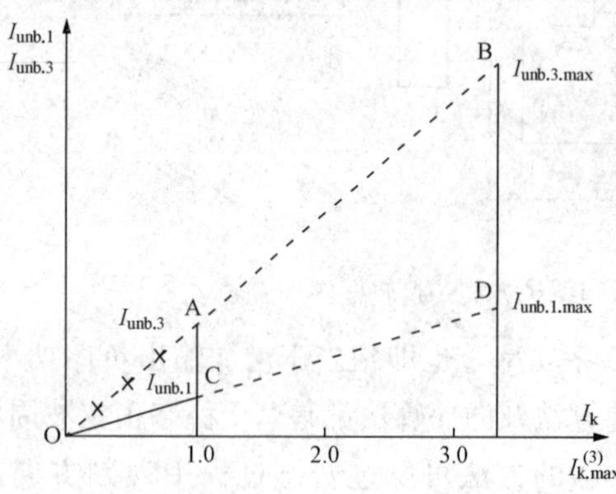

图 2-18　单元件横差保护的不平衡电流（I_{unb}）测试和线性外推

(2) 高灵敏单元件横差保护。

高灵敏横差保护的三次谐波滤过比应大于 80。

高灵敏单元件横差保护动作电流设计值可初选为 $0.05\ I_{GN}/n_a$。

作为该保护动作电流的运行值应如下整定：

1）在发电机作常规短路试验时，实测中性点连线电流的基波和三次谐波分量大小（$I_{unb.1}$ 和 $I_{unb.3}$），此即单元件横差保护的不平衡电流一次值，如图 2-18 所示的 OC 和 OA（近似线性）。

2）将直线 OC 和 OA 线性外推到 $I_{k.max}^{(3)}$（发电机机端三相短路电流），得直线 OCD 和 OAB，确定最大不平衡电流 $I_{unb.1.max}$ 和 $I_{unb.3.max}$。

3）计算和整定动作电流运行值

$$I_{op} = K_{rel} K_{ap} \sqrt{I_{unb.1.max}^2 + (I_{unb.3.max}/K_3)^2} \tag{2-28}$$

式中　K_{rel}——可靠系数，取 1.3～1.5；

K_{ap}——非周分量系数，取 1.5～2.0；

K_3——三次谐波滤过比，$K_3 \geqslant 80$。

4）如不装励磁回路两点接地保护，则高灵敏单元件横差保护兼顾励磁回路两点接地故障的保护，瞬时动作于停机。

5）如该保护中有防外部短路时误动的技术措施，动作电流 I_{op} 只需按发电机额定负荷时横差保护的不平衡电流整定。

(3) 裂相横差保护。

该保护采用比率制动特性，其整定计算与比率制动式纵差保护相似，但最小动作电流 $I_{op.0}$ 和最大制动系数 $K_{res.max}$ 均较大。

$I_{op.0}$ 由负荷工况下最大不平衡电流决定，它由两部分组成，即两组互感器在负荷工况下的比误差所造成的不平衡电流 $I_{unb.1}$；由于定子和转子间气隙不同，使各分支定子绕组电流也不相同，产生的第二种不平衡电流 $I_{unb.2}$。因此，裂相横差保护的 $I_{op.0}$ 比纵差保护的大，即

$$I_{op.0} = (0.15 - 0.30) I_{GN}/n_a \tag{2-29}$$

$$I_{res.0} \leqslant (0.8 - 1.0) I_{GN}/n_a \tag{2-30}$$

最大制动系数 $K_{res.max}$ 可取 0.5～0.6。

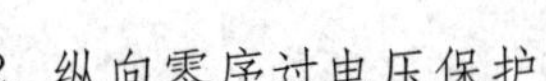

2. 纵向零序过电压保护

该电压由互感器一次中性点与发电机中性点相连而不接地的电压互感器开口三角绕组取得。

(1) 零序过电压保护的动作电压 $U_{0.op}$ 值可初选为

$$U_{0.op} = 2 \sim 3(\mathrm{V})$$

(2) 为防止外部短路时误动作，可增设负序方向继电器，后者相当于具有动合触点，当发电机内部短路时，触点闭合。

3. 故障分量负序方向（ΔP_2）匝间保护

匝间保护逻辑框图见图 2-17，当发电机三相定子绕组发生相间短路、匝间短路及分支开焊等不对称故障时，负序源在故障发生点，系统侧是对称的，则必有负序功率由发电机流出。设机端负序电压和负序电流的故障分量分别为 ΔU_2 和 ΔI_2，则负序功率的故障分量 ΔP_2 为

$$\Delta P_2 = 3R_e(\Delta \dot{U}_2 \Delta \hat{I}_2 e^{-j\varphi}) \tag{2-31}$$

式中 $\Delta \hat{I}_2$ —— $\Delta \dot{I}_2$ 的共轭相量；

φ——故障分量负序方向继电器的最大灵敏角。一般在 75°～85°（$\Delta \hat{I}_2$ 滞后 $\Delta \dot{U}_2$ 的角度）之间。

故障分量负序方向保护的动作判据可近似表示为

$$R_e(\Delta \dot{U}_2 \Delta \hat{I}'_2) > \varepsilon_p \tag{2-32}$$

$$\Delta \hat{I}'_2 = \Delta \dot{I}'_2 e^{j\varphi}$$

实际应用动作判据综合为

$$|\Delta \dot{U}_2| > \varepsilon_u \tag{2-33}$$

$$|\Delta \dot{I}_2| > \varepsilon_i \tag{2-34}$$

$$\Delta P_2 > \varepsilon_p \tag{2-35}$$

式中，ε_u、ε_i、ε_p 为动作门槛。

定值整定根据厂家经验进行：

(1) ε_u 的整定：建议 $\varepsilon_u < 1\%$；

(2) ε_i 的整定：建议 $\varepsilon_i < 3\%$；

(3) ε_p 的整定：根据发电机定子绕组内部故障的计算实例，ΔP_2 大约在 0.1%左右，因此保护 ε_p 固定选取 $\varepsilon_p < 0.1\%$（以发电机额定容量为基准）。

上述 ε_u、ε_i、ε_p 整定值是初选数值，应根据机组实际运行情况作适当修正。

第四节 相间短路后备保护

在发电机的出线侧，如连接在母线上的变压器，线路发生短路相应的保护或断路器拒绝动作时，或在发电机母线上发生短路时，为可靠切除故障均需要在发电机上装设防御相

间短路的后备保护。而且发电机相间短路的主保护也需要后备保护。所以，装设相间短路后备保护就成为基本要求。

一、相间短路后备保护装设原则

对发电机外部相间短路故障和作为发电机主保护的后备，保护装置宜配置在发电机的中性点侧，应按下列规定配置相应的保护：

(1) 对于1MW及以下与其他发电机或与电力系统并列运行的发电机，应装设过流保护。

(2) 1MW以上的发电机，宜装设复合电压（包括负序电压及线电压）启动的过电流保护，灵敏度不满足要求时可增设负序过电流保护。

(3) 50MW及以上的发电机，宜装设负序过电流保护和单元件低压启动过电流保护。

(4) 自并励（无串联变压器）发电机，宜采用带电流记忆（保持）的低压过电流保护。

(5) 并列运行的发电机和发电机变压器组的后备保护，对所连接母线的相间故障，应具有必要的灵敏系数，并不宜低于附录A所列数值。

(6) 本条中规定装设的以上各项保护装置，宜带有二段时限，以较短的时限动作于缩小故障影响的范围或动作于解列，以较长的时限动作于停机。

顺便指出，执行本条应当注意，误切母联断路器。二次回路设计应当避免在发/变内部发生故障，单元保护已经跳开本安装单位断路器时，随即闭锁跳开母联的回路，以防止单元断路器跳开后，带记忆的过流保护又误切母联断路器，从而造成系统解列扩大事故范围。

(7) 对于已按规程装设发电机定子回路定时限和反时限对称过负荷保护以及已按规程装设由定时限和反时限两部分组成的转子表层过负荷（负序过负荷）保护，且保护综合特性对发电机—变压器组所连接高压母线的相间短路故障具有必要的灵敏系数，并满足时间配合要求，可不再装设复合电压启动的过电流保护，其保护宜动作于停机。

在这里需要注意的是对于50MW及以上的发电机，宜装设负序过电流保护和单元件低压启动过电流保护。这一条的本意是简化保护，但由于微机保护可信息共享实现三相式保护并不困难，通常制造厂都是按三相式提供保护，设计院没有必要再坚持要用单原件低压启动过电流保护。还有上述（6）点规定装设的以上各项保护装置，宜带有两段时限，以较短的时限动作于缩小故障影响的范围或动作于解列，以较长的时限动作于停机。请注意，由于发电机是电源，在主保护（如差动保护）动作跳闸后或者自并励发电机，采用带电流记忆（保持）的低压过电流保护，就可能形成过流保护继续动作，若发电机断路器已跳闸，再由后备过电流保护把母联跳闸解列就会扩大事故范围，因此执行这一条需要正确对待，首先可以考虑利用发电机（或发电机—变压器组）断路器的辅助触点（跳闸后）解除发电机过流保护去跳母联的跳闸回路；也可以考虑利用发电机（或发电机—变压器组）出线侧的电流保护启动第一级时限去跳母联断路器，而仅由发电机中性点侧的电流保护启动第二级时限去跳发电机（或发电机—变压器组）断路器。当然也可以由专门的母线解列装置负责解列母联跳闸以缩小故障范围，而发电机过电流保护只断开发电机（或发电机—变压器组）断路器，设计保护时应根据具体情况恰当处理。

发电机微机型复合电压启动的过电流（带记忆）保护逻辑框图见图2-19。该保护由三相过电流保护构成的或门回路与低电压或负序电压构成的电压闭锁回路共同组成与门电路，考虑到目前自并励发电机应用的需要在电流动作回路增设了自保持记忆时间回路。与门保护出口动作于跳发电机（或发电机—变压器组）断路器并发信号。

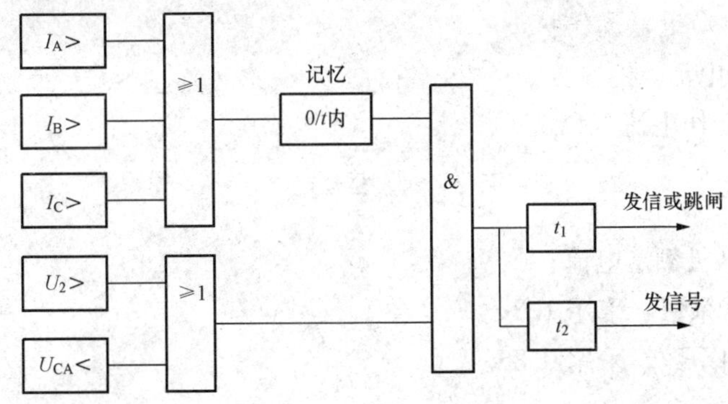

图 2-19　发电机微机型复合电压启动的过电流保护逻辑框图

二、相间短路后备保护整定计算

1. 低电压启动过电流保护

（1）过电流元件的动作电流 $I_{op.2}$ 按发电机额定负荷下可靠返回的条件整定

$$I_{op.2} = K_{rel} I_{GN} / K_r n_a \tag{2-36}$$

式中　K_{rel}——可靠系数，取 1.3～1.5；

K_r——返回系数，取 0.85～0.95。

灵敏系数按主变压器高压侧（或中压侧）母线两相短路的条件校验

$$K_{sen} = \frac{I_{k.min}^{(2)}}{n_a I_{op.2}} \tag{2-37}$$

式中，$I_{k.min}^{(2)}$ 为主变压器高压侧（或中压侧）母线金属性两相短路时，流过保护的最小短路电流；要求灵敏系数 $K_{sen} \geqslant 1.2$。

（2）低电压元件接线电压，动作电压 U_{op} 可按下式整定。

对于汽轮发电机

$$U_{op} = \frac{0.6 U_{GN}}{n_v} \tag{2-38}$$

式中　U_{GN}——发电机额定电压；

n_v——电压互感器变比。

对于水轮发电机

$$U_{op} = \frac{0.7 U_{GN}}{n_v} \tag{2-39}$$

灵敏系数按主变压器高压侧母线三相短路的条件校验

$$K_{sen} = \frac{U_{op} n_v}{X_t I_{k.max}^{3}} \tag{2-40}$$

式中　$I_{k.max}^{3}$——主变压器高压侧母线金属性三相短路时的最大短路电流；

X_t——主变压器电抗，取 $X_t = Z_t$。

要求灵敏系数 $K_{sen} \geqslant 1.2$。

低电压元件的灵敏系数不满足要求时，可在主变压器高压侧增设低电压元件。

保护动作时限应大于下级后备保护一个级差 Δt，一般取 0.3～0.5s。

2. 复合电压启动过电流保护

(1) 保护动作电流。

1) 保护一次动作电流

$$I_{op.1} = \frac{K_{rel}}{K_r} I_{GN} \tag{2-41}$$

式中 I_{GN}——发电机额定电流；

K_{rel}——可靠系数，采用 1.2；

K_r——返回系数，采用 0.85。

2) 二次动作电流

$$I_{op.2} = \frac{I_{op.1}}{n_a} \tag{2-42}$$

(2) 负序电压继电器动作电压按躲过正常运行时的不平衡电压整定

$$U_{2.op.2} = (0.06 \sim 0.08) U_n \tag{2-43}$$

式中 U_n——额定二次相间电压。

(3) 接在相间的低电压继电器动作电压按躲过电动机自启动的条件整定，此外还应躲过失去励磁时的非同步运行方式时的电压降。

1) 一次动作电压

$$U_{op.1} = (0.5 \sim 0.7) U_n \tag{2-44}$$

2) 二次动作电压

$$U_{op.2} = \frac{U_{op.1}}{n_v} \tag{2-45}$$

式中 n_v——电压互感器变比。

(4) 灵敏系数按后备保护范围末端短路进行校验，要求

$$K_{sen} \geqslant 1.2$$

1) 电流元件：当发电机定子绕组为星形接线，并且保护用的电流互感器也接成星形时

$$K_{sen} = \frac{I_{k.min}}{I_{op.1}} \tag{2-46}$$

式中 $I_{k.min}$——后备保护范围末端金属性不对称短路时，通过保护的最小一次稳态短路电流。

2) 负序电压元件

$$K_{sen} = \frac{U_{2.k.min.2}}{U_{2.op.2}} \tag{2-47}$$

式中 $U_{2.k.min.2}$——后备保护范围末端金属性不对称短路时，保护安装处最小负序二次电压。

3) 相间电压元件

$$K_{sen}=\frac{U_{op.1}}{U_{k.max}} \tag{2-48}$$

式中　$U_{k.max}$——后备保护范围末端金属性三相短路时，保护安装处的最大相间电压。

保护动作的时限应大于下一级后备保护的动作时限，大一个级差 Δt，一般 Δt 取 0.3～0.5s。

3. 负序过流保护

负序过电流元件的动作电流 $I_{op.2}$ 按防止负序电流导致转子过热损坏的条件整定，一般按下式整定

$$I_{op.2}=\frac{(0.5\sim0.6)}{n_a}I_{GN} \tag{2-49}$$

式中　I_{GN}——发电机额定电流；

　　　n_a——电流互感器变比。

间接冷却式汽轮发电机用 $0.5I_{GN}$；水轮发电机用 $0.6I_{GN}$；其他发电机可用 $I_{op.2}=(\sqrt{A/120})I_{GN}/n_a$，其中 A 值由电机制造厂给定。

灵敏系数按主变压器高压侧两相短路的条件校验

$$K_{sen}=\frac{I_{2.k.min}^{(2)}}{I_{op.2}n_a} \tag{2-50}$$

式中　$I_{2.k.min}^{(2)}$——主变压器高压侧母线金属性两相短路时，流过保护的最小负序电流；要求灵敏系数 $K_{sen}\geqslant1.5$。

负序过电流保护的动作时限，按大于升压变压器后备保护的动作时限整定，动作于解列或停机。当整定时限与保护发电机安全所允许时限（如 $I_2^2t\leqslant A$，转子负序过负荷允许时限）有矛盾且没有负序电流反时限保护时，应以发电机安全的允许时限为准。

第五节　发电机对称及不对称过负荷保护

一、发电机对称及不对称过负荷保护装设

（一）定子绕组对称过负荷保护

发电机由于外部系统负荷的变化，热力或电气调节系统的原因都可能产生过负荷，为此，对于发电机需装设定子绕组过负荷保护。小机组承受过负荷的裕度较大，对于大容量发电机，由于材料利用率高，其热容量和铜损、铁损之比显著减小。发电机允许的过负荷时间与过负荷大小有关。通常呈反时限特性。

1. 定子绕组对称过负荷保护装设原则

对过负荷引起的发电机定子绕组过电流，应按下列规定装设定子绕组过负荷保护：

（1）定子绕组非直接冷却的发电机，应装设定时限过负荷保护，保护接一相电流，带时限动作于信号。

（2）定子绕组为直接冷却且过负荷能力较低（如低于 1.5 倍、60s），过负荷保护由定时限和反时限两部分组成。

1）定时限部分：动作电流按在发电机长期允许的负荷电流下能可靠返回的条件整定，带时限动作于信号，在有条件时，可动作于自动减负荷。

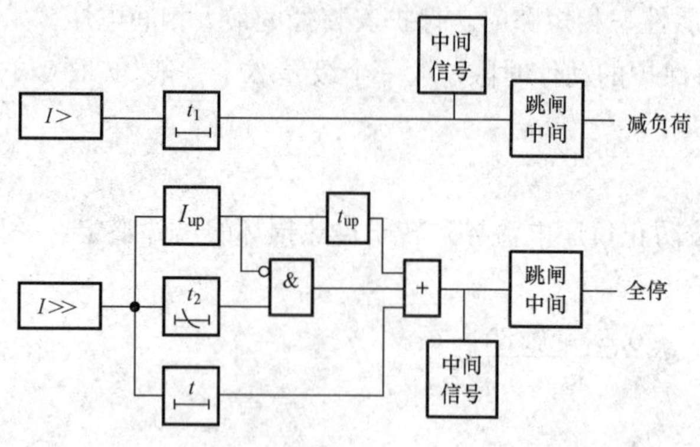

图 2-20　微机型定子绕组过负荷保护逻辑框图

2）反时限部分：动作特性按发电机定子绕组的过负荷能力确定，动作于停机。保护应反应电流变化时定子绕组的热积累过程。不考虑在灵敏系数和时限方面与其他相间短路保护相配合。

2. 保护构成

微机型定子绕组过负荷保护的逻辑框图见图 2-20，定时限过负荷作用于信号，反时限过负荷保护按发电机制造厂保证的过负荷能力（电流与时间特性曲线）要求整定。

定子绕组过负荷保护防止发电机定子过热，电流取自发电机中性点（或机端）电流互感器某相（如 B 相）电流。保护通过发电机定子绕组的电流大小反映过热程度。图 2-20 的上面部分为定时限过负荷，它可以启动减负荷出口，这需要与热控专业配合，当热工自动化系统可以限制过负荷时，电气专业可只给 DCS 系统发信号。图的下面为反时限过流部分，反时限曲线特性由三个部分组成：①上限定时限；②反时限；③下限定时限。其中当达到上限给定值时则按上限定时限动作于全停，当电流值在反时限范围时按反时限对应时间动作于全停，正好等于下限电流动作值时，即按下限给定时间动作于全停。

反时限特性应能较真实地模拟定子的热积累过程，并能模拟散热，即发电机发热后若电流恢复正常时，热积累并不立即消失，而是慢慢地散热消失，如此时电流再次增大，则上一次的热积累应成为该次的初始值。

反时限保护的动作方程为

$$t=\frac{K_{tc}}{I^{*2}-K} \tag{2-51}$$

式中　K_{tc}——定子绕组热容量常数；

I^*——以定子额定电流为基准的标幺值；

t——允许的持续时间，s。

式（2-51）中，$K=(1-\alpha)$ 为考虑到热散效应，又考虑要保证保护曲线落在制造厂保证曲线以下的综合系数，以确保机组安全。

根据《大型发电机变压器继电保护整定计算导则》规定，发电机定子绕组承受的短时过电流倍数与允许持续时间的关系为

$$t=\frac{K_{tc}}{I^{*2}-1} \tag{2-52}$$

式中　K_{tc}——定子绕组热容量常数，机组容量 $S_n \leqslant$1200MVA 时，K_{tc}=37.5（当有制造厂家提供的参数时，以厂家参数为准）；

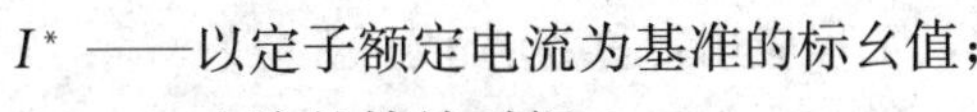

I^* ——以定子额定电流为基准的标幺值；

t——允许的持续时间，s。

（二）保护转子的发电机不对称过负荷保护装设

当电力系统发生不对称短路或者三相不对称运行时，在发电机定子绕组中会有负电流产生，其负序电流就会在电机气隙中产生反向旋转磁场，其相对于转子旋转速度为两倍同步转速。因此在转子绕组及部件中会出现倍频电流，使得转子绕组或转子某些电流密度很大的部件局部灼伤。严重时可能使护环受热松脱，给发电机造成重大损坏。另外100Hz的振动对发电机也可能造成危害。为了防止上述对发电机的损坏发生，必须设置负序过电流保护。

1. 发电机不对称过负荷保护装设原则

对不对称负荷、非全相运行及外部不对称短路引起的负序电流，应按下列规定装设发电机转子表层过负荷保护：

（1）50MW及以上A值（转子表层承受负序电流能力的常数）大于10的发电机，应装设定时限负序过负荷保护。保护的动作电流按躲过发电机长期允许的负序电流值和躲过最大负荷下负序电流滤过器的不平衡电流值整定，带时限动作于信号。

（2）100MW及以上A值小于10的发电机，应装设由定时限和反时限两部分组成的转子表层过负荷保护。

1）定时限部分：动作电流按发电机长期允许的负序电流值和躲过最大负荷下负序电流滤过器的不平衡电流值整定，带时限动作于信号。

2）反时限部分：动作特性按发电机承受短时负序电流的能力确定，动作于停机。保护应能反应电流变化时发电机转子的热积累过程。不考虑在灵敏系数和时限方面与其他相间短路保护相配合。

2. 保护构成原理

发电机转子表层允许负序过负荷特性可以表达为

$$t = \frac{C}{I_2^{*2} - K_{fh} I_2^{**2}} \tag{2-53}$$

其中
$$I_2^{**} = I_{2\infty} / I_{gn}$$

式中　C——假定的转子表层承受负序电流能力的常数；

I_2^* ——发电机负序电流标幺值；

I_2^{**} ——发电机长期允许负序电流的标幺值；

K_{fh}——散热系数。

从式（2-53）看散热系数越小，动作越快，当$K_{fh}=0$时即不考虑散热，对保护设备最为安全。发电机转子承受负序电流能力的判据即可以简化为

$$I_2^{*2} t \leqslant C \tag{2-54}$$

式中　I_2^* ——以发电机额定电流为基准的负序电流标幺值；

t——时间，s；

C——发电机允许过热的时间常数，工程应用常称为 A 值。

发电机 A 值与转子楔条材料、线负荷、几何尺寸等因素有关，还间接与 I_2 的大小有关（I_2 影响转子钢的透入深度 d_c）。在实际测定发电机短时承受负序能力的允许值 A 时，首先应规定转子各部件的短时极限温度，在一定大小的负序电流 I_2 下，观察转子各部件达到极限温度所经历的时间 t，则 $I_2^{*2}t$ 的数值就是这台发电机所能承受负序过电流的能力 A。

国内部分发电机参考 A 值见表 2-3，具体工程应以与制造厂签订的技术协议或厂家说明书提供的数据为准。

表 2-3　　国内部分发电机参考 A 值

型　号	A 值	制造厂/国家标准	说　明
QFN-100-2	≤15	哈尔滨电机厂	
QFS-125-2	≤8	上海电机厂	
QFQS-200-2	≤7	东方电机厂	
QFQS-200-2	≤8	哈尔滨电机厂	
QFS-300-2	≤6	上海电机厂	
QFSN-300-2	≤10	上海电机厂 东方电机厂 哈尔滨电机厂	
间接冷却转子绕组	15	GB 755—2000《旋转电机定额和性能》	圆柱形转子，空冷（隐极）
间接冷却转子绕组	10	GB 755—2000《旋转电机定额和性能》	圆柱形转子，氢冷（隐极）
≥350MVA ≤900MVA	$8-0.005(S_N-350)$ 式中：S_N 为视在功率（MVA）	GB 755—2000《旋转电机定额和性能》	圆柱形转子，直接冷却
≥900MVA ≤1250MVA	5	GB 755—2000《旋转电机定额和性能》	圆柱形转子，直接冷却
≥1250MVA ≤1600MVA	5	GB 755—2000《旋转电机定额和性能》	圆柱形转子，直接冷却

发电机转子表层过负荷可用发电机定子绕组的负序过负荷保护进行保护，发电机负序过负荷保护逻辑框图如图 2-21 所示，其负序反时限保护就是根据 $I_2^{*2}t \leqslant A$ 的动作特性构成的。定时限过负荷作用于信号，反时限过负荷保护按发电机制造厂保证的过负荷能力（电流与时间特性曲线）要求整定。整定时必须保证保护曲线在下面，发电机转子允许的曲线在上面。

负序过负荷保护电流是取自发电机中性点（或机端）TA 的电流。保护通过数字电路滤过出发电机定子绕组的负序电流，从而反映转子的过热程度。图 2-21 的上面部分为定

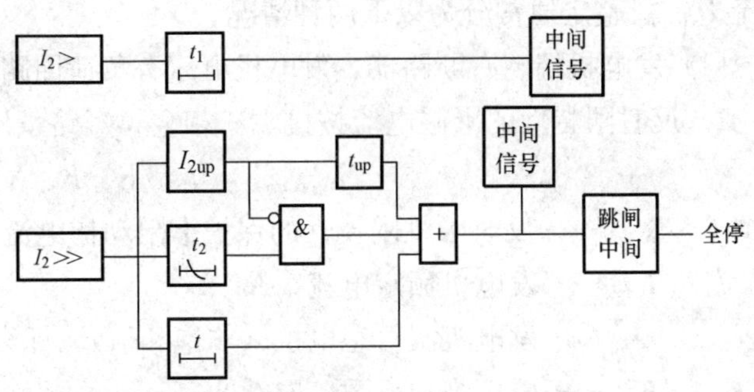

图 2-21　发电机负序过负荷保护逻辑框图

时限负序过负荷保护，保护动作于信号。图 2-21 的下面部分为反时限过流部分，反时限曲线特性由两个部分组成：①反时限；②下限定时限。其中，当达到上限负序电流给定值时则按上限定时限动作于全停，当负序电流值落在反时限范围时则按反时限对应时间动作于全停，若正好等于下限电流动作值，则按下限负序电流整定时间动作于全停。

二、发电机定子绕组对称过负荷保护和不对称负序过负荷保护整定计算

（一）定子绕组对称过负荷保护整定计算

对于发电机因过负荷或外部故障引起的定子绕组过电流，装设单相定子绕组对称过负荷保护，通常由定时限过负荷及反时限过电流两部分组成，或非直接冷却的发电机仅装设定时限过负荷。

1. 定时限过负荷保护

动作电流按发电机长期允许的负荷电流下能可靠返回的条件整定

$$I_{op}=K_{rel}\frac{I_{GN}}{K_r n_a} \tag{2-55}$$

式中　K_{rel}——可靠系数，取 1.05；

K_r——返回系数，取 0.85～0.95，条件允许应取较大值；

n_a——电流互感器变比；

I_{GN}——发电机额定电流。

保护延时（躲过后备保护的最大延时）动作于信号。

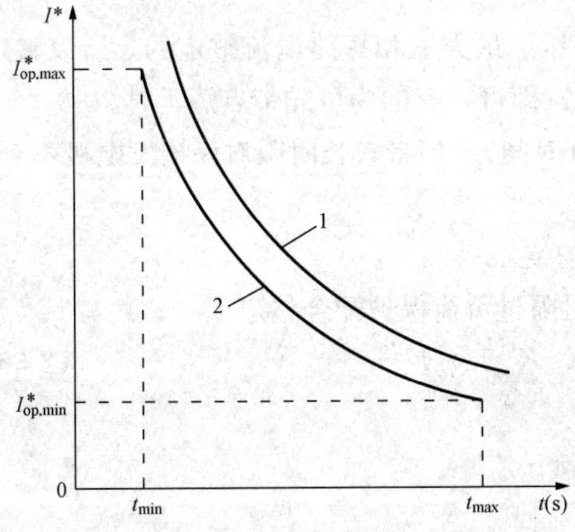

图 2-22　定子绕组反时限过电流保护配合曲线
1—定子允许的过电流曲线；2—实际保护应处的曲线

2. 反时限过电流保护

反时限过电流保护的动作特性，即过电流倍数与相应的允许持续时间的关系，由制造厂家提供的定子绕组允许的过负荷能力确定。

（1）反时限过电流保护可按式（2-52）计算配合。

（2）其反时限过电流保护配合曲线如图 2-22 所示。

3. 反时限跳闸特性的上限动作电流 $I_{h.op.max}$ 整定

反时限跳闸特性的上限（高定值）动作

电流 $I_{h.op.max}$ 整定通常分为以下两种情况。

(1) 发电机端装有断路器，发电机电压有负荷回路时。

1) 反时限特性的上限电流按机端三相金属短路条件整定

$$I_{h.op.max} = I_{GN}/K_{sen}K_{sat}X''_{d}n_{a} \tag{2-56}$$

式中 $I_{h.op.max}$——反时限跳闸特性的保护上限动作电流；

I_{GN}——发电机额定电流，A；

X''_{d}——发电机次暂态电抗（非饱和值），标幺值；

K_{sat}——电抗饱和系数，取 0.8；

K_{sen}——保护动作灵敏系数，应按规程要求；

n_{a}——电流互感器的变比。

2) 其动作时限可按

$$t_{h.op} = K_{tc}/(I_{k.max}^{*2} - 1) \tag{2-57}$$

式中 $I_{k.max}^{*}$——机端三相短路电流为发电机额定电流的标幺值倍数。

(2) 发电机端未装断路器的发电机—变压器组反时限跳闸特性的上限动作电流 $I_{h.op.max}$ 整定宜躲过高压母线三相短路最大短路电流。

1) 动作电流按

$$I_{h.op.max} = K_{rel}I_{k.max}^{(3)}/n_{a} \tag{2-58}$$

式中 $I_{h.op.max}$——反时限跳闸特性的保护上限动作电流；

K_{rel}——可靠系数；

$I_{k.max}^{(3)}$——变压器高压母线三相短路最大短路电流，A；

n_{a}——本保护所接电流互感器的变比。

2) 保护灵敏性校验。应当指出，该保护主要是为了保护发电机而装设的，可按满足发电机出口三相短路灵敏系数要求校验，即

$$K_{sen} = I_{gn}/K_{sat}X''_{d}n_{a}I_{h.op.max} \geqslant 1.5 \tag{2-59}$$

式中，符号同式（2-56）。

3) 动作时限要求。因为是按躲过变压器高压侧最大三相短路电流整定的，所以整定时间 t=0s（即可取速断保护装置固有动作时间）即可，有的为可靠带点短延时。

从理论上讲，也可以按式（2-57）求出允许时间 t。但带较长时限对保护发电机不利，可以取小于计算值的短延时。

4. 反时限动作特性的下限动作电流和时限整定

(1) 反时限特性的下限电流 $I_{l.op.min}$ 按与定时限过负荷保护配合整定

$$I_{l.op.min} = K_{co}I_{op} = K_{co}K_{rel}I_{GN}/K_{r}n_{a} \tag{2-60}$$

式中 K_{co}——配合系数；

I_{op}——定时限过负荷保护的整定动作电流；

K_{rel}——可靠系数，取 1.05；

I_{GN}——发电机额定电流，A；

K_{r}——返回系数，取 0.85～0.95；

n_a——电流互感器的变比。

（2）反时限特性的下限（低定值）动作时限可按下式计算

$$t_{l.op} = K_{tc}/(I_{op.min}^{*2} - 1) \tag{2-61}$$

式中　K_{tc}——定子绕组热容量常数；

$I_{op.min}^*$——以额定电流为基准的下限动作电流标幺值。

（二）发电机转子表层负序过负荷保护整定计算

1. 发电机负序过电流保护反时限特性曲线的确定

为保证机组安全，其机组允许动作时间与电流的关系可按下式进行计算

$$t = A/(I_2^{*2} - K_{fh} I_{2\infty}^{*2}) \tag{2-62}$$

式中　A——转子表层承受负序电流能力的常数；

I_2^*——发电机负序电流标幺值；

$I_{2\infty}^*$——发电机长期允许负序电流标幺值；

K_{fh}——散热系数，要求小于1，可取0.8。

散热系数应使保护曲线在下方，发电机允许的电流时间特性曲线在上方。

转子表层允许的负序反时限过电流动作特性曲线如图2-23曲线1所示。因为要保护发电机，所以保护的动作特性曲线应当在发电机允许曲线1的下面，如图2-23曲线2所示。

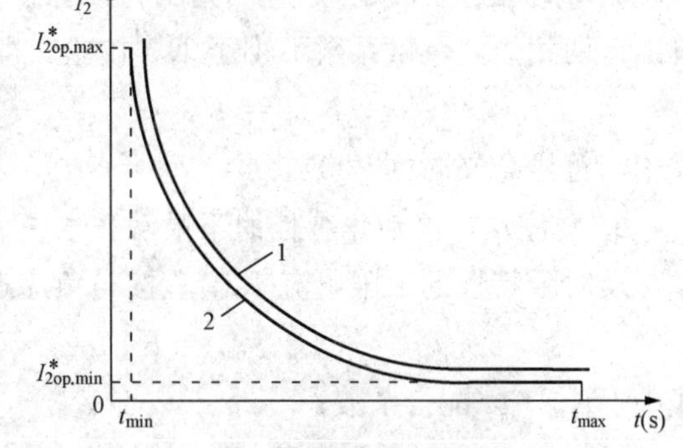

图2-23　转子表层负序反时限过电流保护动作特性曲线

1—转子表层允许的负序反时限过电流曲线；2—实际保护应处的曲线

2. 反时限跳闸特性的上限动作电流 $I_{2hop.max}$ 整定也分两种情况

（1）发电机端装有断路器，发电机电压接有负荷回路时。

1）反时限特性的上限电流按机端两相金属短路条件整定

$$I_{2h.op.max} = I_{GN}/K_{sen}(K_{sat}X''_d + X_2)n_a \tag{2-63}$$

式中　$I_{2h.op.max}$——负序反时限跳闸特性的保护二次上限动作电流；

I_{GN}——发电机额定电流，A；

X''_d——发电机次暂态电抗（非饱和值）标幺值；

X_2——发电机负序电抗标幺值；

K_{sat}——电抗饱和系数，取0.8；

K_{sen}——保护动作灵敏系数，应按规程要求；

n_a——电流互感器的变比。

2）其动作时限可按

$$t \leqslant A/(I_{2.k.max}^{*2} - K_{fh} I_{2\infty}^{*2}) \tag{2-64}$$

式中　$I_{2.k.max}^*$——机端两相短路负序电流为发电机额定电流的标幺值倍数；

$I_{2\infty}^*$——发电机长期允许负序电流的标幺值；

A——转子表层承受负序电流能力的常数；

K_{fh}——散热系数。

（2）机端未装断路器的发电机—变压器组反时限跳闸特性的上限动作电流 $I_{2h.op.max}$ 整定按躲过高压母线两相短路最大短路电流。

1）动作电流

$$I_{2h.op.max} = K_{rel} I_{2.max}/n_a \tag{2-65}$$

式中 $I_{2h.op.max}$——负序反时限跳闸特性的保护上限动作电流；

K_{rel}——可靠系数；

$I_{2.max}$——变压器高压母线两相短路流经发电机的最大负序短路电流，A；

n_a——本保护所接电流互感器的变比。

2）动作时限要求。因为是按躲过变压器高压侧最大两相短路负序电流整定的，所以整定时间 $t=0$s（即可取速断保护装置固有动作时间）。

当然从理论上讲，也可以按式（2-64）求出时间 t。但是，带较长时限对保护发电机不利，可以取小于计算值的短延时。

3）保护灵敏性校验。应当指出，该保护主要是为了保护发电机而装设的，可按发电机出口两相短路灵敏系数不小于1.5校验，即

$$K_{sen} = I_{GN}/(K_{sat}X''_d + X_2)n_a I_{2h.op.max} \geqslant 1.5 \tag{2-66}$$

式中，符号意义同（2-63）。

3. 负序反时限动作特性的下限动作电流和时限整定

反时限特性的下限电流 $I_{2l.op.min}$ 按与负序过负荷保护配合整定

$$I_{2l.op.min} = K_{co} I_{2.op} = K_{co} K_{rel} I^*_{2\infty} I_{GN}/K_r n_a \tag{2-67}$$

式中 K_{co}——配合系数；

$I_{2.op}$——定时限过负荷保护的整定动作电流，A；

K_{rel}——可靠系数，取1.05；

$I^*_{2\infty}$——发电机长期允许负序电流的标幺值；

I_{GN}——发电机额定电流，A；

K_r——返回系数，取0.9～0.95；

n_a——电流互感器的变比。

4. 反时限特性的下限（低定值）动作时限

可按下式计算

$$t = A/(I^*_{2.op.min} - K_{fh} I^{*2}_{2\infty}) = A/(K_{co} K_{rel} I^*_{2\infty} - K_{fh} I^{*2}_{2\infty}) \tag{2-68}$$

式中 $I^*_{2.op.min}$——低定值负序动作电流为发电机额定电流的标幺值倍数；

K_{co}——配合系数；

K_{rel}——可靠系数，取1.05；

$I^*_{2\infty}$——发电机长期允许负序电流的标幺值；

A——转子表层承受负序电流能力的常数；

K_{fh}——散热系数。

根据经验，当计算值大于 1000s 时，可取 $t_{1.op}=1000s$。此时可用式（2-69）再反求反时限下限电流的标幺值为

$$I_{2*op.min}=\sqrt{A/1000+K_{fh}I_{2\infty}^{*2}} \tag{2-69}$$

然后乘以发电机实际在 TA 二次的额定电流即可求出其保护整定值。

第六节　定子绕组单相接地保护

一、发电机定子绕组单相接地保护装设原则

发电机定子绕组的单相接地故障的保护应符合以下要求：

（1）发电机定子绕组单相接地故障电流允许值按制造厂的规定值，如无制造厂提供的规定值可参照表 2-4 中所列数据。

表 2-4　　发电机定子绕组单相接地故障电流允许值

发电机额定电压（kV）	发电机额定容量（MW）		接地电流允许值（A）
6.3	≤50		4*
10.5	汽轮发电机	50～100	3
	水轮发电机	10～100	
13.8～15.75	汽轮发电机	125～200	2*
	水轮发电机	40～225	
18～20	300～600		1

* 对氢冷发电机为 2.5A。

（2）与母线直接连接的发电机。当单相接地故障电流（不考虑消弧线圈的补偿作用）大于允许值时，应装设有选择性的接地保护装置。

保护装置由装于机端的零序电流互感器和电流继电器构成。其动作电流按躲过不平衡电流和外部单相接地时发电机稳态电容电流整定。接地保护带时限动作信号，但当消弧线圈退出运行或由于其他原因使残余电流大于接地电流允许值时，应切换为动作于停机。

当未装接地保护，或装有接地保护但由于运行方式改变及灵敏系数不符合要求等原因不能动作时，可由单相接地监视装置动作于信号。

为检查发电机定子绕组和发电机回路的绝缘状况，保护装置应能监视发电机端零序电压值。

（3）发电机—变压器组。对 100MW 以下发电机，应装设保护区不小于 90%的定子接地保护，对 100MW 及以上的发电机，应装设保护区为 100%的定子接地保护。保护带时限动作于信号，必要时也可以动作于停机。

为检查发电机定子绕组和发电机回路的绝缘状况，保护装置应能监视发电机端零序电压值。

二、发电机中性点接地方式

发电机定子接地保护方式与发电机中性点接地方式有关，而发电机中性点接地方式又

与定子单相接地电流的大小，定子绕组的过电压、定子接地保护的实现方案等因素有关。国内外应用较多的发电机中性点接地方式大致分为以下三类：

(1) 中性点不接地方式。为了接地保护可以中性点装设单相电压互感器，为了在其二次侧获得良好的电压波形，其铁芯磁密不应太高，它的额定一次电压一般选择为发电机的额定电压。

(2) 若发电机电压系统对地电容电流超过允许值（参照表 2-3），可采用中性点经消弧线圈的接地方式，将接地电流补偿到低于允许值。

(3) 中性点经配电变压器（二次接电阻 R_N）接地。

三、发电机定子接地保护几种电压判据

(一) 基波零序电压保护

(1) 基波零序电压的采取。

发电机定子回路中性点和定子绕组引出线及主变压器低压绕组和电压互感器的一次绕组的基波零序电压均相同。因此，作为发电机定子接地保护动作参量的基波零序电压，可取自发电机中性点单相电压互感器二次侧或接地消弧线圈的二次电压，也可取自机端三相电压互感器的第三绕组（开口三角接线）的电压。采用发电机中性点经配电变压器接地方式时，基波零序电压则取自配电变压器的二次侧。基波零序电压接地保护原理接线见图 2-24。

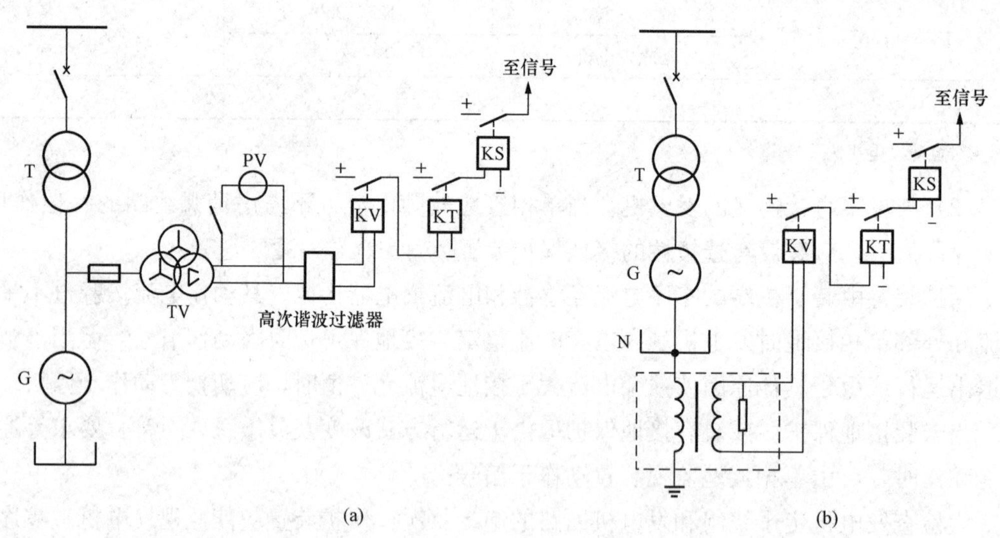

图 2-24　基波零序电压接地保护原理接线图

(a) 零序电压取自机端；(b) 零序电压取自发电机中性点

(2) 影响保护的因素。

对于接在机端电压互感器 TV 开口三角形的保护，由于发电机三相对电容的差异以及电压互感器制造上不可能三相完全平衡，正常运行时，其二次侧开口三角形输出有不平衡电压；由于发电机制造上的原因，在发电机相电势中含有 3 次谐波，电压互感器 TV 的开口三角形有 3 次谐波电压输出。另外，当变压器高压侧发生接地故障时，高压系统中的零序电压通过变压器高、低压绕组间的电容耦合，也会传送到发电机电压侧，可能引起保护误动作。

(3) 提高保护灵敏性与可靠性的措施。

为了保证保护动作的选择性和灵敏性，发电机定子绕组保护装置的动作电压应避开上述不平衡电压。为了减少死区，提高保护灵敏性与可靠性，通常采用以下措施：

1) 减小3次谐波电压值，在电压互感器与继电器之间加装3次谐波滤过器，滤去TV开口三角形出口处的3次谐波电压。实践证明，采用3次谐波滤过，基波零序电压型定子接地保护的动作电压可以减小到5～10V，也即将动作区增大到90%～95%。

2) 如果高压系统中性点不直接接地，当高压系统发生单相接地故障时，若通过耦合电容传递给发电机的零序电压超过定子接地保护的动作电压，则可装设以高压侧零序电压为制动量，以发电机零序电压为动作量的基波零序电压型定子接地保护。

3) 对于大容量发电机变压器组，其高压侧均为大电流接地系统，若直接传递给发电机的零序电压超过其定子接地保护的动作电压，则必须使定子接地保护的时限大于系统侧接地保护的时限。

(二) 三次谐波电压定子接地保护

它是利用正常运行时发电机中性点3次谐波电压U_{3n}比机端3次谐波电压U_{3t}大，而靠近中性点附近定子接地时则正好相反的原理构成保护装置，与基波零序电压配合可以构成100%定子接地保护。

1. 三次谐波电压定子接地保护的动作判据

从实测数据可知，发电机在正常运行时，恒有$|\dot{U}_{3n}|/|\dot{U}_{3t}|>1$，当发电机中性点附近发生接地故障时恒有$|\dot{U}_{3n}|/|\dot{U}_{3t}|<1$。各制造厂有直接比较$\dot{U}_{3n}$和$\dot{U}_{3t}$绝对值大小构成的保护装置，也有利用$U_{3n}$和$U_{3t}$的组合量进行绝对值比较构成的保护装置。

(1) 按$|\dot{U}_{3n}|\leqslant|\dot{U}_{3t}|$为动作条件的定子接地保护，继电器的信号电压取自发电机机端三相电压互感器TV二次开口三角绕组和中性点单相电压互感器TV二次绕组。常用的判据为$|\dot{U}_{3t}|/|\dot{U}_{3n}|>\alpha$，其中$\alpha$为阀一般取1.05～1.152。

(2) 按$|\dot{K}_P\dot{U}_{3n}-\dot{U}_{3t}|>\beta|\dot{U}_{3n}|$或$|\dot{U}_{3n}-\dot{K}_P\dot{U}_{3t}|>\beta|\dot{U}_{3n}|$或$|\dot{U}_{3t}-\dot{K}_P\dot{U}_{3n}|/\beta|\dot{U}_{3n}|>1$（或取相量和）等作为动作条件的几种判据，表现形式不同其实质基本相同，K_P为调整系数；β为制动系数。$\dot{U}_{3n}$表示取自中性点处电压互感器二次侧或消弧线圈二次侧的3次谐波电压，$\dot{U}_{3t}$表示取于机端电压互感器开口三角形的3次谐波电压。正常运行时，由于调整$|\dot{K}_P\dot{U}_{3n}-\dot{U}_{3t}|$近似为零，并且加上适当的制动量$\beta\dot{U}_n$，保护不动作，当发生单相接地故障后，$|\dot{K}_P\dot{U}_{3n}-\dot{U}_{3t}|$上升，而$\beta|\dot{U}_{3n}|$下降，当满足条件：$|\dot{K}_P\dot{U}_{3n}-\dot{U}_{3t}|>\beta|\dot{U}_{3n}|$，保护动作，启动出口回路。

基波零序电压原理比较简单不再多述。下面以一种基于3次谐电压比或自调整式3次谐波电压保护与基波零序电压构成的100%定子接地保护，其逻辑见图2-25。

图2-25中3次谐波闭锁非门条件之一是考虑当发电机启停机时，3次谐波电势比较

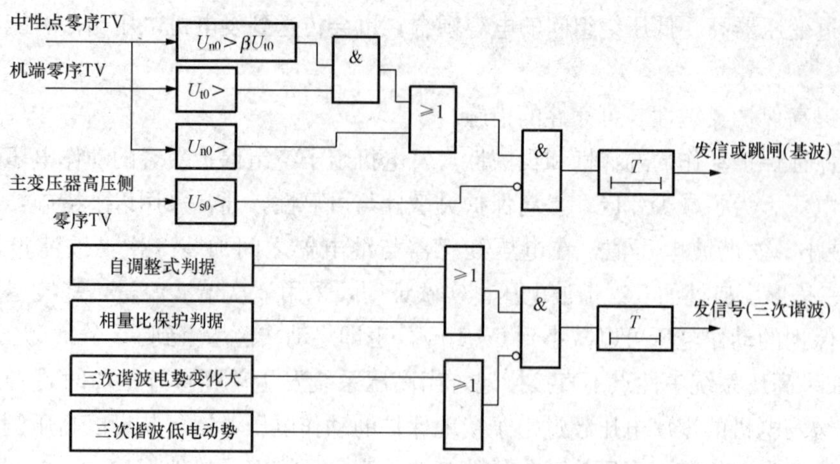

图 2-25　100%发电机定子绕组接地保护逻辑图

低，各判据计算误差可能较大，造成保护误动。闭锁条件之二是考虑电压互感器小车推入电压互感器柜时可能接触不良或由于震动接触不良，可能造成 3 次谐波判据误动，所以又加入了此闭锁条件。另外该逻辑图中的 3 次谐波比是向量比判剧与绝对值比判剧。通常用的是绝对值比。3 次谐波保护误动较多，故设计为动作于信号。

图 2-25 中基波零序电压定子接地保护可投跳闸，但为防止系统侧接地短路故障引起它误动作，特增设了取自主变高压侧的零序电压闭锁逻辑非门。

2. 三次谐波定子接地保护的灵敏系数问题

利用绝对值比较方式，即以 $|\dot{U}_{3t}|/|\dot{U}_{3n}|>1$ 为判据做成的 3 次谐波定子接地保护，能简单可靠地实现消除基波零序电压保护的动作死区，但灵敏系数不高。利用 $|K_P\dot{U}_{3n}-\dot{U}_{3t}|>\beta|\dot{U}_{3n}|$ 为判据的定子接地保护，只要合理调平衡和确定制动电压，灵敏系数将高于 $|\dot{U}_{3t}|/|\dot{U}_{3n}|>1$ 的保护。

3. 使用三次谐波式定子接地保护应注意的事项

（1）发电机中性点的单相电压互感器变比宜选用 $U_n/100$V，其中 U_n 为发电机额定相电压。

（2）无论机端或中性点的电压互感器，在额定电压下均不应工作在铁芯饱和区（即铁芯截面应较大）。

（3）消弧线圈抽头的选择应按欠补偿（传递过电压小）和满足接地允许电流的要求。当切除外部系统短路而引起发电机甩负荷超速过程中，这种欠补偿方式不会造成谐振现象，但是在发电机开机升速或停机减速的过程中，可能会出现线性谐振现象，基波电压定子接地保护可能误动作（这与加减速度的快慢和保护延时的长短有关），这可在保护出口回路中串接主断路器的辅助触点来闭锁。

（4）新投入的发电机（包括大修后投入系统）运行初期，应在并网前和并网后的各种有功无功负荷下实测 $\dot{U}_{3t}$ 和 $\dot{U}_{3n}$ 的大小和相位，以便确切掌握该发电机在正常工况下的 $|\dot{U}_{3t}|/|\dot{U}_{3n}|$ 和 $|K_P\dot{U}_{3n}-\dot{U}_{3t}|$ 的变化规律，为正确调整制动电压确保正常运行不

误动作提供可靠依据。

（三）外加辅助电源的100％定子接地保护

外加辅助电源的100％定子接地保护具有灵敏系数高，且与接地故障点位置、发电机三相对地电容大小无关，能检测定子绝缘的均匀老化，不受高压系统接地故障的影响等优点，但保护构成较复杂。

（四）附加低频电源原理的100％定子接地保护

对定子绕组附加低频电源原理的定子接地保护，有其突出的优点，灵敏度高，不受高压系统接地故障，变压器分布电容耦合分压造成的影响。但是，保护构成也较复杂，需要保护装置提供低频电源并解决好信号向定子绕组的传输等问题。

图2-26为外加低频电源的注入式定子接地保护简化原理接线示意图，信号是通过发电机中性点的接地变压器二次侧输入的。

该保护可靠性在于它是由两种故障判别方式共同构成，分别是判别接地电阻和接地电流的大小。下面仅以PCS985B型外加低频电源方式定子绕组接地保护为例进行讨论。

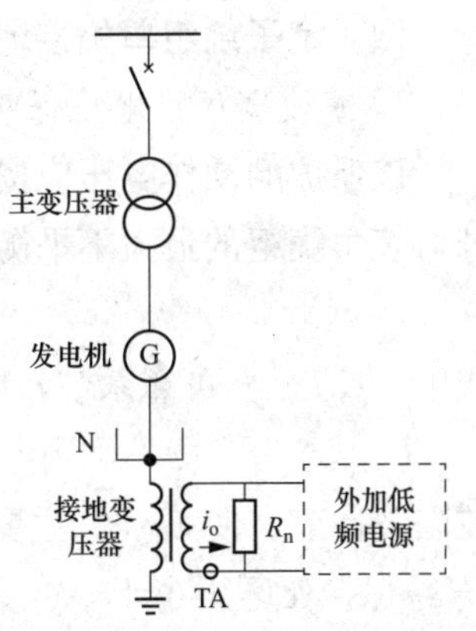

图2-26　外加低频电源式定子绕组接地保护简化原理接线图

1. 低频注入式接地电阻定子绕组接地判据

接地电阻判据反映发电机定子绕组接地电阻的大小，一点接地可设有两段接地电阻定值，高定值段作用于延时报警；低定值段可作用于延时跳闸，定值可分别整定。其动作方程为：

（1）跳闸判据为 $R_E < R_{EsetL}$　　(2-70)

（2）报警判据为 $R_E < R_{EsetH}$　　(2-71)

两式中　R_E——发电机定子绕组接地电阻；

R_{EsetH}——发电机定子绕组接地电阻的高定值；

R_{EsetL}——发电机定子绕组接地电阻的低定值。

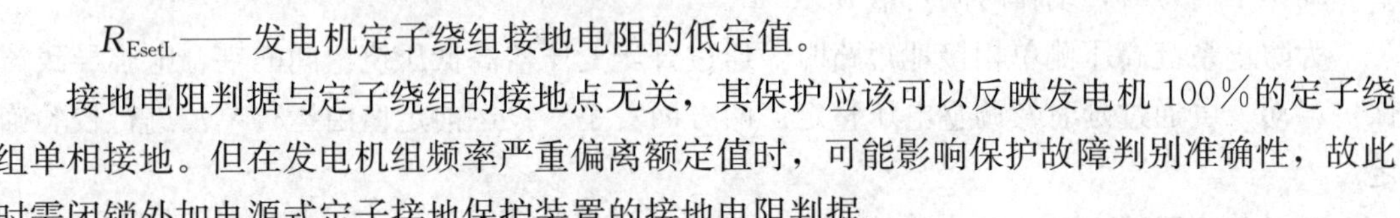

接地电阻判据与定子绕组的接地点无关，其保护应该可以反映发电机100％的定子绕组单相接地。但在发电机组频率严重偏离额定值时，可能影响保护故障判别准确性，故此时需闭锁外加电源式定子接地保护装置的接地电阻判据。

2. 接地电流定子接地判据

当接地点靠近发电机机端时，检测量中的基波分量会明显增加，也会使检测量中低频故障分量的检测灵敏度受到影响。为了提高此种情况下保护的灵敏度，故增设了此项接地电流辅助判据。接地电流判据可反应距发电机机端80％～90％的定子绕组单相接地故障。而且接地点越靠近发电机机端其灵敏度越高，因此能够很好地与接地电阻判据协调配合构成高灵敏的100％定子接地保护方案。

接地电流判据反应发电机定子接地基波零序电流的大小，其动作方程为

$$I_{G0} > I_{Eset} \tag{2-72}$$

式中　I_{G0}——发电机定子接地时基波零序电流的大小；

I_{Eset}——发电机接地电流的动作整定值。

3. 注入电源回路故障闭锁

低频注入电源的不正常，也会影响保护的精确工作。当经数字滤波后的低频电压 U_{LF0} 和经数字滤波后的低频 I_{LF0} 电流中的任一个低于各自的定值时，则认为定子接地保护外加电源回路故障，即闭锁该保护出口并发出报警信号。

外加电源回路故障报警判据如下

$$U_{LF0} < U_{LF0set} \tag{2-73}$$

$$I_{LF0} < I_{LF0set} \tag{2-74}$$

式中 U_{LF0set}——低频电压报警定值；

I_{LF0set}——低频电流报警定值。

在此说明，在机组频率严重偏离额定值时，其基波接地电流判据不受影响，能够正常工作。

四、定子绕组单相接地保护整定计算

1. 基波零序过电压保护

该保护的动作电压应按躲过正常运行时中性点单相电压互感器或机端三相电压互感器开口三角绕组的最大不平衡电压 $U_{unb.max}$ 整定，即

$$U_{0.op.2} = K_{rel}U_{unb.max} \tag{2-75}$$

式中 K_{rel}——可靠系数，取 1.2～1.3。

$U_{unb.max}$ 为实测不平衡电压，其中含有大量三次谐波。为了减小 $U_{0.op.2}$ 可以增设三次谐波阻波环节，使 $U_{unb.max}$ 主要是很小的基波零序电压，大大提高灵敏度，此时 $U_{0.op.2}$ 不小于 5V，保护死区不小于 5%。

未设三次谐波滤过时，取 $U_{0.op.2} = 10V$ 。

应当注意，当中性点电压互感器变比一次绕组为额定线电压时，其定值应为 $1/\sqrt{3}$。

动作于信号时，动作时间可取 $t_{op}=5s$。

为防止系统高压侧单相接地短路时，通过升压变压器高低压绕组间的耦合电容导致该保护误动，可通过延时及调整电压整定值两方面着手，投运前定值由运行单位进行校验确定。

对于 100MW 及以上的发电机，装设无动作死区（100%动作区）单相接地保护。常用的一种保护方案就是基波零序过电压保护与三次谐波电压保护共同组成 100%单相接地保护。

2. 三次谐波电压单相接地保护

(1) 三次谐波电压比率接地保护。三次谐波电压比率接地保护判据为

$$|\dot{U}_t| / |\dot{U}_n| > \alpha \tag{2-76}$$

式中 $\dot{U}_t$——机端三次谐波电压；

$\dot{U}_n$——发电机中性点三次谐波电压。

式 (2-76) 中，$\alpha=(1.3\sim1.5)\alpha_0$ 较为可靠，其中 α_0 为实测正常运行时最大三次谐波电压比值。

此方式保护灵敏度较低，不作校验。

（2）三次谐波电压差接地保护。三次谐波电压差接地保护的判据厂家的表达式大同小异，以《大型发电机变压器继电保护整定计算导则》为

$$|\dot{U}_t - \dot{K}_p\dot{U}_n|/\beta|\dot{U}_n| > 1 \tag{2-77}$$

式中　$\dot{U}_t$——机端三次谐波电压；

$\dot{U}_n$——发电机中性点三次谐波电压；

$\dot{K}_p$——动作量调整系数，调至正常时动作量最小；

β——制动量调整系数；调至正常时 $\beta|\dot{U}_n|$ 恒大于动作量，一般 $\beta \approx 0.2 \sim 0.3$。

电压互感器变比为

机端 TV　$$n_v = \frac{U_{GN}}{\sqrt{3}} \Big/ \frac{100}{\sqrt{3}} \Big/ \frac{100}{3}\text{V}$$

中性点 TV　$$n_v = \frac{U_{GN}}{\sqrt{3}}/100\text{V}$$

如发电机中性点经消弧线圈或配电变压器接地，保护装置应具有调平衡功能，否则应增设中间电压互感器。

有些单位认为三次谐波误动较多，将该部分切换至信号，具体动作于跳闸或切换至只发信号，以及具体延时由现场定。

3. 中性点经配电变压器高阻接地的定子绕组单相接地保护

接于配电变压器（变比 n_t）二次侧的电阻 R_N，应按机端单相接地时由 R_N 产生的电阻电流大于电容电流选定，即

$$R_N \leqslant 1/(3\omega C_{g\Sigma} n_t^2) \tag{2-78}$$

式中　$C_{g\Sigma}$——发电机及机端外接元件每相对地总电容。

（1）基波零序过电压保护原理同上。

（2）三次谐波电压单相接地保护，与中性点用单相电压互感器相同。由于经电阻接地，保护 0.5s 动作于停机。

第七节　发电机励磁回路继电保护

一、发电机励磁回路继电保护配置

（一）励磁回路过负荷保护

1. 励磁回路过负荷保护装设原则

对励磁系统故障或强励时间过长的励磁绕组过负荷，100MW 及以上采用半导体励磁的发电机，应装设励磁绕组过负荷保护。

300MW 以下采用半导体励磁的发电机，可装设定时限励磁绕组过负荷保护，保护带时限动作于信号和降低励磁电流。

300MW 及以上的发电机其励磁绕组过负荷保护可由定时限和反时限两部分组成。

（1）定时限部分：动作电流按正常运行最大励磁电流下能可靠返回的条件整定，带时

限动作于信号和降低励磁电流。

(2) 反时限部分：动作特性按发电机励磁绕组的过负荷能力确定，并动作于解列灭磁或程序跳闸，保护应能反应电流变化时励磁绕组的热积累过程。

顺便说明，由于技术的发展以及厂家配套产品的原因许多300MW以下采用半导体励磁的发电机也采用了由定时限和反时限两部分组成的励磁绕组过负荷保护，规程条文是推荐标准，适当提高配置也允许。

2. 励磁回路过负荷保护设置

励磁绕组的过负荷保护由定时限和反时限两部分组成，其中定时限部分的动作电流按正常最大励磁电流下能够可靠返回的条件整定，带时限动作于信号和动作于降低励磁电流；反时限部分的动作特性按发电机励磁绕组的过负荷能力确定，反时限部分动作于解列灭磁。保护装置应能反应电流变化时励磁绕组的热积累过程。

大型发电机的励磁系统通常由交流励磁电源经可控或不可控整流装置组成。对这种励磁系统，发电机励磁绕组的过负荷保护可以配置在直流侧，也可以配置在交流侧。当有备用励磁机时，保护装置配置在直流侧的好处是用备用励磁机时，励磁绕组不失去保护，但此时需要装设比较昂贵的直流变换设备（直流互感器或大型分流器）。

为了使励磁绕组过负荷保护能兼作励磁机、整流装置及其引出线的短路保护，一般保护配置在励磁机中性点的电流互感器上。当中性点没有引出线时，则配置在励磁机的机端。此时，保护装置的动作电流要计及整流系数，并换算到交流侧。

为防止励磁绕组过电流，现代自动调整励磁装置都有过励磁限制环节，它与励磁绕组过负荷保护有类似的功能。从保护功能方面看，保护可看作励磁限制环节的后备措施。

励磁回路过负荷保护的跳闸特性与定子绕组过负荷保护的跳闸特性基本相似，只不过各项参数的变化范围有所不同而已。因此，两者实现跳闸特性的保护回路也大同小异（可参阅发电机对称过负荷部分）。

(二) 励磁变压器及励磁机保护

1. 励磁变压器及励磁机保护装设原则

自并励发电机的励磁变压器宜采用电流速断保护作为主保护，过电流保护作为后备保护。

对交流励磁发电机的主励磁机的短路故障宜在中性点侧的电流互感器回路装设电流速断保护作为主保护，过电流保护作为后备保护。

2. 励磁变压器及励磁机保护构成

由于励磁变压器高压侧可以包括在机组纵差保护的范围之内，并且鉴于励磁变压器高压侧装设满足动热稳定所需的电流互感器存在困难故对机端励磁方式的励磁变压器一般可不装设差动保护。对交流励磁机由于供电回路的单一性，保护不存在选择性困难，一般可以整定得比较灵敏，采用电流速断保护即可以满足对主保护的要求。若大容量的交流励磁机，有条件在励磁机端和中性点两侧装设差动保护电流互感器时，也可以装设励磁机的差动保护。

(三) 励磁回路接地保护

1. 发电机励磁回路接地保护装设原则

对1MW及以下发电机的转子一点接地故障可装设定期检测装置。1MW及以上的发电机应装设专用的转子一点接地保护装置延时动作于信号，宜减负荷平稳停机。有条件时可动作于程序跳闸。对旋转励磁的发电机宜装设一点接地故障定期检测装置。

2. 发电机励磁回路接地危害

当发生一点接地故障后，虽然并不构成电流通路，但励磁绕组对地绝缘介质上的电压将有所增加，在最不利的情况下，将增加到一倍，也即增加到工作励磁电压。当发生一点接地后，发电机仍继续运行，当其他点绝缘水平有所降低时，就有可能发生转子回路的第二点接地，尤其是对水内冷发电机，由于漏水发生转子一点接地后，很可能立即发生两点甚至一片的接地故障。

3. 发电机励磁回路接地保护

（1）转子一点接地的几种传统保护概况。

采用的一点接地保护有电桥式、叠加直流电压式、叠加交流电压式及叠加方波电压式等几种不同原理构成的保护。上述各种原理的保护，其共同点都是测量励磁回路对地绝缘电阻的变化。励磁回路对地电容比较大，为此各种保护方式都必须消除对地电容对保护的影响。

1）直流电桥式一点接地保护接线虽然简单，但励磁回路两端和中间接地时的灵敏系数相差很大，如当励磁绕组的正极性端或负极性端发生接地故障时，保护的灵敏系数很高，但故障点产生在励磁绕组中点附近时，即使是金属性接地，保护也不能动作，因而存在一点接地的死区。这是电桥式一点接地保护的根本缺陷。

2）叠加直流电压式一点接地保护，虽然保护无死区，也不受转子对地电容的影响，但是发生在正极或负极的接地灵敏系数相差很大。

3）叠加交流电压式一点接地保护，接线简单没有死区，整个励磁绕组上任一点接地的灵敏系数与故障点位置基本无关，但受对地电容影响。由于大型发电机转子绕组等效对地电容相当大，在正常运行时就有较大的电流流经该保护，因此这类保护用于大型发电机灵敏系数很低。

上述三种励磁回路一点接地保护用于大型发电机组均存在一定缺点，后来出现另一种叠加交流电压式一点接地保护，它是以直接测量转子绕组对地绝缘电导为动作判据的保护装置，这种保护可以反应励磁回路中任一点发生的接地故障，没有死区，灵敏系数一致，并且不受转子绕组对地电容的影响。灵敏系数较高，但据反映测量准确性受到炭刷压紧程度影响。

（2）注入式转子绕组对地回路。

由于导纳原理的转子接地保护不够稳定，现在已经很少采用。目前国内应用较多的是乒乓式与12.5Hz或20Hz低频电源注入式转子绕组接地保护。低频注入式又分单端注入式与双端注入式。单端注入式是只从转子绕组负极端与转子大轴输入低频信号来进行测算判别，而双端输入则要求同时从转子绕组的正、负极和转子大轴加入低频信号来进行测算判别。单端注入式不能保护转子两点接地（因为未接入正极），而双端注入式则不仅可判别转子绕组一点接地，也可判定转子绕组两点接地。但投入两点接地保护需要特别注意的是，若真正发生了转子绕组两点接地，保护动作于跳闸后，转子大轴也可能严重磁化，在现场可能难以处理消磁，会给机组运行造成困难，甚至需返厂维修。因此，GB/T 14285—2006《继电保护和安全自动装置技术规程》并不推荐转子绕组一点接地后继续长期运行。

1）低频注入式发电机转子绕组一点接地保护。

一点接地保护主要是判定转子绝缘电阻是否下降到保护的设定值。当转子一点接地测得转子接地电阻 R_g 小于定值时，转子一点接地保护即可动作。转子一点接地注入式保护逻辑图如图 2-27（a）所示，一点接地设有两段动作值，灵敏段动作于报警，普通段可动作于信号也可动作于跳闸，报警延时和跳闸延时可分别进行整定。

a. 灵敏段。灵敏段有两个与门动作条件，一个是 R_g 小于灵敏定值，另一个是软压板投入。满足这两个与门条件后，经预定延时即可发报警信号。

b. 普通段（也称次灵敏段）。当转子一点接地灵敏段报警动作后，待转子一点接地报警压板投入，再当 R_g 小于普通段定值时即满足了普通段的与门动作条件（同时也满足了与门电阻定值跳闸条件），然后经预定延时即可发转子一点接地报警信号。普通段也可投跳闸。下面连接有前后两个与门，前一个与门有三个条件：①达到 R_g 的动作值（即普通段定值）；②转子一点接地软压板已投跳闸；③转子一点接地硬压板也投跳闸。若第二个与门条件中的转子一点接地启动条件也满足（即保护没有被闭锁），即可经预定时间跳闸。

2）低频注入式发电机转子绕组两点接地保护。

两点接地注入式保护逻辑图如图 2-27（b）所示，转子一点接地保护动作于报警方式，当转子接地电阻 R_g 小于普通段整定值，转子一点接地保护动作后，经延时自动投入转子两点接地保护，当接地位置 α 改变达一定值时判为转子两点接地，动作于跳闸。

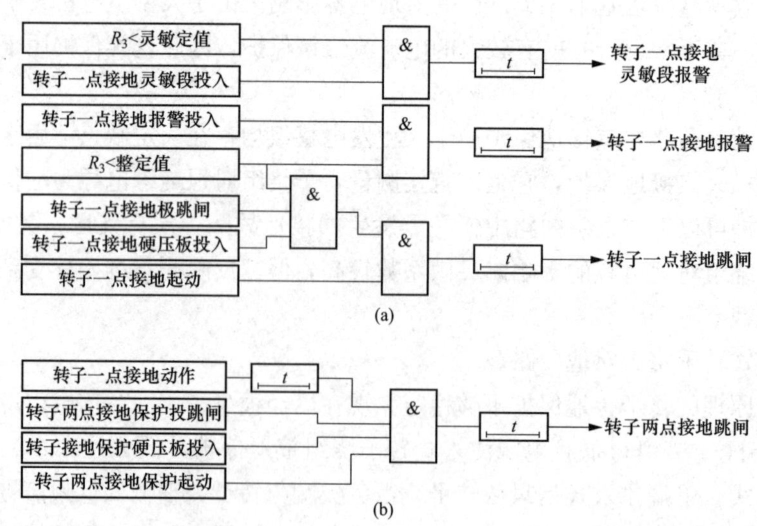

图 2-27 低频注入式转子接地保护逻辑图

（a）低频注入式转子一点接地；（b）低频注入式转子两点接地

应当注意，低频注入式发电机转子绕组两点接地保护，只能用于低频电源，可同时引入正、负极的机组。每个逻辑回路并不复杂，框图中已有说明，不再一一分述。前提是转子一点接地保护动作于报警方式，当转子接地电阻 R_g 小于普通段整定值时，转子一点接地保护动作后，经延时可自动投入转子两点接地保护，当保护计算判定接地位置 α 改变达一定值（厂家定值为 3%）时，即可判为转子两点接地，当其他条件都满足时，即会启延时回路动作于跳闸。厂家提示：①转子两点接地保护建议手动投入方式，并且是在一点接地稳定后经手动压板投入；②乒乓式转子接地保护或注入式转子接地保护双重化配置时只允许投入一套，另一套备用。

（3）切换采样式一点接地保护。

切换采样式转子一点接地保护的一种常见形式为乒乓式转子一点接地保护，其原理图如图 2-28 所示。

励磁绕组中任一点 E 经过渡电阻 R_{tr}（即对地绝缘电阻）接地，励磁电压 U_{fd} 由 E 点分为 U_1 和 U_2。

电子开关 S1 闭合，S2 打开时（此时设 $U_{fd}=U_{fd1}$）

$$I_1=\frac{U_1}{R_0+R_{tr}} \tag{2-79}$$

式中　R_0——保护的固定电阻；

R_{tr}——励磁回路对地绝缘电阻。

电子开关 S2 闭合，S1 打开时（此时有 $U_{fd}=U_{fd2}$）

$$I_2=\frac{U_2}{R_0+R_{tr}} \tag{2-80}$$

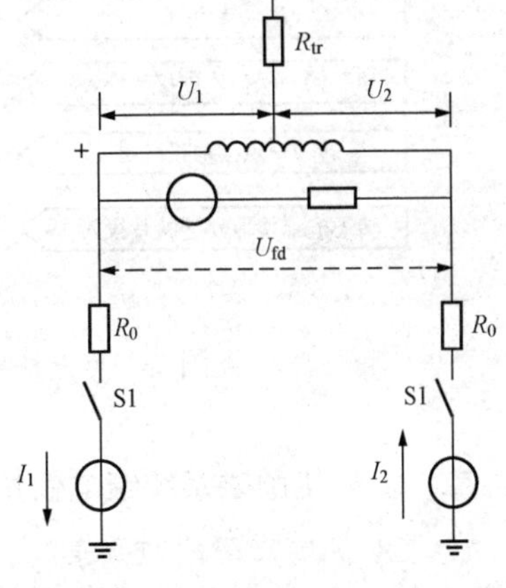

图 2-28　乒乓式转子一点接地保护原理

电导为

$$G_1=\frac{I_1}{U_{fd1}}=\frac{\frac{U_1}{U_{fd1}}}{R_0+R_{tr}}=\frac{K_1}{R_0+R_{tr}},K_1=\frac{U_1}{U_{fd1}} \tag{2-81}$$

$$G_2=\frac{I_2}{U_{fd2}}=\frac{\frac{U_2}{U_{fd2}}}{R_0+R_{tr}}=\frac{K_2}{R_0+R_{tr}},K_2=\frac{U_2}{U_{fd2}} \tag{2-82}$$

因 S1、S2 切换前后接地点 E 为同一点，故 $K_1+K_2=1$。

保护的动作判据为

$$G_{set}\leqslant G_1+G_2 \text{ 或 } R_{set}\geqslant R_{tr}+R_0 \tag{2-83}$$

整定范围 $R_{set}\geqslant 0\sim 40\text{k}\Omega$。

一种乒乓式微机型转子一点接地保护的逻辑框图参见图 2-29。该保护分灵敏段和非灵敏段，灵敏段整定电阻值较高，非灵敏段整定电阻较低，当发生转子一点接地故障时灵敏段优先报警，运行人员可采取措施消除接地故障。当绝缘电阻下降厉害时，则非灵敏段保护也会动作，经整定的延时后也会发出报警信号，并动作于减负荷，但自动减负荷必须与热控配合才能实现。有困难时应人工减负荷安全停机。该保护逻辑图中还设有更长延时的跳闸段可动作于自动跳闸。因为一点接地不是短路，以手动停机较为稳妥。转子一点接地保护动作后宜减负荷（自动或手动依工程具体条件），无系统特殊要求，原则上不推荐装转子两点接地保护，目前系统一般较大，备用裕量充足，停一台机影响不大，况且两点接地故障一旦发生影响后果严重，现场转子磁化消磁等都有困难。因此，对发电机的转子接地保护提出了更高的要求。对于氢冷或空冷的发电机转子，其保护的灵敏性不宜低于 10～20kΩ；对于水冷的转子，灵敏系数不宜低于 1～3kΩ。

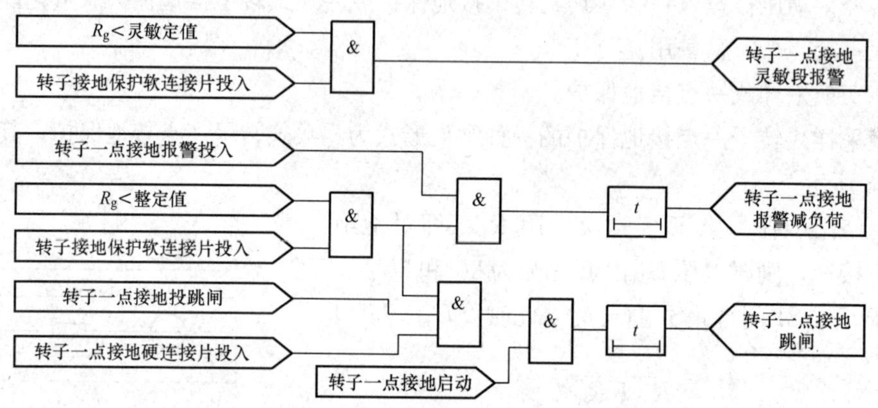

图 2-29　一种乒乓式微机型转子一点接地保护逻辑框图

二、发电机励磁系统继电保护整定计算

1. 发电机励磁绕组过负荷

（1）主要要求。

1）低定值定时限报警单元动作于信号，必要和可行时动作于减励磁或励磁切换。

2）低定值定时限跳闸单元的定值与上述第 1）项相配合，配合系数为 1.05～1.1，动作于解列灭磁。

3）反时限跳闸单元——解列灭磁。

（2）低定值定时限报警单元定值。

1）
$$I_{al}=\frac{0.816K_{rel}I_{fd}}{K_r n_a} \tag{2-84}$$

式中　I_{fd}——桥式二极管整流后的额定直流励磁电流，A；

K_{rel}——可靠系数，取 1.05；

K_r——返回系数，取 0.9～0.95；

n_a——励磁电源回路交流侧 TA 的变比。

2）当为直流励磁时

$$I_{al}=\frac{K_{rel}I_{fd}}{K_r} \tag{2-85}$$

式中，K_{rel}、K_r、I_{fd} 含义同式（2-84）。

3）动作时限。动作时限宜略大于强励最长时限。

(3) 低定值定时限跳闸单元及反时限跳闸下限电流时限。

1)
$$I_{L.op}=(1.05\sim1.1)I_{al} \tag{2-86}$$

可简化为

$$I_{L.op*}=1.1\frac{1.05}{0.95}I_{fd}=1.21I_{fd}$$

2) 动作时限

$$t_{L.op}=\frac{C}{I_{L.op}^{*2}-(1-\alpha)} \tag{2-87}$$

式中　C——转子绕组允许的发热时间常数；

α——励磁绕组温升裕度系数，取 0.01～0.02。

(4) 反时限跳闸单元。

反时限特性

$$t_i=\frac{C}{I_{fd*}^2-(1-\alpha)} \tag{2-88}$$

式中　I_{fd*}——励磁电流标幺值；

C——转子绕组允许的发热时间常数 s（由用户或制造厂提供）；

α——励磁绕组温升裕度系数取 0.02；

t_i——反时限动作时限，s。

(5) 反时限上限动作电流及时间。

反时限上限动作电流

$$I_{h.op}=0.816n_{fd}I_{fd} \tag{2-89}$$

式中　n_{fd}——强行励磁顶值电流倍数；

I_{fd}——额定励磁电流，A。

$t_{h.op}$=0～60s 为可调，取值宜略大于强行励磁时间。

2. 励磁变保护

(1) 电流速断保护按下式计算

$$I_{op.2}=\frac{K_{rel}I_{k.max}^{(3)}}{n_a} \tag{2-90}$$

式中　$I_{k.max}^{(3)}$——励磁变压器低压侧最大三相短路电流（高压侧当无穷大系统）；

K_{rel}——可靠系数，取 1.2～1.3；

n_a——励磁变压器高压侧电流互感器变比。

另一种方法可按保证低压侧母线两相短路灵敏度为 2 整定。

(2) 过电流保护

$$I_{op.2}=\frac{K_{rel}I_{e.max}}{K_r n_a} \tag{2-91}$$

式中　$I_{e.max}$——强行励磁时高压侧最大交流电流，按强励倍数算（当励磁变额定电流 I_n $>I_{e.max}$时，也可取 I_n）；

K_{rel}——可靠系数，取 1.2～1.3；

n_a——励磁变压器高压侧电流互感器变比；

K_r——返回系数，取0.85～0.95。

t_{op}为0.5～3s范围内取值，当设有两级时限时可以第一级时限跳低压侧断路器，第二级时限动作与全停。

3. 交流主励磁机保护

(1) 电流速断保护可按下式计算

$$I_{op.z}=\frac{I_{k.max}^{(3)}}{K_{sen}} \tag{2-92}$$

式中 $I_{k.max}^{(3)}$——主励磁机机端三相最大短路电流；

K_{sen}——灵敏系数可取2。

(2) 过电流保护。整定计算同式(2-91)，其中n_a取励磁机中性点侧电流互感器变比。t_{op}为0～3s，动作于跳励磁机断路器。

4. 转子接地保护

《汽轮发电机通用技术条件》规定：对于空冷及氢冷的汽轮发电机，励磁绕组的冷态绝缘电阻不小于1MΩ，直接水冷却的励磁绕组，其冷态绝缘电阻不小于2kΩ。《水轮发电机通用技术条件》规定：绕组的绝缘电阻在任何情况下多不低于0.5kΩ。

(1) 转子一点接地保护灵敏段一般整定；20～80kΩ，动作于信号。

(2) 转子一点接地定值：空冷及氢冷发电机，通常可整定20kΩ，对于直接水冷的励磁绕组，一般可整定2～2.5kΩ。

转子一点接地延时动作于信号或停机，t_{op}为0～10s，可取5s。

以上的定值在发电机运行时与转子绕组绝缘电阻实测值相比较后可适当修正定值。

第八节 发电机低励失磁保护

发电机低励和失磁是常见的故障形式之一，特别是大容量机组，励磁系统的环节比较多，接线比较复杂，因而增加了发生低励和失磁的机会。不论是设备故障，或人员过失造成的低励和失磁故障，都会使同步发电机定子回路中的参数发生变化。发电机正常运行时，向系统输送有功功率和无功功率，功率因数角为正，测量阻抗在第一象限。失磁后，无功功率由正变负，功率因数角也由正向负变化，测量阻抗向第四象限过度，发电机失磁后进入异步运行时，机端测量阻抗将进入临界失步圆内，并最后在x轴上落到$-x'_d$至$-x_d$范围内。因此，同步发电机的低励、失磁保护多利用定子回路参数的变化来判别并检测出发电机的低励或失磁故障。

一、发电机低励失磁保护装设原则

对励磁电流异常下降或完全消失的失磁故障，应按下列规定装设失磁保护装置：

(1) 不允许失磁运行的发电机及失磁对电力系统有重大影响的发电机应装设专用的失磁保护。

(2) 对汽轮发电机，失磁保护宜瞬时或短延时动作于信号，有条件的机组可进行励磁切换。失磁后母线电压低于系统允许值时，带时限动作于解列。当发电机母线电压低于保证厂用电稳定运行要求的电压时，带时限动作于解列，并切换厂用电源。有条件的机组失磁保护也可动作于自动减出力。当减出力至发电机失磁允许负荷以下，其运行时间接近于失磁允许运行限时时，可动作于程序跳闸。

对水轮发电机，失磁保护应带时限动作于解列。

二、发电机低励失磁保护构成

1. 发电机低励失磁保护的构成基本原理

定子回路可以作为低励、失磁保护判据的特征主要有以下几种：

（1）无功功率改变方向；

（2）超越静稳边界；

（3）进入异步边界；

（4）转子功角变化。

在正常情况下，发电机有可能进相运行，或在发生短路、系统振荡、长线充电、自同步或回路断线等异常运行方式下，机端测量阻抗的轨迹都可能进入第三、四象限，超越静稳边界和异步边界。因此，上述几种特征并非发电机低励、失磁过程中独有的特征，要保证保护的选择性还必须加上其他特征作为保护的辅助判据。

常用的辅助判据和闭锁元件有以下五种：

（1）低励、失磁过程中，励磁电流和励磁电压都要下降；而在短路、系统振荡过程中，励磁回路中电流电压的直流分量不会下降，反而会因强行励磁的作用而上升。为此，可以利用励磁电流或励磁电压下降作为辅助判据。

（2）低励、失磁过程中没有负序分量；而在短路、短路引起的振荡过程中或最初瞬间，总是有负序分量产生。因此，可用负序分量来区分是低励、失磁故障还是其他故障。

（3）系统振荡过程中，振荡阻抗的轨迹只是短时穿过低励、失磁继电器的动作区，而不会长时间停留在动作区内。因此，可利用动作时间来躲过振荡。

（4）正常情况下的长线充电、自同步并列都属于正常操作，可以利用操作特性（如控制开关状态）来防止误动作。而在事故状态引起的长线充电，可把电压升高的特征作为判据。

（5）电压回路断线时，可利用断线后三相电压失去平衡的特点构成断线闭锁元件。

不论采用上述哪一种辅助判据或闭锁方式，都不能保证在任何情况下均能可靠地防止保护装置误动作。要保证保护装置的选择性，必须同时运用两种或两种以上的闭锁方式。目前国内辅助判据用得较多的是下述两种组成方式：

（1）用励磁低电压元件和时间元件对短路故障、系统振荡和电压回路断线均能实现闭锁。

（2）用负序元件、延时元件和电压回路断线闭锁元件实现闭锁，其中负序电压（或电流）元件闭锁用于防止在短路情况下保护误动作；延时元件用于躲过振荡；电压回路断线闭锁元件用于防止断线时保护装置误动作。此外，对发电机的自同步并列方式及正常进行长线充电均可用操作闭锁方式来防止保护误动作。

它励式发电机非正常运行方式下，各种闭锁方式的动作行为见表 2-5。

表 2-5　　各种闭锁方式在非正常运行方式下的动作行为

项　目	负序元件	励磁低电压元件	延时元件	电压回路断线闭锁元件	操作闭锁	备注
短路故障	+	+	+	−		
短路伴随振荡	+	+	+	−	−	
振荡	−	±	+	−	−	
长线充电	−	±	−	−	±	
自同步	−	−	+	−	+	
电压回路断线	±	+	−	+	−	

注　+表示能够可靠地防止误动作；−表示不能防止误动作；±表示不能可靠地防止误动作。

上述各种闭锁方式都因闭锁而增加了保护装置的复杂性，而且用延时元件降低了保护装置的性能。就上述两种闭锁方式相对而言，励磁低电压元件加延时元件的闭锁方式较简单。

目前工程设计中，低励、失磁保护构成方案很多，但用来作为保护判据和闭锁元件的还在用上述某种或者其组合。也有的保护增加了突变量闭锁环节。

2. 保护构成原理及出口逻辑

失磁保护常由阻抗元件、母线低电压元件和闭锁（启动）元件组成。

阻抗元件用于检出失磁故障，常用阻抗元件，可按静稳边界或异步边界整定。

母线低电压元件用于监视母线电压保障系统安全。母线低电压元件的动作电压，按由稳定运行条件决定的临界电压整定。应取发电机断路器（或发变组高压侧断路器）连接母线的电压。

闭锁元件用于防止保护装置在其他异常运行方式下误动作。过去曾用负序电流做闭锁，用以防止在短路和振荡时阻抗元件误动，因为振荡不全是由短路引起，且振荡时间可能超过负序保持的闭锁时间，所以不再推荐用负序电流闭锁。另外还有用负序电压（突变量）作为闭锁元件的，它也能对三相短路进行闭锁，负序电压元件动作后需要延时返回，要大于后备保护切除故障的时间。对振荡则要靠延时来躲过。这种闭锁方式也比较复杂，也不够理想。所以目前一般有条件时最好是采用转子低电压元件作为闭锁元件，为了提高闭锁的可靠性和灵敏性，目前常采用变励磁电压判据。当为旋转半导体励磁无法取得转子直流电压时，对短路故障只好用负序电压量（延时返回）进行闭锁。由于这种闭锁方式要用延时躲过系统振荡，所以实际上会把失磁保护的动作时间推迟，不利于电厂安全运行。宜开发其他安全快速可靠的闭锁方案，如电机制造商可提供转子失压光电保护等措施。

（1）发电机失磁保护阻抗动作特性。

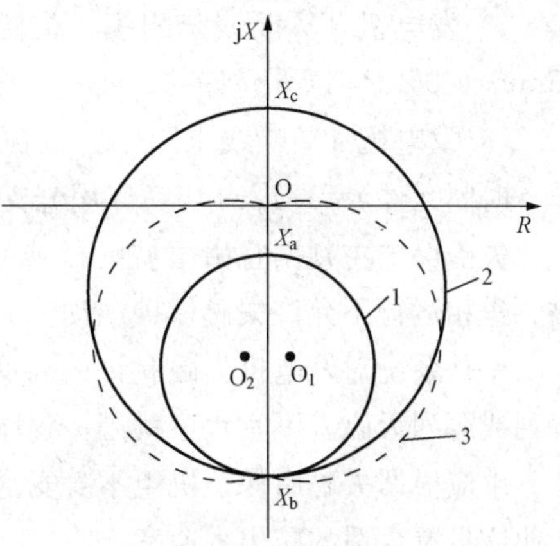

图 2-30　失磁阻抗动作特性
1—异步边界圆；2—汽轮发电机静稳边界圆；
3—准静稳极限阻抗特性（苹果圆）

发电机失磁阻抗分析参见图 2-30。发电机失磁后机端阻抗最终轨迹将进入图 2-30 的圆 1 中，圆 1 称为异步边界的阻抗圆。异步边界阻抗圆动作判据主要用于与系统联系紧密的发电机，它能反应失磁电机机端的最终阻抗（动作较晚）。

静稳边界圆，见图 2-30 中圆 2，发电机失磁后机端阻抗轨迹先进入圆 2，因此它动作较快，但由于圆有一部分区域在Ⅰ、Ⅱ象限，易发生非失磁误动，往往为可靠采用修正后的苹果圆 3，也称为准静稳极限阻抗特性，它的特性是使之与两个小的大半圆在Ⅲ、Ⅳ象限尽量与静稳极限阻抗圆相接近。

阻抗元件电压取自发电机机端 TV；电流取自发电机机端或中性点 TA；高压侧电压取自主变压器高压侧 TV；励磁电压取自发电机转子。

（2）发电机失磁保护失磁保护逻辑出口回路。

一种有刷励磁失磁保护逻辑出口回路如图 2-31 所示，其中失磁保护的逻辑出口回路动作可归纳为以下几点：

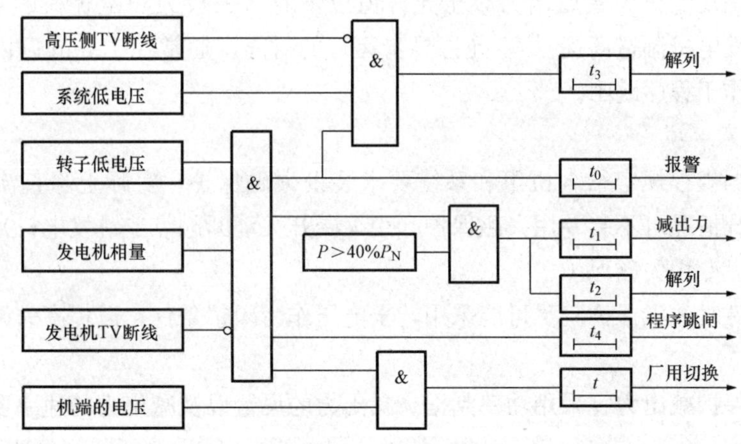

图 2-31　一种有刷励磁失磁保护逻辑出口回路

1）发电机 TV 断线未闭锁＋失磁判据动作＋转子低电压判据动作→时间元件 t_1（0.3/0.5s）→减出力出口经功率判别元件压出力到发电机失磁运行允许的（40%～50%）P_N（额定出力），应设有功功率判据（电流判据不够准确），避免把功率一直减到零。

2）发电机 TV 断线未闭锁＋失磁判据动作＋转子低电压判据动作＋系统低电压动作＋系统侧 TV 断线未闭锁→时间元件 t_3（0.5/1s）→解列。

3）发电机 TV 断线未闭锁＋失磁判据动作＋转子低电压判据动作→时间元件 t_2（1/1.5min）→解列出口（t_2 时间内负荷没有压下来时）。

4）发电机 TV 断线未闭锁＋失磁判据动作＋转子低电压判据动作→时间元件 t_4 约 15min（40%P_N 以下允许的时间）→程序跳闸出口（程跳/切换到解列）。

5）发电机 TV 断线未闭锁＋失磁判据动作＋转子低电压判据动作＋机端低电压动作→时间元件 $t=1/1.5$s 切换厂用分支。

失磁保护主判据宜由阻抗元件或复功率判别原理构成，要能明确区别进相运行和失磁。进相运行不允许失磁保护误动。

t_3 是系统对发电机失磁允许的时间要求，一般时间比较短，可取 0.3s 左右，动作于解列或解列灭磁。不宜程序跳闸，程序跳闸太慢，对系统不利。

t_1 应根据失磁后保证机组本身安全的条件来整定，一般要求较快动作于减出力，热机专业应设置合适的减出力速率。

如果失磁后发电机侧电压不能保证厂用电稳定运行，还应切换厂用电源。有的为简化保护，减出力同时并切换厂用电源（可取 0.5/1s）。严格说，失磁后母线电压不一定会低到正常运行所不允许的地步，如不必要地切换厂用电源，引起的扰动可能对电厂稳定运行反而不利，因此宜设厂用母线电压判别元件（为简化二次接线可用发电机母线电压代替），有条件时可分为两段时限，t_A 可取 1/1.5s，切换 A 段母线，t_B 可取 1.5/2s 切换 B 段母线，以尽可能少引起厂用电源波动，影响机炉稳定运行，分两次进行切换对保证厂用电稳定运行较为有利。即如果母线电压降低不多则不需切换厂用电源。

t_3 和 t_2 时间没有固定的配合关系，哪个启动条件满足，就按自己的整定时限动作。

t_4 对应的是发电机失磁后出力减至允许值以下时（一般为额定负荷的 40%～50%，具体要求可由发电机制造商提供），允许异步运行的时间，通常在 15min 以内，为避免机组超速，可动作于程序跳闸。

3. 设计注意事项

（1）应根据规程规定结合机组和系统要求装设失磁保护，实际上除直流励磁的小机组，有根据系统情况可不装专用失磁保护（用灭磁开关动断触点连跳发电机）外，发电机通常都要求装设专用失磁保护。

（2）有条件时失磁保护宜尽可能采用转子电压作为闭锁条件，以提高失磁保护动作的可靠性。

（3）失磁保护减出力宜采用功率判据（减出力的设置以及减出力的速率要根据热力系统情况确定）。

（4）失磁后宜先报警；有条件时应优先动作于减出力，当在预定时间内未减到规定值时可动作于解列，失磁危及系统稳定运行时保护也宜动作于解列（但与前者解列没有必然的时间配合关系），当减出力到预定值，但运行超过了发电机允许的无励磁运行时间时，宜动作于程序跳闸，当机端电压降低到危及厂用电安全运行时，应切换厂用电源到备用电源，有条件时可分为两段时限先后切换 A、B 段电源，以尽可能减少对机炉稳定运行的影响。

三、发电机低励失磁保护整定计算

（1）总体配置。

1）系统主判据——高压母线设低电压元件。

2）发电机判据——异步边界阻抗或静稳极限阻抗。

3）辅助判据——励磁低电压（或负序电压/电流）。

4）闭锁元件——电压回路断线闭锁。

5）功能要求——发电机减出力，厂用切换或减励磁（视励磁系统条件）。

(2) 系统主判据低电压动作值按下式整定

$$U_{op} \leqslant (0.85 \sim 0.9)U_n$$

式中　U_n——系统二次额定电压。

一般用发电机侧电压时取100V，当用高压侧母线电压时，由于母线上电压互感器额定电压与主变压器高压侧额定电压的不一致，U_n 不能按100V计算，应根据实际情况进行修正，如果变压器取额定抽头电压，则一般可按110V计算。

(3) 异步边界阻抗按下列两式整定 x 轴上电抗坐标点，即

$$X_a = -0.5X'_d \frac{U_{GN}^2 n_{TA}}{S_{GN} n_{TV}} \tag{2-93}$$

$$X_b = -X_d \frac{U_{GN}^2 n_{TA}}{S_{GN} n_{TV}} \tag{2-94}$$

式中　X'_d、X_d——发电机暂态电抗和同步电抗标幺值（取不饱和值）；

U_{GN}、S_{GN}——发电机额定电压和额定视在功率；

n_{TA}、n_{TV}——电流互感器和电压互感器变比。

异步边界阻抗圆动作判据主要用于与系统联系紧密的发电机失磁故障检测，它能反应失磁发电机机端的最终阻抗，但动作可能较晚。

(4) 静稳极限阻抗判据通常汽轮发电机可参见图2-30中的圆2，其整定值为

$$X_C = X_{con} \frac{U_{gn}^2 n_{TA}}{S_{gn} n_{TV}} \tag{2-95}$$

式(2-95)中，$X_{con}=X_t+X_s$，称为发电机与系统间的联系电抗（包括系统电抗 X_S 和升压变压器阻抗 X_{t1}）标幺值（以发电机额定值为基值），其他符号同异步边界部分。另外 X_b 也由式(2-94)决定。

鉴于阻抗圆2在第Ⅰ、Ⅱ象限的动作区易发生非失磁故障条件下的误动，为此在图2-30中，作 OX_b 直线的中垂线，在中垂线上取对称于 X 轴的两点 O_1 和 O_2，以 O_1 和 O_2 为圆心，作圆弧（虚线苹果圆3）使之与静稳极限阻抗圆2在Ⅲ、Ⅳ象限尽量接近，苹果圆3就是准静稳极限阻抗圆，它是在整定静稳极限阻抗圆的基准上，方便地作出的准静稳极限阻抗特性。X_{con} 可取最经常运行方式下的数值。

(5) 静稳极限变励磁电压判据。

当进相运行时可能 U_{fd} 可能小于恒定低励磁电压判据，恒定励磁低电压辅助判据继电器会处于动作状态，失磁保护可能会失去该辅助判据的闭锁作用，此时宜用变励磁电压判据。

对汽轮发电机由于 $X_d \approx X_q$ 静稳极限变励磁电压判据可以表达为

$$U_{fd}(V) = \frac{P}{S_{GN}}(X_d + X_{com})U_{fd0} \tag{2-96}$$

其中　　$X_{com} = X_s + X_t$（发电机与无限大系统间联系电抗）

式中 X_d——发电机同步电抗标幺值；

S_{GN}——发电机额定视在功率，MVA；

U_{fd0}——发电机空载额定励磁电压，V；

X_t——主变阻抗标幺值，以发电机额定视在功率为基准（发变组单元接线时需计入）；

X_s——系统电抗标幺值，以发电机额定视在功率为基准（采用最大方式时的系统阻抗计算闭锁较可靠）；

P——发电机的运行功率（MW 在公式中即 MVA），不需计算。

令 $X_{d\Sigma} = X_d + X_{com}$，则

$$U_{fd}(V) = \frac{P}{S_{GN}} X_{d\Sigma} U_{fd0}$$

进一步简化静稳极限变励磁动作电压判据可以表达为

$$U_{fd.op}(V) = KP$$

式中 K——转子电压判据系数（V/MVA），也有的称变励磁电压斜率（ULP），由下式计算后确定

$$K = X_{d\Sigma} U_{fd0} / S_{GN} \tag{2-97}$$

（6）低励失磁保护的其他辅助判据计算。

1）负序电压元件（闭锁失磁保护）。动作电压为

$$U_{op} = (0.05 \sim 0.06) U_{GN} / n_v$$

2）负序电流元件（闭锁失磁保护）。动作电流为

$$I_{op} = (1.2 \sim 1.4) I_{2\infty} / n_a$$

式中 $I_{2\infty}$——发电机长期允许负序电流（有名值）。

由负序电流元件构成的闭锁继电器，在出现负序电压或电流大于 U_{op} 或 I_{op} 时，瞬时启动闭锁失磁保护，经 8～10s 自动返回。

（7）失磁保护的动作时间整定。

1）不允许失磁长时间运行时，保护跳发电机断路器。

动作于跳开发电机的延时元件，其延时应防止系统振荡时保护的误动作。振荡周期由电网主管部门提供，按躲振荡所需的时间整定。对于不允许发电机失磁运行的系统，其延时一般取 0.5～1.0s，以下定值仅供参考。

一是异步边界阻抗：母线低电压延时可取 0.5s；阻抗判据延时可取 0.5s。

二是静稳极限阻抗：母线低电压延时可取 0.8s；阻抗判据延时可取 1s。

2）允许失磁后在有限时间内运行时，失磁保护接口功能时限。

允许失磁后发电机转入异步运行的低励失磁保护装置动作后，应切断灭磁开关，防止在转入异步运行时仍有有损大轴的同步功率存在。动作于励磁切换及发电机减出力的时间元件，其延时结合设备和允许运行条件整定。失磁异步运行情况下，动作于发电机解列的延时，由发电机制造厂和电力部门共同决定允许发电机带（0.4～0.5）P_{gn} 的失磁异步运行时间。以下数据仅供参考：

一是励磁切换（有备用励磁时），可取 0.3s，切换成功即不失磁。

二是厂用电源切换（专设电压判别），电压可取（0.75～0.85）U_{gn}，可整定 1～1.5s。

三是启动 DEH 减出力，减出力速率 1min 内减至 0.4 倍发电机额定功率，即 0.4P_{gn}，可整定 0.5s 动作于减出力。

四是失磁运行跳灭磁开关，可整定≥6～8s。

五是失磁运行跳发电机断路器，由失磁保护启动，一般取小于 15min，视具体情况定。

上述动作值和动作时间在现场应根据系统及发电机具体参数和使用的具体保护装置功能原理并结合厂家资料计算确定。失磁保护定值影响因素较多不能一概而论。

第九节　发电机失步保护

由于送电网络不断扩大，大机组一般与变压器成单元接线，使发电机和变压器的阻抗值相对增大，而系统的等效阻抗值相对下降，因此振荡中心常落在发电机端或升压变压器的范围内，使振荡过程对机组的影响趋于严重。机端电压周期性地严重下降，对发电机组的安全运行极为不利，有可能将造成机组损坏。特别对汽轮发电机轴可能发生扭转振荡，使大轴遭受机械损伤，甚至造成严重事故。

鉴于上述原因，对于大型发电机，需要装设失步保护，用以及时检测出失步故障，迅速采取措施，以保障机组和电力系统的安全运行。

一、发电机失步保护装设原则

300MW 及以上发电机宜装设失步保护，在短路故障、系统同步振荡、电压回路断线等情况下，保护不应误动作。

通常保护动作于信号，当振荡中心在发电机变压器组内部，失步运行时间超过整定值或电流振荡次数超过规定值时，保护还动作于解列，并保证断路器断开时的电流不超过断路器允许开断电流。

二、几种失步保护构成原理

各种原理的失步保护均应满足：正确区分系统短路与振荡；正确判定失步振荡与稳定振荡（同步摇摆）。

失步保护应只在失步振荡情况下动作。失步保护动作后，一般只发信号，由系统调度部门根据当时实际情况采取解列、快关、电气制动等技术措施，只有在振荡中心位于发—变组内部或失步振荡持续时间过长、对发电机安全构成威胁时，才作用于跳闸，而且应在两侧电动势相位差小于 90°的条件下使断路器跳开，以免断路器的断开容量过大。

1. 双阻抗元件失步保护

图 2-32 为双透镜原理失步保护的动作特性，如果测量阻抗的轨迹只进入 Z_1 就返回，说明电力系统发生了稳定振荡，保护不动作；如果测量阻抗的轨迹先后穿过 Z_1 及 Z_2，说明电力系统发生了非稳定性振荡，保护动作发信号；如果测量阻抗的轨迹进入 Z_1 及 Z_2 的时间差小于某一定值，说明电力系统发生了短路故障，保护应予闭锁。因此，失步保护是通过整定动作区和时限的相互配合来区分短路故障及系统振荡的。

2. 带阻抗圆的遮挡器原理失步保护

所谓“遮挡器”原理，实际是具有平行直线特性的阻抗保护，如图 2-33 所示，直线 B1、B2 均平行于系统合成阻抗$\overline{AB}$，B1 的动作区在直线左侧，B2 的动作区在直线右侧。该失步保护除直线特性阻抗元件外，还有一个圆特性阻抗元件。图 2-33 中，X'_d 和 X_t 分别为发电机暂态电抗和升压变压器短路电抗；Z_1 为发电机—变压器组以外的总阻抗。

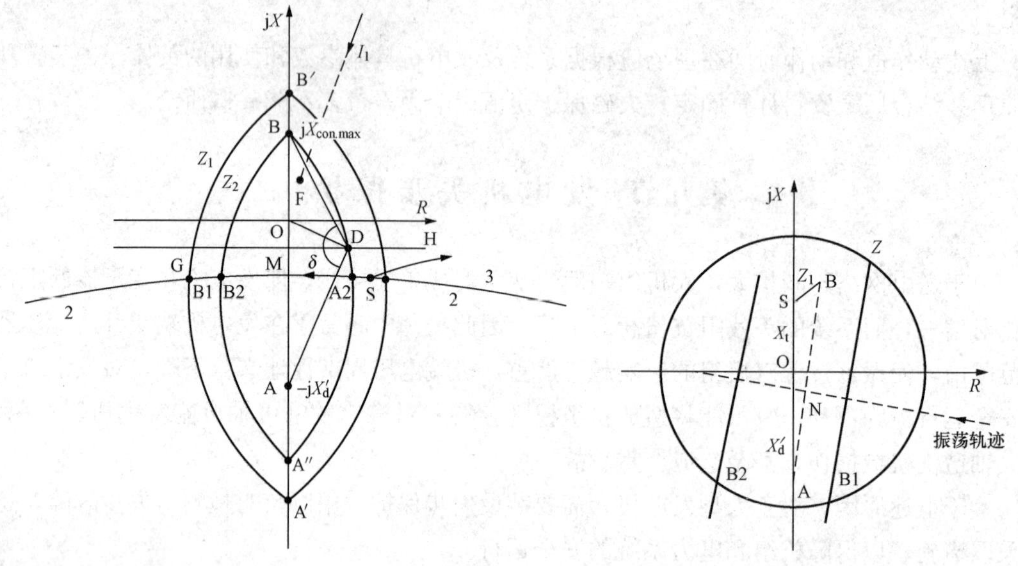

图 2-32　双透镜原理失步保护的动作特性

图 2-33　阻抗圆与遮挡器原理失步保护动作特性

当振荡阻抗轨迹仅进入阻抗圆动作区而未达遮挡器的直线动作区时，失步保护不动作。

与双阻抗元件失步保护相同，也是利用阻抗整定（动作区）和动作时限的相互配合来区分短路与振荡。

3. RCS-985/WFB-800 三元件式失步保护

三元件式失步保护特性由以下三部分组成（见图 2-34）：

第一部分是透镜特性，图 2-34 中①，它把阻抗平面分成透镜内的部分Ⅰ和透镜外的部分 A。

第二部分是遮挡器特性，图 2-34 中②，它平分透镜并把阻抗平面分为左半部分 L 和右半部分 R。

两种特性的结合，把阻抗平面分为四个区，根据其测量阻抗在四个区内的停留时间作为是否发生失步的判据。

第三部分特性是电抗线，图 2-34 中③，它把动作区一分为两，电抗线以下为Ⅰ段（U），电抗线以上为Ⅱ段（O）。

4. DGT-801 遮挡器原理微机型发电机失步保护

（1）保护原理。该失步保护的动作特性见图 2-35，保护能鉴定发电机机端测量阻抗的变化轨迹。只反应发电机的失步情况，能可靠躲过系统短路和稳定振荡，并能在失步开始的摇摆过程中区分加速失步和减速失步。

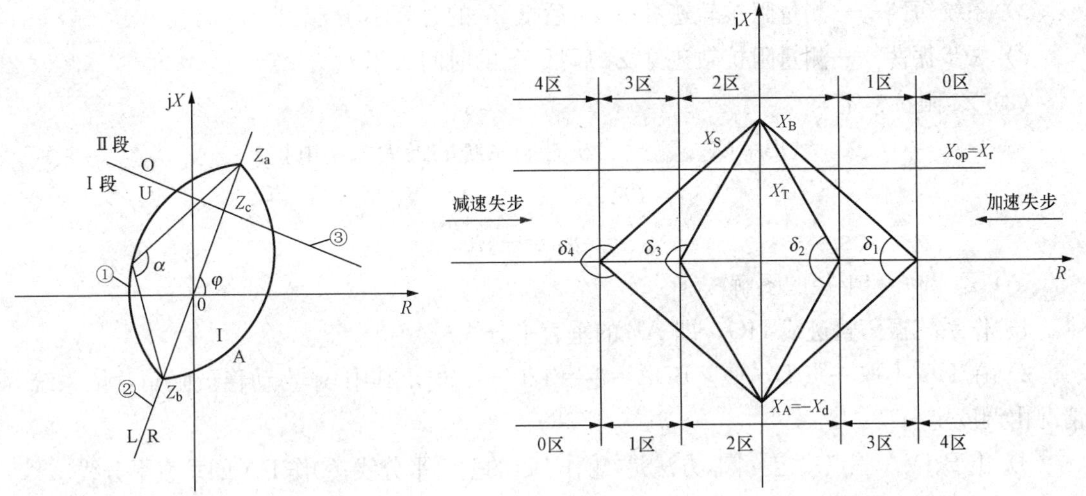

图 2-34　三元件式失步保护特性

图 2-35　失步阻抗轨迹与失步保护整定图

保护动作特性为易于计算机实现双遮挡器原理特性。图 2-35 中，R_1、R_2、R_3、R_4 将阻抗平面分为 0～4 共五个区（整定部分忽略了线路电阻），加速失步时测量阻抗轨迹从 $+R$ 向 $-R$ 方向变化，0～4 区依次从右到左排列。减速失步时测量阻抗轨迹从 $-R$ 向 $+R$ 方向变化，0～4 区依次从左到右排列。当测量阻抗从右向左穿过 R_1 时判断为加速，当测量阻抗从左向右穿过 R_4 时判定为减速。然后当测量阻抗穿过 1 区进入 2 区，并在 1 区及 2 区停留的时间分别大于 t_1 和 t_2 后，对于加速过程发加速失步信号，反之对于减速过程发减速失步信号。加速失步信号或减速失步信号作用于降低或提高原动机出力。若在加速或减速信号发出后，没能使振荡平息，测量阻抗继续穿过 3 区进入 4 区，并在 3 区及 4 区停留的时间分别大于 t_3 和 t_4 后，进入滑极计数。当滑极累计达到整定值 N。即出口跳闸。

无论在加速过程还是在减速过程，测量阻抗在任一区（1～4 区）内停留的时间小于对应的延时时间（t_1～t_4）就进入下一区，则判定为短路。

当测量阻抗轨迹部分穿越这些区域后以相反的方向返回，则判断为可恢复的振荡（或称稳定振荡）。

阻抗元件电压取自发电机机端 TV；电流取自发电机机端或中性点 TA。

（2）保护的出口逻辑见图 2-36。加速失步可作用于发信号并压出力，减速失步信号可作用于发信号并提高出力，但需要与热工专业配合。已经判断为失步时保护动作可发信或跳闸。

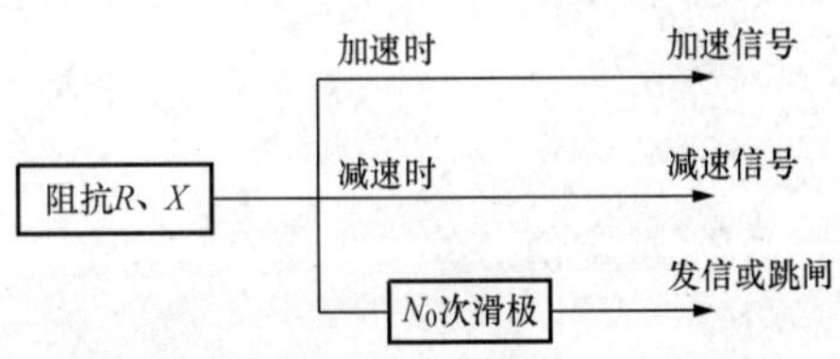

图 2-36　发电机失步保护出口逻辑

出口方式：加速失步信号—可发信或压出力。

减速失步信号—可发信或提高出力。

失步—可发信或跳闸。

三、发电机失步保护整定计算

1. 双透镜失步保护

本保护的整定计算参见图 2-32。

（1）动作判别。

1）稳定振荡——测量阻抗轨迹进入 Z_1 即返回。

2）系统短路——测量阻抗轨迹穿过 Z_1 后抵 Z_2 的时间小于 t_{op}。

3）失步振荡——测量阻抗轨迹穿 Z_1 后抵 Z_2 的时间大于 t_{op}。

（2）Z_2 阻抗整定

$$X_B = OB = jX_{con.max}\text{（自机端向系统的最大联系电抗）}$$

$$X''_A = OA'' = j(1.5 \sim 2)X'_d$$

$$X_A = OA = -jX'_d$$

（3）Z_2 圆心和半径的图解法。

1）作系统振荡轨迹线 HG，即 AB 的垂直平分线。

2）在 HG 上取一点 D，使$\angle BDA = \delta_2 = 120° \sim 140°$，其中 δ_2 为动稳极限角，依系统情况由调度定。

3）由 B、D、A″三点决定一圆，方法是：①作 BD 的垂直平分线；②作 DA″的垂直平分线。两垂直平分线相交点即为 Z_2 的圆心坐标，圆心至 D 点的长度即 Z_2 圆的半径。

4）类似方法作对称于 jX 轴的另一部分对称圆。

（4）Z_1 圆心和半径图的解法。

1）阻抗圆 Z_1 和 Z_2 为同心圆。

2）Z_1 的半径与 Z_2 半径之比为 1.2～1.3。

（5）阻抗圆 Z_1 用图解整定法。

1）由 Z_1 量得 $X'_B = OB'$。

2）由 Z_1 圆量得 $X'_A = OA'$。

（6）阻抗有名值计算。

1）先求发电机二次阻抗基准值

$$Z_{bg} = \frac{U_{GN}^2 n_{TA}}{S_{GN} n_{TV}} \quad (\Omega) \tag{2-98}$$

式中 U_{GN}——发电机额定电压，kV；

S_{GN}——发电机额定视在功率，MVA；

n_{TA}——发电机 TA 变比；

n_{TV}——发电机 TV 变比。

2）Z_2 整定值

$$X'_B = X_B \cdot Z_{bg}$$

$$X'_A = X_A \cdot Z_{bg}$$

3）Z_1 整定值

$$X'_B = X'_B \cdot Z_{bg}$$

$$X'_A = X'_A \cdot Z_{bg}$$

（7）区别短路与振荡的时间 t_{op} 整定

$$t_{op} = T_{min} \frac{\delta_2 - \delta_1}{360} \tag{2-99}$$

$$=0.14\times\frac{(120^\circ\sim140^\circ)-90^\circ}{360^\circ}=0.01\sim0.015(\mathrm{s})$$

式中　T_{min}——系统最小振荡周期取 0.14s；

δ_1——静稳边界功角，90°；

δ_2——动稳极限功角，120°～140°。

2. 带阻抗圆的遮挡器原理失步保护整定计算

计算与作图法确定的失步保护的动作特性见图 2-37。

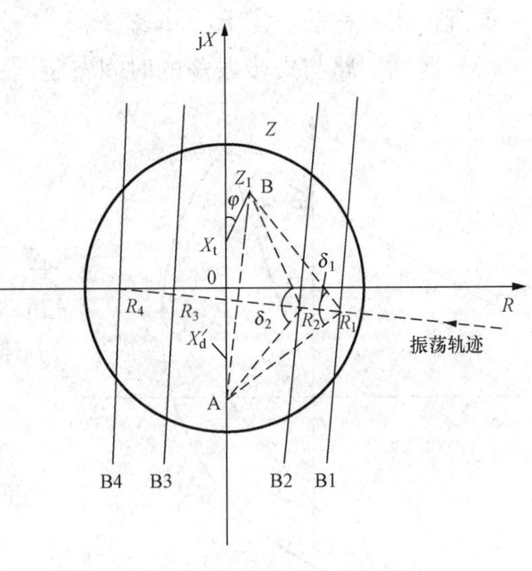

图 2-37　带阻抗圆遮挡器原理失步保护动作特性图（$Z_1=\overline{\mathrm{SB}}$）

发电方式下机组加速失步时，机端测量阻抗的轨迹从右侧首先进入圆特性，阻抗元件 Z 动作，当功角 δ_1 进一步增大，阻抗轨迹达 B1 时对应 $\delta_2=120^\circ\sim140^\circ$ 机组处于动稳极限状态；当阻抗轨迹越过 AB 线时，发电机失步。

当发电机呈电动机运行方式时，情况与上述过程相反，振荡阻抗从左侧进入 Z 阻抗圆。

（1）动作判别。

1）系统合成阻抗线

$$AB=-\mathrm{j}X'_{\mathrm{d}}+\mathrm{j}X_{\mathrm{t}}+Z_1$$

式中　X'_{d}——发电机暂态电抗，Ω；

X_{t}——变压器电抗，Ω；

Z_1——发电机—变压器组以外的总阻抗，Ω。

2）外阻抗图 Z——按发电机额定负荷阻抗 0.8 倍整定。

3）直线特性阻抗 B1、B2、B3、B4 均平行于系统合成阻抗线 AB。

4）发电方式下机组加速：机端阻抗轨迹从右失步穿入阻抗图 Z，功角 $\delta_1=90^\circ$ 即达静稳边界时抵 B1 线，功角 $\delta_2\approx$（120°～140°）时即达动稳极限时抵 B2 线；阻抗轨迹越过 AB 线时，发电机失步。

5）发电机呈电动机运行方式时则相反，轨迹从左至右移动。

（2）阻抗整定。

1）发电机的二次基准阻抗

$$Z_{\mathrm{bg}}=\frac{U_{\mathrm{GN}}^2 n_{\mathrm{TA}}}{S_{\mathrm{GN}} n_{\mathrm{TV}}}\qquad(\Omega)\tag{2-100}$$

式中　U_{GN}——发电机额定电压，kV；

S_{GN}——发电机额定视在功率，MVA；

n_{TA}——发电机 TA 变比；

n_{TV}——发电机 TV 变比。

2）正反向阻抗

$$Z_B = [jX_t + Z_1(\sin\varphi + j\cos\varphi)]Z_{bg} \quad (\Omega) \tag{2-101}$$

$$Z_A = X'_d Z_{bg} \quad (\Omega)$$

3）遮挡器 R_1

$$R_1 = \frac{1}{2}(jZ_A + Z_B)\mathrm{ctan}\left(\frac{\delta_1}{2}\right)$$

$$R_2 = \frac{1}{2}(jZ_A + Z_B)\mathrm{ctan}\left(\frac{\delta_2}{2}\right) \tag{2-102}$$

同理，用对称法决定 R_3、R_4 直线。

（3）区别短路与失步振荡的时间整定同式（2-99）。

3. 三元件式失步保护

本保护的整定计算见图 2-38。

（1）动作判别。透镜两个半圆以内为动作区，被 Z_a、Z_b 线分为左半部和右半部，动作区电抗线以上为Ⅱ段，电抗线以下为Ⅰ段，动作判别：

1）遮挡器由参数 Z_a、Z_b、φ 确定。

2）α 角的整定决定了给定条件下透镜在复数平面横轴方向的宽度，即透镜的形状。

3）发电机加速失步从右端进阻抗透镜。从右向左移动，在透镜内停留时间大于给定时间（约 50ms 或模式另有约定）。

4）发电机减速失步，从左端进入阻抗透镜由左至右移动，在透镜内停留时间大于给定时间。

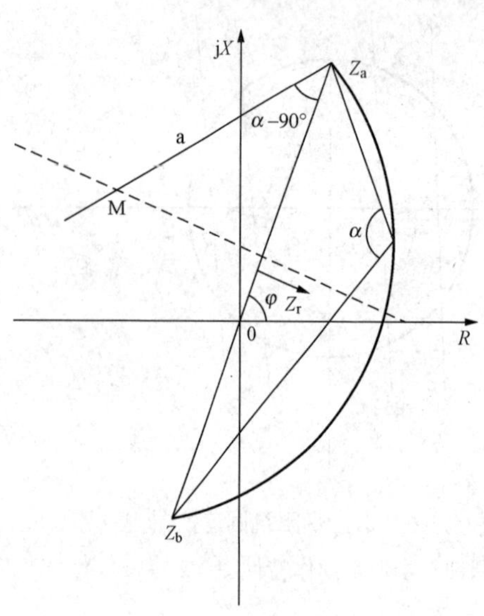

图 2-38　三元件失步保护特性的整定

（2）保护整定。

1）遮挡器特性整定。决定遮挡器特性的参数是 Z_a、Z_b、φ。如果失步保护装在机端，按图 3-38 得

$$Z_b = -X'_d Z_{bg} \tag{2-103}$$

$$Z_a = X_c Z_{bg}$$

$$\varphi = 80° \sim 85°$$

式中　X'_d——发电机暂态电抗；

X_c——发电机与系统的联系电抗；

φ——系统阻抗角；

Z_{bg}——发电机基准电抗。

2）α 角的整定及透镜结构的确定。对于某一给定的 $Z_a + Z_b$，透镜内角 α（即两侧电动势摆开角）决定了透镜在复平面上横轴方向的宽度。确定透镜结构的步骤如下：

一是，确定发电机最小负荷阻抗 $R_{l.min}$。

二是，确定计算中求解 α 角需要的 Z_r

$$\left.\begin{aligned} R_{\mathrm{l.min}} &= Z_{\mathrm{l.min}}\cos\varphi_{\mathrm{l}} \\ Z_{\mathrm{r}} &\leqslant \frac{1}{1.3}R_{\mathrm{l.min}} \end{aligned}\right\} \tag{2-104}$$

式中 $Z_{\mathrm{l.min}}$——最小视在负荷阻抗（一般可取发电机额定负荷阻抗）；

$\cos\varphi_{\mathrm{l}}$——最小负荷阻抗时的功率因数（一般可取发电机额定功率因数）；

$R_{\mathrm{l.min}}$——发电机最小负荷阻抗。

三是，确定内角 α。

由 $Z_{\mathrm{r}} = \dfrac{Z_{\mathrm{a}} + Z_{\mathrm{b}}}{2}\tan\left(90° - \dfrac{\alpha}{2}\right)$，得

$$\alpha = 180° - 2\arctan\frac{2Z_{\mathrm{r}}}{Z_{\mathrm{a}} + Z_{\mathrm{b}}} \tag{2-105}$$

式中，α 角一般取 120°。

3）电抗线 Z_{c}的整定。一般 Z_{c}选定为变压器阻抗 Z_{t}的 90%，即 $Z_{\mathrm{c}}=0.9Z_{\mathrm{t}}$。过 Z_{c}作 $Z_{\mathrm{a}}Z_{\mathrm{b}}$的垂线，即为失步保护的电抗线。电抗线是Ⅰ段和Ⅱ段的分界线，失步振荡在Ⅰ段还是在Ⅱ段取决于阻抗轨迹与遮挡器相交的位置，在透镜内且低于电抗线为Ⅰ段，高于电抗线为Ⅱ段。

失步保护最大滑差频率 f_{smax}与 α 角存在着如下关系

$$\alpha = 180°(1 - 0.05 \times f_{\mathrm{smax}}) \tag{2-106}$$

或

$$f_{\mathrm{smax}} = 20 \times \left(1 - \frac{\alpha}{180°}\right)$$

式中 f_{smax}——最大滑差频率，Hz。

4）跳闸允许电流整定。装置可设计为自动选择在电流变小时作用于跳闸，跳闸允许电流定值为辅助判据，通常根据所用断路器允许遮断容量选择，以保证安全断开。

5）失步保护滑极定值整定。振荡中心在区外时，失步保护动作于信号，滑极可整定2～15 次。

振荡中心在区内Ⅰ段时，滑极一般整定 2 次。Ⅱ段次数可整定较大，也有的将其退出。

第十节 发电机过电压和过励磁保护

一、发电机过电压保护

对于汽轮发电机，由于它装有快速动作的调速器，当转速超过额定值的 10%以后，汽轮机的危急保安器会立即动作，关闭主汽门，可以在一定程度防止由于机组转速升高而引起的过电压。当发电机突然甩负荷或者带时限切除距发电机较近的外部故障时，由于转子电枢反应及外部故障时强行励磁装置动作等原因，也会引起发电机端电压将升高。因此，对于小型汽轮发电机一般不考虑装设过电压保护。而对大、中型汽轮发电机运行中出现危及绝缘安全的过电压现象有时还是会发生的，因此需要考虑装设过电压保护。而水轮机组由于水锤效应等原因，发电机甩负荷引起超速时不能快关闭导水叶，常会发生超速过电压的现象，因此水轮发电机特别需要装设过电压保护。

对发电机定子绕组的异常过电压，应按下列规定装设过电压保护：

(1) 对水轮发电机，应装设过电压保护，其整定值根据定子绕组绝缘状况决定。过电压保护宜动作于解列灭磁。

(2) 对于100MW及以上的汽轮发电机，宜装设过电压保护，其整定值根据定子绕组绝缘状况决定，过电压保护宜动作于解列灭磁或程序跳闸。

顺便说明，由于过电压是三相对称出现的，故过电压保护可由接在发电机机端互感器上的一个过电压继电器和时间继电器组成。如果发电机—变压器组设有过励磁保护时，过电压保护可以取消。由于制造厂往往把两种保护都配置上了，故用户常常是同时并用。

二、发电机过励磁保护

大容量发电机无论在设计和用材方面裕度都比较小，其工作磁密很接近于饱和磁密。当由于调压器故障或手动调压时甩负荷或频率下降等原因，使发电机产生过励磁时，其后果是很严重的，有可能造成发电机金属部分的严重过热，在极端情况下，能使局部矽钢片很快熔化。因此，对大容量发电机宜装设过励磁保护。

300MW及以上发电机，应装设过励磁保护。保护装置可装设由低定值和高定值两部分组成的定时限过励磁保护或反时限过励磁保护，有条件时应优先装设反时限过励磁保护。

(1) 定时限过励磁保护：

1) 低定值部分，带时限动作于信号和降低励磁电流。

2) 高定值部分，动作于解列灭磁或程序跳闸。

(2) 反时限过励磁保护：其反时限特性曲线由上限定时限、反时限、下限定时限三部分组成，其中上限定时限、反时限动作于解列灭磁，下限定时限动作于信号。

反时限的保护特性曲线应与发电机的允许过励磁能力相配合。

汽轮发电机装设了过励磁保护可不再装设过电压保护。

对于发电机—变压器组，其过励磁保护装于机端。如果发电机与变压器的过励磁特性相近（应由制造厂提供曲线），若变压器的低压侧额定电压比发电机额定电压低，则过励磁保护的动作值应按变压器的磁密整定，既保护了变压器，对发电机也是安全的，若变压器低压侧额定电压等于或大于发电机的额定电压，则过励磁保护的动作值应按发电机的磁密整定，也能同时保护发电机和变压器的安全。

三、发电机（变压器）过励磁保护构成

1. 发电机（变压器）过励磁保护原理

发电机（变压器）会由于电压升高或者频率降低而出现过励磁，发电机的过励磁能力比变压器的能力要低一些，因此发电机—变压器组保护的过励磁特性一般应按发电机的特性整定。

过励磁保护反应的是过励磁的倍数，过励磁倍数定义为

$$N=\frac{B}{B_{\mathrm{n}}}=\frac{U/f}{U_{\mathrm{n}}/f_{\mathrm{n}}}=\frac{U_{*}}{f_{*}} \tag{2-107}$$

式中 U、f——电压、频率；

U_{n}、f_{n}——额定电压、额定频率；

U_*、f_*——电压、频率标幺值；

B、B_n——磁通量和额定磁通量。

过励磁电压一般取自机端 TV 线电压。

2. 保护逻辑框图及动作特性

（1）定时限过励磁保护逻辑框图及保护设置。定时限过励磁保护逻辑框如图 2-39 所示，逻辑判据为额定电压的标幺值与额定频率的标幺值之比。保护根据发电机过励磁能力倍数设置定值，可分别动作于信号或跳闸，有解列灭磁出口时可动作于解列灭磁。

（2）发电机反时限过励磁保护逻辑框图及保护动作特性。

1）反时限过励磁保护逻辑框图，如图 2-39 所示，保护逻辑分为动作于信号的瞬时段及反时限动作于跳闸或信号的跳闸段两部分。

2）发电机反时限过励磁保护动作特性，如图 2-40 所示，反时限曲线特性由上限定时限、反时限、下限定时限三部分组成。

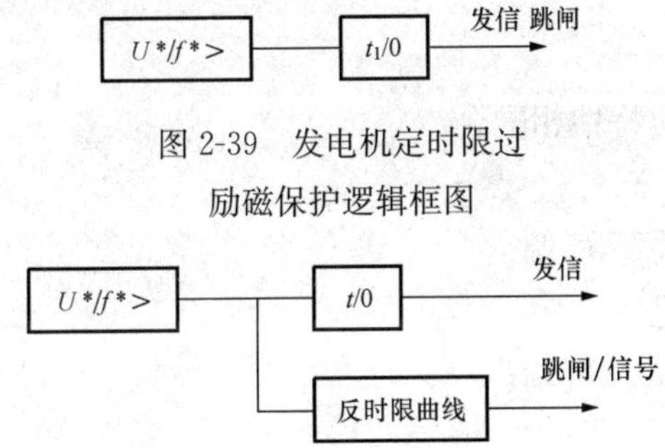

图 2-39　发电机定时限过励磁保护逻辑框图

图 2-39　发电机反时限过励磁保护逻辑框图

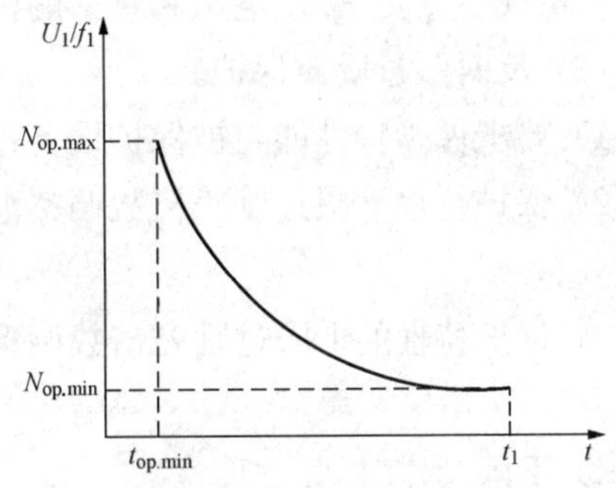

图 2-40　发电机反时限过励磁保护动作特性

当发电机（变压器）过励磁倍数大于整定值时，如果倍数超过下限整定值，则按下限定时限动作；倍数在此之间则按反时限规律动作；达到上限动作值时则按设定时间快速动作。

四、发电机过电压和过励磁保护整定计算

1. 定子过电压保护整定计算

定子过电压保护的整定值，应根据电机制造厂提供的允许过电压能力或定子绕组的绝缘状况整定，一般情况下可按以下定值整定。

（1）动作电压报警定值

$$U_{ap} = 1.1U_n = 1.1 \times 100\text{V} = 110\text{V}$$

$$t_{op} = 2\text{s 发报警信号}$$

（2）动作电压跳闸定值

$$U_{op} = (1.2 \sim 1.3)U_n = (1.2 \sim 1.3) \times 100\text{V} = (120 \sim 130)\text{V}$$

$$t_{op} = 0.5\text{s 动作于解列灭磁，无解列灭磁出口时动作于全停}$$

2. 定子铁芯过励磁保护整定计算

（1）基本保护原则。

1）发电机和主变压器共用一套过励磁保护时，以两者过励磁特性较低之一为整定标准。

2）可设定时限或反时限特性过励磁保护，前者可分为两段；后者反时限按设备过励磁能力特性配合。

（2）定时限过励磁保护。

1）报警定值

$$N_1 = \frac{B}{B_n} = \frac{U_*}{f_*} = 1.1 \tag{2-108}$$

$$t_{op} = 2\text{s 报警或减励磁}$$

2）跳闸定值

$$N_2 = \frac{B}{B_n} = \frac{U_*}{f_*} = 1.3 \tag{2-109}$$

$$t_{op} = 0.5\text{s}$$

上两式中　N_1、N_2——过励磁倍数；

B、B_n——磁通量及额定磁通量；

U_*、f_*——电压和频率的标幺值。

（3）反时限过励磁保护。

1）要求保护特性能与被保护设备过励磁能力特性相配合。

2）保护特性下限过励磁倍数调整范围满足

$$N_1 = (1.0 \sim 1.2)\text{ 可调}$$

3）保护特性的上限过励磁倍数调整范围满足

$$N_2 = (1.3 \sim 1.5)\text{ 可调}$$

4）下限动作时间

$$t_{op} = (0 \sim 9)\text{s 报警}$$

5）上限动作时间

$$t_{op} = (50ms \sim 5s)\text{ 可调}$$

动作于解列灭磁或全停（无解列灭磁出口时）。

过励磁保护动作倍数及动作时间需由保护人员根据工程具体情况，并结合不同厂家的保护动作判据计算确定，不能一概而论。但保护配合原则应相同，即保护曲线与过励磁能力特性曲线要相互配合，保护动作曲线应处于被保护设备过励磁能力特性曲线的下方。详细配合计算方法可参见第六章的发电机过励磁保护定值计算举例。目前最大的麻烦是许多工程难以得到本发电机的过励磁能力曲线资料，这时只能根据工程经验采取较为保守的配合。

第十一节　发电机逆功率保护

逆功率保护常用于保护燃气轮机或汽轮机。对于汽轮机，当由于各种原因使主汽门突然关闭时，如果出口断路器没有跳闸，则发电机将逐渐过渡到电动机运行状态，即由向系统发出有功功率转为从系统吸收有功功率。逆功率运行对汽轮机最主要的危害是汽轮机尾部长叶片的过热。长时间的逆功率运转，残留在汽机尾部的蒸汽与叶片摩擦，使叶片温度达到材料所不允许的程度。对于燃气轮机、柴油发电机也有装设逆功率保护的需要，目的在于防止未燃尽物质有爆炸和着火的危险。一般规定逆功率运行不得超过1～3min。

一、发电机逆功率保护装设原则

对发电机变电动机运行的异常运行方式，200MW及以上的汽轮发电机，宜装设逆功率保护。对燃汽轮发电机，应装设逆功率保护。保护装置由灵敏的功率继电器构成，带时限动作于信号，经汽轮机允许的逆功率时间延时动作于解列。

二、小机组出现逆功率采取措施及大机组发电机逆功率保护

我国以往对于小型发电机是不装设专门逆功率保护的。当发生主汽门突然关闭而出口断路器尚未跳开时，采取下述措施。

（1）当主汽门关闭时，在控制室内发出声光信号。如系误关闭，则迅速予以恢复，机组即可正常运行。如果在几分钟内不能恢复供汽，则由值班人员将机组从系统切除。

（2）采用连锁切除发电机断路器的办法。在主汽门关闭后，用主汽门的辅助触点经延时去切除发电机。

通常对小机组上述措施还是有效的，但从提高大中型容量机组的运行安全水平来考虑，经验表明还是应装设逆功率保护。装设逆功率保护有如下优点：

1）如果由于某种原因关闭主汽门但并未关严，发电机还没有变电动机运行。但主汽门的关闭连锁触点使断路器跳闸，或者发出“主汽门关闭”的声光信号，使值班人员误将断路器跳闸，此时，进汽虽然不多，但断路器已跳闸，故可能造成发电机超速，甚至有飞车的危险。装设逆功率保护可防止这种故障的发生，即在逆功率达不到预定值的条件下，断路器一定不跳闸。

2）装设逆功率继电器后，值班人员在处理主汽门误关闭的过程中，不必担心由于时间过长而损坏汽轮机。为可靠一般设逆功率和程序跳闸逆功率，前者不受主汽门触点的控制，见图2-41。程序跳闸逆功率必须受主汽门接点控制，见图2-42。前者可起到后备的作用，一般整定时间较长，后者一般0.5～1.5s动作于跳闸。图2-41和图2-42中P为保护装置测得的功率，$-P_{op}$为逆功率保护的整定值，发电机输出的功率规定为正，反之为负。

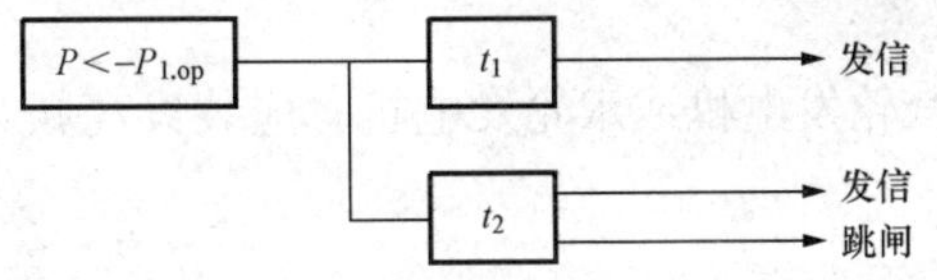

图2-41　发电机逆功率保护出口逻辑示意图

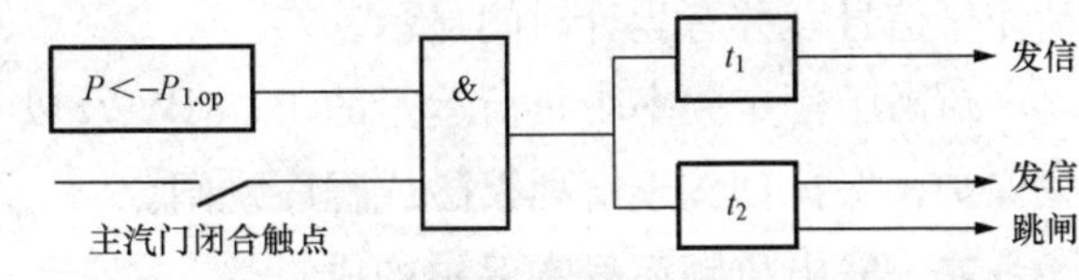

图2-42　发电机程序跳闸逆功率保护出口逻辑示意图

三、发电机逆功率判别

动作判据为

$$P \leqslant -P_{op} \tag{2-110}$$

式中　P——发电机有功功率，输出有功功率为正，输入有功功率为负；

P_{op}——逆功率继电器的动作功率。

1）动作功率P_{op}的计算公式为

$$P_{op} = K_{rel}(P_1 + P_2) \tag{2-111}$$

式中 K_{rel}——可靠系数，取 0.5～0.8；

P_1——汽轮机在逆功率运行时的最小损耗，由制造厂提供；

P_2——发电机在逆功率运行时的最小损耗，一般取 $P_2 \approx (1-\eta) P_{GN}$；

η——发电机效率，一般取 98.6%～98.7%（分别对应 300MW 及 600MW 发电机）；

P_{GN}——发电机额定功率。

用于程序跳闸的逆功率，其定值一般为（1%～2%）P_{gn}，宜取较低值，有条件时应按式（2-111）计算确定，以满足灵敏性要求。单纯逆功率（无主汽门关闭连锁）动作时间较长，定值稍低点可以使保护更灵敏。

燃气轮机发电机组在做电动机状态运行时所需逆功率大小，可粗略地按铭牌（kW）值的百分比估计，工程实际整定有条件时可按厂家提供的相关资料进行。

燃气轮机　　　50%

柴油机　　　　25%

2）逆功率保护动作时限。可延时 0.5s 动作于信号（0s 热工操作有过误动）。经主汽门触点时，延时 1.0～1.5s 动作于解列。

根据汽轮机允许的逆功率运行时间，一般可取 1～3min 动作于解列，实用中有的也整定在 1min 以下，以更为安全。

第十二节　发电机频率异常保护

在异常频率运行时，发电机组会产生机械振动，损害轴系对或对汽轮机叶片损伤严重，危害机组安全运行。频异运行对机组的损害是积累性的，与异频值和持续时间有关，大型机组设备昂贵，因此对大型机组宜装设异频保护。

一、发电机频率异常保护装设原则

对低于额定频率带负荷运行的 300MW 及以上汽轮发电机，应装设低频率保护，保护动作于信号，并有累计时间显示。

对高于额定频率带负荷运行的 100MW 及以上汽轮发电机或水轮发电机，应装设高频率保护，保护动作于解列灭磁或程序跳闸。

二、发电机频率异常保护构成

因频率异常运行对汽轮机的损害是积累性的，与异频值和持续时间有关，故频率异常保护由低频或过频继电器和时间积算器及时间继电器等元件组成，发电机的低频范围段数由汽轮机制造厂提供。其 WFB-800 设有时间计算器的低频累加保护逻辑图如图 2-43 所示，其中保护通过几个定值 f_1、f_2、f_3等将频率范围分为几个频率段，如三段，且 $f_1 > f_2 > f_3 > f_4$。对不同厂家的要求是一致的，当频段不满足机组要求时应根据需要要求保护制造厂家增设频段。

Ⅰ段 $f_1 > f \geqslant f_2$时累加时间，上限为 t_1；

Ⅱ段 $f_2 > f \geqslant f_3$时累加时间，上限为 t_2；

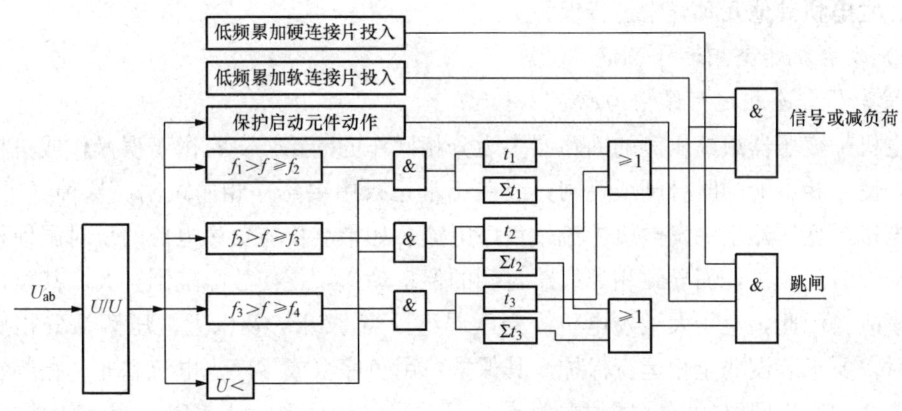

图 2-43　低频累加保护逻辑框图

Ⅲ段 $f_3>f\geqslant f_4$时累加时间，上限为 t_3。

Ⅰ、Ⅱ、Ⅲ段累加到时间上限动作于跳闸或发信号，本方案中设有低电压闭锁判据。顺便指出频率异常保护投入还应受断路器辅助触点的控制。

当频率异常保护需过频段时，其保护逻辑类同，不再重述。

三、发电机频率异常保护整定

频率异常保护包括低频或过频两种情况，具体需要的频段应根据不同机组具体要求设定。低频一般动作于信号，高频可动作于跳闸和信号。

1）低频保护动作范围为

$$f_{n-1}>f>f_n \tag{2-112}$$

2）过频保护动作范围为

$$f_{n-1}<f<f_n \tag{2-113}$$

式中，f_{n-1}、f_n为本段频率动作范围上、下限值。

各段动作时限范围按要求可调，设$\sum t$ 显示，按主机制造厂要求设时限。

第十三节　发电机其他几种异常运行保护

在发电机启停机过程（不带负荷）低频运转阶段也可能发生电气故障。断路器的断口闪络会造成对发电机的异常冲击和系统的扰动。高压断路器分相操作的断路器，常由于误操作或机械方面的原因使三相不能同时合闸或跳闸，也有的在正常运行中突然一相跳闸机造成发电机非全相运行。另外在停机或盘车期间，无论由于什么原因，断路器突然合闸都会使发电机加速或造成发电机变异步电动机运行。

以上这些异常事故都可能对机组造成危害，因此都需要装设相应的继电保护装置。

一、发电机其他几种异常运行保护装设原则

对于发电机启停机过程中发生的故障、断路器断口闪络、非全相及发电机轴电流过大等故障和异常运行方式，可根据机组特点和电力系统运行要求，采取措施或增设相应保护。对 300MW 及以上机组宜装设突然加电压保护。

二、发电机其他几种异常运行保护

(一) 发电机非全相运行保护

1. 发电机非全相运行保护构成

发电机—变压器组高压侧的断路器多为分相操作的断路器，常由于误操作或机械方面的原因，使三相不能同时合闸或跳闸，或在正常运行中突然一相偷跳闸。这种异常工况，将在发电机—变压器组的发电机中流过负序电流，如果靠反应负序电流的反时限保护动作则由于动作时间较长，而导致相邻线路对侧的保护动作，促使故障范围扩大，甚至造成系统瓦解事故。因此，对于大型发电机—变压器组，当 220kV 及以上电压侧为分相操作的断路器时，要求装设非全相运行保护。其保护可由负序（或零序）电流和非全相判别回路组成，非全相判别回路的断路器位置触点由开关量输入回路读入 CPU，由软件实现逻辑“与”，一般经短延时 $t=0.2\sim0.5$s 断开其他健全相，也可以根据不同的监控要求配置不同的时限。

断路器非全相保护逻辑框如图 2-44 所示。它主要是通过判断断路器跳合闸位置接点的不对应，以及负序电流（或零序电流）来作逻辑判断。当断路器三相位置不一致，且负序电流已超过整定值时，则判别为非全相。

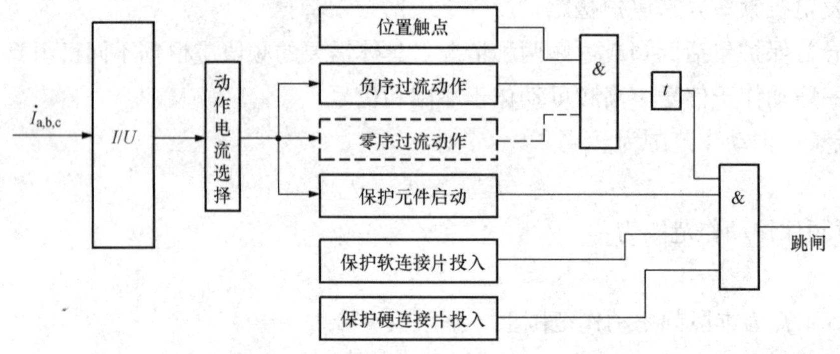

图 2-44 非全相运行保护逻辑框图

2. 发电机非全相运行保护的整定计算

(1) 负序电流可按下式计算

$$I_{2.op}=1.5I_{*2\infty}I_{2.op}=1.5I_{*2\infty}\frac{S_{GN}\times10^{3}}{\sqrt{3}U_{th}\times n_{TA}} \tag{2-114}$$

式中 $I_{*2\infty}$ ——发电机长期允许负序电流标幺值；

S_{GN} ——发电机额定视在功率，MVA；

U_{th}——发电机—变压器组主变压器高压侧额定电压，kV；

n_{TA} ——主变压器高压侧 TA 变比。

(2) 动作时间 $t_{op}=0\sim5$s 范围可调，按躲过断路器操作过程非同时合闸误差并留有裕度，可整定 0.3s。

(二) 突然加电压保护

在停机或盘车期间，无论由于什么原因，断路器突然合闸，会造成发电机突然加速。

在加速期间，其转子将感应出一个大电流，只要在几秒钟内就会使转子、定子或轴损坏。此时，虽然失磁保护、逆功率保护或阻抗保护等均可能动作，但上述保护存在动作有延时或其他缺点。因此，300MW及以下大机组宜装设专用的突然加电压（有的称误上电）保护。

1. 突然加电压保护的构成

下面列举WFB-800误上电保护，其逻辑框图如图2-45所示，其中QF为发电机或发电机—变压器组断路器的动合辅助触点；EQF为励磁开关的动合辅助触点；Z为全阻抗继电器；R为电阻型继电器；时间元件t_1～t_4的定值已在程序中固化，无需用户整定。

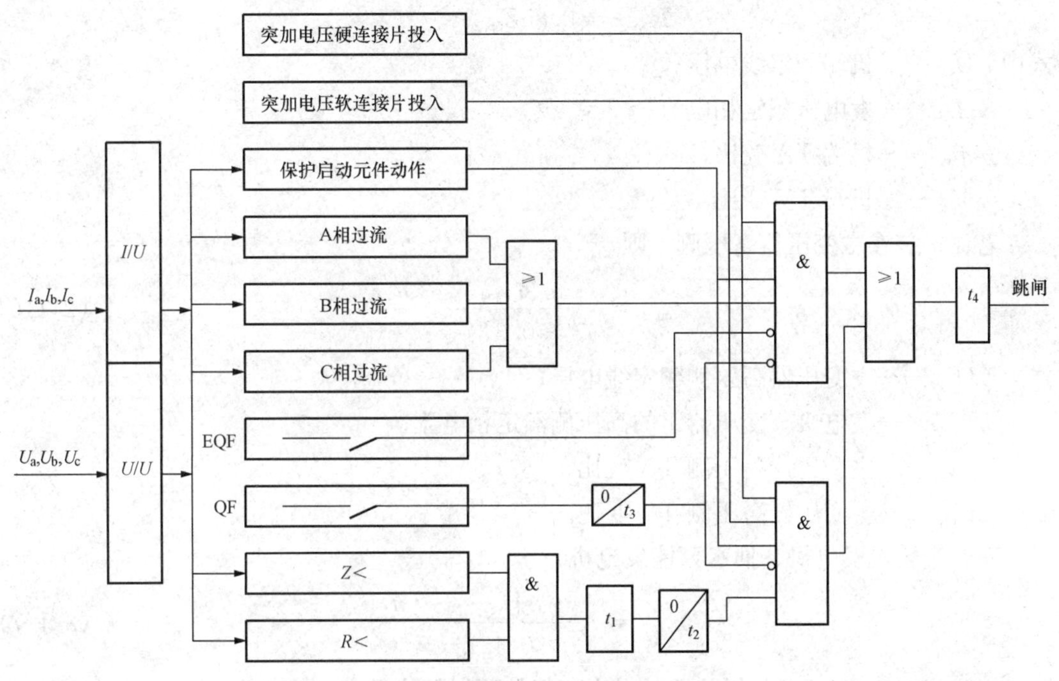

图2-45　突然加电压保护逻辑框图

当发电机在盘车或静止时，发生出口断路器误合闸，系统三相工频电压突然加在机端，使同步发电机处于异步启动工况，由系统向发电机定子绕组倒送的电流（正序电流）在气隙中产生的旋转磁场在转子本体中感应工频或接近工频的电流，从而引起转子过热而损伤。突然加压阻抗与电阻保护动作区如图2-46所示。当停机、盘车或启动升速但磁场开关未闭合时误合闸，过流元件快速动作于跳闸，同时，由于发电机处于同步电机的异步启动过程，阻抗元件延时动作于跳闸，构成双重化保护；当并网前、机组启动，断路器断开，而磁场开关闭合时，过流元件退

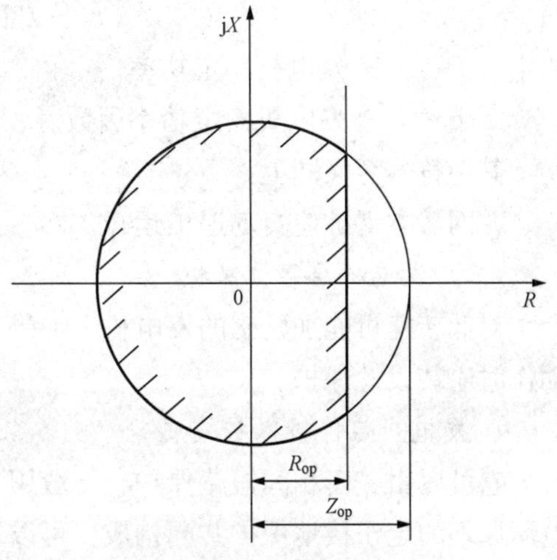

图2-46　突然加压阻抗与电阻保护动作区

出工作，此时若正常并网，阻抗元件不动作，若发生误合闸，阻抗元件动作于跳闸。

2. 突然加压（误上电）保护整定计算

突然加压保护整定计算如下：

(1) 低阻抗元件动作阻抗考虑并网瞬间按发电机最大输出电流 $0.3I_n$ 不误动，对汽轮发电机组当保护装在机端时

$$Z_{op.2}=\frac{0.8U_{GN}}{\sqrt{3}\times 0.3I_{GN}}\times\frac{n_{TA}}{n_{TV}} \tag{2-115}$$

$$R_{op.2}=0.85Z_{op.2}$$

式中 U_{GN}——机端额定线电压；

I_{GN}——发电机额定相电流；

n_{TA}——机端 TA 变比；

n_{TV}——机端 TV 变比。

若保护装在主变压器高压侧，则

$$Z_{op.2}=\frac{0.8U_{TN}}{\sqrt{3}\times 0.3I_{GTN}}\times\frac{n_{TAh}}{n_{TVh}} \tag{2-116}$$

式中 U_{TN}——主变压器高压侧额定线电压；

I_{GTN}——发电机—变压器组的高压侧额定相电流；

n_{TAh}——主变压器高压侧 TA 变比；

n_{TVh}——主变压器高压侧 TV 变比。

对燃气轮机发电机、抽水蓄能发电机

$$Z_{op.2}=\frac{0.8U_{GN}}{\sqrt{3}\times 0.45I_{GN}}\times\frac{n_{TA}}{n_{TV}} \tag{2-117}$$

(2) 与 QF 及 EQF 与门构成的过电流保护可按下式整定

$$I_{op.2}=\frac{0.2P_{GN}}{\sqrt{3}U_{GN}\times\cos\varphi\times n_{TA}} \tag{2-118}$$

式中 P_{GN}——发电机额定功率；

$\cos\varphi$——发电机额定功率因数。

其他符号意义同上。

并网后本保护应自动退出运行。

（三）发电机启停机保护

对低转速可能加励磁的发电机，如果其他保护不能在低频时，发生故障的情况下可靠动作时应装设此保护。

1. 发电机启停机保护构成

它可以由一套相间短路保护（一般用不受频率影响的电流或差电流保护）及一套零序电压原理的定子接地保护共同构成（可以取较低整定值），该保护应由断路器辅助触点控制。保护动作于跳灭磁开关及副励磁开关。如果机组装设的相间短路保护已能适应其对频率的影响（如微机保护在算法上已作处理）。可不再另设相间短路的保护。

图 2-47 是 WFB-800 启停机保护逻辑框图。保护为零序电压原理，其零序电压取自发电机中性点侧 $3U_0$，并经断路器辅助触点控制。发电机并网前，断路器触点将保护投入，并网运行后保护自动退出。

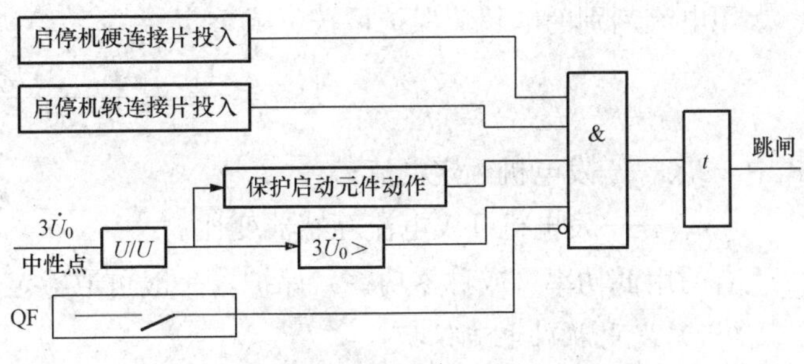

图 2-47　WFB-80 启停机保护逻辑框图

2. 启停机保护整定计算

(1) 定子接地故障，采用中性点零序电压的过电压保护，其定值一般取相当于机端 TV 二次电压，电压整定同定子接地保护，可以取较低整定值。延时不小于定子接地基波零序电压保护的延时。

(2) 相间故障，采用接于差动回路（公用电流互感器）的过电流保护。

定值按在额定频率下，大于满负荷运行时差动回路中的不平衡电流整定

$$I_{op}=K_{rel}I_{unb}$$

式中　K_{rel}——可靠系数，取 1.3～1.5；

I_{unb}——额定频率下，满负荷运行时差动回路中的不平衡电流。

(3) 低频闭锁定值，起停机保护为低频运行工况下的辅助保护，低频闭锁定值按额定频率的 0.8～0.9 整定。

(四) 断路器闪络保护

接在超高压系统的发电机—变压器组，在未并列前，当断路器两侧电动势的相角差为 180°时，则可能有两倍上下的运行电压加在断口上，当断口绝缘强度不够时，有时会发生断口一相或两相闪络，从而产生负序电流，使发电机转子表层过热，对发电机造成损坏。

该保护可以用断路器的动断触点、灭磁开关动合触点和负序电流保护与门构成断路器闪络保护，第一时限动作于解列灭磁，失效时第二时限启动断路器失灵保护。

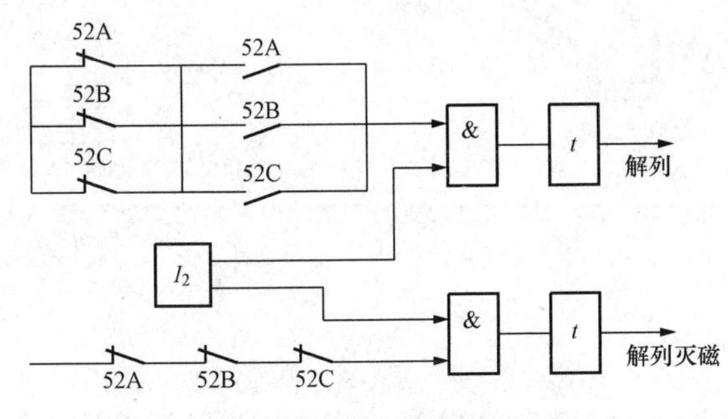

图 2-48　发电机非全相运行和断路器闪络保护逻辑示意图

非全相保护也可以与断路器闪络保护组合，非全相运行和断路器闪络保护成套的保护动作逻辑见图 2-48。非全相判别原则同前。断路器闪络则由三相断路器均在跳闸位置，但负序电流已超过给定值逻辑判断。图 2-48 中 52 为断路器辅助触点代号。

(五) 电超速保护

电超速保护（有的也称零功率保护）一般与热控专业配合，保护原理反映低电流（过去常用电流继电器动断触点），当然也可以用功率元件判别。该保护常与控制开关合闸后触点配合使用，用于防止突然甩负荷引起的汽轮机超速保护闭锁。当热控专业确认其装设汽轮机超速保护后不再需要电气专业装设此保护时也可不预装设。

用电流判别的电超速保护可按下式整定

$$I_{op.2}=\frac{(0.1\sim0.3)I_{GN}}{n_{TA}} \tag{2-119}$$

式中 I_{GN}——发电机额定电流；

n_{TA}——发电机 TA 电流互感器变比。

有的用低功率（或称零功率）保护，一般可取额定功率的 20%。

（六）发电机轴电流保护

正常运行要求发电机大轴接地，但只允许一点接地，一般在发电机轴与汽机轴连接处，如果发生两点接地就可能形成较大的轴电流。发电机轴电流密度超过允许值，发电机转轴轴颈的滑动表面和轴瓦就会被损坏，为此装设发电机轴电流保护。发电机轴电流保护，一般选择反应基波分量的轴电流保护，也可经选择反应三次谐波分量的轴电流。本保护目前使用不多，其经验尚待积累。图 2-49 为一种轴电流保护逻辑框图，电流需取发电机大轴 TA 电流。

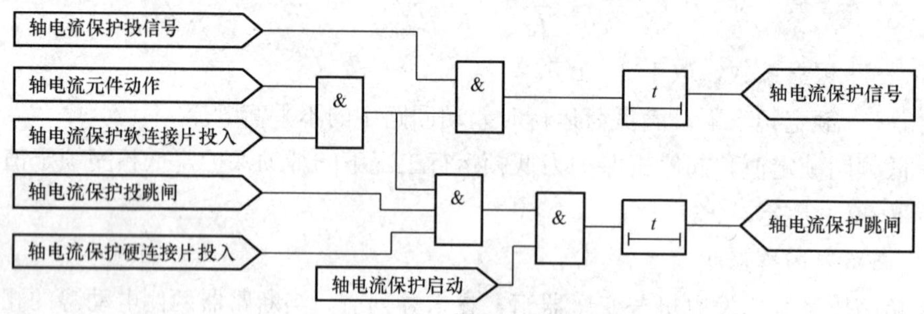

图 2-49 发电机轴电流保护逻辑框图

第三章 电力变压器保护

电力变压器在实际运行中，有可能发生各种类型的故障和异常运行方式，为了保证电力系统安全连续运行，并将故障和异常运行对电力系统的影响缩小到最小范围，必须根据电气主结线、变压器容量及电压等级等因素，装设满足运行要求的，动作可靠性高的继电保护装置。

第一节　变压器故障和不正常运行方式及保护装设原则

一、变压器各种故障和不正常运行方式

（一）变压器故障

目前使用的降压变压器多为油浸变压器和干式绝缘变压器两种，降压变压器的故障，通常分为外部故障和内部故障两类。

变压器的外部故障最常见的是高低压套管及引线端故障。这类可能引起变压器出线端的相间短路或变压器引出线碰接外壳。变压器外壳损坏、变压器漏油，也可能引起变压器发生故障。

变压器的内部故障有相间短路、绕组的匝间短路和绝缘损坏。由于不断改善变压器的结构和绝缘的加强，在三相变压器中发生内部相间短路的可能性很小。但是由于制造和日常操作维护方面的某些原因，在实际运行中仍会发生故障和出现不正常的运行方式。对变压器来说，内部故障是很危险的，因为内部故障大都产生电弧，将引起绝缘物的激烈气化，导致变压器的加速烧毁。有时由于变压器铁芯间的绝缘损坏，使故障点磁滞损耗和涡流损耗的增加，从而导致铁芯的局部发热，使绝缘进一步损坏，甚至烧毁铁芯。这种故障比较少见。但其故障后果严重，甚至使变压器在现场难以修复。

下面将变压器的引线端故障及内部故障分别进行简要分析。为了便于分析，做如下假定：

（1）略去励磁电流。

（2）无负荷电流。

（3）额定变压比为1，即 $n_T=1$。变压器绕组按 Yy 接线方式时，$n_T=1$，即变压器一次、二次绕组的匝数相等；变压器绕组按 Yd 接线时，则三角形侧的绕组匝数 $N_\triangle$ 应为星形侧绕组匝数 N_Y 的 $\sqrt{3}$ 倍。

1. 引线端故障

当变压器引线端发生各种类型短路故障时，一次、二次绕组中的电流分布如图 3-1 所示，其中标示的各电流方向作为电流正方向，为了便于分析，仅将典型的故障型式加以分析。

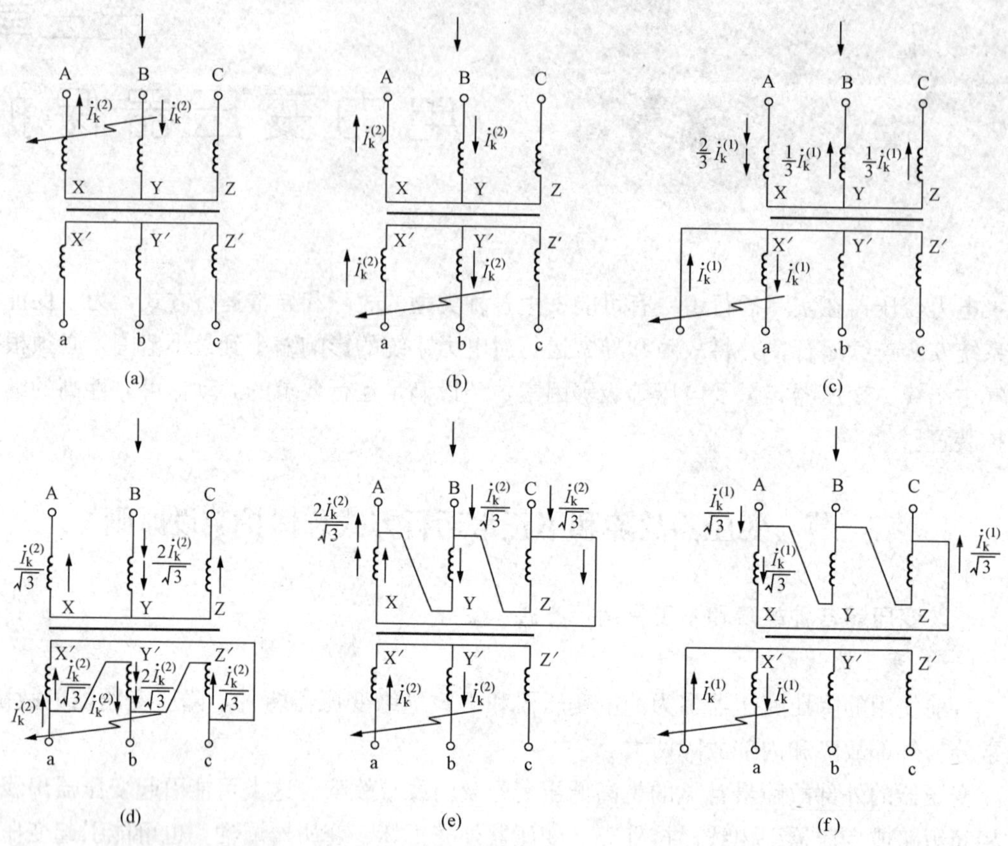

图 3-1　变压器引线端上发生短路时一次、二次绕组中的电流分布图

(a) Yy 变压器一次绕组引线端发生相间短路；(b) Yy 变压器二次绕组引线端发生相间短路；
(c) Yyn 变压器二次绕组引线端发生单相短路；(d) Yd 变压器二次绕组引线端发生相间短路；
(e) Dy 二次绕组引线端发生相间短路；(f) Dyn 二次绕组引线端发生单相短路

图 3-1（a）和（b）中的电流读者不难自己分析，在图 3-1（c）中当 a 相发生单相接地短路时，令 $\dot{I}_a = \dot{I}_k^{(1)}$，并假定 A、B、C 三相中的电流 $\dot{I}_A$、$\dot{I}_B$、$\dot{I}_C$ 都是流向变压器星形侧的中性点，并且中性点为不接地运行，根据电路中基尔霍夫第一定律可以列出方程式

$$\dot{I}_A^{(1)} + \dot{I}_B^{(1)} + \dot{I}_C^{(1)} = 0 \tag{3-1}$$

又根据同一铁芯上磁回路绕组磁势相互平衡的原理，结合绕组的绕向和电流的方向按图 3-2 可以列出方程式

$$\begin{cases} \dot{I}_B^{(1)} N_1 - \dfrac{1}{2}\dot{I}_A^{(1)} N_1 - \dfrac{1}{2}\dot{I}_C^{(1)} N_1 + \dfrac{1}{2}\dot{I}_k^{(1)} N_1 = 0 \\ \dot{I}_C^{(1)} N_1 - \dfrac{1}{2}\dot{I}_A^{(1)} N_1 - \dfrac{1}{2}\dot{I}_B^{(1)} N_1 + \dfrac{1}{2}\dot{I}_k^{(1)} N_1 = 0 \end{cases} \tag{3-2}$$

式中　N_1——变压器一、二次每相绕组的匝数（假定变压器的变压比为 1）。

由式（3-2）可得

$$\dot{I}_B^{(1)} = \dot{I}_C^{(1)}$$

将此关系代入式（3-1）可得

$$\dot{I}_B^{(1)} = \dot{I}_C^{(1)} = -\frac{1}{2}\dot{I}_A^{(1)} \tag{3-3}$$

再将式（3-3）代入式（3-2）中，即可求得

$$\left.\begin{aligned}\dot{I}_{A}^{(1)} &= \frac{2}{3}\dot{I}_{k}^{(1)}\\ \dot{I}_{B}^{(1)} &= \dot{I}_{C}^{(1)} = -\frac{1}{3}\dot{I}_{k}^{(1)}\end{aligned}\right\}\tag{3-4}$$

由式（3-4）可见，$\dot{I}_B$ 和 $\dot{I}_C$ 的实际方向和大小相同，其值为 $\dot{I}_A$ 的一半并与 $\dot{I}_A$ 反向。

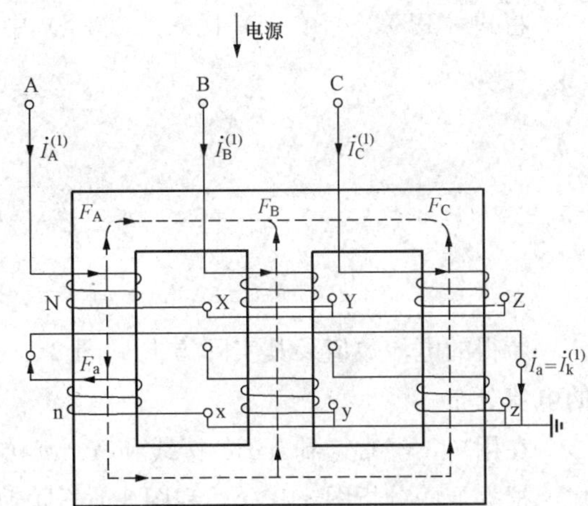

图 3-2　Yyn0 接线的三相变压器发生相对中性点短路时各绕组中的电流 $\dot{I}$ 及磁势 F 的方向

顺便指出，根据对称分量法及图 3-1（c）变压器接线可知，变压器 yn 侧短路电流 $\dot{I}_k^{(1)}$ 中的零序电流不能传变到变压器星形侧，因此在变压器星形侧实际上仅流过短路电流的正序和负序分量，按此分析也可以求出 $\dot{I}_A$ 、$\dot{I}_B$ 、$\dot{I}_C$ 的数值。

在图 3-1（f）中，变压器 yn 侧短路电流的零序分量能够传变到△侧，但△侧的零序分量电流仅在该三相绕组中环流，所以△侧的各相线电流实际上只包括短路电流的正序和负序分量，按此原则分析即可较方便地求得图 3-1（f）的电流分布，在此不再详述。

图 3-1（d）是 Yd11 接线的变压器，设短路发生在 a、b 相间，并取流向短路点的电流方向为正。由 $\dot{I}_{ka}^{(2)}+\dot{I}_{kb}^{(2)}=0(\dot{I}_{kc}^{(2)}=0)$，故 $\dot{I}_{ka}^{(2)}=-\dot{I}_{kb}^{(2)}$，负号表示在 a、b 两相导线中电流方向相反。变压器△侧各绕组中的电流应与其所流过的分支阻抗成反比，则变压器二次侧电流分别为

$$\left.\begin{aligned}\dot{I}_{a}^{(2)} &= \frac{1}{3}\dot{I}_{k}^{(2)}\\ \dot{I}_{b}^{(2)} &= \frac{2}{3}\dot{I}_{k}^{(2)}\\ \dot{I}_{c}^{(2)} &= \frac{1}{3}\dot{I}_{k}^{(2)}\end{aligned}\right\}\tag{3-5}$$

用 $N_{\triangle}$ 和 N_Y 表示变压器三角形侧和星形侧每相的绕组匝数，当额定变压比 $n_T=1$ 时，有如下关系

$$n_T = \frac{U_Y}{U_\delta} = \frac{K\sqrt{3}N_Y}{KN_\delta} = 1$$

于是得

$$N_\delta = \sqrt{3}N_Y \tag{3-6}$$

式中　K——为比例常数。

根据上述假定，若略去励磁电流不计，则从每相一次和二次绕组磁势（安匝数）相等的条件下，变压器 Y 侧各相的安匝数为

$$\left.\begin{aligned}\dot{I}_{AY}^{(2)}N_Y &= \dot{I}_{a}^{(2)}N_\delta\\ \dot{I}_{BY}^{(2)}N_Y &= \dot{I}_{b}^{(2)}N_\delta\\ \dot{I}_{CY}^{(2)}N_Y &= \dot{I}_{c}^{(2)}N_\delta\end{aligned}\right\}\tag{3-7}$$

将式（3-5)、式（3-6）代入式（3-7）中得到

$$\left.\begin{aligned}\dot{I}_{AY}^{(2)}&=\frac{1}{\sqrt{3}}\dot{I}_{k}^{(2)}\\ \dot{I}_{BY}^{(2)}&=\frac{2}{\sqrt{3}}\dot{I}_{k}^{(2)}\\ \dot{I}_{CY}^{(2)}&=\frac{1}{\sqrt{3}}\dot{I}_{k}^{(2)}\end{aligned}\right\}\tag{3-8}$$

所得的电流数值及其实际方向见图 3-1（d)。同理根据安匝平衡原理可得图 3-1（e）的电流分布。

在用户，经常遇到 Yd11 接线和 Yyn0 接线的降压变压器，为了便于考虑保护接线方式，根据上面分析图 3-1（c）和图 3-1（d）所得的结果，并结合保护的不同接线方式，即可方便地得到变压器一、二次电流分布和电流互感器二次侧以及继电器中的电流分布，如图 3-3 和图 3-4 所示。图 3-3 是对应 Yd11 接线变压器常见的几种保护接线，图 3-4 是对应

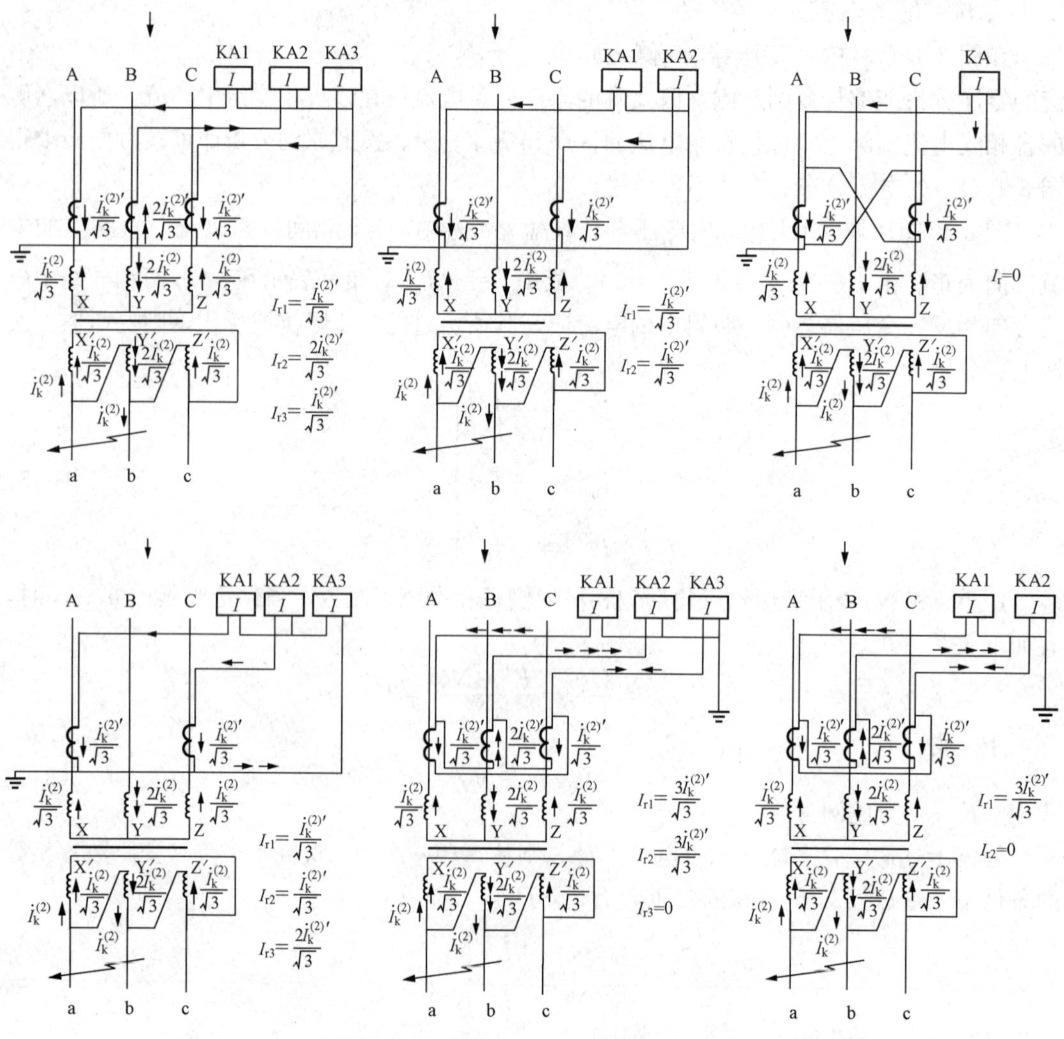

图 3-3　Yd11 接线变压器二次侧 a、b 相短路时的电流分布（变比为 1）

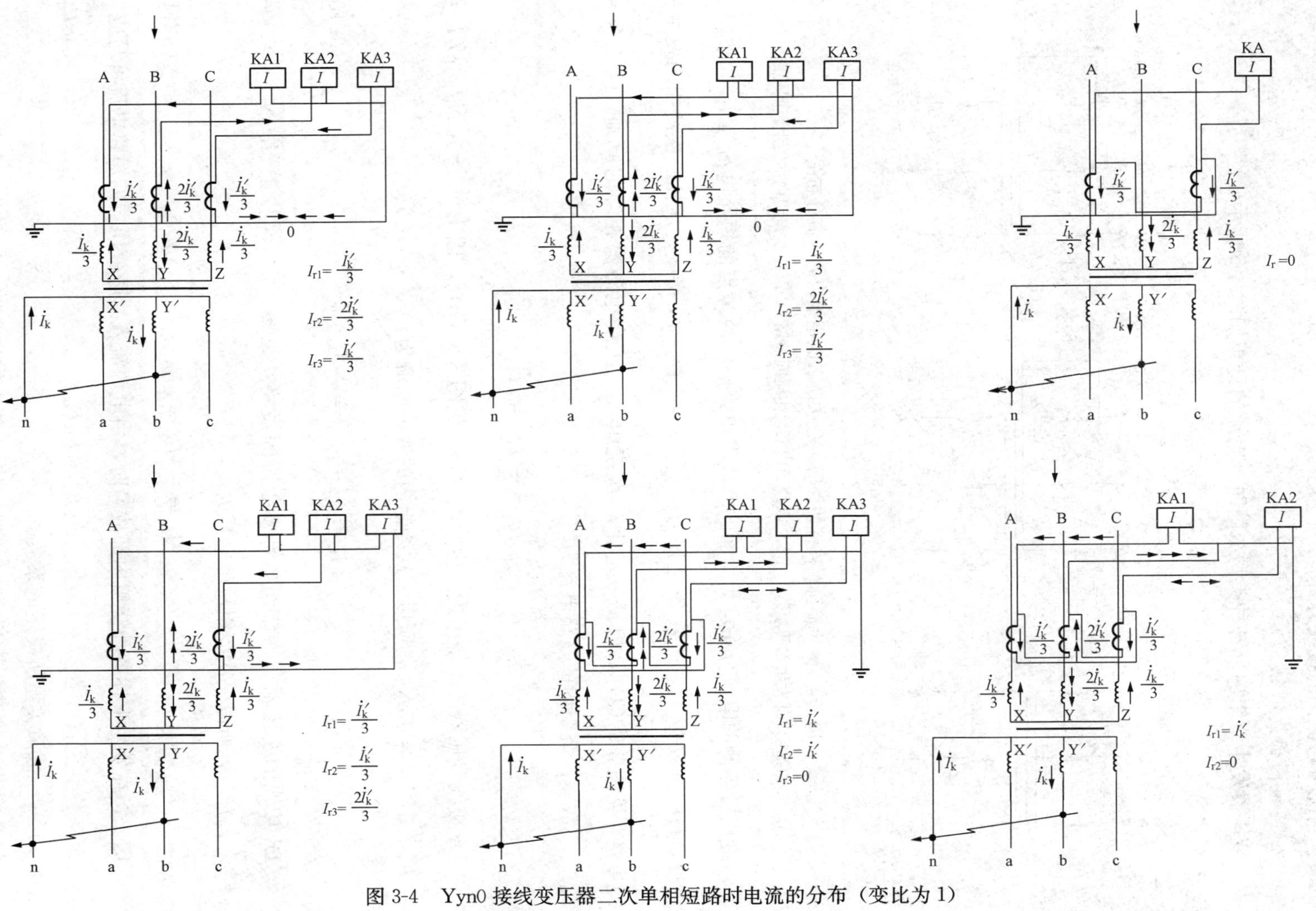

图 3-4　Yyn0 接线变压器二次单相短路时电流的分布（变比为 1）

Yyn0 接线变压器常见的几种保护接线，其中所示的电流方向均为正方向，以便根据不同的具体情况考虑保护的接线方式。

2. 绕组内部故障

变压器发生绕组内部各种类型故障时，电流的分布如图 3-5 所示。

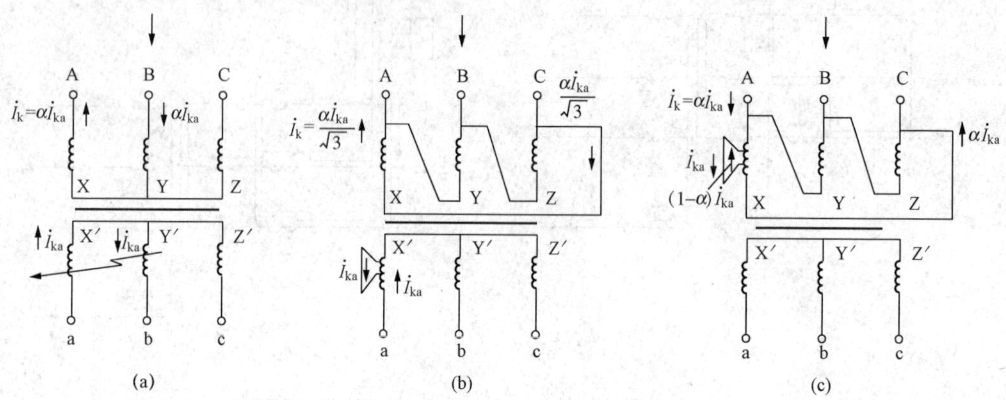

图 3-5 变压器绕组内部短路时，一次、二次绕组内的电流分布图

(a) 二次绕组内部发生相间短路；(b) 二次绕组内部发生匝间短路；(c) 一次绕组内部发生匝间短路

变压器各侧的电流分布可由下面的方法求出：假定故障点的短路电流为 $\dot{I}_{ka}$，故障绕组被短路的匝数 N_a 与总匝数 N 之比为 α，即 $\alpha=\dfrac{N_a}{N}$。Yy 接线变压器二次绕组内发生相间短路［见图 3-5（a）］，根据铁芯上一次绕组及二次绕组磁势相等的原则，因 $\dot{I}_kN=\dot{I}_{ka}N_a$，故一次绕组内的短路电流为

$$\dot{I}_k=\frac{N_a}{N}\dot{I}_{ka}=\alpha\dot{I}_{ka} \tag{3-9}$$

Dy 接线变压器二次绕组内发生匝间短路［见图 3-5（b）］，因 $\dot{I}_kN_\delta=\dot{I}_{ka}N_a$，故 $\dot{I}_k=\dfrac{N_a}{N_\delta}\dot{I}_{ka}$，但 $N_\delta=\sqrt{3}N_Y$，所以一次绕组内的故障电流为

$$\dot{I}_k=\frac{N_a}{\sqrt{3}N_Y}\dot{I}_{ka}=\frac{\alpha}{\sqrt{3}}\dot{I}_{ka} \tag{3-10}$$

Dy 接线的变压器一次绕组内部发生匝间短路［见图 3-5（c）］。因 $\dot{I}_k(N_\delta-N_a)=(\dot{I}_{ka}-\dot{I}_k)N_a$，所以一次绕组故障电流为

$$\dot{I}_k=\frac{N_a}{N_\delta}\dot{I}_{ka}=\alpha\dot{I}_{ka} \tag{3-11}$$

因此，在发生上述各种绕组内部故障时，由电源流入故障变压器的短路电流可写成

$$\dot{I}_k=K\alpha\dot{I}_{ka} \tag{3-12}$$

式中 K——故障类型所决定的系数。

当 $\alpha=1$ 时，即相当于在变压器绕组的引出线上发生短路，如图 3-1 所示。

由此得出结论，当变压器绕组内部发生故障时，如果 α 的数值很小，即使短路点的短

路电流 $\dot{I}_{ka}$ 很大，由电源侧流入的短路电流 $\dot{I}_{k}$ 可能仍然很小，使反应短路电流值的保护装置的灵敏性就达不到要求。由于上述情况，在实际运行中广泛采用了由非电气原理构成的瓦斯保护，来反应变压器内部的各种故障。

（二）降压变压器不正常运行方式

变压器的不正常运行方式有过负荷、外部短路引起的过电流、油温上升及不允许的油面下降。

1. 过负荷

过负荷是变压器超过额定容量运行（或短时尖峰负荷）所引起的。例如，在事故情况下，突然断开一台并列运行的变压器时会产生过负荷。变压器事故过负荷的允许值应遵守制造厂的规定，必要时应按反时限特性曲线进行整定配合。

2. 由外部短路引起的过电流

在发生外部短路时，流过变压器的短路电流将超过其额定电流。变压器可能产生的最大外部短路电流，相当于电源侧为无限大电源（即系统综合阻抗为零），短路电流仅受变压器短路电抗所限制。电力系统后备保护装置的动作时限，通常不超过几秒钟。在这段时间内，外部短路电流尚不致严重地损坏变压器的绕组绝缘。

3. 油面过低

当温度大量下降、油量不足和外壳漏油时，都可能出现变压器油面过低的现象。所以在此情况下，给变压器装设一定的保护装置是合适的。根据变压器油面降低的程度，该保护装置动作于信号或跳闸。当有运行值班人员时，保护装置仅作用于信号。

二、变压器保护装设原则

（一）变压器应根据工程具体情况考虑装设相应（有针对性）的保护

对升压、降压、联络变压器的下列故障及异常运行状态，按规定装设相应的保护装置：

（1）绕组及其引出线的相间短路和中性点直接接地或经小电阻接地侧的接地短路；

（2）绕组的匝间短路；

（3）外部相间短路引起的过电流；

（4）中性点直接接地或经小电阻接地电力网中外部接地短路引起的过电流及中性点过电压；

（5）过负荷；

（6）过励磁；

（7）中性点非有效接地侧的单相接地故障；

（8）油面降低；

（9）变压器油温、绕组温度过高及油箱压力过高和冷却系统故障。

（二）变压器保护装设的基本要求

1. 装设瓦斯保护的要求

0.4MVA 及以上车间内油浸式变压器和 0.8MVA 及以上油浸式变压器，均应装设瓦斯保护。当壳内故障产生轻微气体瓦斯或油面下降时，应瞬时动作于信号；当壳内故障产生大量气体瓦斯时，应瞬时动作于断开变压器各侧断路器。

带负荷调压变压器充油调压开关，亦应装设瓦斯保护。

瓦斯保护应采取措施，防止因气体继电器的引线故障、震动等引起瓦斯保护误动作。

2. 变压器对主保护的要求

对变压器的内部、套管及引出线的短路故障，按其容量及重要性的不同，应装设下列保护作为主保护，并瞬时动作于断开变压器的各侧断路器：

(1) 电压在10kV及以下、容量在10MVA及以下的变压器，采用电流速断保护。

(2) 电压在10kV以上、容量在10MVA及以上的变压器，采用纵差保护。对于电压为10kV的重要变压器，当电流速断保护灵敏度不符合要求时也可采用纵差保护。

(3) 电压为220kV及以上的变压器装设数字式保护时，除非电量保护外，应采用双重化保护配置。当断路器具有两组跳闸线圈时，两套保护宜分别动作于断路器的一组跳闸线圈。

3. 变压器对差动保护的基本要求

纵联差动保护应满足下列要求：

(1) 应能躲过励磁涌流和外部短路产生的不平衡电流；

(2) 在变压器过励磁时不应误动作；

(3) 在电流回路断线时应发出断线信号，电流回路断线允许差动保护动作跳闸；

(4) 在正常情况下，纵联差动保护的保护范围应包括变压器套管和引出线，如不能包括引出线时，应采取快速切除故障的辅助措施。在设备检修等特殊情况下，允许差动保护短时利用变压器套管电流互感器，此时套管和引线故障由后备保护动作切除；如电网安全稳定运行有要求时，应将纵联差动保护切至旁路断路器的电流互感器。

4. 变压器装设相间短路后备保护的基本要求

对外部相间短路引起的变压器过电流，变压器应装设相间短路后备保护。保护带延时跳开相应的断路器。相间短路后备保护宜选用过电流保护、复合电压（负序电压和线间电压）启动的过电流保护或复合电流保护（负序电流和单相式电压启动的过电流保护）。

(1) 35～66kV及以下中小容量的降压变压器，宜采用过电流保护，其保护的整定值要考虑变压器可能出现的过负荷。

(2) 110～500kV降压变压器、升压变压器和系统联络变压器，相间短路后备保护用过电流保护不能满足灵敏性要求时，宜采用复合电压启动的过电流保护或复合电流保护。

5. 变压器相间短路后备保护配置要求

对降压变压器、升压变压器和系统联络变压器，根据各侧接线、连接的系统和电源情况的不同，应配置不同的相间短路后备保护，该保护宜考虑能反映电流互感器与断路器之间的故障。

(1) 单侧电源双绕组变压器和三绕组变压器，相间短路后备保护宜装于各侧。非电源侧保护带两段或三段时限，用第一时限断开本侧母联或分段断路器，缩小故障影响范围；用第二时限断开本侧断路器；用第三时限断开变压器各侧断路器。电源侧保护带一段时限，断开变压器各侧断路器。

（2）两侧或三侧有电源的双绕组变压器和三绕组变压器，各侧相间短路后备保护可带两段或三段时限。为满足选择性的要求或为降低后备保护的动作时间，相间短路后备保护可带方向，方向宜指向各侧母线，但断开变压器各侧断路器的后备保护不带方向。

（3）低压侧有分支，并接至分开运行母线段的降压变压器，除在电源侧装设保护外，还应在每个分支装设相间短路后备保护。

（4）如变压器低压侧无专用母线保护，变压器高压侧相间短路后备保护，对低压侧母线相间短路灵敏度不够时，为提高切除低压侧母线故障的可靠性，可在变压器低压侧配置两套相间短路后备保护。该两套后备保护接至不同的电流互感器。

（5）发电机—变压器组，在变压器低压侧不另设相间短路后备保护，而利用装于发电机中性点侧的相间短路后备保护，作为高压侧外部、变压器和分支线相间短路后备保护。

（6）相间后备保护对母线故障灵敏度应符合要求。为简化保护，当保护作为相邻线路的远后备时，可适当降低对保护灵敏度的要求。

6. 变压器中性点直接接地的接地短路后备保护配置要求

与110kV及以上中性点直接接地电网连接的降压变压器、升压变压器和系统联络变压器，对外部单相接地短路引起的过电流，应装设接地短路后备保护，该保护宜考虑能反映电流互感器与断路器之间的接地故障。

（1）在中性点直接接地的电网中，如变压器中性点直接接地运行，对单相接地引起的变压器过电流，应装设零序过电流保护，保护可由两段组成，其动作电流与相关线路零序过电流保护相配合。每段保护可设两个时限，并以较短时限动作于缩小故障影响范围，或动作于本侧断路器，以较长时限动作于断开变压器各侧断路器。

（2）对330、500kV变压器，为降低零序过电流保护的动作时间和简化保护，高压侧零序Ⅰ段只带一个时限，动作于断开变压器高压侧断路器；零序Ⅱ段也只带一个时限，动作于断开变压器各侧断路器。

（3）对自耦变压器和高、中压侧均直接接地的三绕组变压器，为满足选择性要求，可增设零序方向元件，方向宜指向各侧母线。

（4）普通变压器的零序过电流保护，宜接到变压器中性点引出线回路的电流互感器；零序方向过电流保护宜接到高、中压侧三相电流互感器的零序回路；自耦变压器的零序过电流保护应接到高、中压侧三相电流互感器的零序回路。

（5）对自耦变压器，为增加切除单相接地短路的可靠性，可在变压器中性点回路增设零序过电流保护。

（6）为提高切除自耦变压器内部单相接地短路故障的可靠性，可增设只接入高、中压侧和公共绕组回路电流互感器的星形接线电流分相差动保护或零序差动保护。

7. 变压器中性点可能接地或不接地运行的接地短路后备保护配置要求

在110、220kV中性点直接接地的电力网中，当低压侧有电源的变压器中性点可能接地运行或不接地运行时，对外部单相接地短路引起的过电流，以及对因失去接地中性点引起的变压器中性点电压升高，应按下列规定装设后备保护：

（1）全绝缘变压器。应按上述6（1）项的规定装设零序过电流保护，满足变压器中性点直接接地运行的要求。此外，应增设零序过电压保护，当变压器所连接的电力网失去接地中性点时，零序过电压保护经0.3～0.5s时限动作断开变压器各侧断路器。

(2) 分级绝缘变压器。为限制此类变压器中性点不接地运行时可能出现的中性点过电压，在变压器中性点应装设放电间隙。此时应装设用于中性点直接接地和经放电间隙接地的两套零序过电流保护。此外，还应增设零序过电压保护。用于中性点直接接地运行的变压器按上述6（1）项的规定装设保护。用于经间隙接地的变压器，装设反应间隙放电的零序电流保护和零序过电压保护。当变压器所接的电力网失去接地中性点，又发生单相接地故障时，此电流电压保护动作，经0.3～0.5s时限动作断开变压器各侧断路器。

8. 专用接地变压器的保护配置要求

10～66kV系统专用接地变压器应按上述2（1）、2（2）、4各项的要求配置主保护和相间后备保护。对低电阻接地系统的接地变压器，还应配置零序过电流保护。零序过电流保护宜接于接地变压器中性点回路中的零序电流互感器。当专用接地变压器不经断路器直接接于变压器低压侧时，零序过电流保护宜有三个时限，第一个时限断开低压侧母联或分段断路器；第二个时限断开主变低压侧断路器；第三个时限断开变压器各侧断路器。当专用接地变压器接于低压侧母线上，零序过电流保护宜有两个时限，第一个时限断开母联或分段断路器；第二个时限断开接地变压器断路器及主变压器各侧断路器。

9. 低压侧中性点直接接地的变压器的单相接地的短路保护配置要求

一次侧接入10kV及以下非有效接地系统，绕组为星形—星形接线，低压侧中性点直接接地的变压器，对低压侧单相接地短路应装设下列保护之一：

(1) 在低压侧中性点回路装设零序过电流保护；

(2) 灵敏度满足要求时，利用高压侧的相间过电流保护，此时该保护应采用三相式，保护带时限断开变压器各侧。

10. 变压器过负荷保护配置要求

0.4MVA及以上数台并列运行的变压器和作为其他负荷备用电源的单台运行变压器，根据实际可能出现过负荷情况，应装设过负荷保护。自耦变压器和多绕组变压器，过负荷保护应能反应公共绕组及各侧过负荷的情况。

过负荷保护可为单相式，具有定时限或反时限的动作特性，对经常有人值班的厂、所，过负荷保护动作于信号；在无经常值班人员的变电所，过负荷保护可动作跳闸或切除部分负荷。

11. 变压器过励磁保护配置要求

变压器的过负荷保护配置对于高压侧为330kV及以上的变压器，为防止由于频率降低和/或电压升高引起变压器磁密过高而损坏变压器，应装设过励磁保护，其保护应具有定时限或反时限特性并与被保护变压器的过励磁特性相配合，其中定时限保护由两段组成，低定值动作于信号，高定值动作于跳闸。

12. 对变压器的温度、油箱内压力升高和冷却系统故障的保护要求

对变压器油温、绕组温度及油箱内压力升高超过允许值和冷却系统故障，应装设动作

于跳闸或信号的装置。

13. 对变压器非电气量保护的特殊要求

变压器非电气量保护不应启动失灵保护。

第二节　变压器电流速断保护

电流速断保护作为变压器的主保护，为瞬动电流保护。装设在变压器的电源侧与瓦斯保护配合能反映变压器油箱内部、高压侧套管和引出线的相间和接地短路故障，它单独一般不能保护变压器全部。

一、电流速断保护原理与接线

当电源侧为中性点不直接接地或高阻接地系统时，电流速断保护一般为两相式；在中性点直接接地系统中为三相式。

采用瞬时电流速断保护作为防止变压器一次绕组及其引线的短路故障的速动保护，在中小容量电力变压器的保护中得到了广泛的应用。用电流速断保护与瓦斯保护配合，可切除变压器高压侧及其内部的各种故障。电流速断的动作电流，通常大于变压器二次侧短路的最大电流值。图 3-6 示出电源侧为中性点非直接接地系统的双绕组降压变压器两相式电流速断保护接线示意图，保护装设在一次侧。

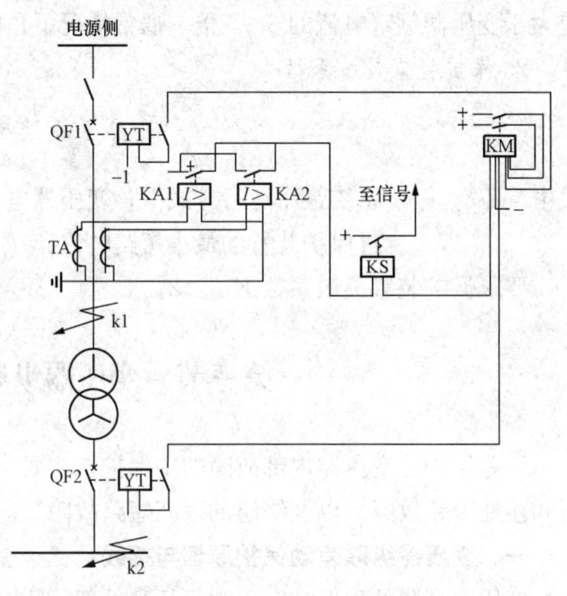

图 3-6　变压器两相式电流速断保护接线示意图

KA1、KA2—电流继电器；KS—信号继电器；

KM—中间继电器；YT—跳闸线圈

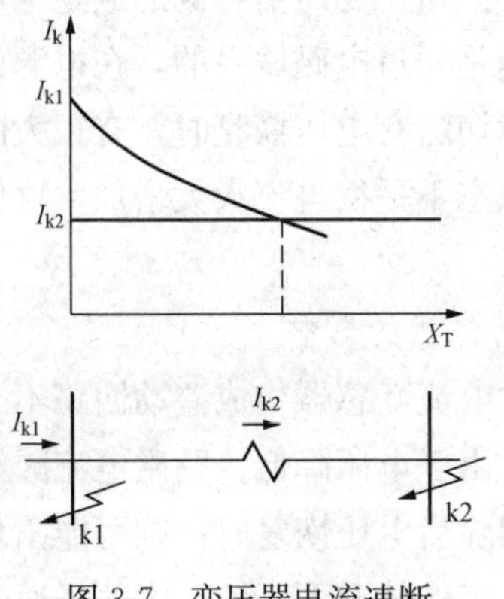

图 3-7　变压器电流速断保护动作原理说明图

由于变压器相当于一个集中阻抗，在一次侧引线端和二次侧引线端上发生故障，流过故障点的短路电流在数值上相差很大，如图 3-7 所示。此时对 k1 点的故障，保护装置可保证有足够的灵敏度。

《继电保护和安全自动装置技术规程》（GB/T 14285—2006）中规定，电压 10kV 及以下，容量在 10MVA 及以下变压器，采用电流速断保护，并瞬时断开变压器的各侧断路器，本保护常作为发电厂厂用变压器保护或变电站站用变压器保护的主保护。

二、电流速断保护整定计算

1. 保护动作电流选择条件

（1）保护动作电流按避越变压器外部故障的最大短路电流来整定

$$I_{op} = K_{rel} \cdot I_{k.max}^{(3)} \tag{3-13}$$

式中 K_{rel}——可靠系数，取1.3～1.6；

$I_{k.max}^{(3)}$——降压变压器低压侧母线发生三相短路时，流过保护装置的最大短路电流。

（2）电流速断保护的动作电流还应避越空载投入变压器时的励磁涌流，一般动作电流应大于变压器额定电流的3～5倍。通常情况下是由式（3-13）是决定。

2. 保护装置灵敏系数

$$K_{sen} = \frac{I_{k.min}^{(2)}}{I_{op}} \tag{3-14}$$

式中 $I_{k.min}^{(2)}$——系统最小运行方式下，变压器电源侧引出端发生两相金属性短路时，流过保护装置的最小短路电流。

要求保护装置灵敏系数 $K_{sen} \geqslant 2$。

第三节 变压器纵联差动保护

纵差保护是变压器内部故障的主保护，主要反映变压器油箱内部、套管和引出线的相间和接地短路故障，以及绕组的匝间短路故障。

一、变压器纵联差动保护原理与接线

变压器纵联差动保护在正常运行和外部故障时，其理想情况下流入差动继电器的电流等于零。但实际上，由于变压器有励磁电流、接线方式和电流互感器误差等因素的影响，保护中有差电流。由于这些特殊因素的影响，变压器差动保护的不平衡电流远比发电机差动保护大。因此，变压器差动保护需采取多种措施避越不平衡电流的影响。在满足选择性的条件下，还要保证在内部故障时的速动性和灵敏性。下面将简要说明引起差流的原因及各种原理保护采取的对策。

电流差动保护从原理上讲，灵敏性高，选择性好。但由于变压器各侧的额定电压和额定电流不相等，各侧电流的相位也不相同，且高低压侧是通过电磁联系的，在电源侧有励磁电流存在，更严重的是在空负荷合闸或外部短路故障切除有电压恢复时，有很大的励磁涌流出现，都将导致差动回路中的暂态不平衡电流和稳态不平衡电流大大增加，这便构成了实现变压器纵差保护的特殊问题。

1. 变压器励磁涌流 $I_{ex.fl}$ 所产生的不平衡电流对差动保护的影响

变压器的励磁电流只流过变压器的电源侧，它通过电流互感器构成差动回路不平衡电流的部分。在正常情况下，其值很小。在外部故障时，由于电压降低，励磁电流减小，它的影响就更小。但是当变压器空负荷投入和外部故障切除后电压恢复时，则可能出现数值很大的励磁电流，又称为励磁涌流。因为变压器在稳态工作情况下，铁芯中的磁通落后于外加电压90°，如图3-8（a）所示。如果空负荷合闸时，正好在电压瞬时值 $u=0$ 时接通电

路，则铁芯中有磁通$-\Phi_m$。但由于铁芯中的磁通不能突变，因此必将出现一个非周期分量的磁通，其幅值为$+\Phi_m$。这样经过半个周期以后，铁芯中的磁通就达到$2\Phi_m$值。如果铁芯中还有剩余磁通Φ_{re}，其方向与Φ_m一致，则总磁通将为$2\Phi_m+\Phi_{re}$，如图3-8（b）所示。此时变压器的铁芯严重饱和，励磁电流I_{ex}将剧烈增大，如图3-8（c）所示。此电流就称为变压器的励磁涌流$I_{ex.fl}$，其值可达额定电流的5～10倍。大型变压器励磁涌流的倍数较中小型变压器的励磁涌流倍数小。由于涌流中含有大量的非周期分量和高次谐波分量，因此涌流的变化曲线为尖顶波，并多在最初瞬间可能完全偏于时间轴的一侧，如图3-8（d）所示。励磁涌流在开始瞬间衰减很快，衰减的时间常数与铁芯的饱和程度有关，饱和越深，电流越小，衰减就越快。对中小变压器经0.5～1s后，其值一般不超过0.25～0.5倍额定电流，大型变压器要经2～3s。变压器容量越大，衰减越慢，完全衰减则要经过几十秒的时间。

由上分析可知，涌流的大小与合闸瞬间外加电压的相位、铁芯中剩磁的大小和方向以及铁芯的性质有关。若正好在电压瞬时值为最大值时合闸，则不会出现励磁涌流，而只有正常的励磁电流。但对三相变压器来说，无论在任何瞬间合闸，至少有两相要出现不同程度的励磁涌流。

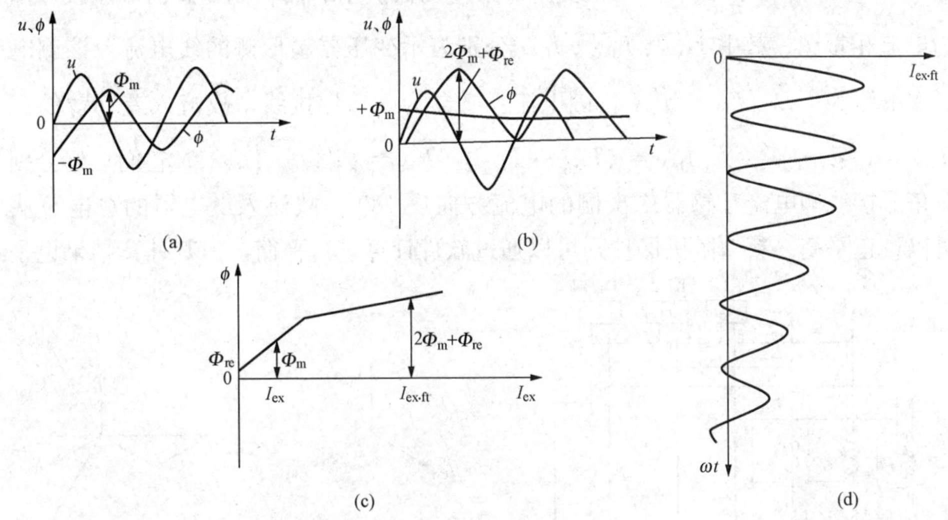

图3-8　变压器励磁涌流的产生及变化曲线

（a）稳态情况下磁通与电压的关系；（b）在$u=0$瞬间空载合闸时，磁通与电压的关系；（c）变压器铁芯的磁化曲线；（d）励磁涌流的波形

根据试验和理论分析得知，励磁涌流可分解成各种谐波，其中以二次谐波为主，同时在励磁涌流波形之间，往往会出现“间断角”α，如图3-9所示。

2. 变压器两侧的电流相位不同产生的不平衡电流

变压器通常采用Yd接线，对于这种变压器，其两侧电流之间有30°的相位差，即使变压器两侧电流互感器二次电流的数值相等，但由于两侧电流存在着相位差，也将在保护装置的差动回路中出现不平衡电流$\dot{I}_{unb}$，如图3-10所示。

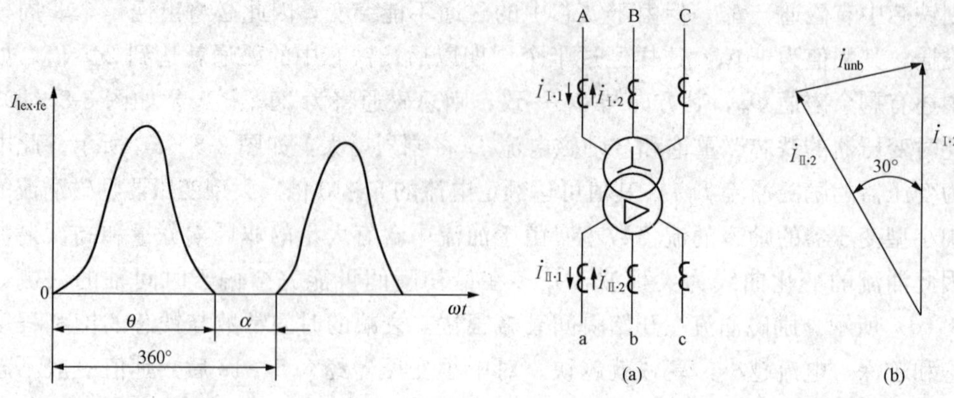

图 3-9 励磁涌流波形图

3-10 Yd11 接线变压器所产生的不平衡电流

（a）变压器接线图；（b）电流相量图

为了消除这种不平衡电流的影响通常采用相位差补偿的方法，传统的方法是将变压器星形接线侧的电流互感器二次侧接成三角形，变压器三角形接线侧的电流互感器二次侧接成星形，从而把电流互感器二次电流的相位校正过来。

图 3-11（a）为 Yd11 接线的三相变压器及差动保护用两侧电流互感器的接线；图 3-11（b）为电流相量图。其中 $\dot{I}_{A\cdot Y}$ 、$\dot{I}_{B\cdot Y}$ 、$\dot{I}_{C\cdot Y}$ 分别表示变压器星形侧的线电流，该侧电流互感器二次电流为 $\dot{I}'_{a\cdot Y}$ 、$\dot{I}'_{b\cdot Y}$ 、$\dot{I}'_{c\cdot Y}$ ，因电流互感器为三角形接线，故流入差动臂的三个电流为 $\dot{I}_{a\cdot Y}=(\dot{I}'_{b\cdot Y}-\dot{I}'_{a\cdot Y})$ 、$\dot{I}_{b\cdot Y}=(\dot{I}'_{c\cdot Y}-\dot{I}'_{b\cdot Y})$ 、$\dot{I}_{c\cdot Y}=(\dot{I}'_{a\cdot Y}-\dot{I}'_{c\cdot Y})$ ，它们正好分别与变压器三角形接线侧电流互感器二次侧的电流方向反 180°，故流入继电器的总电流从理论上讲可以校正平衡。新型微机保护则可以通过软件计算进行平衡，但其计算结果也是必须

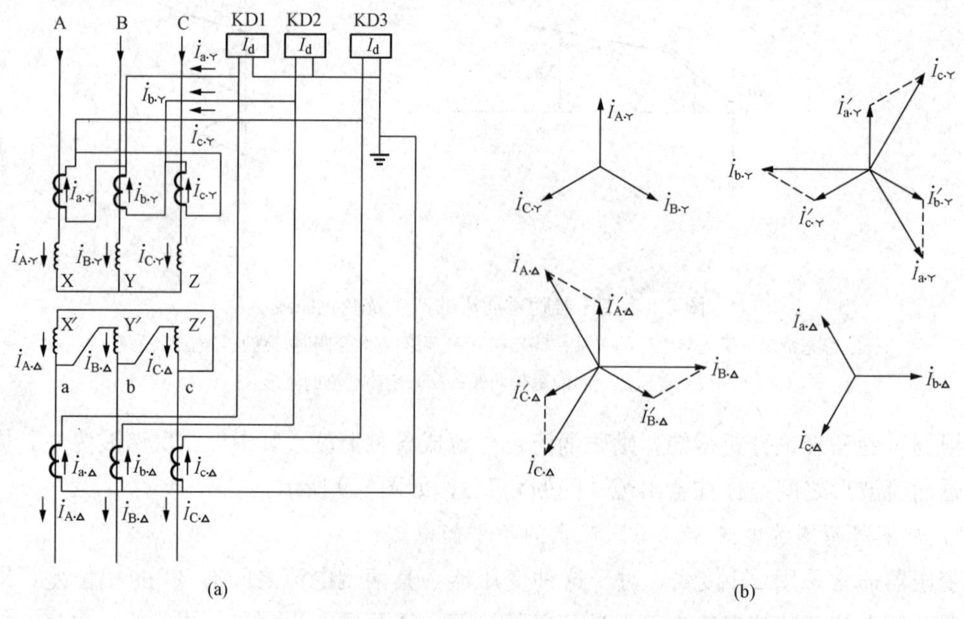

图 3-11 Yd11 接线变压器的差动保护接线和相量图

（a）接线图；（b）电流相量图

达到图 3-11 相位校正的效果。

相位差补偿后电流互感器的二次额定电流为 5A 时，变压器三角形接线侧的电流互感器变比应为

$$n_{TA(\triangle)}=\frac{I_{T\cdot n(\triangle)}}{5} \tag{3-15}$$

变压器星形侧的电流互感器变比应为

$$n_{TA(Y)}=\frac{\sqrt{3}I_{T\cdot n(Y)}}{5} \tag{3-16}$$

上两式中　$I_{T\cdot n(\triangle)}$——变压器绕组接成三角形侧的额定电流；

$I_{T\cdot n(Y)}$——变压器绕组接成星形侧的额定电流。

实际上选择电流互感器变比是根据电流互感器定型产品变比中选择一个接近并稍大于计算值的标准变比。

3. 两侧电流互感器型号不同和计算变比与实际变比不同引起的不平衡电流对变压器差动的影响

在实际应用中，变压器两侧的电流互感器都采用定型产品，所以实际的计算变比与产品的标准变比往往是不一样的，而且对变压器两侧的电流互感器来说，这种不一样的程度又不同，这样就在差动回路中引起了不平衡电流。为了考虑由此而引起的不平衡电流，必须适当地增大保护的动作电流，所以在整定计算保护动作电流时，引入一个同型系数 K_{cc}。当两侧电流互感器的型号相同时，取 $K_{cc}=0.5$，当两侧电流互感器的型号不同时，取 $K_{cc}=1$。

4. 变压器带负荷调整分接头产生的不平衡电流对变压器差动的影响

当变压器带负荷调节时，由于分接头的改变，变压器的变压比也随之改变，两侧电流互感器二次侧电流的平衡关系被破坏，产生了新的不平衡电流。为了消除这一影响，一般是采用提高保护动作电流的整定值来解决。

按避越励磁涌流的方法不同，变压器差动保护可按不同的原理来实现。目前，国内应用的新型保护主要有以下几种类型差动保护：

(1) 鉴别波形是否对称判别励磁涌流的差动保护；

(2) 鉴别间断角或波宽的差动保护；

(3) 二次谐波制动的差动保护；

(4) 模糊识别原理的差动保护；

(5) 高次谐波制动的差动保护。

为了可靠，有的保护往往采用几种原理的组合。为防止过励磁时差动保护误动，有的采用了五次谐波制动。不论采用什么原理，根据规程对变压器纵联差动保护的基本要求是相同的。

此外，在纵差保护区内发生严重故障时，为防止因为电流互感器饱和而使差动保护延时动作，新型保护还设差电流速断辅助保护，以快速切除上述故障。

变压器纵差保护的方框图如图 3-12 所示，其中差动保护动作主判据为比率制动原理，为了防止变压器在空载合闸或另一侧突然甩负荷时产生的励磁涌流引起保护误动，因此增加了励磁涌流闭锁模块，另外为了防止变压器过励磁时差流过大引起差动保护误动，又增

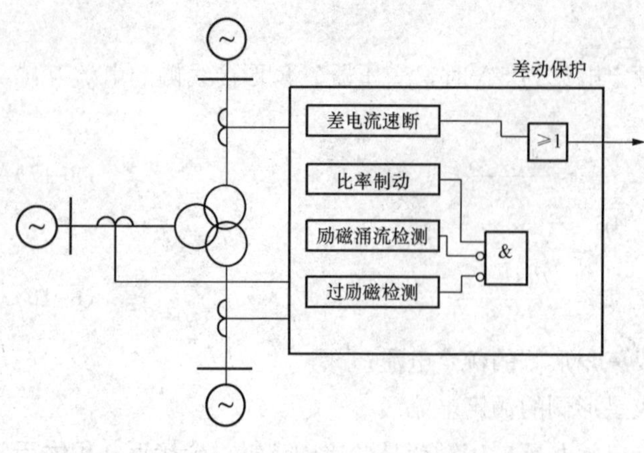

图 3-12 变压器纵差保护方框图

加了过励磁闭锁模块。而又为了防止内部故障万一电流互感器饱和导致差动模块拒绝动作或慢速动作，又增加了差动电流速断动作模块。

微机型纵联差动保护一般各侧均可采用星形接线，在装置上由软件进行相位校正和平衡。不能进行软件校正的保护，对变压器 yn 侧 TA 应接为三角形接线，以达到校正相位并避免外部单相接地故障零序电流引起的误动。

顺便指出，三绕组或自耦变随主结线的不同，往往需要多侧制动，应尽可能在每个分支都设制动，以提高躲过外部故障不平衡电流的能力。如果需要将两个支路 TA 并联接入当一侧使用，应经过严格的外部短路不平衡电流校验计算，合理确定各侧不同的制动系数，适当提高合并侧的制动系数。

为了提高纵差保护动作的可靠性，有的采用相电流突变量启动，其特点是快速灵敏，当任一相电流差突变量大于定值时，保护快速进入保护故障处理程序。突变量不大时仍可由常规辅助启动量启动。

二、变压器差动保护整定计算

1. 变压器参数计算

变压器差动保护有关参数计算，可参见表 3-1。

表 3-1　　变压器参数计算表（举例）

序号	名　　称	各　侧　参　数		
		高压侧（H）	中压侧（M）	低压侧（L）
1	额定一次电压 U_N	U_{Nh}	U_{Nm}	U_{NL}
2	额定一次电流 I_N	$I_{Nh}=\frac{S_N}{\sqrt{3}U_{Nh}}$	$I_{Nm}=\frac{S_N}{\sqrt{3}U_{Nm}}$	$I_{NL}=\frac{S_N}{\sqrt{3}U_{NL}}$
3	各侧接线*	YN	YN	d11
4	各侧电流互感器二次接线	d	d	Y
5	电流互感器的计算变比 n_c	$n_{ch}=\frac{\sqrt{3}I_{Nh}}{1}$	$n_{cm}=\frac{\sqrt{3}I_{Nm}}{1}$	$n_{cL}=\frac{I_{NL}}{5}$
6	电流互感器实际选用变比 n_s	n_{sh}	n_{sm}	n_{sL}
7	各侧二次电流 I_n	$I_{nh}=\frac{\sqrt{3}I_{Nh}}{n_{sh}}$	$i_{nm}=\frac{\sqrt{3}I_{Nm}}{n_{sm}}$	$i_{nl}=\frac{I_{Nl}}{n_{sl}}$
8	基本侧的选择**			✓
9	中间电流互感器（微机保护一般不需要）的变比 n_m	$n_{mh}=\frac{i_{nh}}{i_l}$	$n_{mm}=\frac{i_{nm}}{i_l}$	

* 对于通过软件实现电流相位和幅值补偿的微机型保护，各侧电流互感器二次均可按 Y 接线；

* * 一般可选各侧 TA 载流裕度（TA 一次额定电流/变压器该侧的额定电流）较小侧为基本侧。

对于微机型保护当各侧二次电流相差不是很大时往往可以直接由通道平衡系数调整各侧 TA 变比不同造成的不平衡电流，不必加装中间辅助 TA，如以高压侧二次额定电流 I_{Nh}为基准，则中、低压侧的通道平衡系数（不同厂家对基准电流有的是设在分子，有的设在分母）可以为

$$K_{bm}=\frac{I_{nh}}{I_{nm}} \tag{3-17}$$

$$K_{bL}=\frac{I_{nh}}{I_{nl}}$$

式中　I_{nm}——变压器中侧额定二次电流：

I_{nl}——变压器低压侧额定二次电流。

2. 纵差保护动作特性参数的计算

带比率制动特性的纵差保护的动作特性，如图 3-13 所示。折线 ACD 的左上方为保护的动作区，折线右下方为保护的制动区。

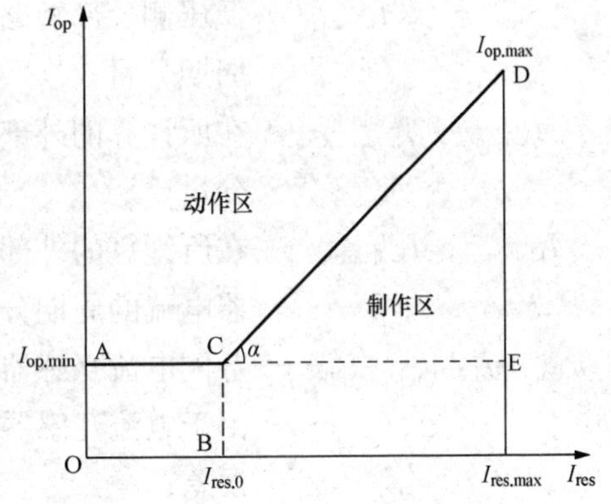

图 3-13　纵差保护动作特性曲线图

这一动作特性曲线由纵坐标 OA，拐点的横坐标 OB，折线 CD 的斜率 S 三个参数所确定，OA 表示无制动状态下的动作电流，即保护的最小动作电流 $I_{op.min}$；OB 表示起始制动电流 $I_{res.0}$。

（1）比率制动差动常规整定计算项目如下：

1）纵差保护最小动作电流的整定。最小动作电流应大于变压器额定负载时的不平衡电流，即

$$I_{op.min}=K_{rel}(K_{er}+\Delta U+\Delta m)I_N/n_{TA} \tag{3-18}$$

式中　I_N——变压器额定电流；

n_{TA}——电流互感器的变比；

K_{rel}——可靠系数，取 1.3～1.5（通常制动特性曲线已可满足）；

K_{er}——电流互感器的比误差；

ΔU——变压器调压引起的误差，取调压范围中偏离额定值的最大值（百分值）；

Δm——由于电流互感器变比未完全匹配产生的误差，初设时取 0.05。

在工程实用整定计算中可选取 $I_{op.min}=$（0.2～0.5）I_N/n_{TA}。由于变压器差动影响误差因素多，故一般工程宜采用不小于 $0.4I_N/n_{TA}$的整定值，根据实际情况（现场实测不平衡电流）确有必要时也可大于 $0.5I_N/n_{TA}$。

2）起始制动电流 $I_{res.0}$的整定。起始制动电流宜取

$$I_{res.0}=(0.5\sim1.0)I_N/n_{TA} \tag{3-19}$$

3）动作特性折线斜率 S 的整定。

一是，双绕组变压器

$$I_{unb.max}=(K_{ap}K_{cc}K_{er}+\Delta U+\Delta m)I_{k.max}/n_{TA} \tag{3-20}$$

式中 K_{cc}——电流互感器的同型系数，$K_{cc}=1.0$；

$I_{k.max}$——外部短路时，最大穿越短路电流周期分量；

K_{ap}——非周期分量系数，两侧同为TP级电流互感器取1.0，两侧同为P级电流互感器取1.5～2.0；

K_{er}、ΔU、Δm、n_{TA}的含义同式（3-18），但$K_{er}=0.1$。

二是，三绕组变压器（以低压侧外部短路为例说明之）

$$I_{unb.max}=K_{ap}K_{cc}K_{er}I_{k.max}/n_{TA}+\Delta U_{h}I_{k.h.max}/n_{TA.h}+\Delta U_{m}I_{k.m.max}/n_{TA.m}+\Delta_{m\mathrm{I}}I_{k.\mathrm{I}.max}/n_{TA.h}+\Delta_{m\mathrm{II}}I_{k.\mathrm{II}.max}/n_{TA.m} \tag{3-21}$$

式中 ΔU_{h}、ΔU_{m}——变压器高、中压侧调压引起的相对误差（对U_{N}而言）取调压范围中偏离额定值的最大值；

$I_{k.max}$——低压侧外部短路时，流过靠近故障侧电流互感器的最大短路电流周期分量；

$I_{k.h.max}$、$I_{k.m.max}$——在所计算的外部短路时，流过高、中压侧电流互感器电流的周期分量；

$I_{k.\mathrm{I}.max}$、$I_{k.\mathrm{II}.max}$——在所计算的外部短路时，相应地流过非靠近故障点两侧电流互感器电流的周期分量；

n_{TA}、$n_{TA.h}$、$n_{TA.m}$——各侧电流互感器的变比；

$\Delta_{m\mathrm{I}}$、$\Delta_{m\mathrm{II}}$——由于电流互感器（包括中间互流器）的变比未完全匹配而产生的误差；

K_{ap}、K_{cc}、K_{er}的含义同式（3-20）。

差动保护的动作电流

$$I_{op.max}=K_{rel}I_{unb.max} \tag{3-22}$$

最大制动系数

$$K_{res.max}=\frac{I_{op.max}}{I_{res.max}} \tag{3-23}$$

式中，最大制动电流$I_{res.max}$的选取，因差动保护制动原理的不同以及制动回路的接线方式不同而会有很大差别，在实际工程计算时应根据差动保护的工作原理和制动回路的接线方式而定。制动回路的接线原则是使外部故障时制动电流最大，而内部故障时制动电流最小，当制动回路数比变压器线组少，不可能将每侧电流分别接入制动回路时，可以将几个无源侧电流合并后接入制动回路；但不应将几个有源侧电流合并接入制动回路。

根据制动特性曲线可计算出差动保护动作特性曲线中折线的斜率S，当$I_{res.max}=I_{k.max}$时有

$$S=\frac{I_{op.max}-I_{op.min}}{\dfrac{I_{k.max}}{n_{TA}}-I_{res.0}} \tag{3-24}$$

或

$$S=\frac{K_{res}-I_{op.min}/I_{res}}{1-I_{res.0}/I_{res}} \tag{3-25}$$

4）灵敏系数的计算。纵差保护的灵敏系数应按最小运行方式下差动保护区内变压器

引出线上两相金属性短路计算。根据计算最小短路电流 $I_{k.min}$ 和相应的制动电流 I_{res}，在动作特性曲线上查得对应的动作电流 I_{op}，则灵敏系数为

$$K_{sen}=\frac{I_{k.min}}{I'_{op}} \tag{3-26}$$

要求 $K_{sen}\geqslant1.3\sim1.5$。

（2）纵差保护的其他辅助整定计算及经验数据的推荐。

1）差电流速断的整定。差电流速断的整定值应按躲过变压器初始励磁涌流或外部短路最大不平衡电流整定，一般取

$$I_{op}=KI_N/n_{TA} \text{ 或 } I_{op}=K_{rel}I_{unb.max}$$

式中　I_{op}——差电流速断的动作电流；

I_N——变压器的额定电流；

K——倍数，视变压器容量和系统电抗大小，K 推荐值如下：

6300kVA 及以下	7～12
6300～31500kVA	4.5～7.0
40000～120000kVA	3.0～6.0
120000kVA 及以下	2.0～5.0

容量越大，系统电抗越大，K 取值越小。

按正常运行方式保护安装处两相短路计算灵敏系数，$K_{sen}\geqslant1.2$。

$I_{unb.max}$ 见式（3-6）和式（3-7）。

2）二次谐波制动比的整定。整定值可用差电流中的二次谐波分量与基波分量的比值表示，根据经验，二次谐波制动比可整定为 15%～20%。

（3）涌流间断角的推荐值。按鉴别涌流间断角原理构成的变压器差动保护，根据运行经验，闭锁角可取为 60°～70°。有时还采用涌流导数的最小间断角 θ_d 和最大波宽 θ_w，其闭锁条件为

$$\theta_d\geqslant65^\circ;\ \theta_w\leqslant140^\circ$$

3. 分侧差动保护的整定计算

（1）分侧差动保护整定值计算。分侧差动保护整定计算原则同发电机纵差保护。

1）最小动作电流 $I_{op.min}$ 的计算

$$I_{op.min}=K_{rel}I_{unb.0} \tag{3-27}$$

式中　K_{rel}——可靠系数，取 1.5；

$I_{unb.0}$——在变压器额定电流下，差动回路中的不平衡电流实测值，可取 $I_{op.min}=(0.1\sim0.3)I_N/n_{TA}$，一般可取 $(0.2\sim0.3)I_N/n_{TA}$；

I_N——变压器额定电流。

2）起始制动电流 $I_{res.0}$ 的整定

$$I_{res.0}=(0.5\sim1.0)I_N/n_{TA} \tag{3-28}$$

3）动作特性折线斜率 S 的整定。首先计算最大制动系数 $K_{res.max}$，即

$$K_{res.max}=K_{rel}K_{ap}K_{er}K_{cc} \tag{3-29}$$

式中 K_{rel}——可靠系数，取1.5；

K_{ap}——非周期分量系数，TP级电流互感器取1.0；P级电流互感器取1.5～2.0；

K_{cc}——同型系数，取0.5；

K_{er}——电流互感器比误差，取0.1。

按式（3-24）或式（3-25）计算S值，通常如图3-13这种非变斜率的制动特性曲线，即可直接由直角三角形CDE求出其制动斜率，$\tan\alpha=\dfrac{I_{op.max}-I_{op.min}}{I_{res.max}-I_{res.0}}$，通常可取0.4～0.5。

（2）灵敏系数计算。按最小运行方式下变压器绕组引出端两相金属性短路，灵敏系数$K_{sen}\geqslant1.5$校验，即

$$K_{sen}=\frac{I_{k.min}}{I'_{op}n_{TA}} \tag{3-30}$$

式中 $I_{k.min}$——最小运行方式下，绕组引出端两相金属性短路的短路电流值；

I'_{op}——根据$I_{k.min}$在动作特性曲线上查得的动作电流。

4. 零序差动保护的整定计算

高压、超高压变压器，单相接地短路是主要故障型式之一。

零序差动保护各侧采用变比相同的电流互感器，图3-14为YNd接线普通变压器零序差动保护，其中变压器进线侧的电流互感器变比与变压器中性点侧的电流互感器变比宜采用相同变比，在采用微机保护时，当两侧接入的电流互感器变比不一致时可以由软件计算通道系数（或称平衡系数）加以校正。

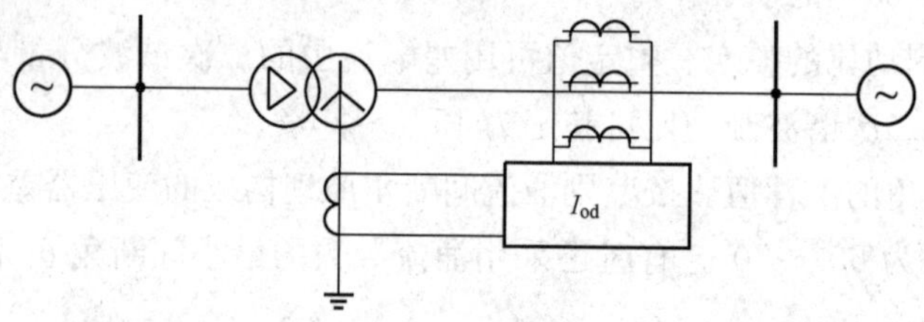

图3-14 YNd接线普通变压器零序差动保护

（1）零序差动保护的整定值计算。当采用比率制动型差动保护时，其整定计算方法参见本章第三节三项内容，但诸公式中的$\Delta U=0$（因与调压无关）。

当采用不带比率制动特性的普通差电流保护时整定计算方法如下。

1）按躲过外部单相接地短路时的不平衡电流整定

$$I_{op.0}=K_{rel}(K_{ap}K_{cc}K_{er}+\Delta m)3I_{0.max}/n_{TA} \tag{3-31}$$

式中 $I_{op.0}$——零序差动保护动作电流；

K_{rel}——可靠系数，取1.3～1.5；

K_{ap}——非周期分量系数，TP级电流互感器取1.0；P级电流互感器取1.5～2；

K_{cc}——电流互感器同型系数，互感器同型时取0.5；不同型时取1.0；

K_{er}——电流互感器的比误差，取0.1；

Δm——由于电流互感器（包括中间电流互感器）变比未完全匹配而产生的误差，

一般取 0.05；

$3I_{0.max}$——保护区外部最大单相或两相接地短路零序电流的 3 倍。

2）按躲过外部三相短路时不平衡电流整定

$$I_{op.0} = K_{rel}K_{ap}K_{cc}K_{er} \times I_{k.max}/n_{TA} \tag{3-32}$$

式中 K_{rel}——可靠系数，取 1.3～1.5；

K_{ap}——非周期分量系数，TP 级电流互感器取 1.0；P 级电流互感器取 1.5～2；

K_{cc}——电流互感器同型系数，互感器同型时取 0.5；不同型时取 1.0；

K_{er}——电流互感器的比误差，取 0.1；

$I_{k.max}$——外部最大三相短路电流。

3）按躲过励磁涌流产生的零序不平衡电流整定。无论普通变压器或自耦变压器，一次侧励磁涌流对零序差动保护而言都是穿越性电流，但考虑互感器的非线性，不可避免地会在零序差动回路中产生不平衡电流。根据经验，为躲过励磁涌流产生的不平衡电流，零序差动保护整定值的参考值为

$$I_{op.0} = (0.3 \sim 0.4)I_N/n_{TA} \tag{3-33}$$

取上三式中的最大值作为 $I_{op.0}$ 的整定值。

(2) 灵敏系数校验。灵敏系数按零序差动保护区内发生最小金属性接地短路电流校验，可参考式 (3-30)。要求灵敏系数不小于规程的要求。在大电流接地系统中，单相接地短路电流计算在 220kV 系统应取正常运行方式（运行可改变变压器接地台数调整零序电流基本不变），500kV 系统则取最小运行方式。

第四节 变压器瓦斯保护和其他非电量保护

一、变压器瓦斯保护

(一) 变压器瓦斯保护构成

变压器运行时油箱内任何一种故障，产生的短路电流或电弧的作用，将使变压器油及其他绝缘材料因受热而分解产生气体，当故障严重时，油会迅速膨胀并有大量气体产生，此时会有剧烈的油流和气流冲向油枕的上部。利用油箱内部故障时的这一特点，可以构成反应气体变化来实现的保护，称之为瓦斯保护。瓦斯保护主要的执行元件为气体继电器。气体继电器是一种非电气量的继电器，俗称瓦斯继电器，是根据变压器壳内气体和油流的冲击或油面的降低而动作的。瓦斯保护是变压器的主要保护，它反应变压器各种内部故障，也可以反应变压器严重的不正常运行。气体继电器安装于变压器油箱与油枕之间的连接油管上。

新变压器投入运行时和变压器灌油后，应将重瓦斯切换到作用于信号位置，历时 2～3 个昼夜，直至停止散发气体为止。

气体继电器上部有供收集气体的放气阀，在气体继电器动作后应立即收集气体，检查气体的化学成分和可燃性，并根据此作出变压器运行状态的结论。

为了保证气体继电器的正确动作和有足够的灵敏性，一般变压器的气体继电器油速整

定。油速可用油速试验装置直接整定。

为了不影响油箱内气体的运动，在安装具有气体继电器的变压器时，变压器顶盖与水平面间应具有1%～3.5%的坡度，通往继电器的连接管应具有2%～4%的坡度，这样当变压器发生内部故障时，可使气体易于进入油枕，并且可防止气泡积聚在变压器油箱的顶盖内。

如果气体继电器装设在户外变压器上，则在其端盖部分和电缆引线端子箱上，应采取适当的防水措施，以免由于雨水浸入气体继电器而造成瓦斯保护误动作。

为防止变压器油对橡皮绝缘的侵蚀，从而导致保护误动作，气体继电器的引出线通常采用防油导线或玻璃丝导线。气体继电器的引出线和电缆，一般分别连接在电缆引出端子箱内端子排的两侧。

轻气体继电器的触点动作于信号，而重瓦斯触点则应去启动出口中间继电器，出口中间继电器应具有电流自保持线圈，以确保气体继电器在油流冲击下，可能发生的抖动或短时间接通使保护能可靠地动作于跳闸。在保护动作于断路器跳闸以后，出口回路的自保持动作可借断路器的辅助触点来解除。

瓦斯保护的主要优点是能反映变压器油箱内的各种故障，灵敏性高，结构简单，动作迅速。瓦斯保护的缺点是不能反应变压器油箱外的故障，如变压器引出端上的故障或变压器与断路器之间连接导线上的故障，故瓦斯保护不能作为变压器各种故障的唯一保护。

规程规定，0.4MVA及以上车间内油浸式变压器和0.8MVA及以上油浸式变压器，均应装设瓦斯保护，当壳内故障产生轻微瓦斯或油面下降时，应瞬时动作于信号；当壳内故障产生大量气体瓦斯时，应瞬时动作于断开变压器各侧断路器。带负荷调压变压器的充油调压开关，亦应装设瓦斯保护。瓦斯保护应采取措施，防止因气体继电器的引线故障、震动等引起瓦斯保护误动作。

瓦斯保护是反应变压器油箱内各种故障的主保护。瓦斯保护由信号回路和跳闸回路组成。当油箱内故障产生轻微气体瓦斯或油面下降时，瓦斯保护应瞬时动作于信号；当产生大量气体瓦斯时，应瞬时动作于断开变压器各侧断路器。因为气体继电器有可能瞬时接通，故跳闸回路一般要加自保持回路。

瓦斯保护为气体保护，气体继电器安装在变压器油箱与油枕之间的连接管道中，故障时油箱内的气体通过气体继电器流向油枕。目前常采用挡板式气体继电器，均有两副触点可以并联使用。

微机保护一般均通过保护装置中的小型中间继电器完成出口跳闸及信号功能。瓦斯保护返回较慢可能引起失灵保护误启动而扩大事故，故瓦斯保护跳闸不启动失灵保护。

(二) 瓦斯保护定值

1. 轻瓦斯保护

轻瓦斯保护通常按气体容积整定，对于容量10MVA以上的变压器整定容积一般为250～300mL。

2. 重瓦斯保护

重瓦斯保护按油流速度整定，主要影响因素有变压器容量、油循环方式及油导管的直径和气体继电器的型式等。常用QJ型气体继电器的瓦斯保护油流动作流速整定参见表3-2。

表3-2 瓦斯保护油流动作流速整定表

变压器容量（kVA）	气体继电器型式	连接导管内径（mm）	冷却方式	动作流速整定值（m/s）
1000及以下	QJ-50	ϕ50	自冷或风冷	0.7～0.8
7000～7500	QJ-50	ϕ50	自冷或风冷	0.8～1.0
7500～10000	QJ-80	ϕ80	自冷或风冷	0.7～0.8
10000以上	QJ-80	ϕ80	自冷或风冷	0.8～1.0
200000以下	QJ-80	ϕ80	强迫油循环	1.0～1.2
200000及以上	QJ-80	ϕ80	强迫油循环	1.2～1.3
500kV变压器	QJ-80	ϕ80	强迫油循环	1.3～1.4
有载调压开关	QJ-25	ϕ25		1.0

二、变压器其他非电量保护

非电量保护可分为信号非电量保护和跳闸非电量保护。动作于信号的非电量保护通常包括除变压器轻瓦斯外，还有变压器温度、变压器油位以及通风启动（也用电流量间接判别温升）等。动作于跳闸的非电量保护除变压器重瓦斯外，还有变压器压力释放，变压器温度高（油温、绕组温度）有的地区温度超过定值即跳闸，不设冷却器故障闭锁条件，有的由两者构成与门条件，前者回路比较简化，对变压器较为安全，但后者对防误动有利，具体方案可根据用户要求设计。

对变压器油温、绕组温度及油箱压力升高超过允许值和冷却系统故障，应装设动作于跳闸或信号的装置。

非电量保护一般可参照变压器厂家要求及变压器运行规程进行整定，变压器不允许非电气量保护启动失灵保护。

《电力变压器运行规程》规定，油浸式电力变压器，在正常运行情况下允许温度应按上层油温来检查，上层油温的允许值应遵守制造厂的规定，但最高不得超过95℃，为了防止变压器油劣化过速，上层油温不宜经常超过85℃。根据各地变压器运行的经验，通常变压器上层油温均在60～85℃范围内运行，夏季油温多在上限值。通常容量在1000kVA及以上的油浸式变压器均有信号温度计。温度计的信号触点容量应不低于220V、0.3A。因此，凡变压器容量超过此界限的，均应有温度升高的信号装置，并由具有电触点的温度计的接线端，经控制电缆分别接至变压器保护的信号回路，电触点温度计一般均由变压器制造厂随同变压器成套供应。

对于车间内变电站，即变压器室大门开向户内的变电所，凡容量在320kVA及以上的变压器，通常都装设温度信号装置。对于干式变压器一般应根据变压器的绝缘等级，环境温度，以及海拔高度等条件，并参照厂家技术说明书进行整定。

第五节 变压器相间短路后备保护

从整个电力系统的继电保护装置选择动作的观点出发，短路故障应首先由距离故障点最近的元件来切除。在变压器上需装设防止外部短路的保护装置，这种保护装置不仅作为相邻元件的后备保护，而且也是变压器本身的后备保护。

一、变压器相间短路后备保护方式

为了防止外部短路所引起的过电流和作为变压器的瓦斯、差动和瞬时电流速断保护等主保护的后备，变压器应装设相间短路后备保护，保护带延时动作于相应的断路器。

(1) 对中小容量的变压器相间短路后备保护宜首先选用过电流保护。过电流保护接线简单可靠、投资省，但躲自启动电流能力差、整定电流大，所以保护灵敏度低，运行方式变化大时就可能在最小运行方式时满足不了灵敏性要求。应当指出，变压器过电流保护不仅是后备保护，而且是其他侧绕组及引线的主保护，甚至也作为另侧母线的主保护（当未设专用母线保护时）。过电流保护是应用最为普遍的保护，需要认真掌握学会灵活运用。

(2) 复合电压（负序电压和线间电压）启动的过电流保护。复合电压启动的过电流保护，动作电流不必躲过自启动电流，因此保护灵敏度高，由于有电压闭锁也不易误动作。常用于大中型的变压器保护，顺便指出复合电压启动的过电流保护特别适用于发电厂启动备用变压器和高压厂用变压器的保护，因而取得了广泛应用。

(3) 复合过电流保护（负序电流和单相式电压启动的过电流保护）。复合过电流保护是采用传统保护时为提高保护不对称短路灵敏度且不增加更多的元器件条件下设计的一种简化保护接线，目前在微机保护信息共享的条件下已经使用不多。因为当微机保护采样回路已经采取三相或两相电流信号时，只用单相电流判别并不简化保护，而且还有在三相对称短路时仅靠单回路电流判别造成拒动的可能。因此，在使用微机保护时不需要强调单元件。

二、变压器相间短路后备保护的配置

对降压变压器、升压变压器和系统联络变压器，根据各侧接线、连接的系统和电源情况的不同，应配置不同的相间短路后备保护，该保护宜考虑反映电流互感器与断路器之间的故障。对变压器的相间短路后备保护配置有以下几点需要讨论：

(1) 单侧电源双绕组变压器和三绕组变压器，相间短路保护宜装于各侧（这里主要是电压判别往往需要取各侧电压，对单侧电源双绕组变压器并不绝对需要取无电源侧的电流），非电源侧保护可带两段或三段时限，用第一时限断开本侧母联或分段断路器，缩小故障影响范围；用第二时限断开本侧断路器；用第三时限断开变压器各侧断路器；电源侧保护可带一段时限，断开变压器各侧断路器。值得注意：非电源侧的第三时限与电源侧的一段时限配合应当尽可能不延迟保护动作时间，同时动作于全跳的可取相同动作时限，不需要额外增加时间级差。

(2) 两侧或三侧有电源的双绕组变压器和三绕组变压器各侧相间短路后备保护可带两段或三段时限。为满足选择性的要求或为降低后备保护的动作时间，相间后备保护可带方向，方向宜指各侧母线，但断开变压器各侧断路器的后备保护不带方向。过去很长时间对系统联络变压器相间短路后备保护的动作方向指向作法很不一致，有的动方向指向系统，有的动作方向指向变压器，还有的一侧动作方向指向系统，而另一侧动作方向指向变压器，后两种动作方向的保护配合都存在某种情况下保护拒动或者非选择性动作的可能，而按方向指各侧母线配合只需各自与本侧系统保护配合即可，而变压器内部相间短路主要靠主保护双重化及不带方向的过电流保护来作为后备。这种配合对系统运行最为安全可靠。

(3) 低压侧有分支，并接至分开运行母线段的降压变压器，除在电源侧装设保护外，还应在每个分支装设相间短路后备保护。这样在某一个分支断路器以下发生短路时，本分支的相间短路后备保护动作于本分支跳闸后，另一分支还可以正常供电。当双套重要负荷分别接于两段母线时，即可以维持厂站工艺系统继续运行。

(4) 如变压器低压侧无专用母线保护，变压器高压侧相间短路后备保护对母线相间短路灵敏度不够时，为增加切除低压侧母线故障的可靠性，可在变压器低压侧配置两套相间短路后备保护，该两套后备保护接至不同的电流互感器。这种配置在自耦变压器高低压间阻抗特别大的保护接线中经常用到，因为在这种情况下往往高中压侧的过电流保护灵敏度不能满足要求，而变压器低压侧配置两套相间短路后备保护，一套可以为限时电流速断保护当引线或母线短路时可以较快切除短路，另一套过电流保护可以较长时限与馈线或所用变压器过电流保护配合，其低压侧的过流保护定值只需考虑躲过低压侧的最大负荷，因此灵敏度大为提高，即可满足母线上短路灵敏系数校验的要求。顺便指出：如果保护所接电流互感器是在开关柜上，当引线或低压侧套管短路时后备保护还是不完善的，在这种情况下只有靠双重化纵联差动主保护互为后备，因微机保护信息可以共享并有条件地开发由高中压侧电流构成的不完全差动过流或方向过流作为低压侧相间短路的后备，这样还带来一个好处对低压绕组的相间短路也有后备保护作用。

三、复合电压方向过电流保护的构成

因为复合电压启动的方向过电流保护应用广泛，也较过电流保护复杂，在此特加以简介。首先介绍图 3-15 复合电压启动的保护逻辑图。该复合电压启动的特点是分别取三绕组变压器高、中、低、三侧的电压，因为变压器经星形、三角形变化后各侧的电压元件对故障电压分量反应的灵敏度是不同的，要保证各种故障情况下电压元件保护的灵敏度就宜取各侧的电压量构成回路，以保证对称短路时低电压元件，不对称短路时负序电压元件最灵敏的一侧能够动作，以达到有效启动过电流回路。

复合电压启动方向过电流保护逻辑框图见图 3-16。从图 3-16 可见，不论是本侧或对侧（变压器的另一侧）故障，都需要电压判别与电流判别回路均处于动作状态保护才可能动作（电压启动回路与过电流回路组成与门）。增设电压判别的目的就在于允许降低电流保护的定值，从而提高保护的灵敏度。图 3-16 中方向元件的电压取本侧或对侧（变压器另一绕组电压侧）可根据用户要求进行切换，其目的是在要求的动作区范围内消除方向元件电压死区。关于消除方向元件死区的问题，当微机保护采用故障前电压记忆的方法可以解决时，均可采用本侧电流电压使接线简化。

四、相间短路后备保护整定计算

（一）过电流保护

1. 过电流保护动作电流整定计算

为了保证选择性，过电流保护的动作电流应能躲过可能流过变压器的最大负荷电流，

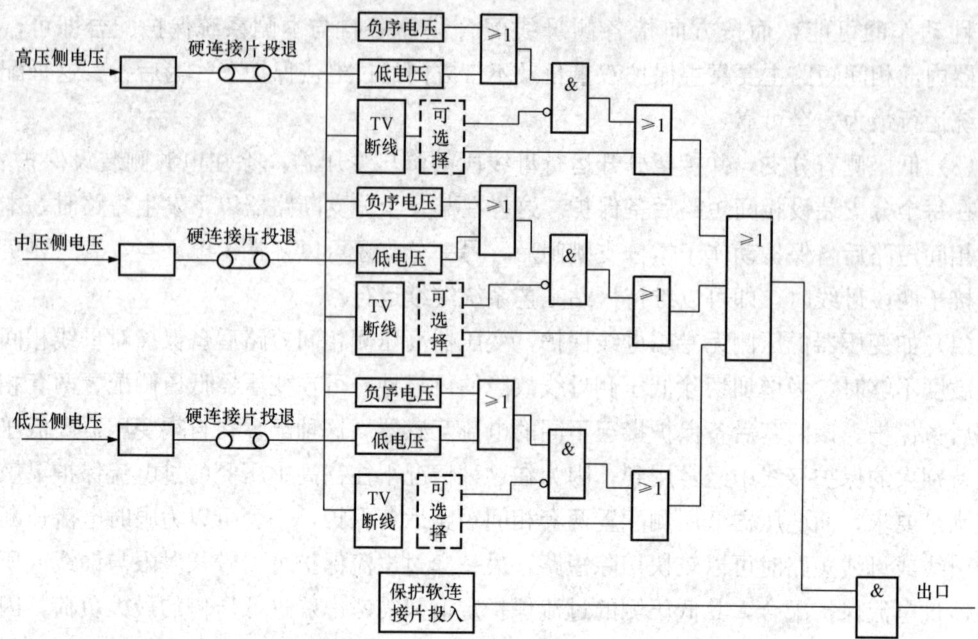

图 3-15 复合电压启动保护逻辑图

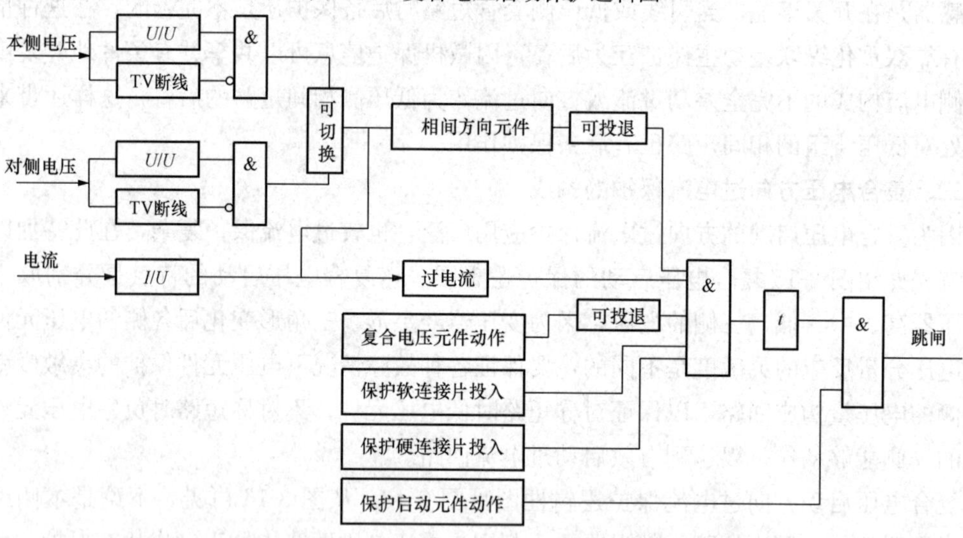

图 3-16 复合电压启动方向过电流保护逻辑框图

当故障切除后或馈线重合闸，或备用回路自动投入等引起自启动电流时，应适当考虑自启动系数，即

$$I_{op} = \frac{K_{rel}}{K_r n_{TA}} I_{L.max} \tag{3-34}$$

式中 K_{rel}——可靠系数，取 1.2～1.3；

K_r——返回系数，取 0.85～0.95；

$I_{L.max}$——最大负荷电流。

2. 最大负荷电流 $I_{L.max}$ 确定

最大负荷电流 $I_{L.max}$ 可按以下情况考虑并取其最大者：

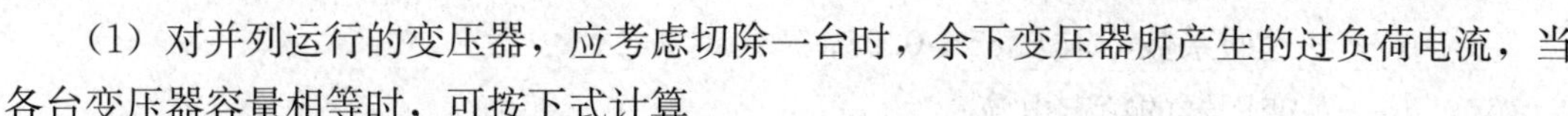

（1）对并列运行的变压器，应考虑切除一台时，余下变压器所产生的过负荷电流，当各台变压器容量相等时，可按下式计算

$$I_{L.max}=\frac{m}{m-1}I_N \tag{3-35}$$

式中　m——并联运行变压器的最少台数；

I_N——每台变压器的额定电流。

当并联运行的变压器容量不等时，应考虑容量最大的一台变压器断开后引起的过负荷。

（2）当降压变压器低压侧接有大量异步电动机时，应考虑电动机的自启动电流，即

$$I_{L.max}=K_{ss}I'_{L.max} \tag{3-36}$$

式中　$I'_{L.max}$——正常运行时最大负荷电流；

K_{ss}——电动机自启动系数，其值与负荷的性质及与电源间的电气距离有关，一般应视具体情况而定。

（3）对两台分列运行的降压变压器，在负荷侧母线分段断路器上装有备用电源自动投入装置时，应考虑备用电源自动投入后负荷电流的增加，即

$$I_{L.max}=I_{\mathrm{I}\,L.max}+K_{ss}K_{rem}I_{\mathrm{II}.L.max} \tag{3-37}$$

式中　$I_{L.max}$——所在母线段正常运行时的最大负荷电流；

$I_{\mathrm{II}.L.max}$——另一母线段正常运行时的最大负荷电流；

K_{rem}——剩余系数，母线停电后切除不重要负荷，保留下来的负荷与原负荷之比。

（4）与下一级过电流保护相配合，则

$$I_{L.max}=1.1I'_{op}+I_{m.L.max} \tag{3-38}$$

式中　I'_{op}——分段断路器或与之相配合的馈线过电流保护的动作电流；

$I_{m.L.max}$——本变压器所在母线段的正常运行最大负荷电流。

3. 过电流保护灵敏系数校验

保护的灵敏系数可按下式校验

$$K_{sen}=\frac{I^{(2)}_{k.min}}{I_{op}n_{TA}} \tag{3-39}$$

式中　$I^{(2)}_{k.min}$——后备保护区末端两相金属性短路时流过保护的最小短路电流；

n_{TA}——电流互感器的变比。

要求 $K_{sen}\geqslant 1.3$（近后备）或 1.2（远后备）。

（二）低电压启动的过电流保护

对升压变压器或容量较大的降压变压器，当过电流保护的灵敏度不够时，可采用低电压启动的过电流保护。

1. 低电压启动的过电流保护定值计算

（1）过电流定值的整定计算。过电流保护的动作电流应按躲过变压器的额定电流整定

$$I_{op}=\frac{K_{rel}}{K_r n_{TA}}I_N \tag{3-40}$$

式中　K_{rel}——可靠系数，取 1.2；

K_r——返回系数，取0.85～0.95；

I_N——变压器的额定电流；

n_{TA}——电流互感器的变比。

（2）低电压启动元件的动作电压整定计算。低电压启动元件的整定应考虑以下情况：

1）按躲过正常运行时可能出现的最低电压整定

$$U_{op}=\frac{U_{min}}{K_{rel}K_r n_{TV}} \tag{3-41}$$

式中 U_{min}——正常运行时可能出现的最低电压，一般取$U_{min}=0.9U_N$；

U_N——额定相电压或线电压；

K_{rel}——可靠系数，取1.1～1.2；

K_r——返回系数，取1.05～1.25；

n_{TV}——电压互感器变比。

2）按躲过电动机自启动时的电压整定。

当低电压保护由变压器低压侧电压互感器供电时低电压元件的动作电压为

$$U_{op}=(0.5\sim 0.6)U_N/n_{TV} \tag{3-42}$$

式中 U_N——变压器低压侧的母线额定电压；

n_{TV}——电压互感器变比。

当低电压保护由变压器高压侧电压互感器供电时低电压元件的动作电压为

$$U_{op}=0.7U_N/n_{TV} \tag{3-43}$$

式中 U_N——变压器高压侧的母线额定电压；

n_{TV}——电压互感器变比。

2. 低电压及过电流灵敏系数校验

（1）电流灵敏系数校验。低电压闭锁的过电流保护的电流灵敏系数校验与过电流保护式（3-39）相同，动作电流为按式（3-40）计算出的动作电流。

（2）电压灵敏系数校验。低电压元件的灵敏系数按下式校验

$$K_{sen}=\frac{U_{op}}{U_{r.max}/n_{TV}} \tag{3-44}$$

式中 U_{op}——低电压元件的动作电压；

$U_{r.max}$——计算运行方式下，灵敏系数校验点发生金属性相间短路时，保护安装处的最高残压；

n_{TV}——电压互感器变比。

要求$K_{sen}\geqslant 1.3$（近后备）或1.2（远后备）。

在校验电流保护和低电压保护的灵敏系数时，应分别采用各自的不利正常系统运行方式和不利的短路类型。当低电压保护灵敏系数不够时，可在变压器各侧装设低电压元件。

（三）复合电压启动的过电流保护

1. 保护定值计算

（1）电流定值的整定计算。电流保护的动作电流应按躲过变压器的额定电流整定，计

算公式同式（3-40）。

（2）动作电压整定计算。

1）常用动作电压整定计算。根据情况参照式（3-41）、式（3-42）或式（3-43）计算。

2）对发电厂中的升压变压器，当低电压继电器由发电机侧电压互感器供电时，还应考虑躲过发电机失磁运行时出现的低电压

$$U_{op} = (0.5 \sim 0.6)U_N/n_{TV} \tag{3-45}$$

式中　U_N——发电机母线额定电压；

n_{TV}——电压互感器变比。

3）负序动作电压整定计算。负序电压元件应按躲过正常运行时出现的不平衡电压整定，不平衡电压值可通过实测确定，当无实测值时，可按

$$U_{op} = (0.06 \sim 0.08)U_N/n_{TV} \tag{3-46}$$

式中　U_N——保护安装处母线额定电压；

n_{TV}——保护安装处电压互感器变比。

2. 保护灵敏系数校验

（1）电流元件灵敏系数校验同式（3-39）。

（2）低电压元件灵敏系数校验同式（3-44）。

（3）负序电压元件灵敏系数按下式计算

$$K_{sen} = \frac{U_{k.2.min}}{U_{op.2} \times n_{TV}} \tag{3-47}$$

式中　$U_{k.2.min}$——后备保护区末端两相金属性短路时，保护安装处的最小负序电压值；

$U_{op.2}$——闭锁保护负序动作电压；

n_{TV}——保护安装处电压互感器变比。

要求 $K_{sen} \geqslant 2.0$（近后备）或 1.5（远后备）。

3. 单相式低电压启动过电流保护负序过电流定值计算

此保护由负序过电流继电器和单相式低电压启动过电流保护构成。由负序电流继电器反应两相短路，由单相式低电压启动过电流保护反应三相短路。此保护通常用于 63MVA 及以上升压变压器。

（1）负序电流继电器动作电流的整定计算。在工程设计中可以按

$$I_{2.op.2} = (0.5 \sim 0.6)I_N/n_{TA} \tag{3-48}$$

式中　I_N——变压器在该侧的额定电流；

n_{TA}——负序过电流保护所接电流互感器的变比。

（2）负序过电流保护的灵敏系数校验

$$K_{sen} = \frac{I_{k.2.min}}{I_{2.op.2}n_{TA}} \tag{3-49}$$

式中　$I_{k.2.min}$——在最小运行方式下，后备保护区末端不对称相间短路时，流经保护处的负序电流。

要求 $K_{sen} \geqslant 1.3$（近后备）或 1.2（远后备）。

第六节　变压器接地故障后备保护

一、110kV及以上变压器接地短路后备保护方式及保护配置

1. 110kV及以上中性点直接接地的变压器的保护方式及保护配置

规程要求：对于与110kV及以上中性点直接接地电网连接的降压变压器、升压变压器和系统联络变压器，对外部接地短路引起的过电流，应装设接地短路后备保护。必须明确接地保护也应起到对变压器绕组接地短路后备保护作用，当发生接地短路主保护拒动时需由接地短路后备保护进行保护。

在中性点直接接地的电网中，如变压器中性点直接接地运行，对单相接地引起的变压器过电流，应装设零序过电流保护。保护一般接在变压器中性点侧的电流互感器回路，这样接线比较简单，也没有三相不平衡电流影响，但当零序电源在系统侧时变压器内部接地短路灵敏性就往往低于接系统侧的电流互感器回路，如电厂的高压厂用备用变压器，当采用中性点死接地时保护接断路器侧的电流互感器就较为优越。

传统的接于中性点电流互感器的保护原理接线如图3-17所示，其保护由两段组成，其动作电流与相关线路零序过电流保护相配合。每段保护设两个时限，并均以较短时限动作于母联断路器，或动作于本侧断路器，以较长时限动作于断开变压器各侧断路器。

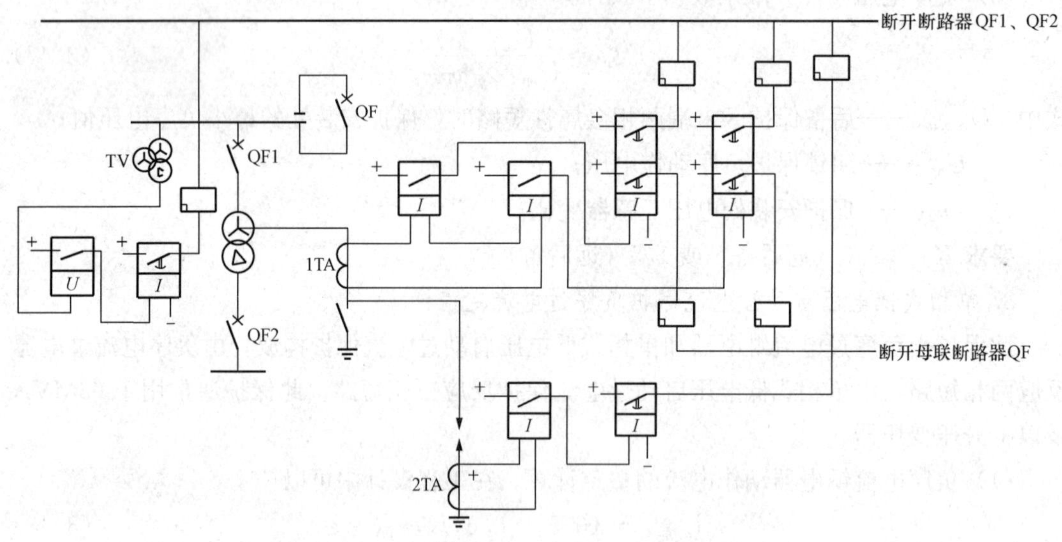

图3-17　中性点接地变压器零序电流电压保护原理接线图

2. 中性点可能接地运行或不接地运行变压器的接地保护

在110kV、220kV中性点直接接地的电力网中，低压侧有电源的变压器中性点可能接地运行或不接地运行时，对接地短路引起的过电流，以及对因失去中性点引起的变压器中性点电压升高，应装设相应保护。全绝缘变压器虽然中性点绝缘水平高，但为了适应系统调度灵活性的要求，因此一般设计为可接地运行，直接接地的零序电流保护应参照图3-17装设。此外，还应增设零序过电压保护，他接于图3-17母线TV的开口三角绕

组。全绝缘变压器不需要装间隙保护，当变压器中性点不接地运行时，可由零序过电压保护时限经（0.3～0.5s）一级时限直接动作断开变压器各侧断路器。对分级绝缘变压器，需在中性点装设放电间隙以限制变压器中性点不接地运行时可能出现的中性点过电压。当中性点不接地运行时，由放电间隙回路的零序过电流保护进行保护，如图 3-17 所示的间隙接地零序电流保护的接线示意，此外，因为放电间隙的分散性较大，为了更可靠保护变压器还要求增设零序过电压保护。用于经间隙接地的变压器，装设反应间隙放电电流和零序过电压保护，当变压器所接的电力网失去接地中性点，又发生单相接地故障时，间隙零序电流与电压保护发挥作用，二者为或门关系，电流或电压保护均可单独动作于跳闸，一般经 0.3～0.5s 时限动作断开变压器各侧断路器。

二、直接接地系统变压器零序后备保护整定计算

1. 普通变压器接地零序电流保护的整定

（1）直接接地零序电流保护的整定。Ⅰ段零序过流的动作电流应与相邻线路零序过流保护的Ⅰ段（或Ⅱ段）或其他快速主保护相配合；Ⅱ段零序过流的动作电流应与相邻线路零序过流的后备能相配合。

1）与线路零序电流保护配合，其零序一次动作电流可归纳为按下式整定

$$I_{0.op.t} = K_{co} K_{0.br} I_{op.0.1} \tag{3-50}$$

式中　$I_{0.op.t}$——变压器零序Ⅰ段或Ⅱ段零序过电流保护动作电流；

$K_{0.br}$——零序电流分支系数，其值一般等于系统最小运行方式时，线路零序过电流保护Ⅰ（或Ⅱ）段相应保护区末端，或Ⅲ（Ⅳ）段线路保护末段发生接地短路时，流过本保护的零序电流与流过线路的零序电流之比，前者对应变压器零序保护Ⅰ段，后者对应变压器零序保护Ⅱ段；

K_{co}——配合系数，取 1.1～1.2；

$I_{op.0.1}$——与之相配合的相邻线路保护相应段最大一次动作电流。

2）保护动作时间整定：①110kV 及 220kV 变压器Ⅰ段或Ⅱ段零序过电流保护以 $t=t_0+\Delta t$（其中 t_0 为线路保护配合段的动作时间），以较短时间断开母联或分段断路器；以较长时间断开变压器各侧断路器。②330kV 及 500kV 变压器高压侧Ⅰ段零序过电流保护只设一个时限，即 $t=t_0+\Delta t$，断开变压器本侧断路器。

凡直接接地的零序电流保护均可按式（3-50）计算。不论全绝缘中性点接地运行或分级绝缘中性点接地运行。

3）灵敏系数校验

$$K_{sen} = \frac{3I_{k.0.min}}{I_{op.0} n_{TA}} \tag{3-51}$$

式中　$I_{k.0.min}$——Ⅰ段（或Ⅱ段）保护范围对应母线接地短路时流过保护安装处的最小零序电流；

$I_{op.0}$——Ⅰ段（或Ⅱ段）零序过电流保护的动作电流；

n_{TA}——保护所接电流互感器的变比。

要求 $K_{sen} \geqslant 1.5$。

(2) 分级绝缘中性点经间隙接地的零序电流保护整定。

1) 保护运行电流的整定。在放电间隙回路的零序过流保护的动作电流与变压器零序阻抗，间隙放电的电弧电阻等因素有关，难以准确计算，经验数据保护一次动作电流可取 100A。

2) 保护动作时间的整定。本保护动作时间一般同其零序电压保护动作时间可取 0.3s。

2. 零序电压保护的整定

(1) 零序电压的整定。对全绝缘变压器或分段绝缘不接地运行的零序电压保护，其过电压保护动作值按下式整定

$$U_{sat} < U_{op.0} \leqslant U_{0.max} \tag{3-52}$$

式中 $U_{op.0}$——零序过电压保护动作值；

$U_{0.max}$——在部分中性点接地的电网中发生单相接地时，保护安装处可能出现的最大零序电压；

U_{sat}——用于中性点直接接地系统的电压互感器，在失去接地中性点时发生单相接地，开口三角绕组可能出现的最低电压。

考虑到中性点直接接地系统 $X_{0\Sigma}/X_{1\Sigma} \leqslant 3$，高压系统电压互感器开口三角绕组每相额定电压 100V，因此建议

$$U_{op.0} = 180V \tag{3-53}$$

(2) 动作时间的整定。用于中性点经放电间隙接地的零序电流、零序电压保护或全绝缘的零序电压保护动作后经一较短延时（躲过暂态过电压时间）断开变压器各侧断路器，这一延时可取为 0.3s。

当有两组以上变压器并联运行时，传统的零序电流电压保护是先切除中性点不接地的变压器，后切除中性点直接接地的变压器（此接线方案已不多用）。

3. 零序方向整定

对于高压及中压侧均直接接地的三绕组普通变压器，高中压侧均有电源应装设零序方向过电流保护，方向指向本侧母线。

4. 自耦变压器接地保护的整定计算

(1) 高、中压侧的方向零序过电流保护整定计算。高压侧和中压侧的方向零序过电流保护通常设二段。

第一段动作电流与本侧母线出线的零序过电流保护的第一段或快速主保护相配合，动作电流的计算公式同式（3-50）。220kV 自耦变压器保护动作后以时限 $t_1 = t_0 + \Delta t$（其中 t_0 为与之配合的线路零序过电流保护Ⅰ段的动作时间）断开本侧母联或分段断路器；以 $t_2 = t_1 + \Delta t$ 断开本侧断路器。对 330kV 及 500kV 自耦变压器高压侧Ⅰ段零序过电流保护只设一个时限，即 $t_1 = t_0 + \Delta t$，断开本侧断路器。

第二段动作电流与本侧母线出线的零序过电流保护或接地距离保护的后备段配合，动作电流的计算公式同式（3-50）。220kV 自耦变压器保护动作后以时限 $t_3 = t_{1max} + \Delta t$（其中 t_{1max} 为线路零序过电流保护或接地距离保护后备段的动作时间）断开本侧断路器；以

$t_4=t_3+\Delta t$断开变压器各侧断路器。对330kV及500kV自耦变压器高压侧Ⅱ段零序过电流保护只设一个时限，即$t_3=t_{1max}+\Delta t$断开变压器各侧断路器。

Ⅰ、Ⅱ段方向零序过电流保护的灵敏系数按式（3-56）计算。

（2）不带方向的高、中压侧零序过电流保护整定计算。零序过电流保护（不带方向）的动作电流与本侧及对侧母线上线路的零序过电流保护及接地距离保护后备段相配合，必须满足母线接地短路的灵敏系数不小于1.5。当灵敏系数不满足要求时，动作电流可不与接地距离保护后备段配合，但动作时间必须配合。动作时间应大于变压器高、中压侧方向零序过电流保护的动作时间。

作为变压器引出线的后备保护，当对侧的零序过电流保护不满足灵敏系数要求时，可校核由本侧母线电源供给本侧零序过电流保护灵敏系数是否满足1.5。

（3）自耦变压器中性点零序过电流保护整定计算。当低压侧为Δ接线的自耦变压器高压侧或中压侧断开时，该自耦变压器就变成为一台高压侧（或中压侧）中性点直接接地的YNd接线的普通双绕组变压器。考虑到在未断开侧的线端装有零序过电流保护，已完成线路及母线接地故障的后备保护，故此时中性点过电流保护的作用只是作为变压器内部接地故障的后备。保护的动作电流$I_{op.0}$按下式整定

$$I_{op.0}=K_{rel}I_{unb.0}/n_{TA} \tag{3-54}$$

式中　K_{rel}——可靠系数，取1.5～2；

$I_{unb.0}$——正常运行情况（包括最大负荷时）可能在零序回路出现的最大不平衡电流。实用中取中性点零序电流互感器额定电流的0.5倍，也可满足灵敏度要求，即

$$I_{0.op.2}=0.5I_{N.m}/n_{TA0} \tag{3-55}$$

式中　$I_{N.m}$——变压器在中压侧的额定电流；

n_{TA0}——中性点零序电流互感器的变比。

灵敏系数K_{sen}按下式计算

$$K_{sen}=\frac{3I_{k.0.min}}{I_{op.0}n_{TA}} \tag{3-56}$$

式中　$I_{k.0.min}$——自耦变压器断开侧出线端单相接地短路，流过变压器中性点的最小零序电流。

保护的动作时间为

$$t=t_t+\Delta t \tag{3-57}$$

式中　t_t——自耦变压器各侧零序过电流保护动作时间中的最长者。

第七节　变压器过负荷保护

在可能发生过负荷的变压器上，需要装设过负荷保护。由于过负荷电流在大多数情况下，是三相对称的，因此过负荷保护可以仅接在一相电流上。对双绕组变压器，防止由于过负荷而引起异常高电流的过负荷保护通常装设在被保护变压器电源侧。

变压器事故过负荷的允许值应遵守制造厂的规定。无制造厂规定时，对于自然冷却和风冷的油浸式电力变压器，允许过负荷倍率和持续时间参见表 3-3。

表 3-3　　变压器允许过负荷倍率和持续时间

事故过负荷对额定负荷之比（%）	1.3	1.45	1.60	1.75	2.0
过负荷允许的持续时间（min）	120	80	45	20	10

一、三绕组自耦联络变压器的过负荷

(一) 基本原理及公式

普通变压器的过负荷保护比较简单，在此首先着重分析自耦联络变压器的过负荷与各种运行方式的关系。自耦变压器的容量可以分为通过容量与计算（电磁）容量两种。通过容量包括传导的容量与电磁感应的容量两部分。三相自耦变压器的额定容量等于变压器高压侧额定电压与高压侧额定电流或中压侧额定电压与中压侧额定电流乘积的$\sqrt{3}$倍。即

$$S_N = \sqrt{3}U_{hN}I_{hN} = \sqrt{3}U_{mN}I_{mN} \tag{3-58}$$

而计算容量大致决定于它的基本尺寸、重量和铁芯截面。参见图 3-18，计算容量等于

$$S_c = \sqrt{3}\Delta UI_h \approx \sqrt{3}U_m I_{com} = \sqrt{3}(I_m - I_h) \tag{3-59}$$

并把自耦变压器的计算容量与通过容量之比称为效益系数，可用（3-60）式表示

$$K_\eta = \frac{S_c}{S_o} = \frac{\Delta UI_h}{U_h I_h} = \frac{U_h - U_m}{U_h} = 1 - \frac{1}{n_{hm}} \tag{3-60}$$

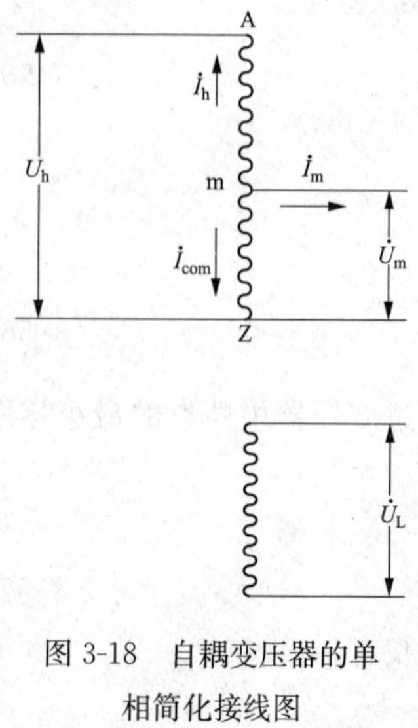

以上式中　S_c——自耦变压器的计算容量；

S_N——自耦变压器的额定容量；

ΔU——自耦变压器高压与中压侧的电压差；

U_h——自耦变压器高压侧的电压；

I_h——自耦变压器高压侧的电流；

U_m——自耦变压器中压侧的电压；

I_m——自耦变压器中压侧的电流；

n_{hm}——自耦变压器高、中压的电压变比。

图 3-18　自耦变压器的单相简化接线图

显然自耦变压器低压绕组的容量不能设计的超过计算容量，自耦变压器在串联绕组 Am 部分的允许负荷决定了通过容量，而公共绕组 mz 的允许负荷则决定了计算（电磁）容量。

(二) 自耦变压器的三种简单运行方式

因为自耦变压器高中压侧有电气上的联系，自耦变压器本身的计算容量小于它的通过容量，从式（3-58）可见，效益系数 K_η 是小于 1 的，高中压侧的电压相差越小，则效益系数越高，即采用自耦变压器的经济效益越显著。

由于不同的电源与不同的负荷侧的组合会出现不同的运行方式。常见的几种简单运行方式如图 3-19 所示。

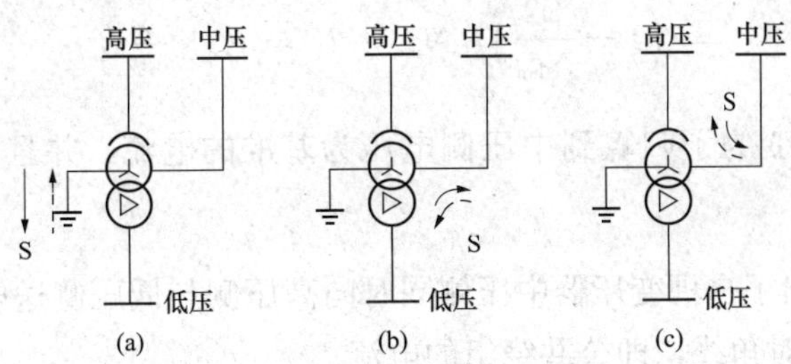

图 3-19　自耦变压器常见的三种运行方式

(a) 高压侧向低压侧送电或反送；(b) 中压侧向低压侧送电或反送；(c) 高压侧向中压侧送电或反送

当高压侧向低压侧送电或低压侧向高压侧送电时，见图 3-19 (a)，这种情况下最大的传变容量不能超过低压绕组的额定容量，而低压绕组的额定容量最大不能超过自耦变压器的计算容量。当中压侧向低压侧送电或低压侧向中压侧送电时，见图 3-19 (b)，这种情况下最大的传变容量同样不能超过低压绕组的额定容量。

当高压侧向中压侧送电或中压侧向高压侧送电时，见图 3-19 (c)，这种情况下最大的传变容量可以等于自耦变压器的额定容量，而当自耦变压器是在发电厂为升压变压器，低压绕组通常是布置在高中压绕组之间，由于在这种运行方式下，低压绕组是处于空载状态，高中压绕组间的漏磁通会增加，从而引起附加损耗，使其传变容量会受到限制，如只能带到额定通过容量的 70%～80%（具体工程应按制造厂的规定来制定运行限定要求）。

（三）自耦变压器的过负荷分析

三绕组自耦变压器以其制造成本低，与同容量的三绕组变压器相比，质量和尺寸皆较小，以及省材、便于运输、运行损耗较低等优点在电力系统中获得了广泛应用，但其在运行中，存在普通变压器所没有的特殊问题——公共绕组过载以及高压串联绕组的过负荷问题。

1. 自耦变压器公共绕组的过负荷能力分析

(1) 曲线分析法。自耦变压器中压侧同时向高压侧与低压侧（或高压侧与低压侧同时向自耦变压器中压侧）送电的运行方式，其接线示意图和电流相量图如图 3-20 的 (a)、(b) 所示。在这种运行方式下，如果设定流过自耦变压器中压侧公共绕组的电流正好等于其额定电流 $I_{com \cdot n}$，则由图 3-20 (b) 电流相量图，根据求平行四边形对角线的数学公式可得。

为预防自耦变压器过负荷运行，流过公共绕组的电流不应超过它的额定电流 I_{com}，若略去励磁电流，根据磁势平衡的原理，可以有以下安匝平衡的关系式

$$\dot{I}_{com \cdot n} N_{com} = \dot{I}_h N_n + \dot{I}_L N_L \tag{3-61}$$

式中　$\dot{I}_{com \cdot n}$、$\dot{I}_h$、$\dot{I}_L$——归算到中压侧的公共绕组、高压绕组、低压绕组的电流（复数）；

N_{com}、N_n、N_L——公共绕组、高压串联绕组、低压绕组的匝数。

由式 (3-61) 经过变换可得

$$\dot{I}_{com \cdot n} = \left(\frac{N_n + N_{com}}{N_{com}} - 1\right)\dot{I}_h + \frac{N_L}{N_{com}}\dot{I}_L = (n_{hm} - 1)\dot{I}_h + \frac{N_L}{N_{com}}\dot{I}_L$$

$$=\left(1-\frac{1}{N_{\text{hm}}}\right)\dot{I}_{\text{h}}N_{\text{hm}}+\dot{I}_{\text{L}}=K_{\eta}\dot{I}_{\text{h}}+\dot{I}_{\text{L}} \tag{3-62}$$

式中最后高低压侧都变为了归算到中压侧电压为基准的电流，并且$\left(1-\frac{1}{N_{\text{hm}}}\right)=K_{\eta}$，$K_{\eta}$为效益系数。

图 3-20（b）示出了自耦变压器中压侧同时向高压侧与低压侧送电的相量图。根据图可求出平行四边形的对角线，即公共绕组的电流

$$\dot{I}_{\text{com}}^{2}=(K_{\eta}I'_{\text{h}})^{2}+I'^{2}_{\text{L}}+2K_{\eta}I'_{\text{h}}I'_{\text{L}}\cos(\varphi_{3}-\varphi_{1})=[I_{\text{hn}}(n_{\text{hm}}-1)]^{2}$$

$$=[I_{\text{hn}}(\frac{n_{\text{hm}}}{n_{\text{hm}}}-\frac{1}{n_{\text{hm}}})n_{\text{hm}}]^{2}=I_{\text{hm}}^{2}(1-\frac{1}{n_{\text{hm}}})^{2}n_{\text{hm}}^{2}=I_{\text{hn}}^{2}K_{\eta}^{2}n_{\text{hm}}^{2} \tag{3-63}$$

由式（3-63）整理可得

$$(K_{\eta}-I'_{\text{h}})^{2}+I'^{2}_{\text{L}}+2K_{\eta}I'_{\text{h}}I'_{\text{L}}\cos(\varphi_{3}-\varphi_{1})=I_{\text{hn}}^{2}K_{\eta}^{2}n_{\text{hm}}^{2} \tag{3-64}$$

式中 φ_1——高压侧电流相量与高压侧电压之间的夹角；

φ_3——低压侧电流相量与高压侧电压之间的夹角。

将式（3-64）两边乘以 $(\sqrt{3}U_{\text{hn}})^2$，并经过简单变换，即可得高压侧额定电流的表达式，即

$$I_{\text{hn}}^{2}=[(K_{\eta}I'_{\text{h}})^{2}+I'^{2}_{\text{L}}+2K_{\eta}I'_{\text{h}}I'_{\text{L}}\cos(\varphi_{3}-\varphi_{1})]K_{\eta}^{-2}n_{\text{hm}}^{-2}$$

式中的电流原来都是归算到中压侧的，经过上式的整理即可得到归算为高压侧的电流表达式

$$I_{\text{hn}}^{2}=[(K_{\eta}I'_{\text{h}})^{2}+I'^{2}_{\text{L}}+2K_{\eta}I'_{\text{h}}I'_{\text{L}}\cos(\varphi_{3}-\varphi_{1})]K_{\eta}^{-2}n_{\text{hm}}^{-2}$$

$$I_{\text{hn}}^{2}=I_{\text{h}}^{2}+\frac{I_{\text{L}}^{2}}{K_{\eta}^{2}}+2\,\frac{I_{\text{h}}I_{\text{L}}}{K_{\eta}}\cos(\varphi_{3}-\varphi_{1})$$

式中在消除 n_{hm}高中压的侧变比后均变为高压侧的电流，将上式两边均乘以 $(\sqrt{3}U_{\text{h}})^2$ 就能得到

$$s_{\text{hn}}^{2}=s_{\text{h}}^{2}+\frac{S_{\text{L}}^{2}}{K_{\eta}^{2}}+2\,\frac{s_{\text{h}}s_{\text{L}}}{K_{\eta}}\cos(\varphi_{3}-\varphi_{1})$$

将上式两边除以自耦变压器的额定容量即可得到用标幺值的表达式

$$1=s_{\text{h}}^{*2}+\frac{S_{\text{L}}^{*2}}{K_{\eta}^{2}}+2\,\frac{s_{\text{h}}^{*}s_{\text{L}}^{*}}{K_{\eta}}\cos(\varphi_{3}-\varphi_{1}) \tag{3-65}$$

为使分析简化，设 $\cos\varphi_1=1$，假定效益系数 $K_\eta=50\%$，根据上式可得出在公共绕组允许负载条件下，中压侧可同时向高低压侧（或高、低压侧同时向中压侧）传输能允许容量随功率因数 $\cos\varphi_3$ 变化的关系曲线，如图 3-20（c）所示。从曲线图可见，当低压侧输送容量到额定容量的 50%时，中压侧即不允许再向高压侧输送任何容量（包括有功负荷或无功负荷）。如果输送容量小于 $K_\eta=50\%$，则可以根据 $\cos\varphi_3$ 的不同选定不同的曲线，查出中压侧所允许向高压侧输送的容量。且其值可能会大于变压器的计算容量与变压器传送到低压侧容量的差值（$\cos\varphi_3=1$ 时正好相等）。应当注意：在通常情况下，由中压侧同时向高压侧和低压侧输送容量时，自耦变压器的通过容量往往受到限制，不能充分利用。即变压器在某些运行方式下，高压侧和中压侧的负载都没有超过额定容量，低压绕组也没有超

过其额定容量，但公共绕组的视在功率却有可能超过它的额定容量。

（2）公式判别法。

以图 3-20 自耦变压器中压侧同时向低压侧与高压侧送电为例进行分析，如图 3-20（a）中实线箭头方向所示。

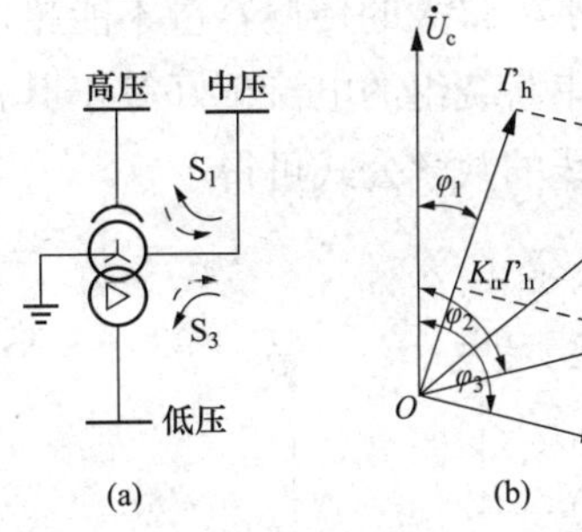

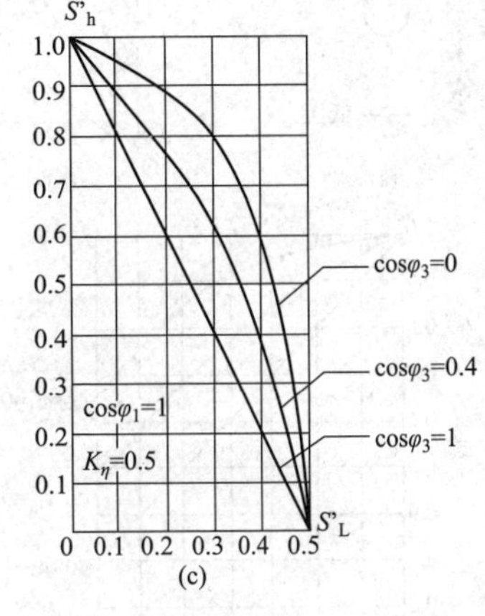

图 3-20　自耦变压器中压侧同时向高、低压侧送电分析图

（a）接线示意图；（b）电流相量图；（c）S_h^* 与 S_L^* 的关系曲线图

中压侧的视在功率

$$\dot{S}_m = \dot{S}_h + \dot{S}_L \tag{3-66}$$

由于 $U_h = n_{h.m} U_m$，而公共绕组的视在功率等于

$$\begin{aligned}\dot{S}_{com} &= \sqrt{3}\dot{U}_m \dot{I}_{com} = \sqrt{3}\dot{U}_m(\dot{I}_m - \dot{I}_h) \\ &= \dot{S}_m - \frac{\sqrt{3}\dot{U}_h \dot{I}_h}{n_{h.m}} = \dot{S}_m - \frac{\dot{S}_h}{n_{h.m}}\end{aligned}$$

将式（3-66）代入则有

$$\begin{aligned}\dot{S}_{com} &= \dot{S}_m - \frac{\dot{S}_h}{n_{h.m}} = \dot{S}_h + \dot{S}_L - \frac{\dot{S}_h}{n_{h.m}} \\ &= \left(1 - \frac{1}{n_{h.m}}\right)\dot{S}_h + \dot{S}_L = K_\eta \dot{S}_h + \dot{S}_L\end{aligned} \tag{3-67}$$

由式（3-67）可见，当向高压侧输送容量达到额定容量时，即不允许再向低压侧输送任何容量，否则即会过负荷。

由式（3-66）可得

$$\dot{S}_h = \dot{S}_m - \dot{S}_L$$

将其代入式（3-67），则可得以中压侧和低压侧视在功率表达的公共绕组容量为

$$\dot{S}_{com} = \left(1 - \frac{1}{n_{h.m}}\right)(\dot{S}_m - \dot{S}_L) + \dot{S}_L = K_\eta \dot{S}_m + (1 - K_\eta)\dot{S}_L \tag{3-68}$$

而公共绕组的额定容量应为

$$S_{com} = \sqrt{3}U_{m.N} I_{com.N} = \sqrt{3}U_{m.N}(I_{m.N} - I_{n.N}) = \sqrt{3}U_{m.N} I_{m.N}\left(1 - \frac{1}{n_{h.m}}\right) = K_\eta S_N \tag{3-69}$$

用式（3-67）、式（3-68）的绝对值与式（3-69）比较，即可得公共绕组过载的判别式为

$$|K_\eta \dot{S}_h + \dot{S}_L| = \sqrt{(K_\eta P_h + P_L)^2 + (K_\eta Q_h + Q_L)^2} \geqslant K_\eta S_N$$

或

$$|K_\eta \dot{S}_m + (1 - K_\eta)\dot{S}_L| = \sqrt{[K_\eta P_m + (1 - K_\eta)P_L]^2 + [K_\eta Q_m + (1 - K_\eta)Q_L]^2} \geqslant K_\eta S_N$$

2. 自耦变压器高压串联绕组的过负荷能力分析

自耦变压器高压侧同时向中压侧与低压侧（或中压侧与低压侧同时向自耦变压器高压侧）送电的运行方式，其接线示意图和电流相量图如图 3-21 的（a）、（b）所示。在这种

运行方式下，最大的传遍容量不能超过高压串联绕组的额定容量。如果设定流过自耦变压器高压侧串联绕组的电流正好等于其额定电流 I_{hm}，则由其（b）相量图，根据求平行四边形对角线的数学公式可得

$$I_{hn}^2 = I_m^{*2} + I_L^{*2} + 2I_m^* I_L^* \cos(\varphi_3 - \varphi_2) \tag{3-70}$$

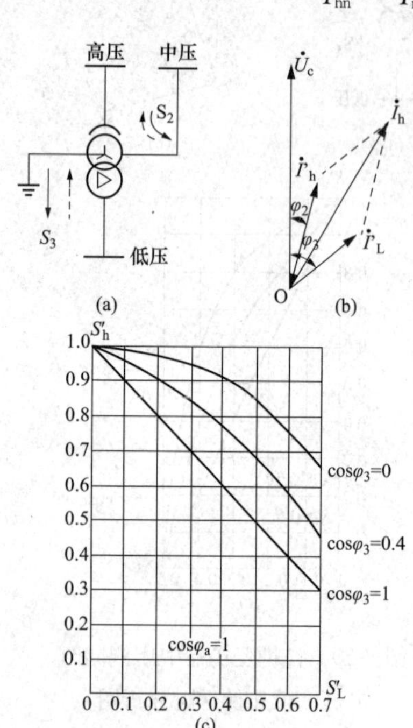

图 3-21 自耦变压器高压侧同时向中、低压侧送电分析图

(a) 接线示意图；(b) 电流相量图；(c) s_m^* 与 s_L^* 的关系曲线图

式中 φ_2——中压侧电流相量与高压侧电压之间的夹角；

φ_3——低压侧电流相量与高压侧电压之间的夹角；

I_m^*——归算到高压侧的中压侧电流；

I_L^*——归算到高压侧的低压侧电流。

以上均以高压侧额定电流为基准。

将式（3-70）两边乘以 $(\sqrt{3}U_{hn})^2$，并经过简单交换，即可得

$$S_{hn}^2 = S_m^2 + S_L^2 + 2S_m S_L \cos(\varphi_3 - \varphi_2) \tag{3-71}$$

式中 S_{hn}——自耦变压器高压侧的容量（等于额定容量）；

S_m、S_L——自耦变压器高压侧传变到中、低压侧的视在容量。

将式（3-71）两边除以 S_{hn}^2 即可得

$$1 = S_m^{*2} + S_L^{*2} + 2S_m S_L \cos(\varphi_3 - \varphi_2) \tag{3-72}$$

为使分析简化，假定 $\cos\varphi_2=1$ 时，即可绘出高压侧同时向中、低压侧送电，隧 $\cos\varphi_3$ 变化中低压侧可输出容量的关系曲线如图 3-21（c）所示。

由图可见，当中、低压侧没有相角差时，中低压之和恰好等于 1。在中、低压负荷间有相角差时，中、低压侧的视在功率绝对值之和可大于 1。

3. 变压器在事故情况下的过负荷

变压器在事故情况下的过负荷时间，通常在变压器招标时招标方会提出要求，最后投标方会响应给出其事故允许过负荷电流（按额定电流倍数给出）时间关系表。如果装设反时限保护，应使其在允许曲线之下并留有一定裕度。通常在我国大型变压器是采用定时限过负荷保护。

（四）自耦变压器的过负荷保护装设

1. 对自耦变压器的过负荷保护及各部分组成关系的概括

GB/T 14285—2006《继电保护和安全自动装置技术规程》对自耦变压器的过负荷保护的配置要求。其中，在 4.3.11 条中规定：0.4MVA 情况应装设过负荷保护。自耦变压器和多绕组变压器过负荷保护应能反应公共绕组及各侧过负荷的情况。

过负荷保护可为单相式，具有定时限或反时限的动作特性。对经常有人值班的厂、所过负荷保护动作于信号；在无经常值班人员的变电所，过负荷保护可动作跳闸或切除部分

负荷。

从前面的分析可知：自耦变压器过负荷保护应能反应公共绕组及各侧过负荷的情况。自耦变压器的过负荷与变压器各侧的额定容量和公共绕组的额定容量有关。高中压侧的额定容量正比于高压侧额定电压与高压侧额定电流的乘积，或中压侧额定电压与中压侧额定电流的乘积，而公共绕组的额定容量是通过电磁感应传递的额定容量，它与变压器的铁芯尺寸、质量密切相关，而低压绕组的容量也是需要通过电磁感应传递的，显然自耦变压器低压绕组的容量的设计不能超过此容量。所以公共绕组额定（标称）容量，或称电磁容量肯定是小于高、中压侧的额定容量。即公共绕组的额定容量为 $K_{\eta}S_{N}$。应当知道 $n_{h.m}$ 变比越小，则效益系数也会减小，从而电磁传导的容量相对也会减小，自耦变压器一般应用于220kV 以上电压等级，从效益系数的计算式可得，当自耦变的电压比为 230/115＝2 时，效益系数为 50%。当自耦变的电压比为 363/242＝1.5 时，效益系数仅为 33%，即公共绕组的容量仅为自耦变压器额定容量的 1/3。这在公共绕组的过负荷计算时将会有用。应当明确自耦变压器可以经过连接高压与中压的绕组部分传导功率，这部分电流并不流经公共绕组，但需流经中压侧的套管引出线，从而与中压侧过负荷有关。当然也与高压串联绕组过负荷有关。

2. 自耦变压器的过负荷保护配置要求

自耦变压器根据各侧绕组及自耦变压器的公共绕组可能出现过负荷情况装设过负荷保护。自耦变压器的过负荷，通常是对称过负荷，故过负荷保护只接一相电流。自耦变压器的过负荷保护与自耦变压器各侧的容量比值与负荷分配有关，而负荷分配又与运行方式和负荷的功率因数有关。这与变压器的安全经济运行很有关系。因此，自耦变压器的过负荷保护装设地点其基本配置要求如下：

（1）对仅高压侧有电源的降压自耦变压器，受变压器的额定容量限制，其过负荷保护一般装于高压侧，以及受变压器低压绕组容量限制的装于低压侧。

（2）对高、中压侧均有电源的降压自耦变压器，当高压侧向中压及低压侧送电时，高压侧及低压侧可能过负荷，而中压侧向高压及低压侧送电时，中压进线侧及公共绕组有可能过负荷。因此，对这种自耦变压器一般在高、中、低压侧及公共绕组均需装过负荷保护。

（3）对于三侧有电源的自耦变压器，当低压和中压侧向高压侧送电时，高压及低压绕组可能过负荷；当低压及高压向中压侧送电时，又可能高压及低压侧未过负荷的情况下而公共绕组或中压出线侧已经过负荷，因此，一般在高压、低压及公共绕组与中压出线侧也均装设过负荷保护。

二、变压器过负荷保护装设要求和自耦变压器、多绕组变压器过负荷保护配置

（一）普通变压器过负荷保护装设一般要求

0.4MVA 及以上数台并列运行的变压器和作为其他负荷备用电源的单台运行变压器，根据实际可能出现的过负荷情况，应装设过负荷保护。过负荷保护应为单相式，具有定时限或反时限的动作特性。对经常有人值班的发电厂、变电站过负荷保护动作于信号；在无经常值班人员的变电所，过负荷保护可动作跳闸或切除部分负荷。

（二）自耦变压器和多绕组变压器的过负荷保护

1. 自耦变压器和多绕组变压器的负荷能力概括

自耦变压器和多绕组变压器，过负荷保护应能反映公共绕组及各侧过负荷的情况。自耦变压器的过负荷与变压器各侧的额定容量和公共绕组的额定容量有关。高中压侧的额定容量正比于高压侧额定电压与高压侧额定电流的乘积，或中压侧额定电压与中压侧额定电流的乘积，而公共绕组的额定容量，是通过电磁感应传递的额定容量，它与变压器的铁芯尺寸质量密切相关，而低压绕组的容量也是需要通过电磁感应传递的，显然自耦变压器低压绕组的容量的设计不能超过此容量。所以公共绕组额定（标称）容量，或称电磁容量小于高、中压侧的额定容量。公共绕组的容量与高中压侧的变压比有关，把公共绕组的标称容量与高中压绕组的额定容之比称为效益系数，其值为 $K_{\eta}=\left(1-\frac{1}{n_{\mathrm{T}}}\right)$，$n_{\mathrm{T}}$ 为自耦变压器高、中压侧的额定电压变比。那么，当自耦变压器的额定容量为 S_{N} 时，公共绕组的额定容量即为 $K_{\eta}S_{\mathrm{N}}$。应当知道 n_{T} 变比越小，则效益系数也会减小，从而电磁传导的容量也会减小，自耦变压器一般应用于 220kV 以上电压等级，从效益系数的计算式可得，当自耦变压器的电压比为 230/115=2 时，效益系数为 50%。当自耦变压器的电压比为 363/242=1.5 时，效益系数仅为 33%，即公共绕组的容量仅为自耦变压器额定容量的 1/3。这在公共绕组的过负荷计算时将会有用。应当明确自耦变压器可以经过连接高压与中压的绕组部分传导功率，这部分电流并不流经公共绕组，但需流经中压侧的套管引出线，从而与中压侧过负荷有关。

2. 自耦变压器和多绕组变压器的过负荷保护配置要求

变压器根据各侧绕组及自耦变压器的公共绕组可能出现过负荷情况装设过负荷保护。大型变压器的过负荷，通常是对称过负荷，故过负荷保护只接一相电流。自耦变压器的过负荷保护与自耦变压器各侧的容量比值与负荷分配有关，而负荷分配又与运行方式和负荷的功率因数有关。这与变压器的安全经济运行很有关系。因此，自耦变压器的过负荷保护装设地点应具体分析决定。其基本配置要求如下：

(1) 对仅高压侧有电源的降压自耦变压器，受变压器的额定（通过）容量限制，其过负荷保护一般装于高压侧，以及受变压器低压绕组容量限制装于低压侧。

(2) 对高、中压侧均有电源的降压自耦变压器，当高压侧向中压及低压侧送电时，高压侧及低压侧可能过负荷，而中压侧向高压及低压侧送电时，中压进线侧及公共绕组可能过负荷。因此，对这种自耦变压器一般在高、中、低压侧及公共绕组均装过负荷保护。

(3) 对于三侧有电源的自耦变压器，当低压和中压侧向高压侧送电时，高压及低压绕组可能过负荷；当低压及高压向中压侧送电时，又可能高压及低压侧未过负荷的情况下而公共绕组或中压出线侧已经过负荷。因此，一般在高压、低压及公共绕组与中压出线侧也均装设过负荷保护。

(4) 对于大容量升压自耦变压器，低压绕组处于高压及公共绕组之间，当低压侧开路时，可能产生很大的附加损耗而使变压器中某部分产生过热现象。因此，应限制各侧的输送容量不超过 0.7 倍的额定容量。为了在这种情况下发出过负荷信号，应增设特殊的过负荷保护。该保护在低压绕组中无电流时投入，其整定值按允许通过容量选择。

三、变压器过负荷保护定值计算

1. 过负荷保护电流定值计算

过负荷保护的动作电流应按躲过绕组的额定电流整定，按下式计算

$$I_{op}=\frac{K_{rel}}{K_r n_{TA}}I_N \tag{3-73}$$

式中　K_{rel}——可靠系数，采用 1.05；

K_r——返回系数，0.85～0.95；

I_N——被保护绕组的额定电流，而对自耦变压器公共绕组的额定电流为

$$I_N=\frac{S_{N.com}}{\sqrt{3}U_{N.com}}=\frac{K_\eta S_N}{\sqrt{3}U_{N.com}}=\frac{\left(1-\frac{U_{N.com}}{U_{N.h}}\right)S_N}{\sqrt{3}U_{N.com}} \tag{3-74}$$

其中

$$K_\eta=\left(1-\frac{1}{n_T}\right)$$

式中　$U_{N.com}$——变压器公共绕组的额定电压，kV；

S_N——变压器的额定容量，kVA；

$U_{N.h}$——变压器高压绕组的额定电压，kVA；

n_T——自耦变压器高、中压侧的额定电压变比。

其他符号含义同前。

2. 变压器过负荷保护时间整定原则

定时限或反时限的过负荷保护的动作时间都应与变压器允许的过负荷时间相配合，同时应大于相间故障后备保护的最大动作时间（通常可大 2 个时间阶段）。大中型变压器一般都采用定时限保护，通常取 5～9s。

第八节　变压器过励磁保护

对于高压侧为 330kV 及以上的变压器，为防止由于频率降低或电压升高引起变压器磁密过高，损坏变压器，应装设过励磁保护。保护应具有定时限或反时限特性并与被保护变压器的过励磁特性相配合。定时限保护由两段组成，低定值动作于信号；高定值动作于跳闸。

变压器过励磁保护的原理与发电机过励磁保护相同，不再重复，但允许的过励磁特性曲线与发电机不同，应根据变压器厂家给出的数据进行配合。

在整定变压器过励磁保护时，应有变压器制造厂提供的变压器允许的过励磁能力曲线。变压器过励磁保护有定时限和反时限两种。

一、定时限变压器过励磁保护

定时限过励磁保护通常分为两段，第一段为信号段，第二段为跳闸段。图 3-22 中过励磁能曲线 1 应由变压器制造厂提供。

定时限过励磁保护的第一段动作值 N 一般可取为变压器额定励磁的 1.1～1.2 倍，N

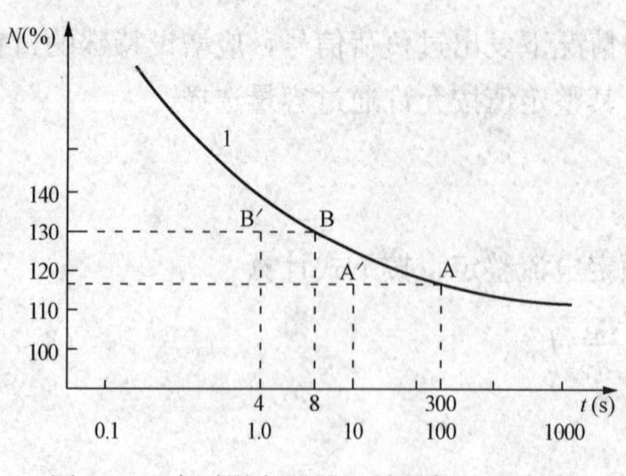

图 3-22 定时限变压器过励磁保护整定图
1—制造厂提供的允许过励磁曲线

的含义如下

$$N = B/B_{N} = \frac{U}{f}\Big/\frac{U_{N}}{f_{N}} = \frac{U_{*}}{f_{*}} \quad (3\text{-}75)$$

式中 N——过励磁倍数，可整定 1.1～1.15；

B、B_{N}——变压器铁芯磁通密度的实际值和额定值；

U、U_{N}——加在变压器绕组的实际电压和额定电压；

f、f_{N}——实际频率和额定频率；

f_{*}、U_{*}——频率和电压的标幺值。

第一段的动作时间可根据允许的过励磁能力适当整定。如取 N=1.17 时，时间整定可取 300s 以下，实际报警时间往往取较短时间报警或减励磁，一般不超过 10s。工程可以根据实际情况定。

定时限第二段为跳闸段，可整定 N=1.25～1.35 倍，如取 N=1.3，时间整定可取 8s 以下，如取 4s 或更短，动作于介列灭磁或断开变器。定时限过励磁保护并不能充分保证变压器的安全，如当 N=1.29＜1.30，过励磁保护若长时间不动作对设备安全很不利，如果 N=1.44s 也显得较长，因此实际整定时宜根据具体情况保守点取较短时限，以保证设备安全。有条件的就应采用反时限变压器过励磁保护。

二、反时限变压器过励磁保护

反时限变压器过励磁保护的保护特性应与变压器的允许过励磁能力相配合，如图3-23所示，其中曲线 1 为制造厂给出的变压器允许过励磁能力曲线；曲线 2 为过励磁保护整定的动作特性曲线，具体配合方法可参见第六章的发电机过励磁保护定值计算举例。有的保护厂家是给出几个整定点，用户只需按配合要求整定出曲线 2 上的几个点即可，最关键的问题还是用户首先要从变压器厂家得到本变压器的过励磁特性曲线资料，才有条件整定出曲线 2，为此用户在签订变压器订货合同时就应该对此加以明确要求。

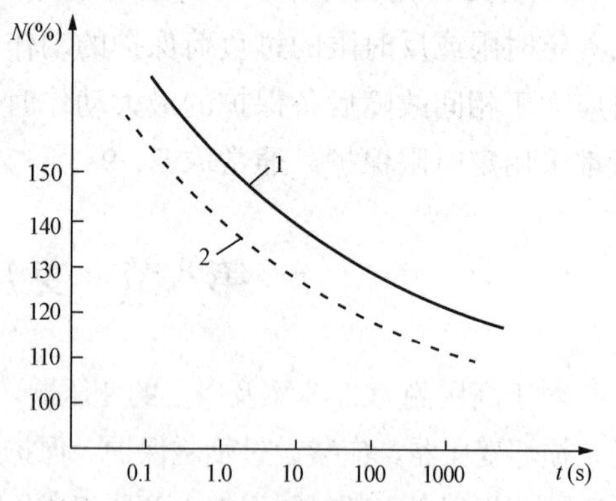

图 3-23 反时限变压器过励磁保护整定图
1—制造厂给出的变压器允许过励磁能力曲线；
2—过励磁保护整定的动作特性曲线

第九节 自耦变压器几种特殊保护

自耦变压器的保护类型、保护设计原则、纵差保护和相间后备保护等与普通变压器基本相同，但由于自耦变压器的结构和运行特点，与其他保护有以下不同之处设计中应予以考虑。又由于自耦变压器高压侧与中压侧有电的联系，它的电抗值与普通变压器相比有所不同。

一、自耦变压器阻抗及运行接地和零序保护特点

1. 自耦变压器阻抗特点

在结构相同的情况下，假设两者变比相同，且普通变压器的额定容量等于自耦变压器的标称容量，则自耦变压器高、中压间的阻抗比普通变压器小，而中、低压间的阻抗比普通变压器大。

2. 自耦变压器运行接地和零序电流特点

由于自耦变压器高压侧与中压侧有共同的接地中性点，并要求直接接地。因此，当系统内发生单相接地故障时，零序电流将在变压器两侧流通，而流经接地中性点电流的大小及零序电压的相位，将随系统运行方式和短路点的不同而有较大的变化。

二、自耦变压器几种特殊保护

1. 自耦变压器零序差动保护

对于自耦变压器为了提高内部接地故障的灵敏性，在自耦变压器上可装设零序电流差动保护。

（1）零序电流差动保护的构成原理。自耦变压器的零序差动保护可利用高、中压侧零序电流滤过器和中性点回路电流互感构成零序差动回路，零序差动保护是反应三侧电流的向量和。由于该差动保护中流过的电流始终是故障点的总短路电流。因此，中性线电流的相位改变并不影响零序差动保护的灵敏性。

（2）零序电流差动保护电流互感器变比的选择。图 3-24（a）所示为等值电路中的电流分布，各支路电流均以同一电压为基础表示，其接地支路中的电流代表第三绕组中的电流；图 3-24（b）所示为三相电路中各相电流的实际分布，其电流值均已折算为以各侧的实际电压为基准的数值。

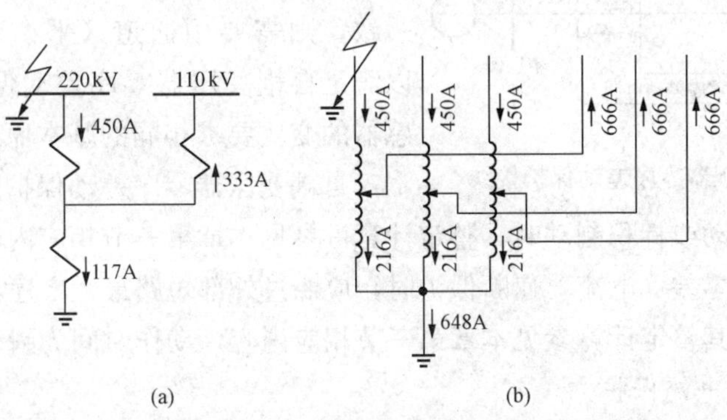

图 3-24　单相接地短路零序电流的分布

（a）等值电路的电流分布（以短路点电压表示）；（b）三相电路中的零序电流分布（以各侧实际电压为基础）

从图 3-24 可见，无论是等值电路或是三相电路，其各支路的电流之和恒等于零。根据此特点，零序电流差动保护电流互感器应选用相同的变比。若电流互感器的变比不相同，可采用自耦变流器加以补偿。当采用微机保护时，也可以采用通道系数进行平衡。

2. 自耦变压器相间后备保护

由于自耦变压器往往对低压的阻抗比较大，特别是有时为了限制短路电流而有意加大时，低压绕组的相间短路后备保护也可能灵敏度不够，而且对低压绕组相间短路可能有死区，故有条件时可采用仅由高、中压 TA 构成的不完全差动过流保护（高中压宜带制动）这样作为变压器内部及低压侧回路故障的后备保护，不但可以得到简化，而且可以避免与高、中压系统保护的复杂配合，并提高保护的动作速度。而此种情况下，专用于作为系统相间短路后备的保护则方向则一般宜指向系统侧（高、中压侧一般有电源），以便各侧保护的分别整定配合。

3. 自耦变压器接地后备保护

由于自耦变压器高压侧与中压侧有电的联系，有共同的接地中性点，并且直接接地。零序保护的装设地点与普通变压器有所不同。当系统发生单相接地时，零序电流可在高、中压电网间流动，而流经中性点的零序电流数值及相位，随系统运行方式的变化会有较大变化。故自耦变压器的零序电流保护应分别接于高中压侧的 TA 构成的零序滤过器回路。并根据选择性要求装设方零序向元件，通常方向宜指向系统侧。自耦变压器中性点回路装设一段式零序过电流保护，一般只在高压或中压侧断开，内部单相接地零序电流保护灵敏度不够时才用。也可考虑装设零序差动过流保护，以提高保护动作速度和灵敏度，并保证选择性，还可免去与系统零序电流保护的配合麻烦。

三、自耦变压器几种特殊保护整定计算

1. 自耦变压器零序差动保护接线和整定计算

自耦变压器零序差动保护的接线见图 3-25，其中高、中压侧采用零序滤过器接线方式，高、中压侧由三相电流之和取得零序电流（也可以由微机保护计算自产零序电流）。若高、中压侧与中性点侧零序电流互感器变比相互不一致，则需要用通道（平衡）系数加以平衡，以满足自耦变压器零序差动保护对各侧电流互感器的变比要求相同的基本原理。

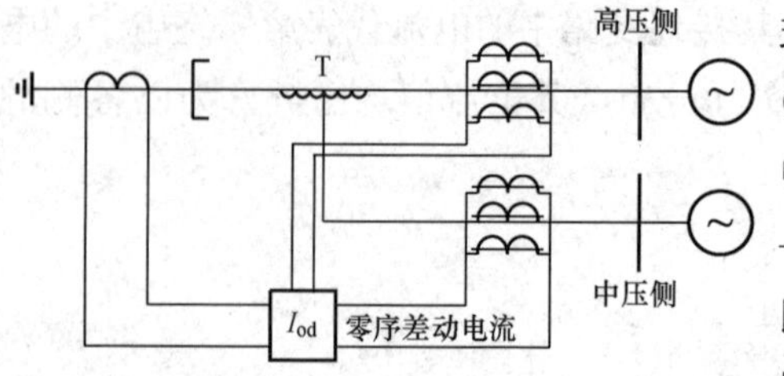

图 3-25　自耦变压器零序差动保护接线

自耦变压器零序差动保护方式有以下两种：

（1）带比率制动或标积制动时，整定计算可参见本章第三节相应内容。

（2）采用普通零差（电流）速断保护时，应躲过外部短路最大零序不平衡电流及励磁涌流不平衡电流，其整定计算参见本章第三节相应内容，动作时间为瞬动。

2. 零序差动过电流保护

当采用微机保护装设零序差动保护后，若采用带延时零序差动过电流保护（信息可共享），作为接地短路故障的后备保护，即不需要与系统各侧的有关接地故障进行电流定值和时间配合。电流值的整定同普通零序差动（电流）速断保护，延时可取 0.3s，增加短延时对防误动作有好处，并明确其起后备保护作用。

3. 不完全差动过电流保护

（1）不完全差动过电流定值计算。

1）当采用高电压侧带制动的保护时，因为外部故障对不平衡电流有制动作用，故动作电流可按躲过低压侧最大负荷电流整定（可取低压绕组的额定电流 $I_{n.L}$）

$$I_{op}=\frac{K_{rel}I_{L.max}}{K_r} \tag{3-76}$$

式中 K_{rel}——可靠系数，可取 1.2～1.3；

$I_{L.max}$——低压绕组最大负荷电流，设计阶段可取低压绕组的额定电流；

K_r——返回系数，可取 0.85～0.95。

当低压绕组的负荷受自启动的影响较大时，应考虑对其定值乘以自启动系数。

2）当采用普通电流保护方式时，其动作值应躲过高、中压侧外部故障，引起的最大不平衡差电流，当计算值大于式（3-76）时，应取大者。当小于式（3-76）动作值时，动作值时，可按式（3-76）整定。

（2）保护的动作时限。保护的动作时间应与低压侧断路器 TA 装设的过流保护相配合。

（3）灵敏性校验。按低压母线最小运行方式时两相短路电流进行校验，应满足规程对灵敏性的要求。可以试选用前两种保护方式能满足灵敏性要求的任一种保护方式。不能满足灵敏性要求的不预采用。有条件时应尽可能采用高中压侧带制动特性者，以提高保护的可靠性和灵敏度。

第十节 变压器保护接线示例

一、三绕组变压器保护配置方案示意图

三绕组变压器保护配置方案如图 3-26 所示，对保护配置方案的几点说明如下：

（1）假定高、中压侧均为双母线带旁路接线（该方案稍加修改也能适用于单母线接线或外桥等接线等），低压侧为单母线。

（2）电量保护按全双重化考虑，配置双套主保护及双套后备保护，即利用第二组 TA 与第二套保护装置完成第二套保护功能。

当第二套 220kV、110kV 侧电流保护再单独用 TA 不够用时，可与第二套差动保护的本侧 TA 信息共享，可参见图 3-28 三相式自耦变压器保护配置方案示意图。

（1）方向过流及零序方向过流保护，方向一般指向系统侧或外部，但装置设计为可以通过控制字改变方向，以适应现场的特殊需要。

（2）在主保护双重化基础上，以普通不带方向过电流保护及零序过电流保护作为变压器内、外部的后备保护（另外相邻回路的后备保护也可以成为其后备），其动作速度较慢。

（3）复合电压方向过流保护的方向电压可以取本侧也可以取对侧（变压器的另一侧），可由控制字选择；高、中压侧复合电压可取本侧电压，也可取三侧电压，这可由控制字选择。

二、单相式自耦变压器保护配置

单相式自耦变压器保护配置方案见图 3-27，该方案适用于大容量分相式自耦变压器，

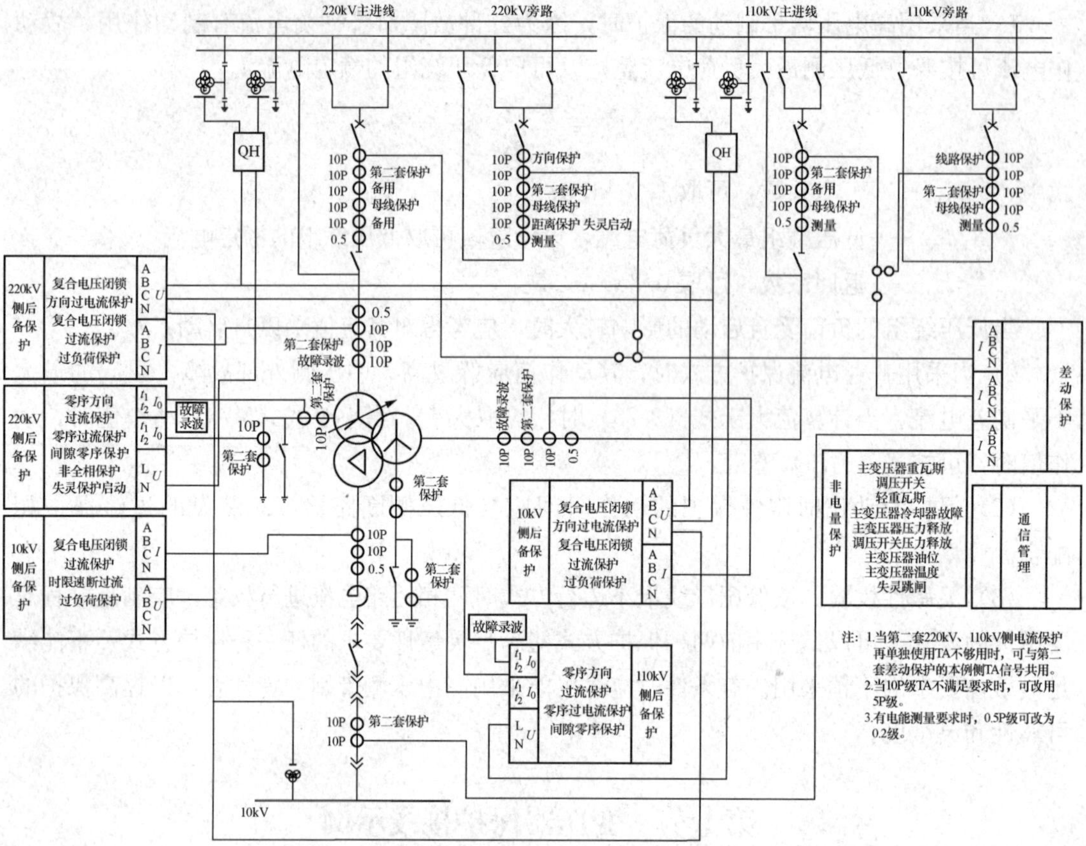

注：1.当第二套220kV、110kV侧电流保护再单独使用TA不够用时，可与第二套差动保护的本例侧TA信号共用。
2.当10P级TA不满足要求时，可改用5P级。
3.有电能测量要求时，0.5P级可改为0.2级。

图 3-26　三绕组变压器保护配置方案示意图

对保护配置方案的几点说明如下：

(1) 假定高压侧为 3/2 断路器接线，中压侧为双母线带旁路接线，低压侧为三角形接线，单分支。该方案高压侧为柱式断路器，独立 TA 配置，但也能适用于罐式断路器配置接线。

(2) 电量保护按全双重化考虑，配置双主保护及双后备保护，即利用第二组 TA 与第二套保护装置完成第二套保护功能。

(3) 相间方向保护及零序方向过流保护，方向一般指向系统侧或外侧，但装置可设计为通过控制字改变方向，以适应现场的特殊需要。

(4) 为简化后备保护，高、中压侧，指向外部的带方向后备保护可只设一段，带两个时限，t_1 时限跳本侧断路器（或母联），t_2 时限跳变压器各侧断路器。用户有特殊要求时也可以设计为两段。

(5) 在主保护双重化基础上，以普通不带方向过电流保护及零序过电流保护作为变压器内、外部的后备保护（另外相邻回路的后备保护也可以成为其后备），其动作速度较慢。

(6) 变压器保护不包括短引线保护（由系统保护设计考虑短引线保护），必要时可增设。

(7) 500kV 断路器失灵保护的电流判别和非全相运行保护，可由系统保护考虑。

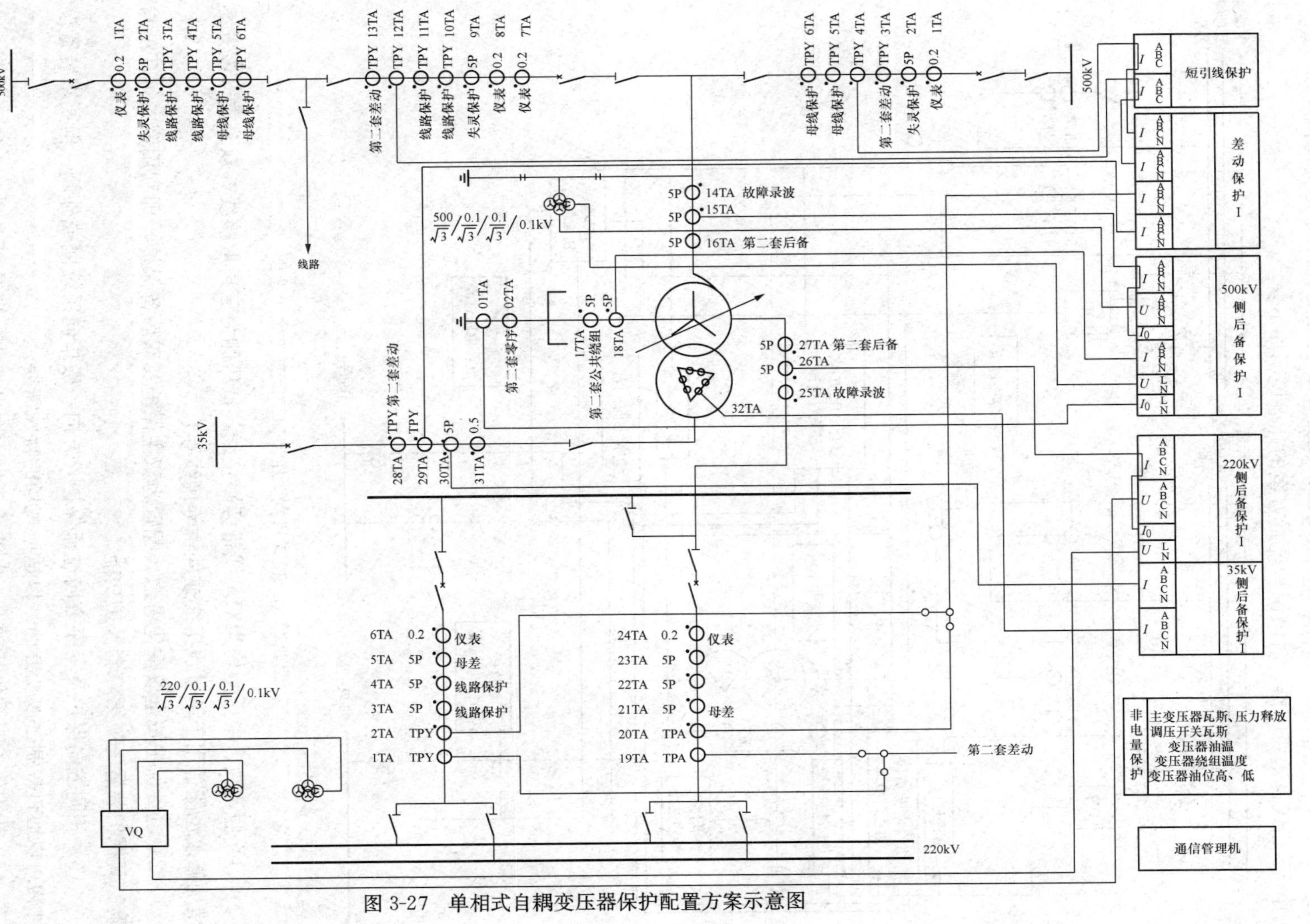

图 3-27 单相式自耦变压器保护配置方案示意图

三、三相式自耦变压器保护配置

三相式自耦变压器保护配置方案示意图见图 3-28，假定低压侧为负荷侧，该方案适用于三相式自耦变压器，对该保护配置方案的几点说明如下：

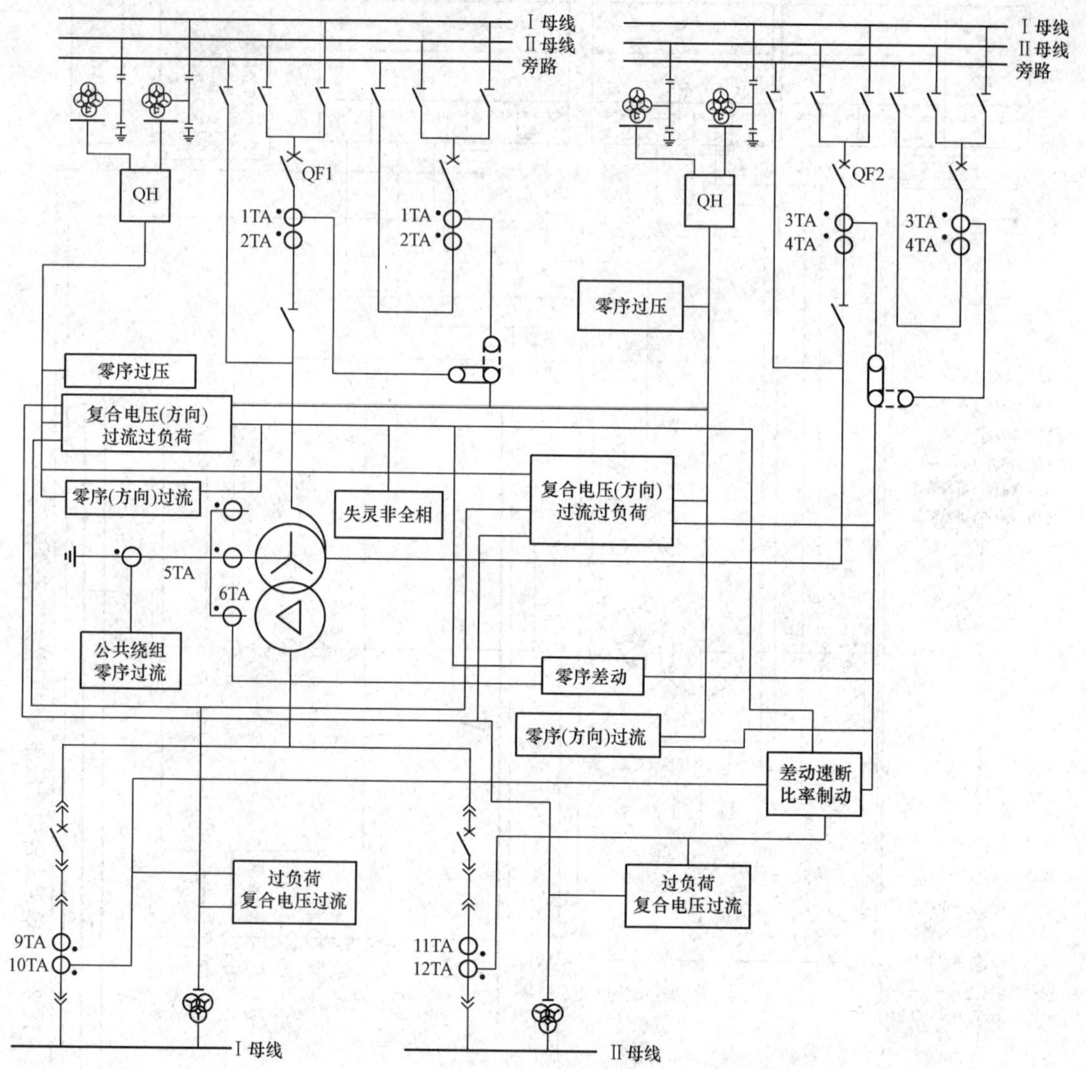

图 3-28 三相式自耦变压器保护配置方案示意图

(1) 假定高、中压侧均为双母线带旁路接线，低压侧为三角形接线，双分支（该方案稍加修改也能适用于单母线接线或外桥等接线等）。

(2) 电量保护按全双重化考虑，配置为双主保护及双后备保护，即利用第二组 TA 与第二套保护装置完成第二套保护功能。

(3) 相间方向保护及零序方向过流保护，方向一般指向系统侧或外侧，但要求装置设计为可以通过控制字改变方向，以适应现场的特殊需要。

(4) 在主保护双重化基础上，以普通不带方向过电流保护及零序过电流保护作为变压器内、外部的后备保护（另外相邻回路的后备保护也可以成为其后备），其动作速度较慢。

(5) 复合电压方向过流保护的方向电压可以取本侧，也可以取对侧（变压器的另一侧），这可由控制字选择；高、中压侧复合电压可取本侧电压也可取三侧电压，也可由控制字选择。

(6) 过流保护的电流信息与差动保护该侧的电流信息共享（取自同一 TA）。

顺便指出，对以上保护方案，因为各信息量已经引入保护装置，当需要时该方案还可考虑增加具有较高灵敏性，并快速动作的不完全差动过流保护，对其变压器故障起到更好的后备保护作用。例如，特别是对降压自耦变压器的第三绕组的保护（方案中没有示出不完全差动过流保护）。另外，还可以增设零差过流（带短延时）或零差作为内部接地故障的快速后备保护（运行经验证明，变压器绝大部分是接地故障，而零差保护则有较高的灵敏性）。对特大型分相式超高压变压器，还可以考虑装设不受励磁涌流影响的分侧差动保护，装设此保护后，可不再装设自耦变压器中性点回路的零序过电流保护。

以上后备保护的段数和动作时限应根据简化保护的原则，按保护配合要求设置，装置一般可设两段，每段各带两级或三级时限以便现场灵活使用。

第四章
发电机—变压器组保护

在本书第二和三章中已经讨论了发电机和变压器的保护，本章将讨论发电机—变压器组的保护，涉及高压厂用变压器的保护内容，可参见第五章有关内容。

第一节　发电机—变压器组接线特点及继电保护概述

随着机组容量的不断增大以及电厂远离负荷中心的情况更加突出，目前发电机—变压器组的接线方式已经非常普遍。当发电机电压没有直配负荷时，发电机可直接经过与之连接的升压变压器与系统连接，即发电机与变压器可以成组运行。

在发电机—变压器组上装设的继电保护与在发电机上和在变压器上装设的保护大致相同，但由于它们共同构成了同一工作单元，因此有些保护可以合并或简化。这样发电机—变压器组总的保护在数量上将可少于发电机与变压器分别单独装设保护时的总和。例如，小机组可以只装设发电机—变压器组大差保护，从而减少一套差动保护；又如，发电机与双绕组变压器构成的发电机—变压器组可以共用过负荷保护装置、复合电压启动的过电流保护装置等。因此，使总的保护装置可以得到简化。

图 4-1 列出了发电机—变压器组的几种接线方式，其中图4-1（a）～（c）为发电机与双绕组变压器组成的发电机—变压器组单元接线；图 4-1（d）～（h）为发电机与三绕组变压器组成的发电机—变压器组单元接线；图 4-1（i）为两台发电机分别经断路器与主变压器连接组成的扩大单元接线；图 4-1（j）为两台发电机分别经断路器与分裂绕组变压器连接组成的发电机—变压器组单元接线。

一、发电机—变压器组单元接线主要保护类型特点

发电机—变压器组单元接线主要分为以下两种接线类型：

（1）当发电机—变压器组发电机与变压器之间有断路器时，发电机与变压器应分别装设独立的保护，满足在单独运行工况的要求，并且在成组单元运行时也应满足不同元件故障，保护各自出口的选择性要求。例如，发电机故障跳发电机断路器；主变压器故障又当高压厂用变压器高压侧不装断路器时，高压厂用变压器故障，跳主变压器各侧断路器（当高压厂用变压器高压侧装断路器时，高压厂用变压器故障时，只跳高压厂用变压器各侧断路器）。

（2）当发电机—变压器组发电机与变压器之间没有安装断路器时，发电机与变压器将保持为成组单元运行。不论是发电机的短路故障，还是主变压器的短路故障、高压厂用变压器的短路故障（当高压厂用变压器高压侧不装断路器时）都得停机处理，在这种接线情况下，作为保护配置和事故跳闸出口应把它们视作一个扩大的元件进行保护设计。

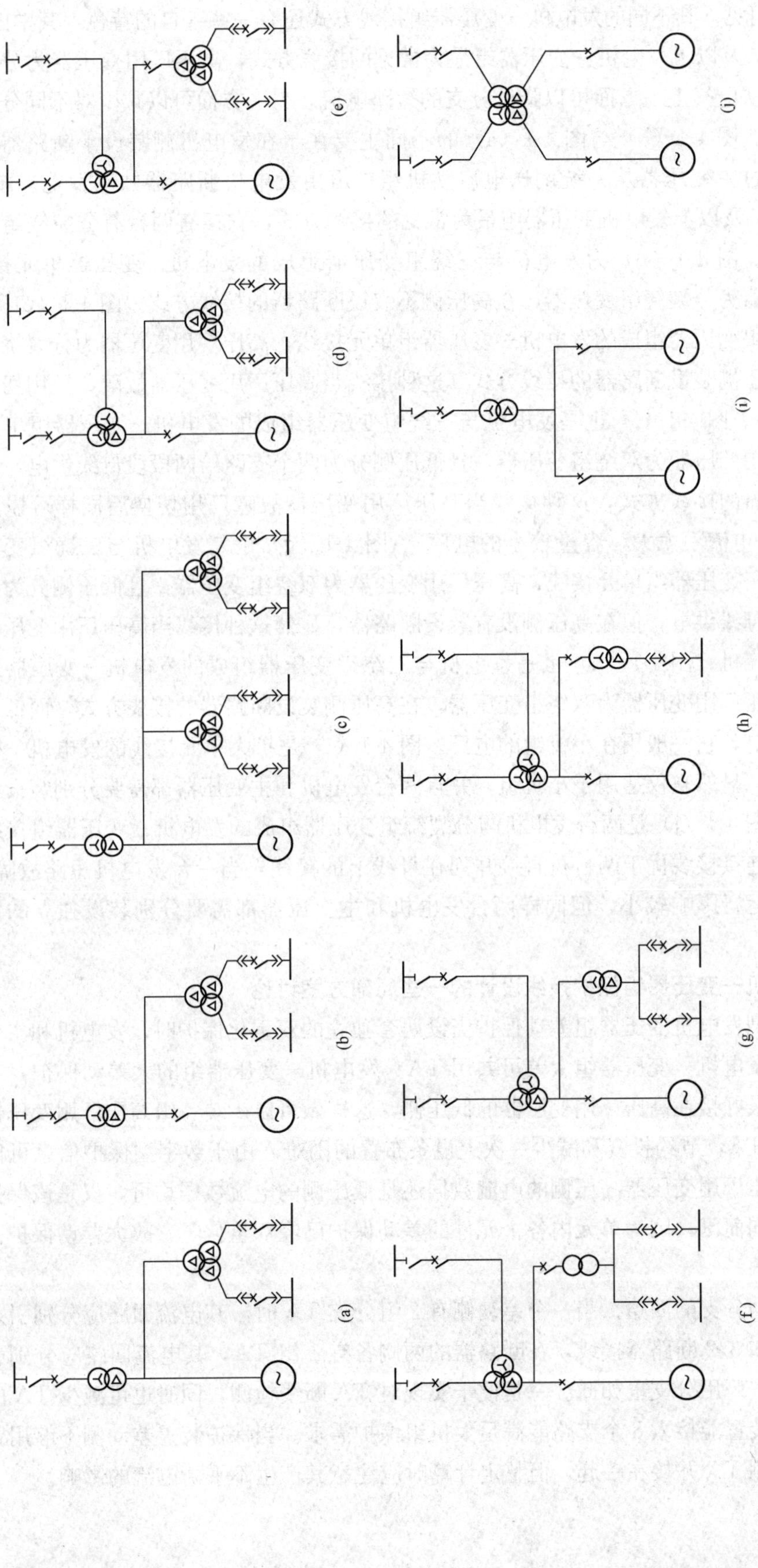

(a) (b) (c) (d) (e)

(f) (g) (h) (i) (j)

图 4-1 发电机—变压器组的几种接线方式

(a)～(c) 发电机—双绕组变压器组；(d)～(h) 发电机—三绕组变压器组；

(i) 扩大单元接线的发电机—变压器组；(j) 发电机—分裂绕组变压器组

由图4-1可见，其不同的发电机—变压器组接线方式还有一些各自的特色，其中图4-1（a）是300MW及以下发电机—变压器组最为常见的接线方式，高压厂用变压器为分裂绕组的变压器，从电气上一方面可以降低分支的短路电流，另一方面可以减少对不同分支厂用系统的影响。图4-1（b）与图4-1（a）的不同主要在于在发电机侧装设了断路器，这种接线可以通过主变压器从系统倒送电启动机组，再由发电机断路器并网发电。图4-1（c）是600MW及以上发电机变压器组最为常见的接线方式，它接有两台有分裂绕组的高压厂用变压器。图4-1（d）为发电机与三绕组变压器组成的发电机—变压器单元接线，高压厂用变压器为分裂绕组变压器，在高压侧不装设断路器的接线方式。图4-1（e）也为发电机与三绕组变压器组成的发电机—变压器组单元接线，高压厂用变压器为分裂绕组变压器，但在高压侧装设断路器的接线方式（这种接线当高压厂用变压器故障，厂用切换后仍然可以发电）。图4-1（f）也是发电机与三绕组变压器组成的发电机—变压器组单元接线，但高压厂用变压器为双绕组变压器，且低压侧分为两个支路给两段段母线供电，在高压侧装设断路器的接线方式，这种接线当高压厂用变压器故障厂用切换后同样可以发电（一般用在短路电流不太大，容量较小的电厂）。图4-1（g）也是发电机与三绕组变压器组成的发电机—变压器组单元接线，高压厂用变压器为双绕组变压器，且低压侧分为两个支路给两段段母线供电，但在高压侧没有装设断路器，显然这种接线当高压厂用变压器故障时必须跳闸停机。图4-1（h）也是发电机与三绕组变压器组成的发电机—变压器组单元接线，但高压厂用变压器为双绕组变压器，在高压侧装设断路器的接线方式，而低压侧只设一段厂用电，它一般用在小机组的电厂。图4-1（i）是扩大单元接线的发电机—变压器组接线方式，显然它仅适用于小机组，并且两台发电机和主变压器都需要分别装设独立的保护装置。图4-1（j）是两台发电机与分裂绕组变压器组成的发电机—变压器组接线方式，显然这种连接接线优于两台机直接并列在母线上的接线，当一台发电机短路故障时，对另外一台的运行影响较小，但同样两台发电机和主变压器都需要分别装设独立的保护装置。

二、发电机—变压器组保护接线设计的一些局部方案讨论

（1）微机型发电机变压器组差动保护当设两套独立的双重化保护时，发电机和主变压器差动保护或发电机—变压器组大差可共用TA。发电机—变压器组的大差动保护，其差动回路的一臂最好接在高压厂用变压器的低压侧，这样做可以少装一组高压厂用变压器高压侧的大变比TA，节约投资和减少一次上设备布置的困难。由于数字型保护信息可以共享，大差用高压厂用变压器高压侧的电流数据还是低压侧的电流数据均可，仅是该保护范围大小有点不同而已，因为单元内各个元件的差动保护已经双重化了，故大差动保护范围小点也是可以的。

（2）有差动分支的回路。当一个差动侧有2组分支TA时，其电流回路应分别引入差动保护装置，如3/2断路器接线，在断路器的两侧各有1组TA，其电流回路应分别引入差动保护装置，厂用分支也如此。一是便于实现对TA断线检测，同时也可减少TA的汲入电流，一般装置能接入8个支路能满足大机组保护需求。当保护装置差动侧不够用，必要时可将同一侧TA并接在一起，但整定计算时应注意其产生不平衡电流的影响。

(3) 发电机—变压器组一般装设低电压启动（或复合电压启动）的过电流保护作为发电机—变压器组或高压电网系统发生相间短路故障的后备保护。在机端变压器励磁系统，装设低电压启动记忆过电流或复合电压闭锁记忆过电流保护时，当发电机—变压器组内部故障有关保护断开高压侧断路器后，应随时解除过流记忆，以免扩大系统故障范围（误跳母联或分段断路器）。有条件时也可以利用变压器高压侧的过电流保护与系统侧配合判别为外部故障后动作于跳母联断路器，以防止发电机的过流保护当发电机—变压器组内部故障主保护断开高压侧断路器后又误切母联断路器。

(4) 发电机为三机励磁系统时，励磁机的保护接于中性点侧较好，接于励磁机中性点侧的 TA 的过电流保护装置，具有足够的灵敏系数保护励磁机内部短路故障，因此可不考虑装设差动保护装置，从而简化了保护接线和软件的运算。当中性点侧未安装 TA 时，则可在励磁机出线侧 TA 装设励磁绕组过负荷保护装置，该保护装置由定时限和反时限两部分组成。

1）定时限部分：动作电流按正常运行最大励磁电流下能可靠返回的条件整定，带时限动作于降低励磁电流，同时动作于信号；

2）反时限部分：动作特性根据发电机励磁绕组的过负荷能力确定，并动作于“全停”，保护装置应能够反应电流变化时励磁绕组的热积累过程。

如果，励磁机中性点装设 TA 有困难时，励磁机过电流保装置有的被取消，建议考虑在励磁机机端装设复合过电流保装置，这样对励磁机的故障也会有一定保护作用，如对两相短路故障可由负序过流保护。

(5) 发电机—变压器组微机型保护原理其保护均可用星形接线，故所有保护用 TA 的接线，均可在配电装置端子箱内接成星形，当变压器为 Yd11 接线时，差动保护各侧将出现相角差的问题，此时可由微机保护装置本身的软件来解决，这样也便于检测 TA 断线。

(6) 差动保护 TA 接线的接地点考虑。因为过去传统差动保护装置，是直接接入各侧 TA 二次电流回路组成差回路，为防止保护误动作，要求接入的各侧 TA 二次电流回路，只能有一个接地点，一般多在保护柜上接地。对于微机型差动保护装置，它的构成原理已不同于传统保护装置，它仅取各侧 TA 的二次电流，然后经过各自的交流模件输入 CPU 系统，差动保护的功能是由软件实现的，各侧 TA 二次电流回路已没有直接的电的联系，所以也可以在配电装置端子箱内接地。因而，从原理讲差动保护装置既可以在保护屏采用共同一点接地，也可各侧 TA 采用在各自配电装置的端子箱处分别接地的方法，但应注意同一 TA 不允许两端都接地。因此，在订货设计时，原则一定要交代明确。

(7) 匝间保护电压的取得。电量保护全双重化以后，匝间保护从同中性点变压器或 TV 的同一二次绕组引出未实现两套之间的电隔离，故最好中性点变压器或 TV 设两个二次绕组，以实现真正的双重化。

(8) 转子接地保护。按现行的规程要求装设转子一点接地保护，但对 100MW 及以上容量的机组则按双重化配置。但是，同一电压回路同时引接到两套保护装置时会影响保护测量精度，故目前一般采用的是电压切换的方法，正常只投入一套转子一点接地保护，当此套保护需要退出时，则将转子电压经切换开关转换送到另一套保护装置。如果有条件可以研究将转子电压负极和轴回路引入第一套保护装置，而将转子正极和轴回路引入第二套保护装置即可以使两套保护相互独立，且同时两套保护都投入，可以保证保护的灵敏度，并消除死区，在正、负极附近发生一点接地时，总有一套保护灵敏高。

(9) 断路器失灵保护的闭锁问题。

1) 出口回路闭锁。对于用于单母线或双母线结构的断路器失灵保护，其跳闸出口回路应经闭锁触点控制，闭锁应尽可能闭锁到出口回路的最后一环，并采用“一对一”的闭锁方式，即每一跳闸回路均串有一对闭锁触点的闭锁方式。闭锁继电器可由反应于低电压、负序电压和零序电压的复合电压闭锁元件构成，或者由其他有同等效果的元件构成。对于发电机—变压器组由于系统所设闭锁元件的灵敏度问题，则在发电机—变压器组保护动作时需解除电压闭锁，一种方法是由发电机—变压器组保护的动作触点直接去解除，或者由发电机—变压器组设在各侧的低电压元件去解除，最彻底的方案是系统失灵保护设计时把元件保护失灵保护分离出来不经系统电压元件闭锁，从而也就勉去了再去解闭锁。断路器失灵保护的出口回路和闭锁回路可以与母差所设失灵保护共用，也可单独设置，可由具体工程拟订。

2) 启动回路。断路器失灵保护启动回路应由能瞬时复归的保护出口继电器触点，再加上能快速返回的相电流判别元件构成，不允许用手动跳闸继电器和断路器位置继电器来代替上述元件。

对于变压器保护启动断路器失灵问题，瓦斯保护出口应单独分出来不启动失灵。变压器保护启动失灵回路也必须设有相电流判别元件。电流启动元件、零序（或负序）电流启动元件应接于靠近断路器侧的 TA，而不能接至主变压器上的套管 TA。因为当故障点发生在两者之间时，保护动作于断路器跳闸后，主变压器套管 TA 仍可能流过故障电流，造成失灵保护装置误动。

3) 启动回路投、退连接片。每一启动回路均应设有投、退连接片或其他便于投切的部件。它们应分别设于各线路和变压器的保护柜上，并要求位置适宜，操作方便，且有明显标志。

(10) 高压断路器的非全相保护。本保护实际上是保护发电机的，防止负序旋转磁场损坏发电机。因此，发电机—变压器组宜选用三相操动机构的断路器，对分相操作的断路器需要装设非全相保护。断路器非全相保护装置宜设电流判别元件，为保证非全相保护装置能正确和可靠动作，一般设有负序或零序电流判别元件，并在判别元件的出口设有连接片，以便根据不同要求，可以方便地投、退。

(11) 3/2 断路器接线的短引线保护，一般在 3/2 断路器接线中，当发电机—变压器组（或线路）退出运行，3/2 断路器接线的两条母线需要闭环运行时投入，所以宜按串为单位在系统保护中另设箱柜，以有利于运行维护。

(12) 在保护配置中，高压厂用变压器的高压侧一般都装设有复合电压启动的过电流保护装置，设一段时限，动作于“全停”，它主要是作为高压厂用变压器内部故障的后备保护，但是，在时间整定上应该考虑与低压侧厂用分支的过电流保护装置的动作时间相配合，以免造成无选择性的跳闸，扩大事故停电范围。但是，在具体工程设计中请注意，该复合电压启动过电流保护的电压宜取自高压厂用变压器的低压侧的分支TV，若是取自相应厂用6kV母线段上的TV电压，应注意与电源电压的对应关系，以免当母线由备用电源所带时，分支短路造成保护拒动的可能，最好是能在本分支进线断路器前另装设相应的电压互感器，否则应采取解闭锁接线措施。

（13）高压厂用变压器低压侧分支的保护，保护装置可直接装设在低压分支进线的开关柜内。这样位置可以与该段对应，维护管理方便，不易出现差错。对于该分支保护的配置，除应装设过电流保护外，建议还应装设带时限电流速断保护，主要用于保护厂用6kV母线的短路故障，以缩短切除故障的时间。动作时间可按与厂用6kV低压变压器电流速断保护或与厂用6kV母线的直配线主保护相配合。因此，当该保护动作时，表明是厂用6kV母线故障或是其他原因引起的近区故障，此时，必须同时闭锁切换厂用电，禁止6kV厂用备用电源投入，以防止事故进一步扩大。目前，有些工程也仍然把厂用分支保护放在发电机—变压器组保护装置中，这是过去传统的做法也是可以的。

（14）当高压厂用变压器低压侧采用中阻接地方式时，在低压侧中性点应装设有零序过流保护，并设两段时限，第一段时限跳本侧分支断路器；第二段时限动作于全停，但需要与下一级零序电流保护配合，总的切除时间的整定也不长。

（15）保护出口的几个问题。

1）保护装置的出口设置。各项保护装置，根据故障和异常运行方式的性质，按保护规程的规定分可别动作于：停机、解列灭磁、解列、减出力、缩小故障影响范围、程序跳闸和信号等，其中"解列灭磁"（断开发电机断路器、灭磁、汽轮机甩负荷）和"解列"（断开发电机断路器、汽轮机甩负荷）的意图是：当区外故障或内部某些非短路性故障继电保护装置动作时并不关闭主汽门，仅断开发电机断路器（解列灭磁还断开灭磁开关），使汽轮机甩负荷后能继续维持运行，若故障或不正常状态很快消除，则能在较短时间内恢复并网发电，以提高电网的安全可靠性，并大大节省电厂启停机炉的费用，即：考虑汽轮机组具有快速切负荷（FCB－Fast Cut Back）仅带厂用电的功能，从而减少停机及重新启动机、炉的操作和损耗。但是，要实现FCB方式，却取决于汽轮机是否设有足够的旁路容量等设施，同时还取决于锅炉及辅机的可控性以及汽轮机本身的稳定性，现在国内机组具有FCB功能的很少。目前国产300MW机组的旁路系统容量较小，一般只考虑手动远方操作，只有30%～40%MCR，仅能满足汽轮机的启动要求。所以，当保护动作于"解列灭磁"和"解列"时锅炉仍不能保持稳定运行，最终导致整个机组全停。因此，在许多工程使用中取消了"解列灭磁"和"解列"出口方式，即直接动作于全停。所以，这种情况下宜将这两种出口与"程序跳闸"或"全停"合并。但在热电厂，特别是母管制的热电厂，往往机组还是有快速减负荷带厂用电运行的能力。也有的认为，将来旁路系统能可靠地工作，当具有足够容量的旁路设施时，"解列灭磁"和"解列"出口应根据电网的情况和机组条件选择仍是必要的。因此，设计时可根据工程情况考虑适当灵活性（如用矩阵出口），即留有这两种出口方式的可能性。

2）"程序跳闸逆功率"出口，它与"全停"出口的主要差别在于不跳主灭磁开关，以减少灭磁开关的动作次数，延长主灭磁开关的使用寿命。当不需要这样做时，可以在出口模件上通过跳线而切换到“全停”出口。

3）启、停机保护装置是专门用于发电机机组在启动和停机过程中，该出口只动作于灭磁开关跳闸。该保护只在发电机启动和停机过程中投入运行，当并网发电后，立即自动退出。启停机保护和“全停”与“程序跳闸”出口的要求不同，在启、停机的过程中，发电机已加励磁升压，如发现有故障，启停机保护只需立即跳开灭磁开关，不必停机炉，待检查无问题时，可再很快重新启动，故可设“启停机保护出口”。

三、发电机—变压器组保护的整定计算

发电机—变压器组保护整定计算，其中作为发电机及励磁变压器和励磁机的保护整定计算，可参见本书第二章发电机保护相应部分；作为主变压器的保护，其整定计算可参见第四章变压器保护相应部分；作为高压厂用变压器的保护，其整定计算可参见本书第五章厂用电源保护及其整定计算相应部分。关于整套发电机—变压器组保护的具体整定计算请详见本书第六章保护整定计算示例。

第二节　发电机—变压器组单元接线继电保护配置

一、配置基本要求

根据 GB 14285—2006 规定，发电机—变压器组宜将主保护与后备保护综合在一整套装置内，共用直流电源输入回路及交流电压互感器和电流互感器的二次回路。关于共用交流电压电流的二次回路，由于发电机—变压器组一次系统能安装的 TA 数量有限，且采用微机保护时，对电量保护进行全双重化配置主保护和后备保护可以信息共享，所以宜共用交流电压电流的二次回路。

对 100MW 以下的发电机—变压器组，当发电机与变压器之间有断路器时，发电机与主变压器宜分别装设单独的纵联差动保护。

发电机与变压器之间没有断路器的小机组只装设发电机—变压器组共用的纵联差动保护对发电机来说，保护灵敏性略有降低，但仍能满足灵敏性要求，对小机组来说比较经济。可以根据工程具体情况选用发电机—变压器组共用的纵联差动保护。但对仅需配置一套主保护的设备，应采用主保护与后备保护相互独立的微机保护装置。这是从安全角度考虑。

对 100MW 及以上的发电机—变压器组，应装设双重主保护，每套主保护宜具有发电机纵联差动保护和变压器纵联差动保护功能。对发电机与变压器之间未装断路器的发电机—变压器组，从理论上讲装设共用的差动保护也是可以的，但装设两套相互独立的发电机纵联差动保护和变压器纵联差动保护，则可提高发电机保护的灵敏性；另外两套保护相同配置可以简化设计和生产制造，便于运行维护，因此目前工程均采用装设双重主保护，每套主保护具有单独的发电机纵联差动保护和变压器纵联差动保护功能。因为信息可以共享，某些厂家也可以根据用户要求用已采集信息编程提供公用的发电机—变压器组大差保护，基本不需增加硬件成本。

对于 100MW 及以上容量的发电机—变压器组装设数字式保护时，除非电量外，应按有关条款进行保护双重化配置。这主要是为了方便运行调试时停一套保护，另外正好也利用了微机保护可以信息共享的优点，使保护装置的复杂性增加不多，就能使电量保护基本双重化。

对于 600MW 及以上发电机组应按有关条款装设全双重化的电气量保护，对非电气量保护应根据主设备配套情况，有条件的也可适当进行双重化配置。对电气量保护全双重化目前存在的问题主要有以下几点：

（1）定子接地采用基波零序电压及三次谐波保护方案时，由于以往发电机中性点配电变压器或电压互感器二次侧只有一个二次绕组，故两套相互独立的保护从电气上难以彻底分开，建议要求从一次设备上予以解决，配电变压器可增设一个二次绕组，或在目前条件下，在配电变压器旁再并接一只中性点电压互感器；当不用配电变压器时可并接两只中性点电压互感器予以解决。

（2）发电机转子一点接地保护转子绕组正、负极和转子大轴同时引到两套相互独立的保护装置，也存在电气量分不开的问题，并且同时投入会有相互影响，使保护测量不准，目前采取的办法是用开关切换的办法，只允许投其中一套保护，用到那套保护时，就把输入量切换到那套保护上，当然最好研究新的原理使之相互能够独立。

（3）定子绕组匝间保护采用零序电压保护时，过去专用 TV（实际上保护及测量装置还可以用）只有一个开口三角绕组，故两套相互独立的保护从电气上也难以分开，建议增加一个开口三角绕组予以解决，目前条件下可以同上述转子一点接地保护那样采用电压切换的方式。另外，当装设横差保护作为发电机匝间保护时，对有双重化要求的，应创造条件装设能实现其双重化的两组二次相互独立的 TA。

二、发电机—变压器组保护配置

1. 大型发电机—变压器组保护的装设

配置较为齐全的大型发电机—变压器组保护一般装设下列相应的保护装置：

（1）定子绕组相间短路（纵联差动、横联差动、电流速断、过电流等）保护；

（2）定子绕组接地保护；

（3）定子绕组匝间短路保护；

（4）发电机外部相间短路（低电压/复合电压闭锁过电流、过电流、负序或零序过电流等）保护；

（5）定子绕组过电压保护；

（6）定子绕组过负荷（定时限或反时限过电流）保护；

（7）转子表层过负荷（定时限或反时限负序过电流）保护；

（8）励磁绕组过负荷（定时限或反时限过电流）保护；

（9）励磁回路接地（一点或两点接地）保护；

（10）励磁电流异常下降或消失（失磁保护）；

（11）定子铁芯过励磁（过励磁）保护；

（12）发电机逆功率保护；

(13) 低频保护;

(14) 失步保护;

(15) 发电机突然加电压保护;

(16) 发电机启停机保护;

(17) 其他故障和异常运行的(非全相运行、轴电流、轴电压、发电机断水等)保护;

(18) 变压器纵联差动保护;

(19) 变压器瓦斯保护;

(20) 发电机—变压器组纵联差动保护。

还有高压厂用变压器的保护以及主变压器和厂用变压器的其他非电量保护等,不一一列出。

2. 大型发电机—变压器组保护的出口

大型发电机—变压器组保护装置,根据故障和异常运行方式的性质,常设下列保护出口:

(1) 停机(断开发电机断路器、灭磁,对汽轮发电机,还要关闭主汽门;对水轮发电机还要关闭导水翼)。

单元机组常称"全停"。差动保护和反映机组内部短路故障的后备保护及后备逆功率保护动作于全停,要求断开发电机断路器及灭磁开关、关主汽门,并通过机组自动化连锁停炉(如自动切除煤粉燃烧器及断开抽汽逆止门;对中间再热机组投入旁路系统等)或水轮机关导水翼等。

显然短路性的故障不应采用程序跳闸方式,也不宜接解列、解列灭磁,因为停机是最好的选择,且不需要企业承担不应有的风险。

对于发电机—变压器组范围内的相间短路故障、大电流接地系统的单相接地短路故障、发电机的匝间短路、发电机励磁回路两点接地故障、发电机单相接地且单相接地电流超过允许值时,保护机组的反时限电流保护等动作都应尽快停机。通常接全停的保护有发电机纵差、主变压器纵差、高压厂用变压器纵差、发电机横差、发电机—变压器组纵差、定子匝间、低电压/复合电压闭锁过电流、主变压器零序、发电机突然加压、励磁回路两点接地短路、定子对称过负荷、定子非对称过负荷、励磁回路过负荷、高压厂用变压器复合电压闭锁过流/复合过流、高压厂用变压器低阻零序过流、逆功率、主变压器瓦斯、高压厂用变压器瓦斯等保护。

(2) 解列(断开发电机断路器,汽轮机甩负荷)。

反映机组外部短路故障或机组本体非短路性故障的后备保护可动作于解列。解列要求断开发电机—变压器组断路器,并提供汽机甩负荷命令触点。其目的是:为了在发电机—变压器组故障时,一些后备保护动作切除故障后,能尽快恢复发电,特装设保护动作于解列的出口;是否设置解列出口,要看单元机组有没有在甩负荷后只带厂用电稳定运行的能力;当汽机设置大旁路,且机组及其控制系统可保证机组在只带厂用负荷能稳定运行时,宜设解列出口。否则,为确保机组运行安全,可不设解列出口,即使设计了解列出口往往在现场又要求改至全停。

母管制/热电厂当一台机解列，机炉能稳定运行时也可设解列出口。

宜接解列的保护有：发电机突然加压、低电压/复合电压闭锁过电流，主变压器零序、逆功率，发电机失步，断路器非全相，临近断路器失灵等保护。

当机组工艺系统不具备条件设解列出口时，规程中所要求接解列出口的可按连接到停机（全停）出口处理。

（3）解列灭磁（断开发电机断路器，灭磁，汽轮机甩负荷）。

反映机组非短路性故障的后备保护，有条件时可动作于解列灭磁，即断开发电机断路器及灭磁开关并提供汽机甩负荷命令触点，其目的是为了在一些后备保护动作切除故障后，能较快恢复发电。汽机甩负荷是由热控系统完成断开抽汽逆止门，切除部分煤粉燃烧器和投入燃油器，对具有中间再热的机组，还应投入旁路系统。是否设置解列灭磁出口，要看是否设解列出口。当没有条件设解列出口时也不设解列灭磁出口。

宜接解列灭磁的保护有失磁、逆功率、过励磁、断路器闪络等保护。

当机组工艺系统不具备条件设解列灭磁出口时，规程中所要求接解列灭磁出口的可按连接到停机（全停）出口处理。

是否设解列（解列灭磁）出口分析如下：

为了保证在发电机—变压器组出口断路器断开后，机组不超速，并能在低负荷下，如带厂用电稳定运行（解列），一般地说需要具备4个条件：①有良好的调速和功频调节系统；②设有快速旁路系统；③有快速断煤投油自动装置；④厂用电自动切换。有些情况下，伴随汽轮发电机组的跳闸，把带有公用负荷的变压器也切掉了，为了保证公用负荷的供电，也需要进行厂用电的切换。

从多年来使用情况看，并不是所有大型机组都具有上述条件。由于工艺系统不完善（如未设大旁路、控制系统不佳等），设备缺陷或设备检修，上述条件未能同时处于良好的运行状态，这时汽轮发电机组在出口断路器断开之后，仅仅带厂用电低负荷稳定运行十分困难，甚至是根本不可能，于是还要手动停机。也就是说，在不具备上述基本条件的情况下，一般地说采用解列和解列灭磁停机将失去意义。不但没有意义，还要承担机组超速乃至飞车的危险，因此处在上述情况下的机组不宜设解列和解列灭磁出口。

（4）减出力（将原动机出力减到给定值）。

过负荷或失磁保护动作时，启动调速电动机或利用电调速减负荷到给定值。失磁保护动作时，为快速减负荷，需由热工（水电）自动化系统配合完成，保护宜设有功率判别元件，并能整定到给定值，以便实现自动减出力。应当注意：过负荷时的减出力实际上只要求把负荷电流减到额定电流以下，而失磁时的减出力则是真正的要减出力，一般要减到额定负荷的40%（根据发电机要求定）左右，这就要求有两个不同的出口，这一点需要明确。

定子对称过负荷保护动作于减负荷，当热控不需要电气减负荷时可以取消。失磁保护应动作于减出力，减出力热控需要合适的速率。

（5）缩小故障影响范围（例如双母线系统断开母线联络断路器等）。

为了避免扩大事故范围或故障引起全厂停电，部分后备保护可以较短时限先动作于缩小故障范围（一般由部分后备保护的第一段时限先断开母联或分段断路器实现）。必要时也可考虑专设母联解列装置。专设母联解列装置时，后备保护可以只动作于跳本变压器(回路)。专设解列装置时，应校验是否满足不同运行方式灵敏度和选择性的要求，防止拒解列或误解列。

作用于母线解列的保护常由主变压器零序过流、低电压/复合电压闭锁过电流等保护的第一级时限实现。

(6) 程序跳闸。

对汽轮发电机首先关闭主汽门，待逆功率继电器动作后，再跳发电机断路器并灭磁。对水轮发电机，首先将导水翼关到空载位置，再跳开发电机断路器并灭磁。

程序跳闸是一项保安措施，是为了避免或减少发电机突然甩负荷而引起的汽轮机（水轮机）超速，其方法是在非短路性故障及手动停机或连锁停机时，首先动作于关主汽门(对水轮发电机为导水翼)，造成发电机逆功率，再由逆功率保护动作和汽机主汽门（水轮机导水翼）已关闭的辅助触点构成与门，启动延时后，再跳开发电机断路器。

动作于程序跳闸的保护可为发电机断水、主变压器冷却器故障、主变压器温度高、低频、失磁、转子一点接地、励磁系统故障等。

“程序跳闸”有从发电机转为电动机运行的过程，需要一定的时间，这对短路故障是不允许的，接程序跳闸的保护只能是非短路性的保护。

我国大型汽轮发电机组的运行情况说明，超速对汽轮发电机是最危险的事故之一，严重的超速可能彻底毁坏汽轮发电机组。增设“程序跳闸”方式，可以为运行带来安全保障。“程序跳闸”方式主要用于大容量发电机。多年来许多电厂已广泛应用，效果很好，是机组保护正确动作率很高的保护。

对于停汽轮机、停锅炉引起的发电机解列和手动解列，采用程序跳闸方式，实践证明是一种恰当的出口方式。实际运行中确实发生过机组严重超速的事故，如50、200MW发电机都有超速毁坏机组的事例。严重超速可使汽轮机叶片飞出，励磁机及发电机转子绕组完全损坏，机组大轴断裂或受到严重损伤。即使不这样严重，一般情况下，满负荷运行的汽轮发电机，突然断开发电机出口断路器，总要发生程度不等的超速，据了解超速达120%、130%的情况常有发生，这时汽轮机超速保护动作，但超速已成事实。每次大的超速都有不利的影响。为了避免机组超速，推荐适当的条件下用“程序跳闸”的停机方式，可以把“程序跳闸”看作一项安全措施。

(7) 减励磁（将发电机励磁电流减至给定值)。

当励磁回路过负荷或过励磁时，保护延时（延时应大于允许强励时限）动作于自动调整励磁装置，减小励磁输出，直至该保护返回。

一般由接于直流励磁回路或交流励磁机（励磁变压器）交流回路的过流保护、过励磁保护动作于减励磁。

(8) 励磁切换（将励磁电源由工作励磁电源系统切换到备用励磁电源系统)。

当设有备用励磁电源并有条件时，失磁后可将励磁电源切换到备用励磁电源。半导体整流励磁系统一般不设备用励磁电源，不进行励磁切换。

失磁保护动作可将励磁电源切换到备用励磁电源。大机组有的设有副励磁回路的备励，一般为手动切换，自动切换必须保证实现两个电源间的同步跟踪，才可进行切换。通常无备励电源切换条件时不进行切换。

(9) 厂用电源切换（自动切换，由厂用工作电源供电切换到备用电源供电）。

发电机—变压器组单元接线，高压厂用变压器经封闭母线直接与发电机定子回路连接，中间不设断路器时。当发电机—变压器组或高压厂用变压器发生故障等，不能保证厂用电稳定可靠运行时，其相应保护应动作用于厂用电源切换，由专设的厂用电源自动切换装置进行切换。大机组均优先采用快速切换，为保证备用电源不投在故障母线上，厂用分支限时电流速断保护及分支过流保护应闭锁备用电源自投。

厂用切换可由“全停”“解列灭磁”“程序跳闸”等出口及备用电源快切装置启动完成。

(10) 信号（发出声光信号）。

除保护本体的显示信号外，声光信号由监控装置最终实现，由保护装置给出并行信号（触点）和串行信号，由于屏内外端子排数量有限，对外并行信号触点不宜超过3对，监控应优先利用串行口，并商定好通信规约。

3. 发电机—变压器组保护出口设计的主要原则

发电机—变压器组保护出口设计的主要原则概括起来主要有以下五点：

(1) 凡是为反映发电机—变压器组范围以内短路故障而装设的保护动作行为都应该动作于全停；

(2) 凡是反映发电机—变压器组范围以外短路故障的保护动作行为应该动作于缩小故障范围或解列（t_1 动作于缩小故障范围；t_2 动作于解列）；

(3) 凡是反映发电机—变压器组范围以内非短路性故障的保护，且只允许短延时动作的保护动作行为应该动作于解列灭磁；

(4) 凡是主要为反映发电机—变压器组范围以内非短路性故障的保护，且允许较长时间延时动作的保护动作行为宜动作于程序跳闸；兼作发电机对称或不对称短路后备保护的反时限过负荷保护不宜程序跳闸（需及时切除故障），若另外专设短路后备保护的，则反时限过负荷保护可动作于程序跳闸，设计时应根据所装保护情况具体确定（或采用矩阵出口）；

(5) 工艺系统不具备设解列、解列灭磁出口条件时，要求接解列、解列灭磁出口的可设计为接到全停出口。

4. 大机组保护出口设计

根据分析及多年的设计经验，对大机组保护出口设计可按以下三种方式考虑：

(1) 如果机组（锅炉、汽轮机）具备仅带厂用负荷能稳定运行的条件根据需要，保护可设计为“解列”“解列灭磁”“全停”“程序跳闸”等出口。

(2) 如果锅炉、汽轮机不具备低负荷稳定运行的条件，应简化保护出口，保护宜设计为“全停”“程序跳闸”等出口，不设“解列”“解列灭磁”出口。

(3) 保护设计为有“解列”和“解列灭磁”并可切换到“全停”出口，也设有“程序跳闸”出口，这一种接线较复杂，但现场灵活性较大。目前微机保护厂家可用矩阵出口方式实现。

对大型发电机—变压器组保护出口分配原则了解之后，对其他接线及较小机组的保护出口方式不难设计。

第三节　发电机—变压器组公共保护

由于发电机与变压器组成一个单元，所以发电机—变压器组的保护与发电机、变压器单独工作时的保护相比，某些保护是可以合并的，如发电机—变压器组公共差动保护（发电机与变压器之间没有安装断路器时）、相间短路后备保护、过负荷保护等。

上述特点要求其与一般单纯的发电机保护和变压器保护设计有所不同，应当充分认识，并按要求做好设计。因此，发电机—变压器组公共保护通常包括下列保护。

一、发电机—变压器组纵联差动保护

发电机—变压器组纵联差动保护也就是经常所说的大差，通常由主变压器高压侧 TA（3/2 断路器接线时，有 2 个分支 TA）、发电机中性点侧 TA、高压厂用变压器低压侧（一般为 2 个分支）TA 或高压侧 TA 电流信号输入共同构成纵联差动保护，励磁变压器回路 TA 不需接入。往往为了避免高压厂用变压器装设高压侧大变比 TA 的困难，常将其差接至高压厂用变压器的低压侧分支 TA，也有接厂用变压器高压侧 TA 的。此外，当为三绕组变压器还需接至中压侧 TA 时，此接线使用不多。由于发电机—变压器组大差往往各侧 TA 二次电流相差甚大，需要采取平衡措施，如增加辅助 TA 或微机保护采用通道平衡系数予以平衡。为方便计算，表 4-1 列出发电机—变压器组纵联差动保护各侧电流平衡表，以供参考。当电量保护双重化后，发电机—变压器组的主变压器差动保护也可以接至厂用变压器低压侧 TA，这时也可参考表 4-1 进行平衡。

发电机—变压器组纵联差动保护的整定计算方法同变压器差动保护，可参见本书第三章变压器保护有关内容。

表 4-1　　发电机—变压器组（主变压器）差动保护各侧电流平衡表

一次电压（kV）	一次电流（A）	TA 连接	TA 变比	TA 流入保护电流	中间 TA 变比	继电器输入电流	
						A	p. u.
主变压器高压侧 $U_{Nh}=$	$I_{Nh}=$	d	$n_{TAh}=/1$	$i_{nh}=\sqrt{3}I_{Nh}/n_{TAh}$	不设中间 TA	i_{nh}	100%
		Y	$n_{TAh}=/1$	$i_{nh}=I_{Nh}/n_{TAh}$	不设中间 TA	i_{nh}	100%
发电机（主变压器低压侧）$U_{NL}=$	$I_{NL}=$	Y	$n_{TAL}=/5$	$i_{nL}=I_{NL}/n_{TAl}$	$n_{TAi}=i_{nL}/i_{nh}$ 选用：$n'_{TAi}=/1$	$i'_{nL}=i_{nL}/n'_{TAi}$	i'_{nL}/i_{nh}

续表

一次电压（kV）	一次电流（A）	TA 连接	TA 变比	TA 流入保护电流	中间 TA 变比	继电器输入电流	
						A	p. u.
高压厂用变压器低压侧 U_{NA}=	I_{NA}=	d	n_{TAA}=/5	$i_{nA}=\sqrt{3}$ I_{NA}/n_{TAA}	$n_{TAi}=i_{nA}/i_{nh}$ 选用：n'_{TAi}=/1	i'_{nA}= i_{nA}/n'_{TAi}	i'_{nA}/i_{nh}
		Y	n_{TA}=/5	i_{nA}= I_{NA}/n_{TAA}	$n_{TAi}=i_{nA}/i_{nh}$ 选用：n'_{TAi}=/1	i'_{nA}= i_{nA}/n'_{TAi}	i'_{nA}/i_{nh}

注 1. 各侧一次电流按同一容量计算。

2. TA 二次电流处于保护装置平衡调整范围之内时不设中间 TA。微机保护通道系数能调平衡时可不设中间 TA，当两侧信号大小相差倍数太大，某侧输入信号太弱影响测量精度时，宜增设中间 TA。

二、发电机—变压器组相间短路后备保护

通常由发电机的过电流保护或低压启动的过电流保护、复合电压启动的过电流保护兼作变压器的相间短路后备保护。

对发电机侧装设断路器的三绕组变压器接线，当高中压侧相间后备保护方向指向系统侧时，发电机的过流保护可兼作变压器的后备保护，一般在发电机断路器断开或高、中压某侧断路器断开时，常需解除其他侧的方向闭锁，以便用高或中压侧的电流保护作为变压器单独运行时的内部故障后备保护。否则变压器需另装设不带方向的后备保护。

在设置发电机—变压器组相间故障后备保护时，将发电机—变压器组作为一个整体考虑，其相间故障后备保护既作为发电机—变压器组的后备保护，又作为高压母线相间故障的后备保护。

(1) 对于中小型机组，相间故障后备保护装在发电机中性点侧。中性点侧的相间故障后备保护通常用负序电流和低电压启动的过电流保护或复合电压启动的过电流保护。三绕组变压器高中压侧相间故障保护通常采用复合电压启动的过电流保护，其整定计算方法见本书第三章相关内容。三绕组变压器相间故障后备保护一般设两级时限，以较短时限断开变压器的本侧断路器，以较长时间断开各侧断路器并灭磁。

(2) 自并励发电机宜采用低电压保持的过电流保护，或采用带电流记忆的低压过电流保护。

但必须注意在二次回路设计中，应当在发变组主保护动作已跳开本单元断路器时，随即闭锁带记忆的过流保护（t_1）去解列高压母联断路器的出口回路，以防止系统解列扩大事故范围。

低电压保持的过电流保护，电流元件的动作电流按下式整定

$$I_{op.2}=K_{rel}I_N/n_{TA} \tag{4-1}$$

式中 $I_{op.2}$——电流元件的二次动作电流；

K_{rel}——可靠系数，取 1.3；

I_N——发电机额定电流；

n_{TA}——电流互感器变比。

电压元件的动作电压按下式整定

$$U_{op.2} = K_{rel}U_{min}/n_{TV} \tag{4-2}$$

式中 $U_{op.2}$——电压元件二次动作电压；

K_{rel}——可靠系数；

U_{min}——发电机端最低运行电压；

n_{TV}——电压互感器变比。

灵敏系数计算

$$K_{sen.I} = \frac{I_k^{(2)}/n_{TA}}{I_{op.2}} \tag{4-3}$$

$$K_{sen.U} = \frac{U_{op.2}}{U_{r.max}/n_{TV}} \tag{4-4}$$

上两式中 $K_{sen.I}$——电流元件灵敏系数，要求≥1.3；

$K_{sen.U}$——电压元件灵敏系数，要求≥1.3；

$I_k^{(2)}$——升压变压器高压侧两相金属性短路时，流过保护的电流；

$U_{r.max}$——升压变压器高压侧三相金属性短路时，发电机端的最大残压。

三、发电机—双绕组变压器组过负荷保护

发电机—双绕组变压器组的过负荷保护可由发电机的过负荷保护兼作变压器的过负荷保护，详见本书第二章及第六章内容。

四、发电机—变压器组过励磁保护

由于发电机允许的过励磁倍数一般比变压器低，通常由发电机的过励磁保护兼作变压器的过励磁保护，其原则是按允许过励磁倍数低的设计保护，详见本书第二章及第六章内容。

五、发电机—变压器组发电机与变压器低压侧的单相接地保护

变压器低压侧（发电机电压侧）的接地保护一般由发电机的定子接地零序电压保护兼任。

发电机电压回路接地保护详见本书第二章内容。

升压变压器高压侧接地保护及整定计算详见本书第三章内容。

高压厂用变压器低压侧接地保护与厂用变压器低压侧中性点接地方式有关。当中性点经低阻抗接地时，厂用变压器低压侧装两段式零序过电流保护，Ⅰ段跳厂用变压器低压侧断路器，Ⅱ段动作于全停。或装设一段式零序过流带两级时限，第一级时限动作于跳变压器低压侧断路器，第二级时限动作于全停，其整定计算见本书第五章或第六章内容。

六、断路器失灵保护及整定计算

（一）断路器失灵保护装设原则

断路器失灵保护装设原则应按《继电保护和安全自动装置技术规程》（GB/T 14285—2006）第4.9条“断路器失灵保护”有关规定装设。

（二）发电机—变压器组断路器失灵保护整定计算

（1）三相电流元件的整定。按母线上各连接元件末端短路满足灵性要求考虑，应尽可能大于负荷电流按下式计算

$$I_{op.r} = K_{rel} \frac{I_{N.t}}{K_r . n_{TA}} \tag{4-5}$$

式中　K_{rel}——可靠系数，取 1.2；

K_r——返回系数，0.9～0.95；

$I_{N.t}$——变压器高压侧的额定电流，A；

n_{TA}——电流互感器变比。

（2）负序电流元件整定。按躲过发电机长期允许的负序电流计算

$$I_{2.op.2} = \frac{K_{rel} I_{2\infty}}{K_r n_T n_{TA}} \tag{4-6}$$

式中　K_{rel}——可靠系数，可取 1.15；

$I_{2\infty}$——发电机长期允许的负序电流；

K_r——保护的返回系数，0.9～0.95；

n_T——变压器的电压变比；

n_{TA}——电流互感器变比。

（3）零序电流保护动作电流计算

$$I_{0.op.2} = \frac{0.5 I_{N.t}}{n_{TA}} \tag{4-7}$$

式中　$I_{N.t}$——变压器高压侧的额定电流，A；

n_{TA}——保护用的电流互感器变比。

（4）保护动作时间

1）对 3/2 接线 0″可重跳本断路器一次。

2）对 3/2 接线只设一段延时 0.3～0.5s 跳相邻各断路器。

3）对双母线 0″可重跳本断路器一次，设两段延时 0.2～0.3s 可跳本断路器及与其有关的母联和分段断路器；0.5s 跳开本母线所有连接断路器回路。失灵保护跳闸出口可由系统保护设计完成，现场整定配合应听从调度的要求。

第四节　发电机—变压器组保护及其接线示例

发电机—变压器组微机保护的设计，应根据现行的继电保护规程，按主接线方式、不同励磁系统、高压厂用电源的配备及接地方式、发电机中性点的接地方式以及保护的不同配置等设计出可靠、实用的方案。

一、小机组保护配置示例

下面对定子绕组为星形接线的容量为 12～25MW 发电机—变压器组（机端变压器励磁）保护原理接线进行简单介绍，如图 4-2 所示，其中所用的几种保护是常用到的基本保护，在大机组保护配置时也会用到。所以，理解其配置原则要点尤为重要。

该机组容量为 12MW，为机端变压器静态励磁。主要设备参数如图 4-2 所示。根据机组容量和一次接线要求，装设发电机—变压器组大差动保护作为发电机短路的主保护，也作为主变压器的短路主保护，因为该机组是机端变压器励磁，为防止短路故障引起机端励

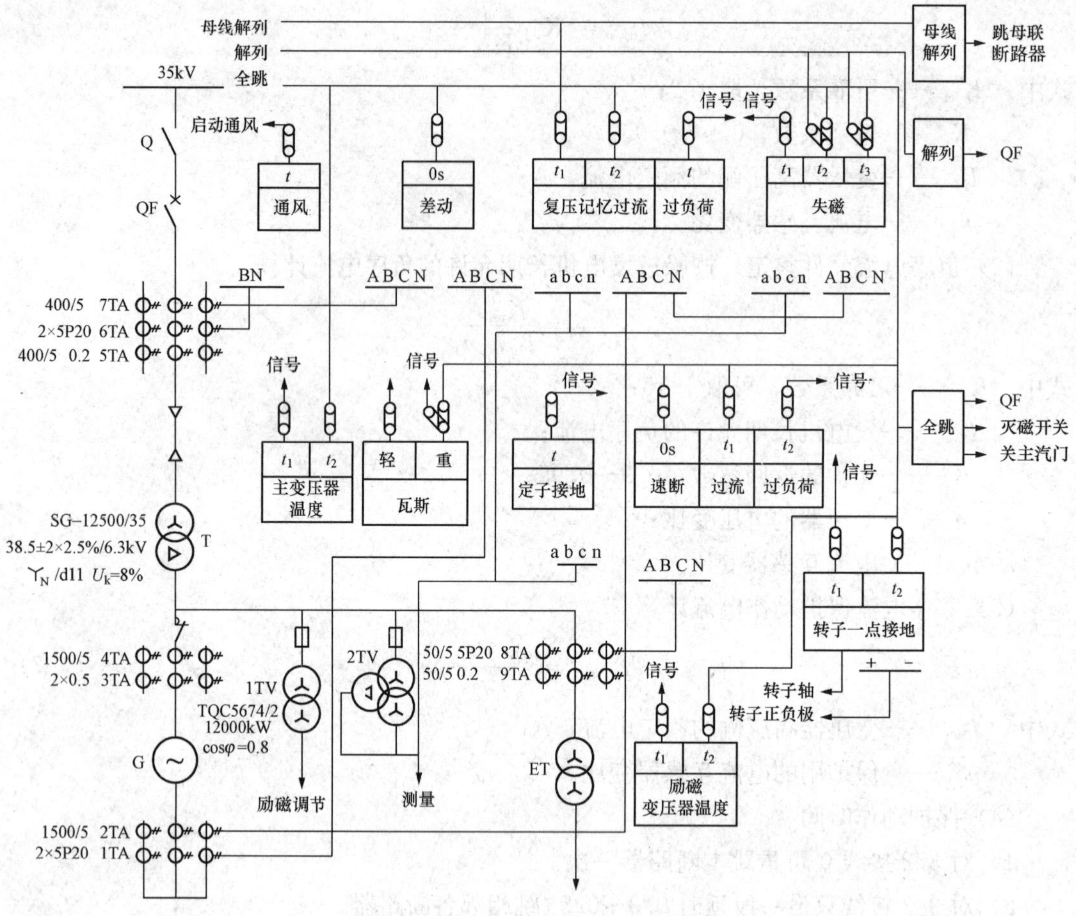

图 4-2　定子绕组星形接线 12～25MW 发电机—变压器组（机端变压器励磁）保护原理接线图

磁电压降低导致短路电流衰减，致使发电机电流保护返回，故装设了复合电压启动带电流记忆的过电流保护［应当指出，为防止内部故障主保护跳开发电机—变压器组断路器后，过流（记忆）保护再断开母联而扩大故障，应当在二次接线设计时特别注意在发电机—变压器组断路器断开后，立即解除电流记忆］。另外，为防止发电机失磁运行装设了失磁保护（当机组允许失磁运行的可以不装设），根据配置要求还在机端装设了反映零序电压的定子接地保护。此外，励磁变压器的主保护为电流速断保护，后备保护为过电流保护，励磁变压器高压侧进线的短路故障可以由发电机—变压器组差动保护动作来切除（发电机—变压器组差动实际上是不完全差动保护，它并没有接入励磁变分支回路的电流互感器）。励磁变内部绕组或低压侧的短路故障则可由过电流保护或电流速断保护动作来切除，为了保护发电机转子，对发电机转子绕组装设了一点接地保护，它不仅可反映转子绕组的一点接地，也包括了励磁回路直流出线回路连接设备及引接电缆。另外还有装设有反映励磁变压器过负荷的过负荷的保护等。因为励磁变为干式变压器，所以厂家应配套设有温度保护。对主变压器还装设有瓦斯保护。重瓦斯动作于全跳，轻瓦斯动作于信号。为了启动通风按常规也装设了启动通风的电流保护。

二、220kV 双母线发电机—变压器组保护

1. 保护的配置图

保护的配置图应反映机组的主接线、机组容量、电压等级、电流互感器变比、回路编号、保护配置及保护输入量等，下面对以往发电机—变压器组差动保护双重化单套后备保护有代表性的接线加以介绍。过去许多专家都认为加强主保护简化后备保护是一条原则，多年来各种类型的主设备保护运行经验证明，对发电机—变压器组主保护双重化，合理配置后备保护可以达到安全运行的目的。高压侧为双母线接线的发电机—变压器组保护配置图见图 4-3。此接线是电力规划设计总院组织六大院 1999 年针对国电南京自动化股份有限公司的保护装置编制的典型图纸。虽然不是全双套化的配置，但主保护已经双重化配置，后备保护也配置合理，故在此作为保护配置图的示例，以便引导读者领会发电机—变压器组保护配置图需要表达的内容深度和思考相关问题。虽然目前不能直接套用，但对设计仍然有很参考价值。

（1）主接线简介。

本机组设计为高压侧接入 220kV 双母线接线系统；发电机出口侧无断路器；励磁方式为三机励磁系统的发电机—变压器组单元接线。发电机出口侧引接有一台三相分裂绕组厂用高压工作变压器，其接地方式是：发电机中性点为经配电变压器（二次侧接电阻）接地；主变压器高压侧中性点为直接接地或经间隙接地；高压厂用分裂变压器 6kV 侧为不接地系统。

（2）TA、TV 配置。

发电机出线侧和中性点侧各装设 4 组 TA；

主变压器高压侧套管上装设 3 组 TA；

高压厂用变压器高压侧套管上（或封闭母线内）装设 4 组 TA；

发电机差动保护与主变压器差动保护，允许共用发电机出线侧的 1 组 TA；

发电机—变压器组差动保护是差在高压厂用变压器低压侧的 TA 上；

TA 的二次电流：各侧 TA 均可选用 1A 或 5A。

发电机出线侧设有 2 组 TV，其中 1 组可供匝间保护用（一次侧中性点不直接接地）；2 组 TV 均要求设有 3 个二次绕组。

高压厂用变压器低压侧的两个分支上，按未装设 TV 考虑；保护所需的电压取自相应母线段的 TV。

（3）保护配置。

1）发电机—变压器组故障及异常保护有发电机差动、发电机—变压器组差动、主变压器差动、定子过负荷（反时限）、高压厂用变压器差动、负序过负荷（反时限）、发电机逆功率、程序跳闸逆功率、过励磁、过电压、匝间、定子 100%接地、失磁、主变压器零序过流、失步、主变压器间隙零序保护、低频、励磁机过流、转子一点接地、励磁绕组过负荷、启停机、高压厂用变压器高压侧复合电压过流。

2）非电量保护有主变压器瓦斯、高压厂用变压器瓦斯、主变压器压力释放、高压厂用变压器压力释放、主变压器冷却器故障、高压厂用变压器冷却器故障、主变压器绕组温

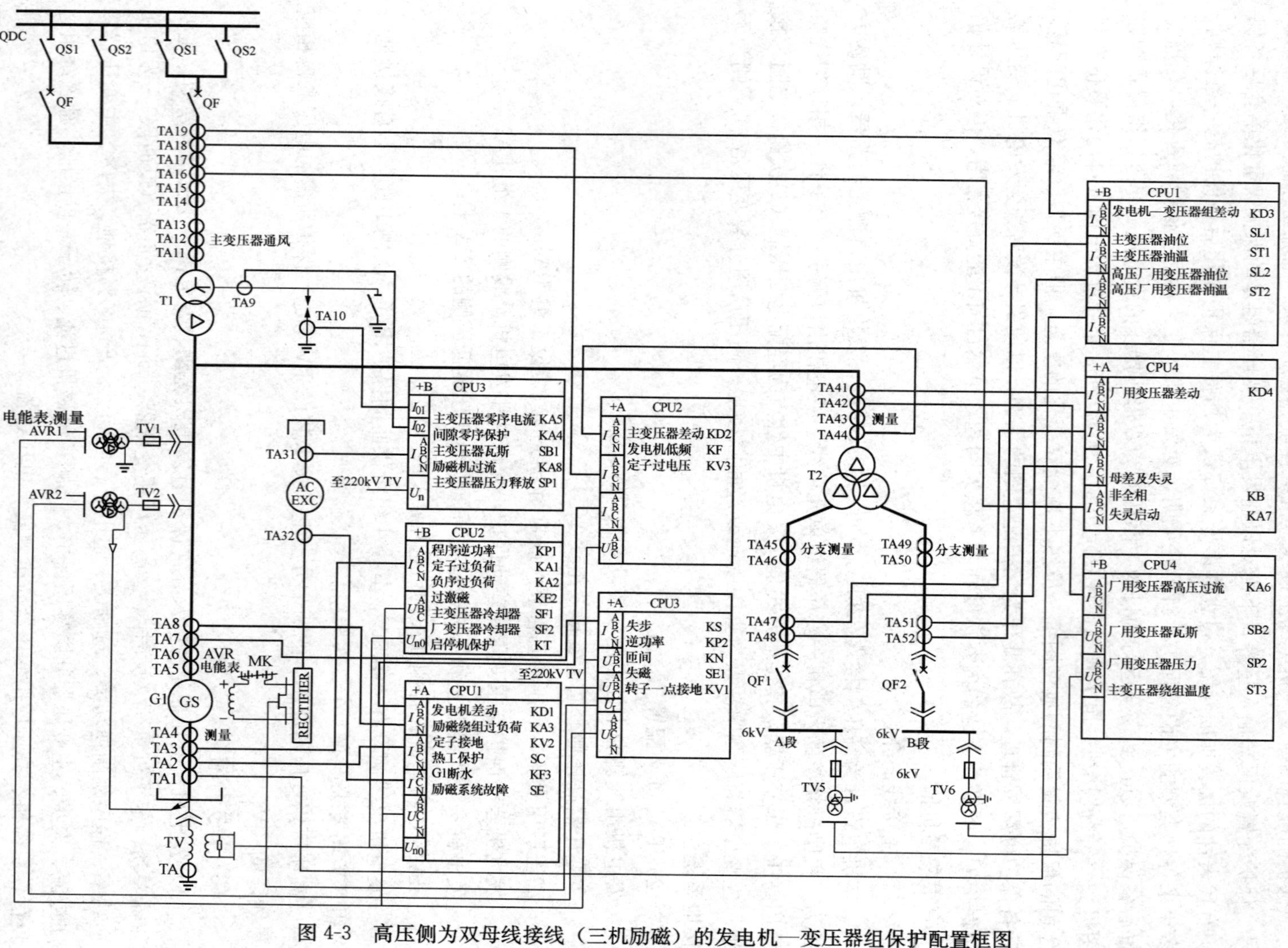

图 4-3 高压侧为双母线接线（三机励磁）的发电机—变压器组保护配置框图

度、高压厂用变压器油温、主变压器油温、高压厂用变压器油位、主变压器油位。

3）其他保护有发电机断水保护、失灵保护、热工保护、母差保护、励磁系统故障、非全相保护。

（4）交直流电源配置。

每面保护柜引接一路110V或220V直流电源，保护柜的电源均相互独立，互不交叉；每面保护柜的进线电源不装设自动开关，供电给各CPU系统和非电量系统的用电。每个CPU系统电源和非电量系统电源分别设有小型直流自动开关。

管理机和打印机电源采用～220VUPS电源，设有小型交流自动开关。

除打印机电源外，各自动开关均设有监视，可以发出断电信号。

（5）保护出口及压板配置。

1）每面保护柜设置单独的保护出口，保护出口分别如下：

全停Ⅰ（Ⅱ）：跳220kV断路器跳闸线圈Ⅰ（Ⅱ）；
跳主灭磁开关；
跳副灭磁开关；
跳6kV A段断路器；
跳6kV B段断路器；
启动6kV A段快速切换；
启动6kV B段快速切换；
关主汽门；
启动220kV断路器失灵保护；
启动故障录波器；
远动信号。

程序跳闸：关主汽门；
闭锁热工保护。

启停机出口：跳主灭磁开关；
跳副灭磁开关。

母线解列：跳220kV母联断路器跳闸线圈Ⅰ或Ⅱ；
跳220kV母线Ⅰ分段断路器跳闸线圈Ⅰ或Ⅱ；
跳220kV母线Ⅱ分段断路器跳闸线圈Ⅰ或Ⅱ。

此外还设有程序跳闸逆功率、减出力、减励磁、切换厂用电、信号等出口。

2）每套保护装置的出口回路设有保护投、退的连接片。

3）保护信息数量及输出方式。

所有保护信号可通过管理机的RS485串行口与微机监控（监测）系统进行通信。

每套保护装置输出3副信号无源触点，同时每套保护装置还输出1副跳闸触点，启动保护总出口跳闸回路。

每套保护装置输出的3副信号触点，其中1副启动故障录波器，另2副可送至光字牌和其他用途。

4）保护装置具有 GPS 对时功能，用串行口接收 GPS 发出的时钟，并接收 GPS 定时发出的硬同步对时脉冲，刷新 CPU 系统的秒时钟，对时误差小于 1ms。

2. 发电机—变压器组保护逻辑图

发电机—变压器组微机保护是根据采样硬件提供的信息，通过软件编程来实现保护原理的，在设计图中一般最好有保护原理逻辑框图，以说明每个保护的构成原理、保护的跳闸方式及跳闸出口，还应有保护信号中间继电器和出口中间继电器的编号及保护出口连接片的编号等，以便用户阅读图纸，使运行维护、调试更加方便。

300MW 发电机—变压器组保护逻辑图见图 4-4，包括了本屏各保护的名称、所设置的连接片以及保护的逻辑关系、出口继电器及其出口回路，能使用户对该屏的主要逻辑及出口关系一目了然。

顺便指出，虽然以后会有许多要求除非电量外，电量保护双重化的用户，保护配置与所介绍的不尽相同，但这些图仍然非常有参考价值，在此加以介绍，不是为了套用，而是为了参考。高压侧为 3/2 断路器接线主要是高压侧为两个分支，其保护的配置基本相同，不再罗列。

3. 保护的交流回路及模拟量输入回路图

模拟量输入指交流电流、电压和直流电压输入。模拟量输入回路可按 CPU 系统分别描述，指明该 CPU 系统的模拟量输入情况，有输入量的回路编号、端子排号和保护装置中间变换器在保护柜所处的位置及输入量通道号等。

保护的交流回路及模拟量输入回路以图 4-5 为例仅供参考，其中机端 TA 为发电机和变压器差动保护公用（当为同一个 CPU 时，也可以在装置内公用辅助 TA 的二次信号）。接口图明确标出通道的使用情况和每一个模拟量输入所在的通道号。模拟量输入指交流电流、电压，直流电压输入，交流电流通过保护柜背后编号为 1X 的电流端子输入，交流电压通过保护柜背后编号为 2X 的普通端子输入，直流电压通过保护柜背后编号为 4X 的普通端子输入。模拟量输入回路是按 CPU 系统分别描述，指明该 CPU 系统的模拟量输入情况。输入量的回路编号、端子排号，保护装置中间变换器在保护柜所处的位置及输入量通道号。

4. 开关量输入回路图

微机保护的开关量输入往往需要通过装置内部中间继电器进行触点转换，开关量输入一般经 DC220V（或 DC110V）作用于一中间继电器。每个开关量均可对应输出触点 K—1、K—3、K—4，其中两对触点一开一闭（K—3、K—4）组成正反码输给 CPU 系统，CPU 系统根据输入的正反码的变换确认开关量是否动作。若开关量需经延时出口跳闸的，CPU 系统延时后通过出口中间继电器启动出口回路；若开关量不需延时出口跳闸，开关量可用第一对触点 K-1 直接启动出口回路，不经 CPU 系统，可减少一个中间环节。开关量动作信号可以通过 CPU 系统发出，也可以不经 CPU 系统直接作用信号出口继电器，其示例见图 4-6。开关量输出通道：CPU 系统开关量输出通道主要用于保护的信号输出、跳闸输出及本系统的故障信号输出 CPU 系统开关量输出均先经过光耦隔离再通过中间继电器转换，其输出形式为触点形式。保护开关量输出分两种，一种单为信号中间继电器输出，它只作为发信号用；另一种既有信号中间继电器输出，又有跳闸中间继电器输出，它既能跳闸，又可发信号。对于每一个保护开关量输出两种方式都能实现。

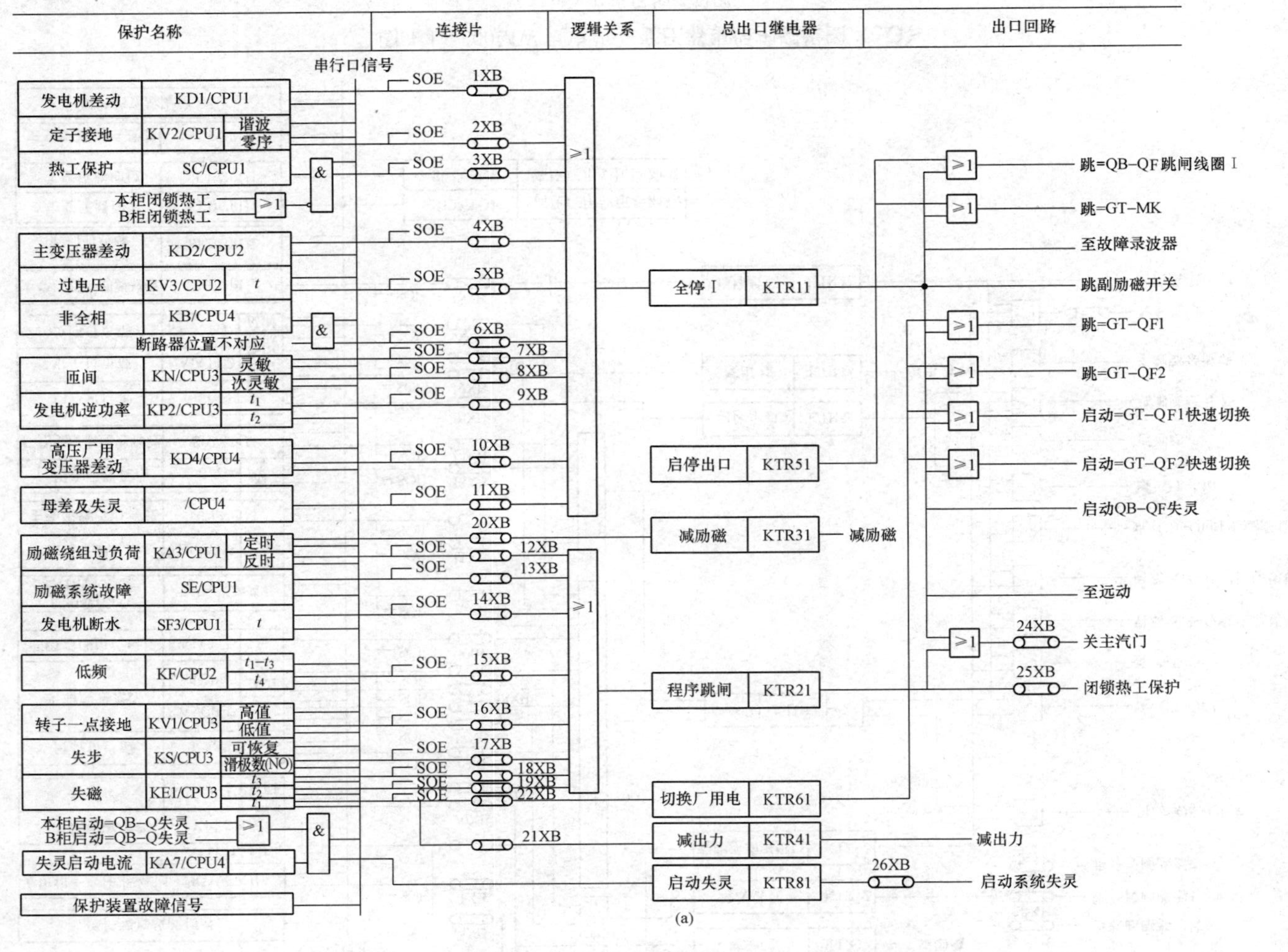

图 4-4　300MW 发电机—变压器组保护逻辑图（一）

（a）A 屏保护逻辑图

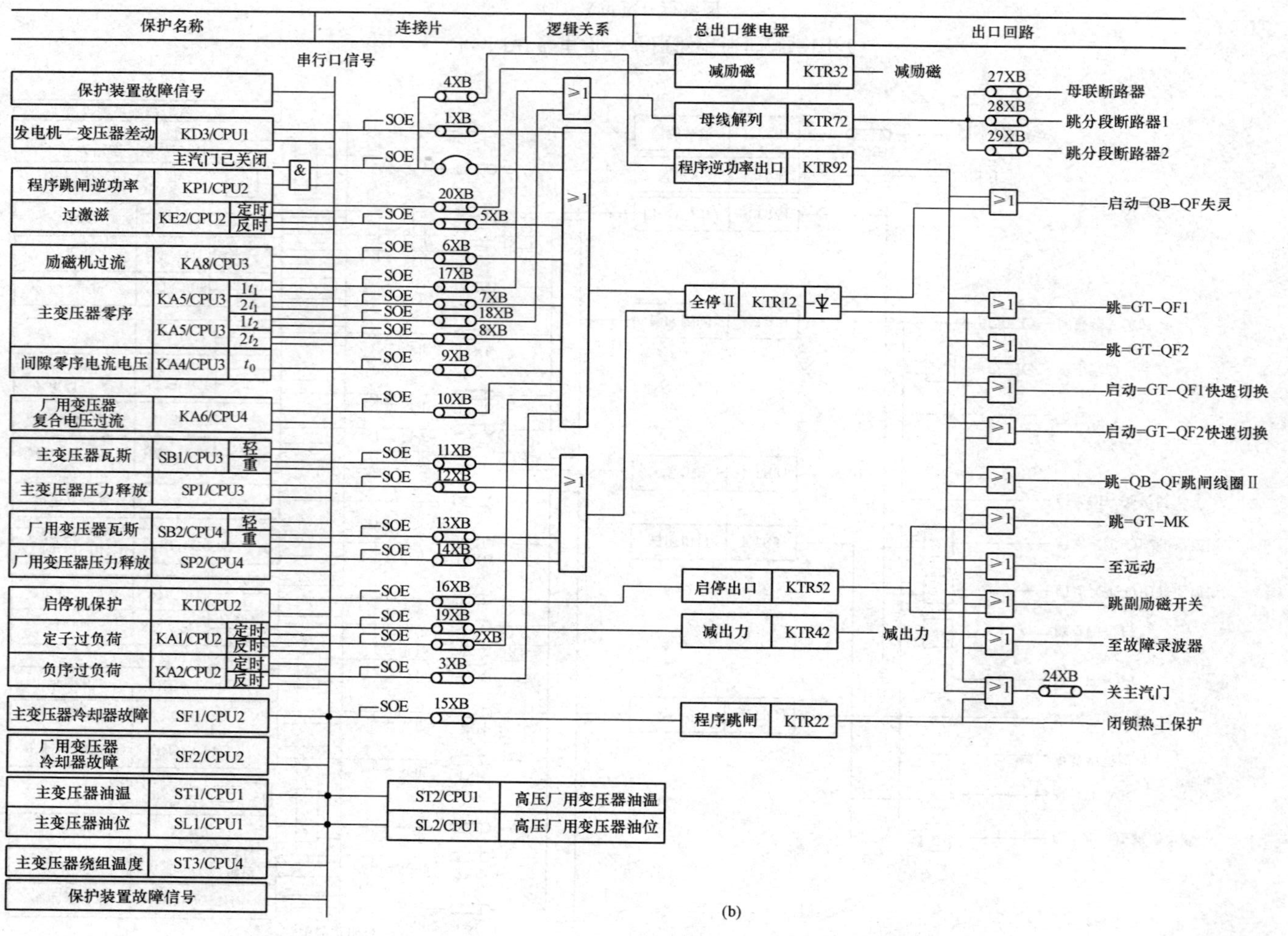

图 4-4 300MW发电机—变压器组保护逻辑图（二）

（b）B屏保护逻辑图

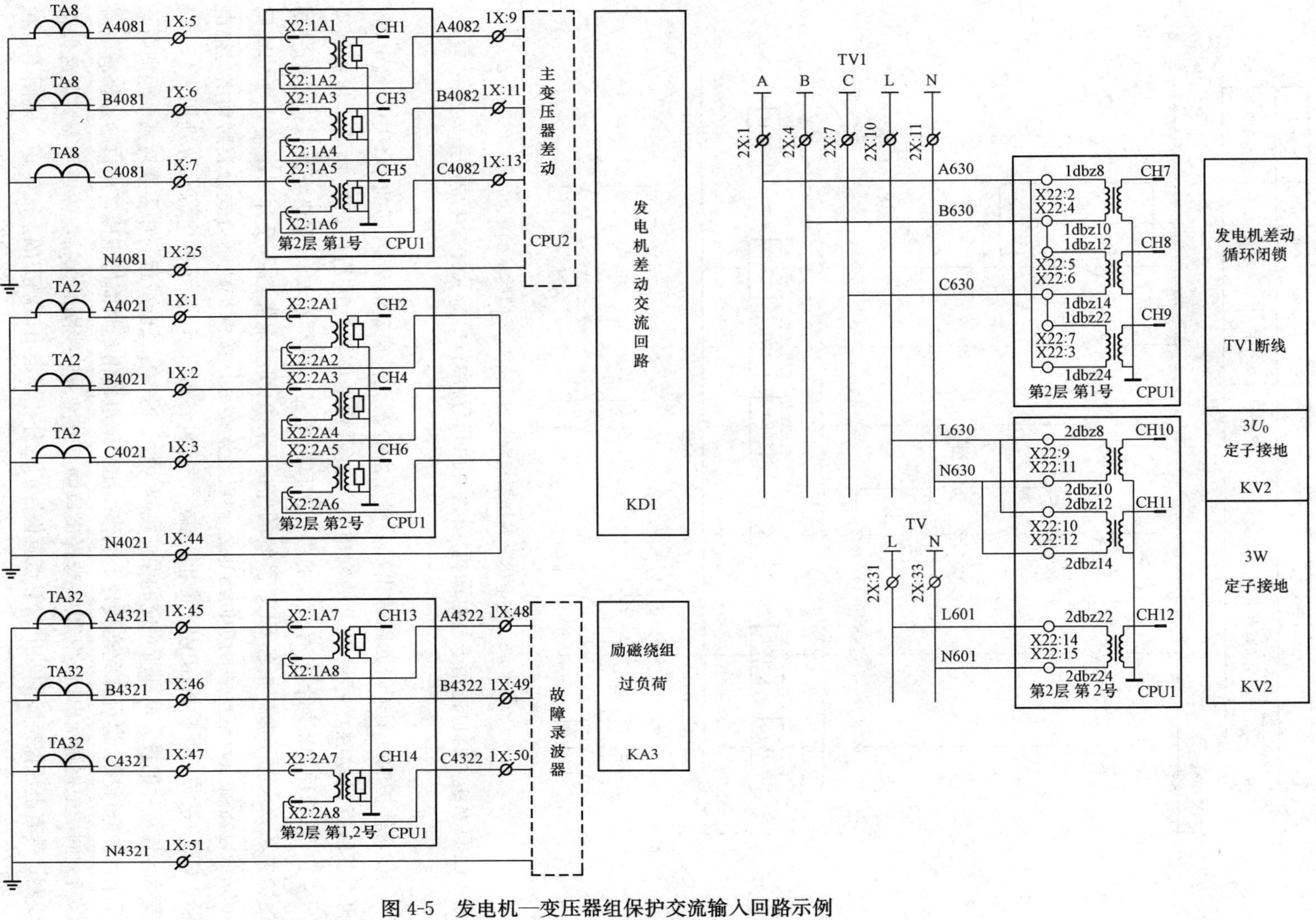

图 4-5　发电机—变压器组保护交流输入回路示例

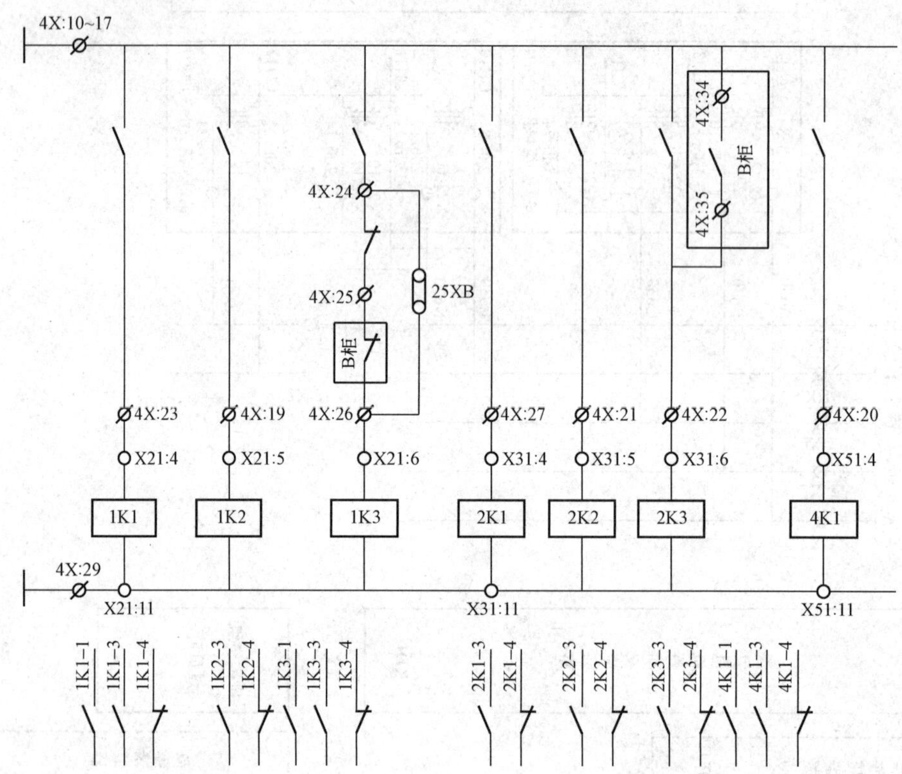

图 4-6 发电机—变压器组保护开关量输入回路示例

CPU 系统并行口还用于与打印机接口，CPU 系统串行口为 RS485 主要用于与外设通信。

5. 保护跳闸回路图

微机保护的跳闸逻辑回路输出，一般先由静态元件启动装置内部的小型中间继电器，再由其触点启动触点容量较大的继电器（或干簧继电器）进行出口跳闸等，其示例见图 4-7。每面保护柜均各自有自己的跳闸出口继电器。跳闸逻辑图反映整面保护柜的跳闸逻辑关系，来源于保护柜各 CPU 系统的保护跳闸中间继电器触点及开关量输入中的跳闸中间继电器触点，这些跳闸中间继电器触点经连接片，按保护跳闸方式分类启动出口继电器。CPU 系统的保护跳闸中间继电器触点，接自各自 CPU 系统的电源，分别用 V1～V4 表示。连接片的投、退即所对应的保护跳闸的投、退，在试验或运行中需要对某个保护或某几个保护进行投、退可在此连接片上操作。出口继电器由跳闸模件组成，出口触点带有电流保持线圈，根据跳闸出口的需要，选择出口触点电流保持线圈的保持电流或不需要电流保持线圈。带有电流保持线圈的出口触点有极性的区分，规定出口触点的上面为正。跳闸出口触点根据需要可通过连接片输出，如“母联断路器解列”“关闭主汽门”等。闭锁热工也设置连接片，闭锁热工主要是区分主汽门关闭是由保护引起还是由热工引起，当不需要区分时，投上连接片，不同跳闸方式跳同一对象的跳闸触点相并，跳闸出口触点经柜后端子排输出。

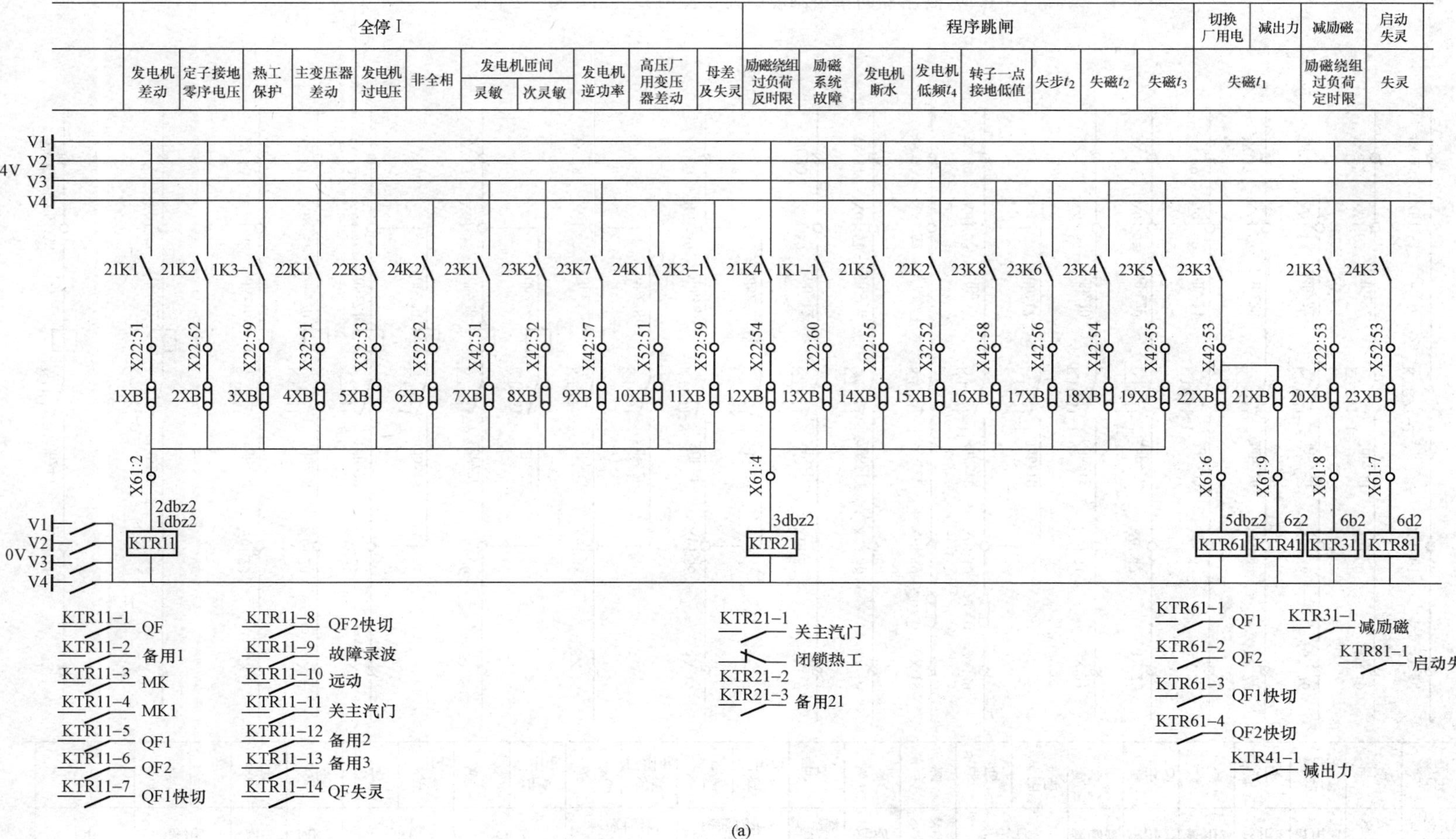

图 4-7 发电机—变压器组保护跳闸逻辑回路示例（一）

（a）继电器回路

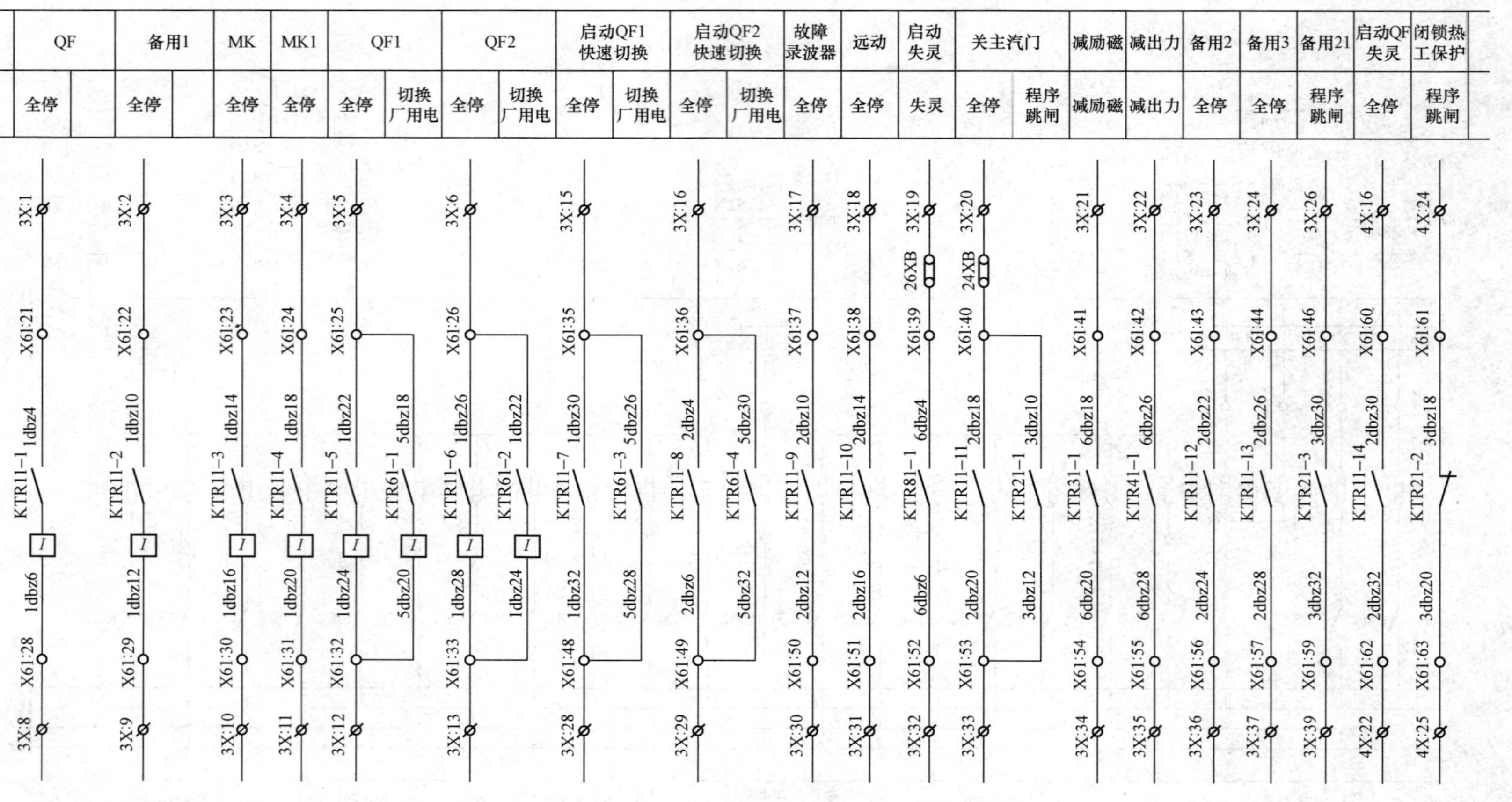

(b)

图 4-7 发电机—变压器组保护跳闸逻辑回路示例（二）

(b) 跳闸出口回路

6. 保护信号出口回路图

微机保护的信号出口回路输出，一般可由静态元件启动装置内部的小型中间继电器触点直接输出，其示例，如图 4-8 所示，信号继电器一般需要自保持，由装置内部实现，但在屏上需要提供人工复归的按钮。由于屏上位置限制难以提供更多的触点，一般对外不超过三对触点，设计应尽可能与其他专业配合使用串行口，并协调好通信归约。信号出口回路图反映每一个 CPU 系统的信号出口情况。CPU 系统通过信号中间继电器启动信号出口继电器，信号出口继电器由信号回路模件组成，每块模件有 6 路信号出口触点，根据 CPU 系统信号量输出情况，可进行组合。信号回路模件每路信号出口触点有 3 对，其中 2 对触点的一端在模件内部已分别相连构成公共端，此公共端可分别输出，另 1 对触点两端则分别引出。信号出口触点按需要可以是电保持，也可以是磁保持或不保持。由于信号出口是由模件构成根据用户的不同需要我们只要更换不同的模件就可以满足用户的需要。信号回路模件，可输出两对带公共端的触点，其中一对用于发光字牌，另一对用作事故顺序记录，还有一对两端分别输出的触点用于事故信号输出，可作为故障录波等用。CPU 系统信号出口回路图中有一对打印机电源触点，它的作用是当该 CPU 系统需要打印机打印数据时，命令该触点闭合接通打印机，这样可使打印机在平时不打印时不接通电源。

7. 端子排布置图

保护柜端子排的布置。保护柜的层间端子排由制造厂负责，外部端子排按不同功能划分，端子排布置应考虑各插件的位置，避免接线相互交叉。外部端子排应由设计院与制造厂家配合后完成。端子排图设计属二次线专业基本功在此不详细介绍。

三、发电机—变压器组全双重化保护配置

下面将举出 300MW 机组及 600MW 机组及 125MW 机组的发电机—三绕组变压器组电量保护全双重化配置的示例及简要说明，其保护原理和配置与传统的主保护双重化，简化后备保护的配置并无实质差别，全双重化主要是方便了维护和调试及生产制造，使运行更趋于安全。非电量保护不强调双重化配置。

但是，现在许多用户为了运行维护和调试方便乐意将电量保护配置为全双重化，双主双后保护的基本构思如下：

（1）设两套相互独立完整的电量保护，每套均包括主保护及后备保护，其中《一套独立的主保护及后备保护》与《另外一套独立的主保护及后后备保护》可以任停其中的一套检修调试，而不影响另一套保护的运行（即另一套仍然有可靠的主保护及后备保护对机组进行保护）。

（2）在正常两套独立的电量主保护及后备保护都投入的情况下，在主保护范围内的故障均要求有两种保护可同时动作（如发电机的相间短路，可由一个发电机差动保护及一个发电机—变压器组差动动保护动作，也可以由两个发电机差动进行保护，总之必须有两个可以同时动作的差动保护，对变压器的保护原则也是如此），对其他主保护的保护原则也是如此。在后备保护范围的故障也是要求有两个后备保护可以同时动作。

1. 300MW 高压侧为双母线接线电量保护双重化的发电机—变器组保护配置

图 4-9 为一种 300MW 高压侧为双母线接线电量保护双重化的发电机—变压器组保护配置图，其保护配置已标在图 4-9 上，该方案的主要特点是配置两套电量全双重化的保护。

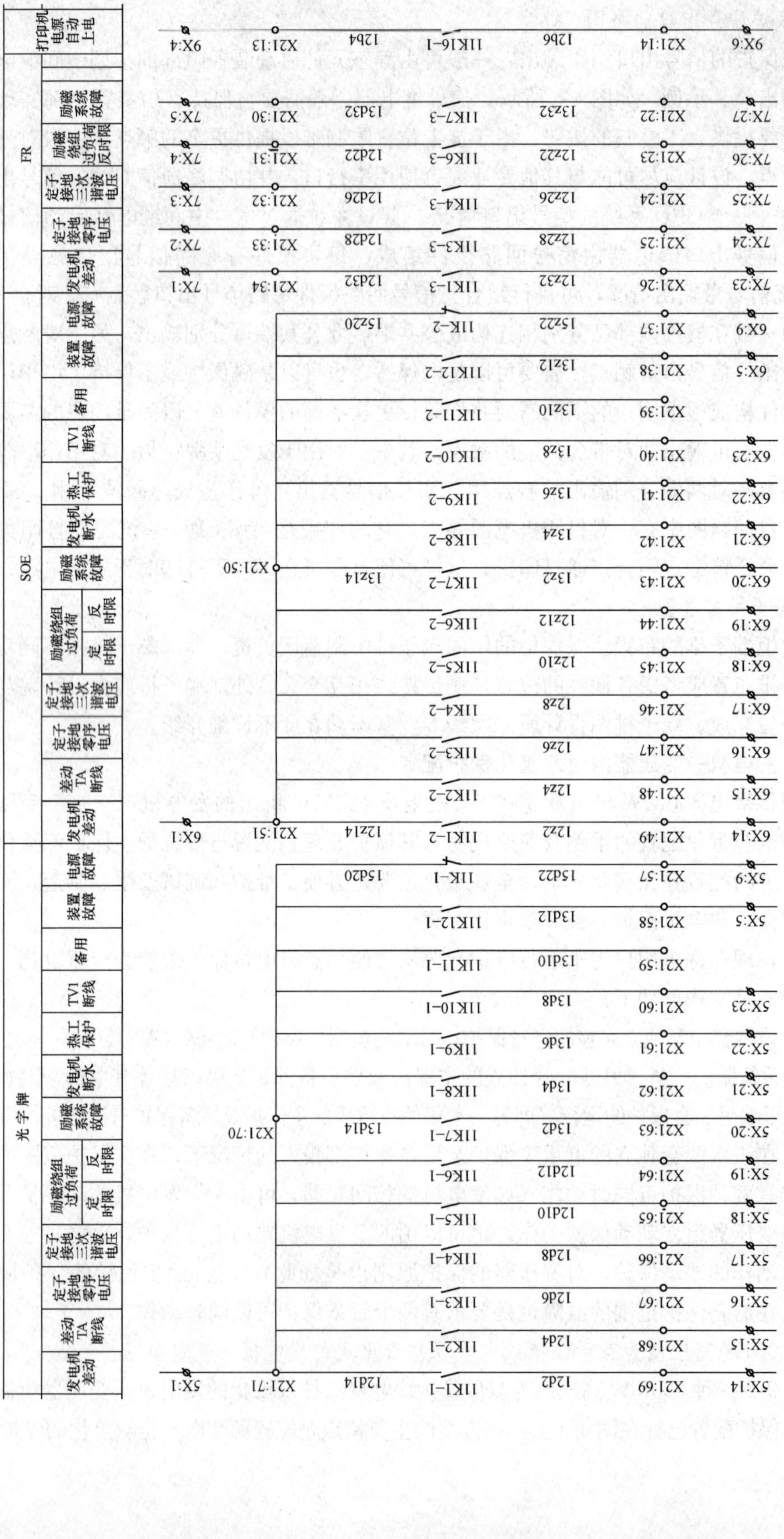

图 4-8 发电机—变压器组保护信号回路示例

(1) 主接线简介。

本机组设计为高压侧接入 220kV 双母线接线系统；发电机出口侧无断路器；励磁方式为三机励磁系统的发电机—变压器组单元接线。发电机出口侧引接有一台三相分裂绕组高压厂用工作变压器。接地方式为发电机中性点为经配电变压器（二次侧接电阻）接地；主变压器高压侧中性点为直接接地或经间隙接地；高压厂用分裂变压器 6kV 侧为不接地系统。

(2) TA、TV 配置。

发电机出线侧和中性点侧各装设 4 组 TA；

主变压器高压侧套管上装设 3 组 TA；

高压厂用变压器高压侧套管上（或封闭母线内）装设 4 组 TA；

发电机差动保护与主变压器差动保护，允许共用发电机出线侧的一组 TA；

发电机—变压器组差动保护是差在高压厂用变压器低压侧的 TA 上；

发电机出线侧设有 3 组 TV，其中 1 组可供匝间保护用（一次侧中性点不直接接地）；2 组 TV 均设有 3 个二次绕组；

高压厂用变压器低压侧的两个分支上，按未装设 TV 考虑；保护所需的电压取自相应母线段的 TV（需要考虑切换闭锁措施）。

(3) 保护配置。

1) 发电机—变压器组故障及异常保护有发电机差动、发电机匝间、主变压器差动、高压厂用变压器差动、发电机—变压器组差动（附带，不增加硬件）、定子过负荷（反时限）、负序过负荷（反时限）、发电机逆功率、程序跳闸逆功率、过励磁、过电压、低频、定子 100%接地、启停机、转子一点接地、发电机失磁、失步、励磁机过流、励磁绕组过负荷、主变压器零序过流、主变压器间隙零序保护、断路器失灵保护、断路器非全相保护、励磁系统故障、高压厂用变压器高压侧复合电压过流、厂用分支限时电流速断、分支过电流（也可以改在高压开关柜内装设）。

2) 非电量保护有主变压器瓦斯、主变压器压力释放、主变压器冷却器故障、主变压器绕组温度、主变压器油温、主变压器油位、高压厂用变压器瓦斯、高压厂用变压器压力释放、高压厂用变压器冷却器故障、高压厂用变压器油温、高压厂用变压器油位、发电机断水保护、热工保护。

对保护配置图的几点说明如下：

(1) 保护配置图的电流、电压连线仅表示该保护所需要的信息源，并不是要求保护装置中将辅助互感器一一独立分开装设，因为数字式保护可以适当信息共享。

(2) 本配置图也可适用于其他容量和其他电压等级而主接线与此相同的发电机—变压器组保护，当用于具体工程时，电流互感器和电压互感的型号及变比需在具体工程设计时选择计算确定。

(3) 装设两套独立的双重化保护，发电机差动保护和主变压器差动保护及发电机—变压器组大差考虑可共用 TA，即可以信息共享者共享信息，从而简化保护装置。

(4) 发电机—变压器组的大差动保护，其差动回路的一臂是差接在高压厂用变压器的低压侧，这样做：一是可以少装一组高压厂用变压器高压侧的大变比 TA，节约投资和减

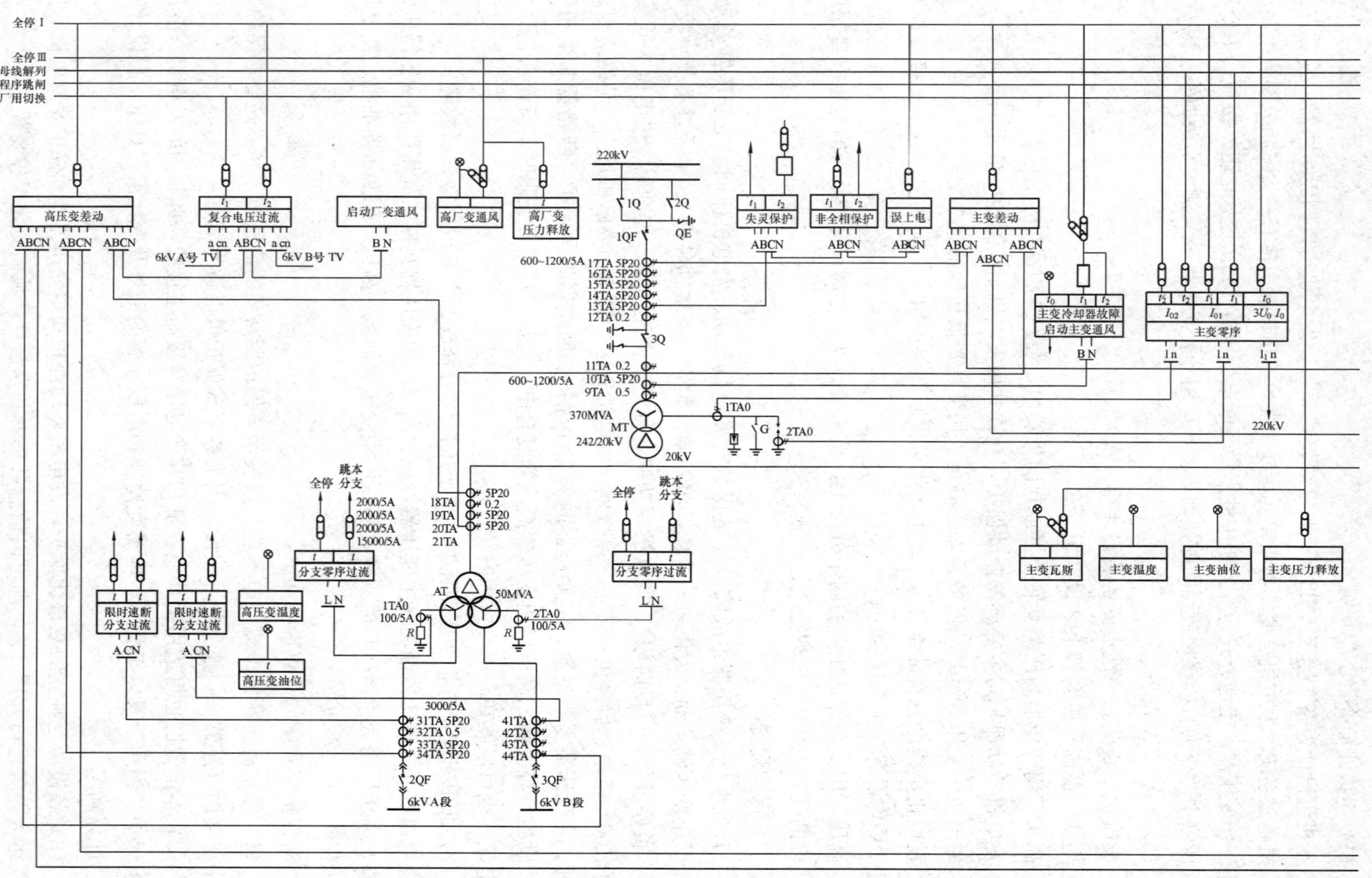

图4-9 300MW高压侧为双母线的发电机—变压器组保护配置接线一（电量保护双重化）（一）

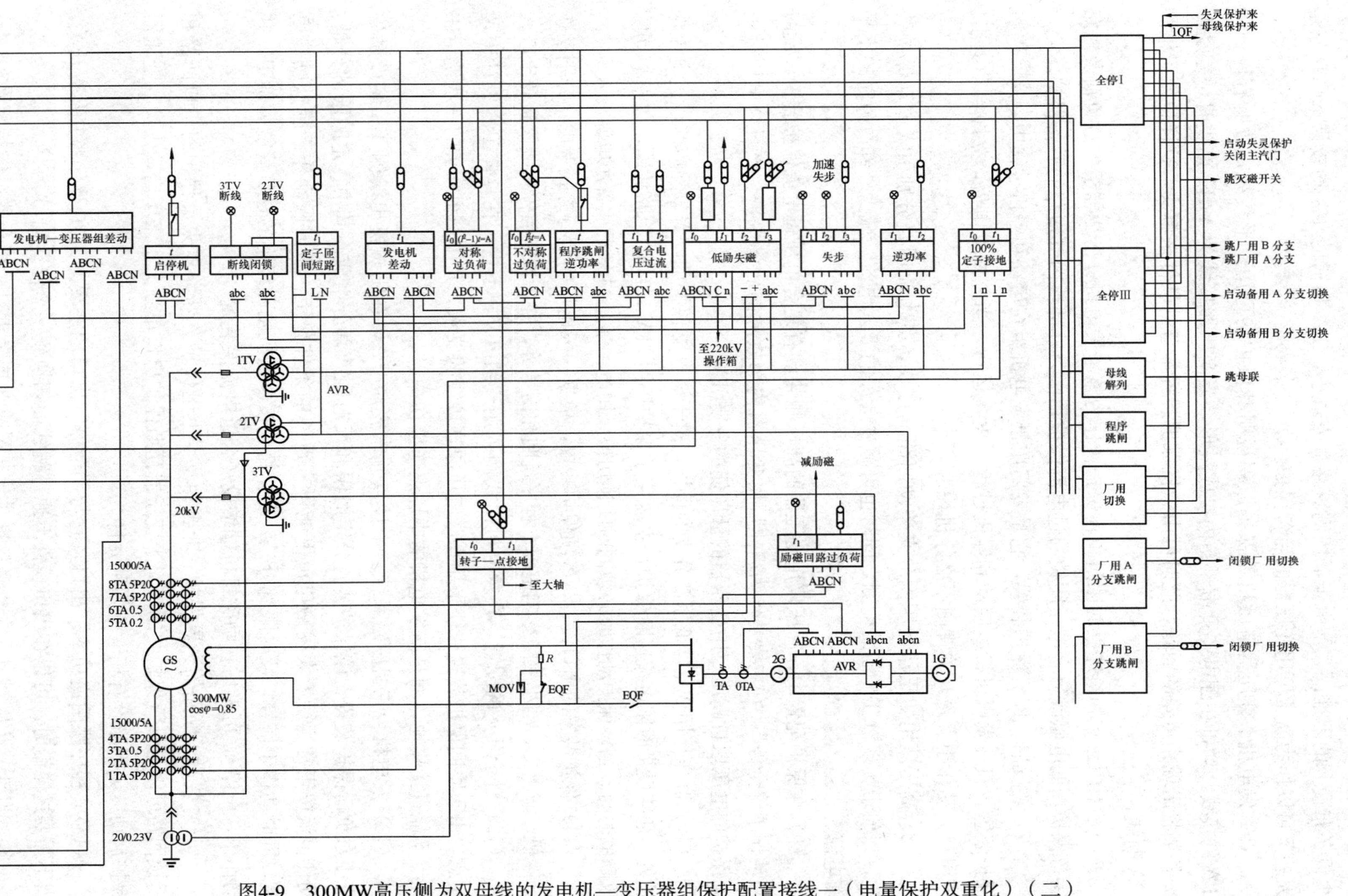

图4-9　300MW高压侧为双母线的发电机—变压器组保护配置接线—（电量保护双重化）（二）

少设备布置上的困难；二是由于低压侧短路电流较小，TA 和辅助 TA 均较易选择；三是大差又可以作为高压厂用变压器的后备保护。

(5) 发电机—变压器组微机型保护原理说明其保护均可用星形接线，故所有保护用 TA 的接线，均可在配电装置端子箱内接成星形，当变压器接线为 Yd11 接线时，差动保护各侧将出现相角差的问题，此时可由微机保护装置本身的软件来解决，这样也便于检测 TA 断线。

(6) 采用正序和负序反时限过负荷保护，作为整个发电机—变压器组的过负荷及短路后备保护，低电压或复合电压闭锁的过电流保护是作为外部或内部短路的后备保护。

(7) 装设启、停机保护装置，它是专门用于发电机组在启动和停机过程中。启、停机保护装置，只在发电机机组启动和停机过程中投入运行，当并网发电后，立即自动退出。该出口只动作于灭磁开关跳闸不必停机炉。

(8) 高压厂用变压器低压侧分支差动回路的接线，其电流回路分别引入差动保护装置，以便于实现对 TA 断线检测，同时也可减少 TA 的汲入电流，减少外部故障时的不平衡电流。

(9) 在保护配置中，高压厂用变压器的高压侧装设有复合电压过电流保护装置，设时限动作于“全停”，它主要是作为高压厂用变压器内部故障的后备保护。该复合电压过电流保护的电压取自高压厂用变压器的低压侧的分支 TV。

(10) 高压厂用变压器低压侧分支的保护，对于该分支保护的配置，除应装设过电流保护外，还装设带时限电流速断保护，主要用于保护厂用 6kV 母线的短路故障，以缩短切除故障的时间。当该保护动作时必须同时闭锁切换厂用电，禁止 6kV 厂用备用电源投入。

(11) 保护装置的出口设置，各项保护装置，根据一般电厂的运行方式考虑，分别动作于停机、减出力、缩小故障影响范围、程序跳闸和信号等，并考虑有启停机跳灭磁开出口。

(12) 对于 TV 的配置，在发电机出线侧采用三组 TV。不过，在具体工程设计中请注意，由于匝间保护装置往往采用零序电压原理接线的要求，其中一组 TV 的一次绕组中性点不能直接接地，而是与发电机的中性点连接在一起。

(13) 发电机为三机励磁系统。中性点侧未安装 TA，在励磁机出线侧 TA 装设励磁绕组过负荷保护装置。该保护装置分定时限和反时限两部分组成。其中，定时限部分是：动作电流按正常运行最大励磁电流下能可靠返回的条件整定，带时限动作于降低励磁电流，同时动作于信号；反时限部分是：动作特性按发电机励磁绕组的过负荷能力确定，并动作于“全停”，可考虑在励磁机机端增设复合过电流保装置。

(14) 装设了断路器失灵保护、非全相及误上电保护。断路器失灵保护的出口回路和闭锁回路可以与母差保护共用。对于变压器瓦斯保护出口单独分出来不启动失灵。变压器保护启动失灵回路设有相电流判别元件。

(15) “程序跳闸逆功率”出口，它与“全停”出口的主要差别在于不跳主灭磁开关，当不需要这样做时，可以在出口模件上通过跳线而切换到“全停”出口。

2. 600MW 高压侧为双母线接线电量保护双重化的发电机—变压器组保护配置

图 4-10 为一种 600MW 高压侧为双母线接线电量保护双重化的发电机—变压器组保

护配置图，其保护配置已绘在图 4-10 上，该方案的主要特点是配置两套电量全双重化的保护，机端 TA 供发电机差动和变器差动保护公用（也可通过信息共享软件编程较方便地增设发电机—变压器组纵联差动保护），高压厂用变压器高压侧装设大变比 TA，主变压器差动保护差接到高压厂用变压器高压侧 TA，高压厂用变压器高压侧选用了 5000/1 的 TA 变比，这样的好处是高压厂用变压器高压侧避免了安装大电流变比 TA 的困难，对主变压器平衡时也可以视作低压侧为 25000/5 的变比不会有平衡困难，而对高压厂用变压器的 TA 一次电流也趋近于高压厂用变压器额定电流，其平衡误差比用大变比时（与主变压器差动公用情况下）也大为减小，特别是正常运行时误差不平衡电流减小。

3. 125MW 发电机—三绕组变压器组电量保护全双重化配置

图 4-11 是 125MW 发电机三绕组变压器组的双重化保护配置图（发电机与主变压器之间有断路器）。

图 4-11 中配置的电气量保护有以下几种：

(1) 发电机主保护：发电机纵差、发电机匝间短路保护（纵向零序电压式或电流横差保护）。

(2) 发电机后备和异常运行保护：对称过负荷（反时限）、不对称过负荷（反时限）、复合电压过流、失磁、逆功率、过电压、100%定子接地、转子一点接地、励磁回路过负荷以及 TV 断线和 TA 断线保护。

为节省 TA，发电机出线侧的 TA 拟供发电机纵联差动保护及主变压器纵联差动保护公用。

(3) 励磁变压器保护：速断及过流保护，可归在发电机部分。

(4) 主变压器主保护：主变压器纵差动保护。

(5) 主变压器后备和异常运行保护：高压侧复合电压方向过流及过流、高压侧零序方向过流、高压侧中性点零序过流及间隙零序过流及零序电压保护、高压侧过负荷和通风启动保护、失灵启动、非全相运行保护。中压侧复合电压方向过流及过流、中压侧零序方向过流、中压侧中性点零序过流及间隙零序过流及零序电压保护、中压侧过负荷和通风启动保护，以及 TV 断线和 TA 断线保护。

正常运行保护动作方向一般指向系统侧。当运行方式发生变化时，可根据需要解除方向闭锁，作为变压器故障的后备保护。正常运行时，方向闭锁也可以只投要求动作时间较短的一侧闭锁，这应视运行具体情况而定。

(6) 高压厂用变压器主保护：高压厂用变压器差动保护。

(7) 高压厂用变压器后备和异常运行保护：复合电压过流、过负荷、通风启动保护、A/B 分支限时电流速断及过电流保护。

电气量保护按双重化下的双套配置原则，每套保护的配置相同，其思考要点大致如下：

(1) 发电机与主变压器之间有断路器，发电机保护和主变压器保护相互独立配置，励磁变压器保护布置在发电机保护机箱中，应把发电机保护和主变压器保护配置在不同的机箱内，电气上完全独立，也可以把它们布置在不同的柜体中，这样都可以满足不同的运行方式需要。

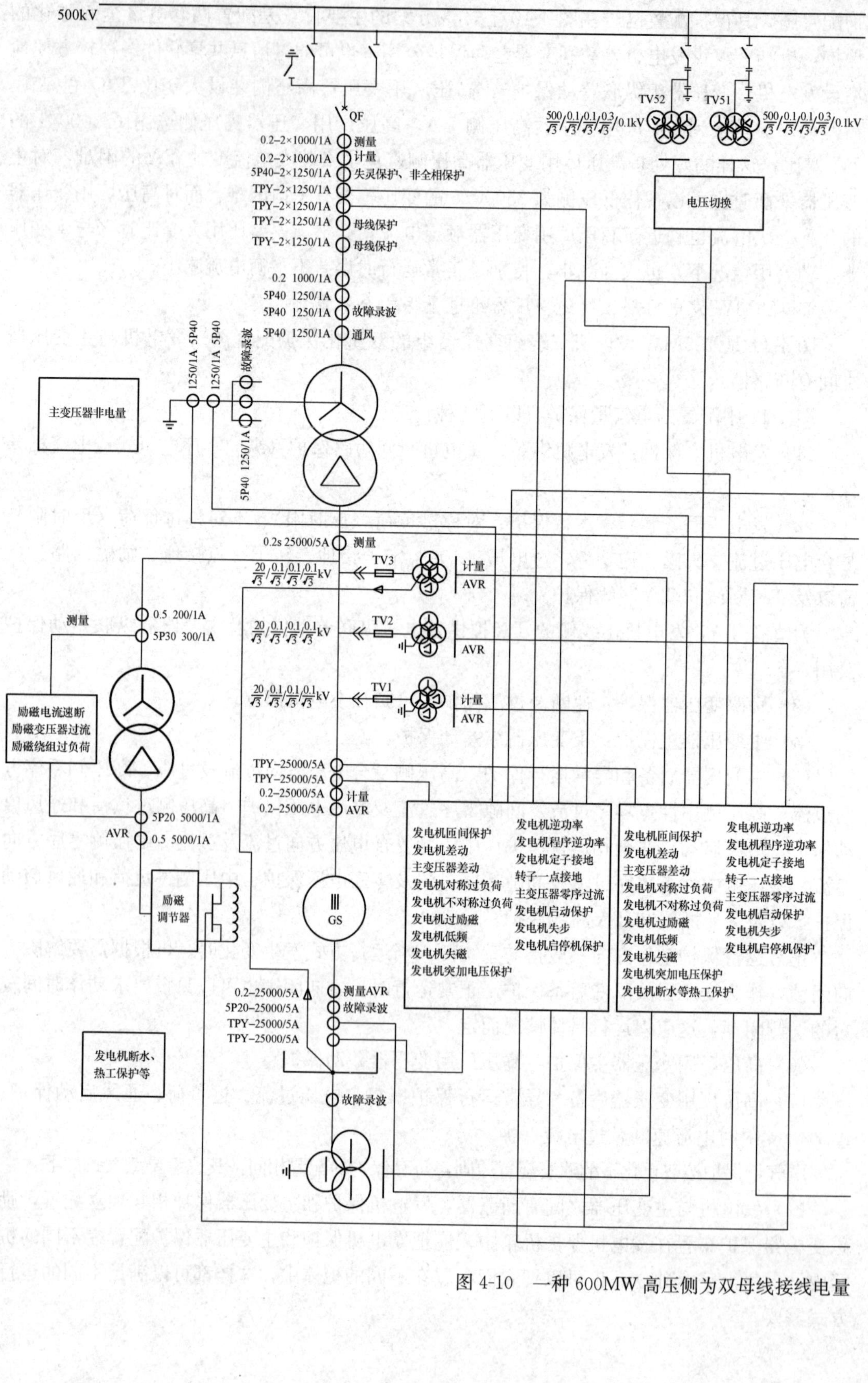

500kV

QF

TV52 TV51

$\frac{500}{\sqrt{3}}/\frac{0.1}{\sqrt{3}}/\frac{0.1}{\sqrt{3}}/\frac{0.3}{\sqrt{3}}/0.1$kV

$\frac{500}{\sqrt{3}}/\frac{0.1}{\sqrt{3}}/\frac{0.1}{\sqrt{3}}/\frac{0.3}{\sqrt{3}}/0.1$kV

电压切换

0.2–2×1000/1A 测量
0.2–2×1000/1A 计量
5P40–2×1250/1A 失灵保护、非全相保护
TPY–2×1250/1A
TPY–2×1250/1A
TPY–2×1250/1A 母线保护
TPY–2×1250/1A 母线保护

0.2 1000/1A
5P40 1250/1A
5P40 1250/1A 故障录波
5P40 1250/1A 通风

1250/1A 5P40
1250/1A 5P40
故障录波
5P40 1250/1A

主变压器非电量

0.2s 25000/5A 测量

TV3
$\frac{20}{\sqrt{3}}/\frac{0.1}{\sqrt{3}}/\frac{0.1}{\sqrt{3}}/\frac{0.1}{\sqrt{3}}$kV
计量
AVR

TV2
$\frac{20}{\sqrt{3}}/\frac{0.1}{\sqrt{3}}/\frac{0.1}{\sqrt{3}}/\frac{0.1}{\sqrt{3}}$kV
AVR

TV1
$\frac{20}{\sqrt{3}}/\frac{0.1}{\sqrt{3}}/\frac{0.1}{\sqrt{3}}/\frac{0.1}{\sqrt{3}}$kV
计量
AVR

测量
0.5 200/1A
5P30 300/1A

励磁电流速断
励磁变压器过流
励磁绕组过负荷

5P20 5000/1A
AVR
0.5 5000/1A

励磁
调节器

TPY–25000/5A
TPY–25000/5A
0.2–25000/5A 计量
0.2–25000/5A AVR

GS

发电机匝间保护
发电机差动
主变压器差动
发电机对称过负荷
发电机不对称过负荷
发电机过励磁
发电机低频
发电机失磁
发电机突加电压保护
发电机逆功率
发电机程序逆功率
发电机定子接地
转子一点接地
主变压器零序过流
发电机启动保护
发电机失步
发电机启停机保护

发电机匝间保护
发电机差动
主变压器差动
发电机对称过负荷
发电机不对称过负荷
发电机过励磁
发电机低频
发电机失磁
发电机突加电压保护
发电机断水等热工保护
发电机逆功率
发电机程序逆功率
发电机定子接地
转子一点接地
主变压器零序过流
发电机启动保护
发电机失步
发电机启停机保护

0.2–25000/5A 测量AVR
5P20–25000/5A 故障录波
TPY–25000/5A
TPY–25000/5A

发电机断水、
热工保护等

故障录波

图 4-10 一种 600MW 高压侧为双母线接线电量

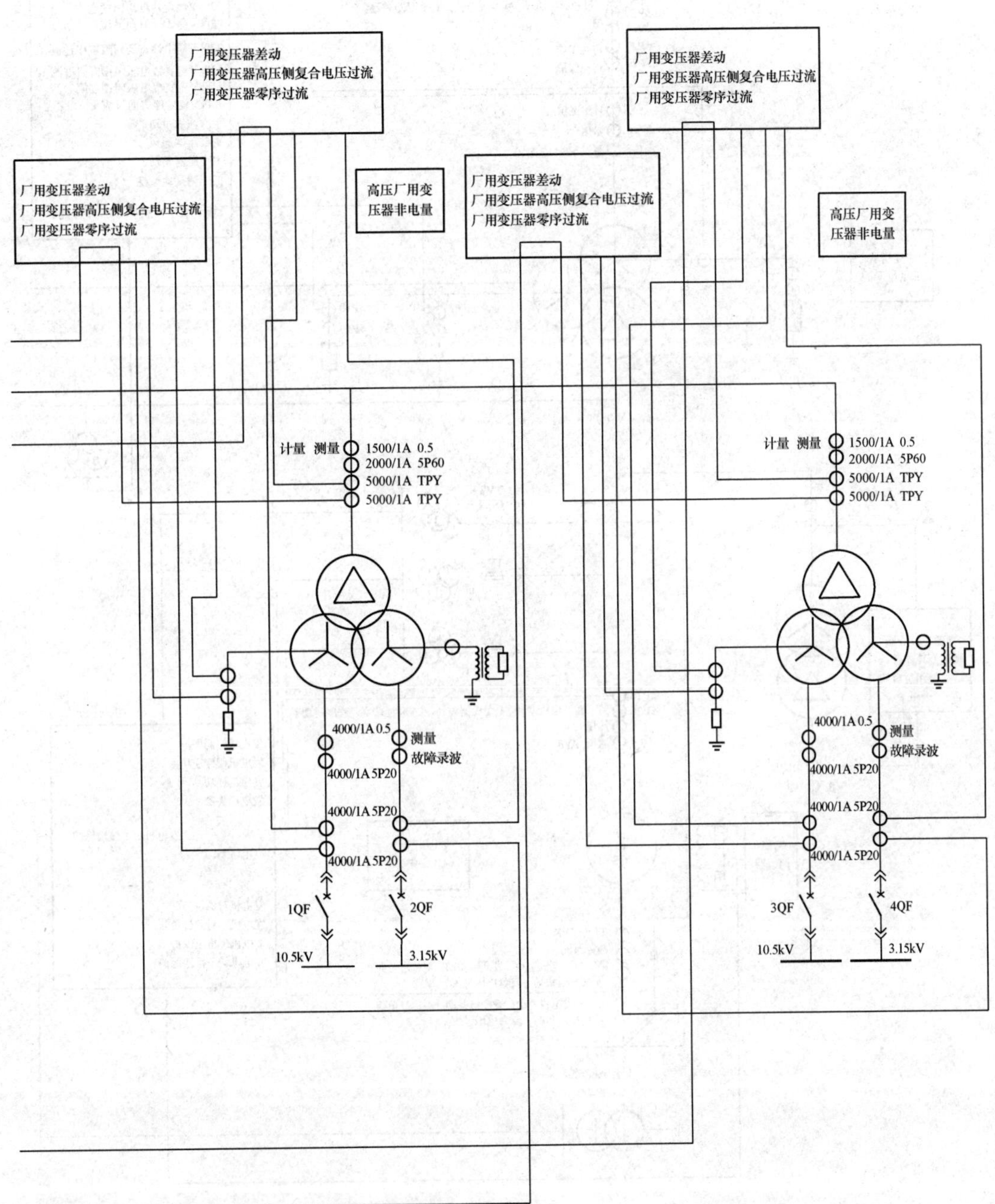

保护双重化的发电机—变压器组保护配置

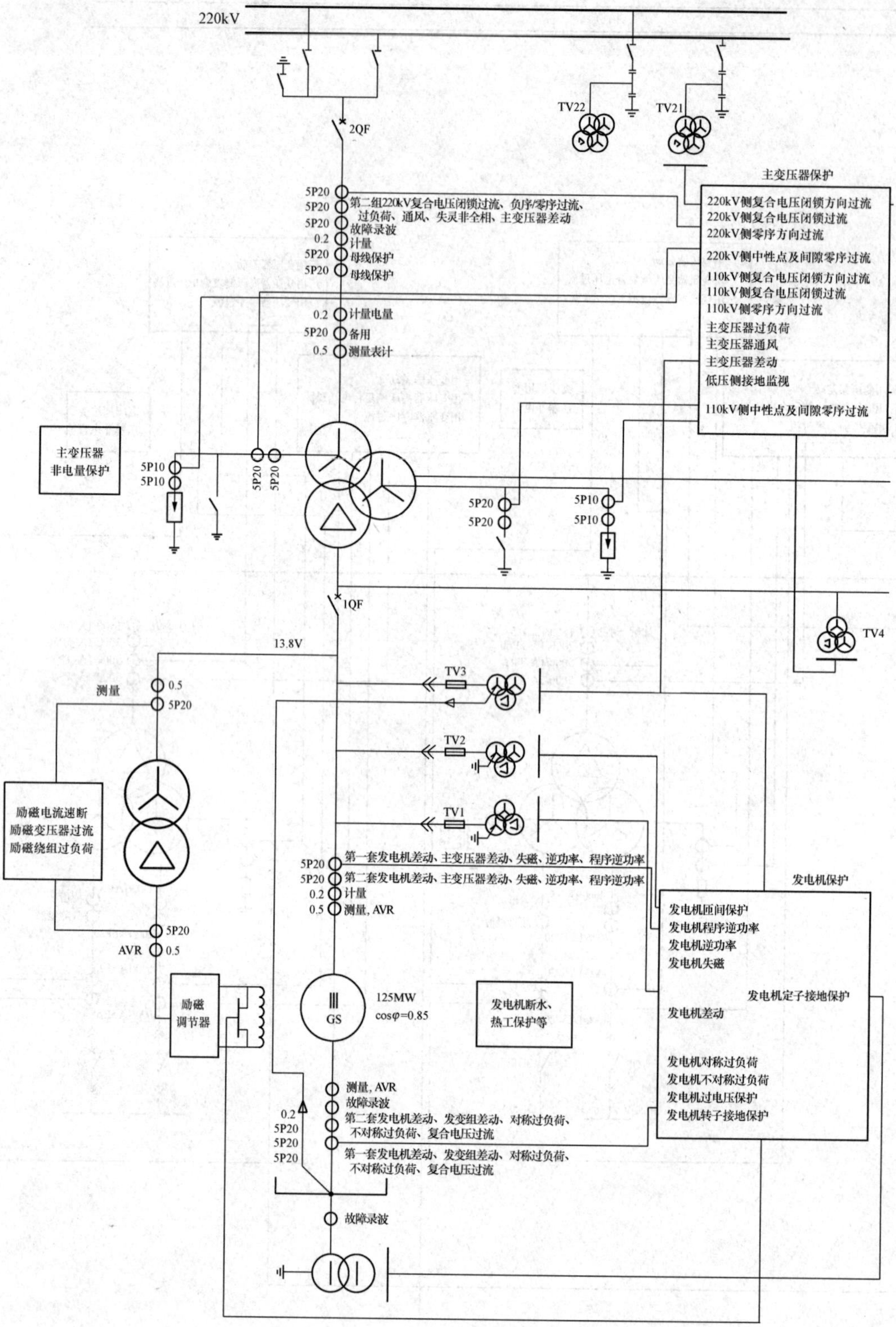

220kV

TV22

TV21

2QF

主变压器保护

5P20 第二组220kV复合电压闭锁过流、负序/零序过流、

5P20 过负荷、通风、失灵非全相、主变压器差动

5P20 故障录波

0.2 计量

5P20 母线保护

5P20 母线保护

220kV侧复合电压闭锁方向过流

220kV侧复合电压闭锁过流

220kV侧零序方向过流

220kV侧中性点及间隙零序过流

110kV侧复合电压闭锁方向过流

110kV侧复合电压闭锁过流

110kV侧零序方向过流

主变压器过负荷

主变压器通风

主变压器差动

低压侧接地监视

110kV侧中性点及间隙零序过流

0.2 计量电量

5P20 备用

0.5 测量表计

主变压器非电量保护

5P10

5P10

5P20 5P20

5P20

5P20

5P10

5P10

1QF

TV4

13.8V

测量 0.5

5P20

TV3

TV2

TV1

励磁电流速断

励磁变压器过流

励磁绕组过负荷

5P20 第一套发电机差动、主变压器差动、失磁、逆功率、程序逆功率

5P20 第二套发电机差动、主变压器差动、失磁、逆功率、程序逆功率

0.2 计量

0.5 测量, AVR

5P20

AVR 0.5

发电机保护

发电机匝间保护

发电机程序逆功率

发电机逆功率

发电机失磁

发电机定子接地保护

发电机差动

发电机对称过负荷

发电机不对称过负荷

发电机过电压保护

发电机转子接地保护

励磁调节器

GS

125MW

cosφ=0.85

发电机断水、热工保护等

测量, AVR

0.2 故障录波

5P20 第二套发电机差动、发变组差动、对称过负荷、不对称过负荷、复合电压过流

5P20

5P20 第一套发电机差动、发变组差动、对称过负荷、不对称过负荷、复合电压过流

故障录波

图 4-11　125MW 发电机—三绕组变压器

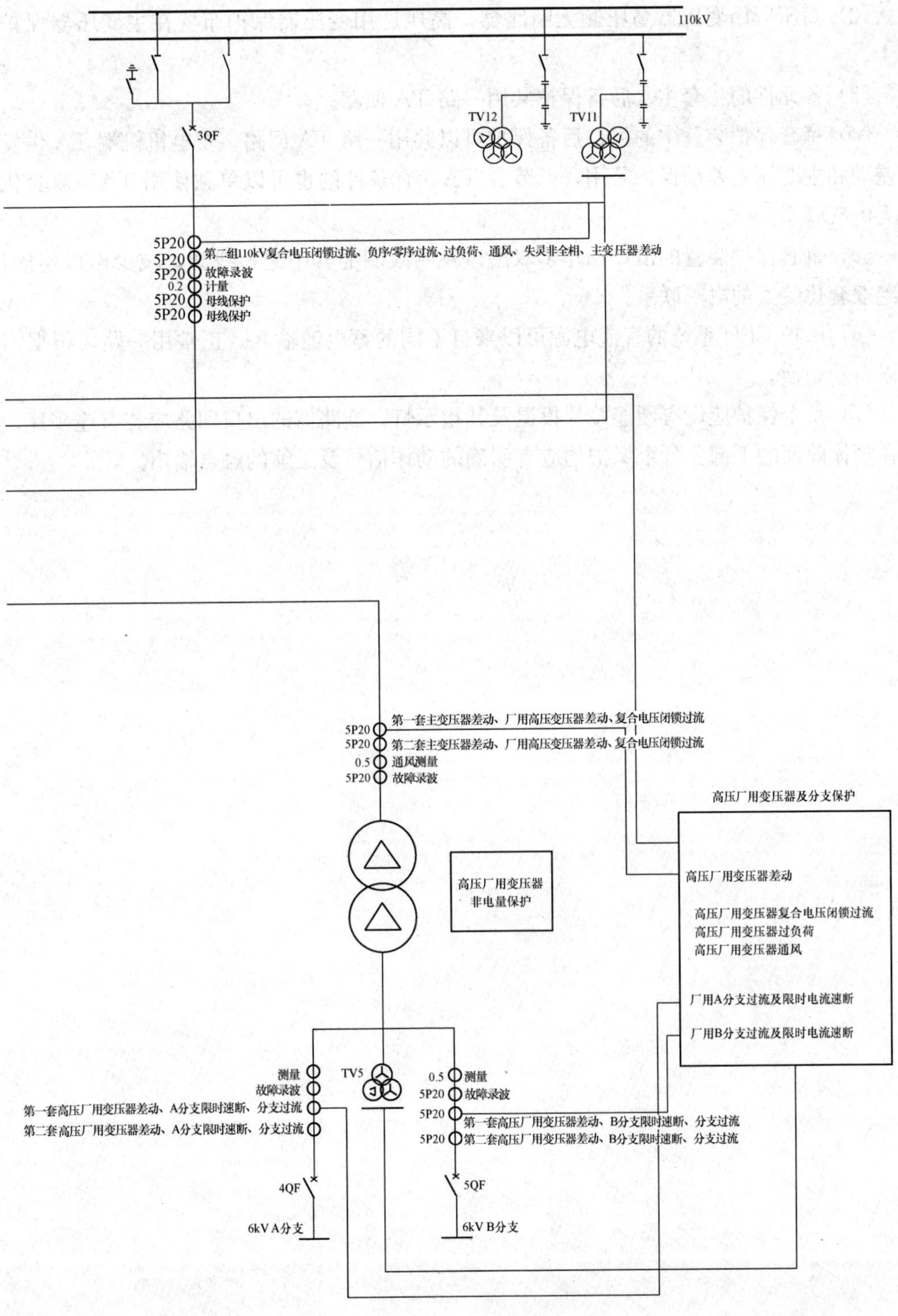

110kV

TV12

TV11

3QF

5P20

5P20 第二组110kV复合电压闭锁过流、负序/零序过流、过负荷、通风、失灵非全相、主变压器差动

5P20 故障录波

0.2 计量

5P20 母线保护

5P20 母线保护

第一套主变压器差动、厂用高压变压器差动、复合电压闭锁过流

5P20

5P20 第二套主变压器差动、厂用高压变压器差动、复合电压闭锁过流

0.5 通风测量

5P20 故障录波

高压厂用变压器及分支保护

高压厂用变压器差动

高压厂用变压器复合电压闭锁过流

高压厂用变压器过负荷

高压厂用变压器通风

厂用A分支过流及限时电流速断

厂用B分支过流及限时电流速断

高压厂用变压器

非电量保护

测量

故障录波

第一套高压厂用变压器差动、A分支限时速断、分支过流

第二套高压厂用变压器差动、A分支限时速断、分支过流

TV5

0.5 测量

5P20 故障录波

5P20

第一套高压厂用变压器差动、B分支限时速断、分支过流

5P20 第二套高压厂用变压器差动、B分支限时速断、分支过流

4QF

5QF

6kV A分支

6kV B分支

组的双重化保护配置图

(2) 高压厂用变压器高压侧无断路器，高压厂用变压器保护布置在主变压器保护机箱中。

(3) 各元件的一套主、后备保护共用一路 TA 回路。

(4) 每套保护装置中的主、后备保护可以共用一路 TA 回路。发电机机端 TA 供发电机差动和主变压器差动保护公用，以节省 TA，有条件的也可以单独使用 TA，双套化之间无电气联系。

(5) 每套保护装置的出口动作于双出口跳闸线圈的其中之一线圈，减少出口连接片，杜绝双套化装置的电气联系。

(6) 保护 CPU 系统的直流电源可以来自不同的蓄电池输入。正常用一路，根据需要可以自动切换。

(7) 每个保护应设有硬连接片投退及其指示灯，断路器的出口回路应装有连接片，布置在柜体前面的下部。各个保护均应有明确的动作信号及足够的触点输出。

第五章 厂用电源和高压电动机保护及其整定计算

为了保证厂用电系统安全运行，并将故障和异常运行对电厂的影响减小到最少，就必须根据厂用电接线、变压器容量及电压等级等因素，装设满足运行要求的快速、灵敏、有选择性、可靠的继电保护装置。这就要求在设计阶段不仅对变压器保护，而且也要对开关设备及保护元件选型充分考虑，认真选择，并进行必要的整定计算，以使现场能实现上、下级继电保护的良好配合。

第一节　高压厂用工作及启动/备用变压器保护

高压厂用工作及启动/备用变压器在实际运行中，也可能发生各种类型的故障和异常运行方式，应根据《继电保护和安全自动装置技术规程》（GB/T 14285—2006）、变压器容量及电压等级和厂用电接线等因素，装设满足运行要求的继电保护装置。

高压厂用变压器及启动/备用变压器保护除按《继电保护和安全自动装置技术规程》（GB/T 14285—2006）配置继电保护外，还应该注意其运用以往的设计经验，现将工程设计中常遇到的以下各种接线处理方案列出，仅供参考。

（1）差动回路接线。当一个差动侧有两组 TA 时，如变压器低压侧有两个分支，各有一组独立的 TA，其电流回路应分别引入差动保护装置，尽可能避免将两个分支 TA 并联后接入差动保护。

（2）微机型保护用 TA 的接线，均可在配电装置端子箱内接成星形，当启动/备用变压器为 YNyy 接线时，为防止外部发生单相接地故障时零序电流产生的不平衡引起差动保护误动作，要求微机保护装置由软件解决平衡问题。当变压器接线为 Yd 接线时，差动保护各侧将出现相角差的问题，也可由微机保护装置本身的软件来解决角差和平衡问题，以达到等效于 TA 用三角形接线的效果，不仅可防止高压侧（直接接地系统）一点接地故障时差动保护误动问题，也便于检测 TA 断线。

（3）《继电保护和安全自动装置技术规程》（GB/T 14285—2006）不要求设置 TA 断线闭锁保护装置。但是，当差动保护的 TA 断线时，应发出断线信号，如果差电流值超过保护的动作定值时，则动作于跳闸，同时也应发出断线信号，这样有利于人身和设备的安全。

（4）关于变压器低压分支的保护装置。传统的做法是把分支保护也配置在变压器保护装置中，现在许多用户认为该保护装置接线比较简单，加之目前 6kV 已有各种类型的综合保护装置，功能齐全，动作可靠，安装调试方便，可以装设在厂用 6kV 配电装置低压分支进线的开关柜内，保护动作时直接作用于断路器跳闸，也缩短了电流回路的长度，节约电缆，从而减少 TA 的负担。此外，由于保护装置是直接装设在低压分支进线的开关柜内，位置对应，维护管理也方便，不易出现差错。

(5) 当变压器低压侧是采用中阻接地方式时，应在低压侧中性点装设有零序过流保护，并设两段时限，第一段时限跳本侧分支断路器，第二段时限动作于全停。

(6) 在启动/备用变压器的高压侧装设低电压启动（或复合电压启动）的过电流保护装置时。在具体工程设计中，应注意当变压器的低压侧厂用分支上装设有TV时，则应取用该分支上TV的电压。当复合电压过电流保护的电压是取自对应厂用6kV母线段上的TV电压时，应适当采用闭锁切换措施，以避免保护拒动。

(7) 启动/备用变压器高压侧断路器的非全相保护装置装设。110kV断路器一般为三相操动机构，不需要装设非全相保护，220kV断路器也宜采用三相操动机构的断路器。当220kV断路器采用分相操动机构时，因为非全相运行可能损坏电动机，故宜装设非全相保护装置，也应装设相应的电流判别元件。

(8) 对于启动/备用变压器的零序保护，最好采用零序差动过流或采用零序方向过流保护（零序电流为接入启动/备用变压器高压侧由三相TA组成的零序滤过器，或由软件自产零序电流）接线，这样不仅可以提高保护动作的灵敏度，而且可以避免与系统零序保护的配合，因为启动/备用变压器是受电终端设备，它的低压侧没有零序电源，因此可以不与系统零序保护配合。在工程设计中，也有将零序电流保护接入中性点TA的，但这种单一的零序过电流保护，实际整定配合时，却很难做到有选择性地快速配合，当变压器发生接地故障时需要快速切除故障，但它却要与线路配合，当系统故障时又要求它较长时间动作，这就是矛盾的要求。因此，装设零序方向过流保护或零序差动过流保护是很好的解决方案。

一、高压厂用变压器保护

高压厂用变压器通常根据《继电保护和安全自动装置技术规程》（GB/T 14285—2006）考虑装设下列保护装置，其保护配置可参见本书第四章发电机—变压器组保护的有关接线图。

1. 纵联差动保护

高压厂用变压器容量为6.3MVA及以上时应装设纵联差动保护，用于保护绕组内及引出线上的相间故障，保护宜采用三相三继电器式接线瞬时动作于变压器各侧断路器跳闸，当变压器高压侧无断路器时，则应动作于发电机变压器组总出口继电器。

对变压器容量为2MVA及以上采用电流速断保护灵敏性不符合要求的变压器，也应装设本保护。

高压厂用变压器纵联差动保护接线可参见第四章本书第四章发电机—变压器组保护的有关接线图。

2. 电流速断保护

对于6.3MVA及以下的变压器，在电源侧装设电流速断保护，采用两相三继电器式接线，保护瞬时动作于各侧断路器跳闸，但对变压器容量为2MVA及以上采用电流速断保护灵敏性不符合要求的变压器应装设纵联差动保护。

3. 瓦斯保护

具有单独油箱的带负荷调压的调压装置及0.8MVA及以上油浸变压器和0.4MVA及

以上车间内油浸式变压器应装设本保护。瓦斯保护用于保护变压器内部故障及油面降低，轻瓦斯动作于信号，重瓦斯动作于变压器各侧断路器跳闸。对于发电机—变压器组，当高压厂用变压器高压侧无断路器时，则保护应动作于发电机—变压器组总出口，使各侧断路器及灭磁开关跳闸。

4. 过电流保护

过电流保护用于保护变压器及相邻元件的相间短路故障，保护装于变压器的电源侧。

对于Yyn12、Dd12接线及已装设纵联差动保护的YNd11接线的变压器，保护可采用两相两继电器式接线。

对于装设电流速断保护的YNd11接线的变压器，保护装置一般采用两相三继电器式接线，保护动作于各侧断路器跳闸。

当变压器供电给2个分段时，保护装置带时限动作于各侧断路器跳闸。对于发电机—变压器组，当高压厂用变压器高压侧无断路器时，则保护应动作于发电机—变压器组总出口。还应在各分支上分别装设过电流保护，采用两相两继电器式接线，保护动作于本分支断路器跳闸。为加速切除母线故障，必要时还应装设限时（短延时）电流速断保护，其接线同过电流保护。

当1台变压器供电给1个母线段时，装于电源侧的保护装置应以第一级时限动作于母线断路器跳闸，第二级时限动作于各侧断路器跳闸。对于发电机—变压器组，当高压厂用变压器高压侧无断路器时，则保护应动作于发电机—变压器组总出口。

对于分裂变压器，当过电流保护灵敏系数不够时，应采取措施加以解决。当采用低电压启动（或复合电压启动）的过电流保护时，其低电压元件可分别由两段厂用母线的电压互感器上引接。最好在变压器低压分支安装电压互感器，以免受断路器断开运行方式影响，否则应采取解闭锁措施（如用分支断路器辅助触点或软件解闭锁）。

5. 单相接地保护

当变压器高压侧以电缆引接，且高压侧非直接接地系统各出线装有单相接地保护时，变压器高压侧也应装设单相接地保护，保护装置瞬时动作于信号。

当在变压器低压侧中性点为低阻接地时，宜在中性点回路装设一段两级时限的零序电流保护，第一级时限动作于跳分支断路器，第二级时限动作于全跳。当一个绕组带两段母线负荷时，宜在各分支分设分支零序电流保护，此种情况下，中性点回路可只设一级时限动作于全跳。

6. 分支线纵联差动保护

在低压侧较长的电缆分支线上，根据具体接线装设分支线纵联差动保护。当变压器供电给两个分段，且变压器至厂用配电装之间的电缆两端均装设断路器时，每分支应分别装设纵联差动保护，保护采用两相两继电器式接线，瞬时动作于本分支两侧断路器跳闸。

二、高压厂用备用变压器及启动变压器保护

高压厂用启动/备用变压器通常根据《继电保护和安全自动装置技术规程》（GB/T 14285—2006）考虑装设下列保护装置。其保护配置可参见本章所列有关保护接线图。

1. 纵联差动保护

对于 10MVA 及以上或带有公用负荷的 6.3MVA 及以上和 2MVA 及以上，采用电流速断保护灵敏性不符合要求的变压器，应装设纵联差动保护，其保护范围不包括各分支线。保护构成方式同工作变压器。对高压侧接于 220kV 的采用双重化配置。应当注意高压侧 TA 采用 D 接线或采用 Y 接线与软件程序处理配合，防止外部单相接地时，零序电流引起差动保护的误动作。

2. 电流速断保护

对于 10MVA 及以下或带有公用负荷 6.3MVA 以下的变压器，如灵敏系数满足要求，在电源侧宜装设电流速断保护。当高压侧为非直接接地系统时，保护一般采用两相两继电器式接线或两相三继电器式接线。当高压侧为直接接地系统时，保护采用三相三继电器式接线。保护瞬时动作于变压器各侧断路器跳闸。

3. 瓦斯保护和过电流保护

瓦斯保护和过电流保护构成方式基本与工作变压器相同。

对于分裂变压器过电流保护，当过电流保护灵敏系数不够时，可采用低电压（或复合电压）启动的过电流保护，其电压元件可分别由两段厂用母线的电压互感器上引接，当作为两台机的备用时则可能需四套闭锁元件，接线复杂，最好在变压器低压分支安装电压互感器，以简化接线。工程中有的采用复合电流保护方案，保护由负序电流元件和单相电流元件构成，此保护方案使用元件较少，接线简单，但单相电流元件必须躲过启动电流，三相对称短路灵敏度并不高，因此需在三相短路时校验满足灵敏度要求。因为微机保护信息可以共享，最好取两相，以避免单元件可能发生的保护拒动。

4. 高压侧接地故障零序过电流保护

高压侧接于 110kV 及以上中性点直接接地系统且变压器中性点为直接接地运行时，备用变压器应装设零序过电流保护。保护动作于各侧断路器跳闸。由于高压厂用备用变压零序阻抗较系统零序阻抗大得多，对系统零序网络影响不大，但当备用变压器中性点接地运行，在中性装设零序电流保护使得保护的整定配合复杂，故有不少电厂设计为变压器中性点不接地。但当高压厂用备用变压采用中性点有载跳压时一般调压开关为 35kV，要求中性点直接接地运行。因此，零序电流保护可有下列方式：

（1）将零序电流保护配置于高压侧出口处，也可以采用零序方向过流保护。此时，零序电流保护单纯为本变压器的接地短路后备保护，不需与系统保护配合。此方案接线简单，保护灵敏系数较高，也得到了广泛应用。

（2）当灵敏系数受运行方式变化影响不够时，可采用零差过流（或零差）接地故障后备保护方式，不但灵敏系数高，而且可避免与系统接地保护配合，使整定计算变得相当简单。

（3）零序电流保护装设在变压器中性线回路上，采用零序电流保护或零序电流电压保护，其直接接地零序电流整定值与出线回路零序保护配合。

5. 备用分支限时电流速断及过电流保护

保护构成方式同备用电抗器及高压厂用变压器高压分支限时电流速断及过电流保护，保护具体接线视一次接线和所采用的保护形式定。

6. 低压侧为低阻接地时的单相接地保护

低压侧为低阻接地系统时，其单相接地保护的装设原则同高压厂用变压器低阻接地保护。

三、高压启动/备用变压器保护接线简介

(一) 传统保护接线

保护接于 110kV 母线的高压厂用备用变压器保护接线图，见图 5-1。

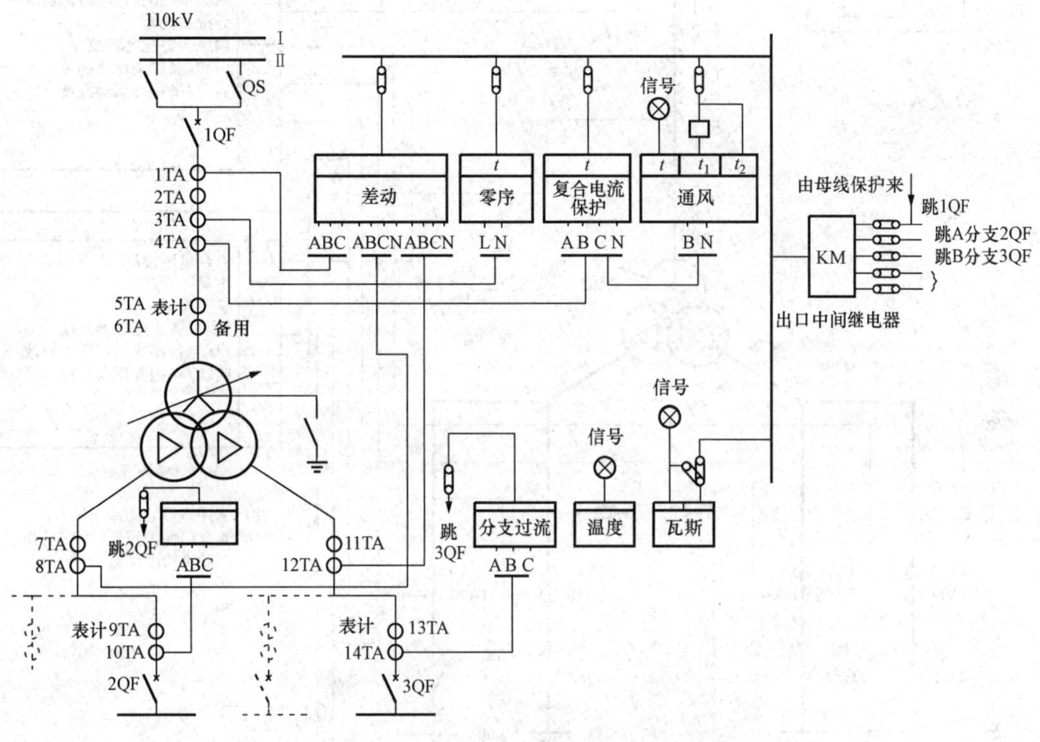

图 5-1　保护接于 110kV 母线的高压厂用备用变压器保护接线图（低压侧为△接线）

该接线断路器为三相操动机构，图 5-1 中差动保护接于高压侧 1TA 和低压侧分别接于两个分支 8TA 及 12TA。由图 5-1 可见，该差动保护由于低压侧 TA 的安装位置所限，保护范围会受到影响，高压侧零序电流保护接于 3TA，当中性点为直接接地时，该接线具有接线简单，保护灵敏度高的优点。相间后备保护为复合过电流保护，接于高压侧 4TA，对称短路可由相过电流保护进行保护，不对称短路负序过流保护则会有较高的灵敏度。低压侧各分支则分别装设了分支过电流保护。必要时可以增设分支限时电流速断保护，以提高本分支母线短路时的保护动作速度。

(二) 接于 110kV 母线的微机型启动/备用变压器保护接线

1. 保护配置接线图

(1) 分裂变压器低压侧绕组为 D 接线，双分支的保护配置接线图示例见图 5-2，其保护配置是按单套考虑的，故在保护分箱及 CPU 的分配充分考虑了当主保护拒动时，后备保护能可靠动作的要求。

本保护接线特点是后备保护为复合电压闭锁的过电流保护，电流量取自高压侧的

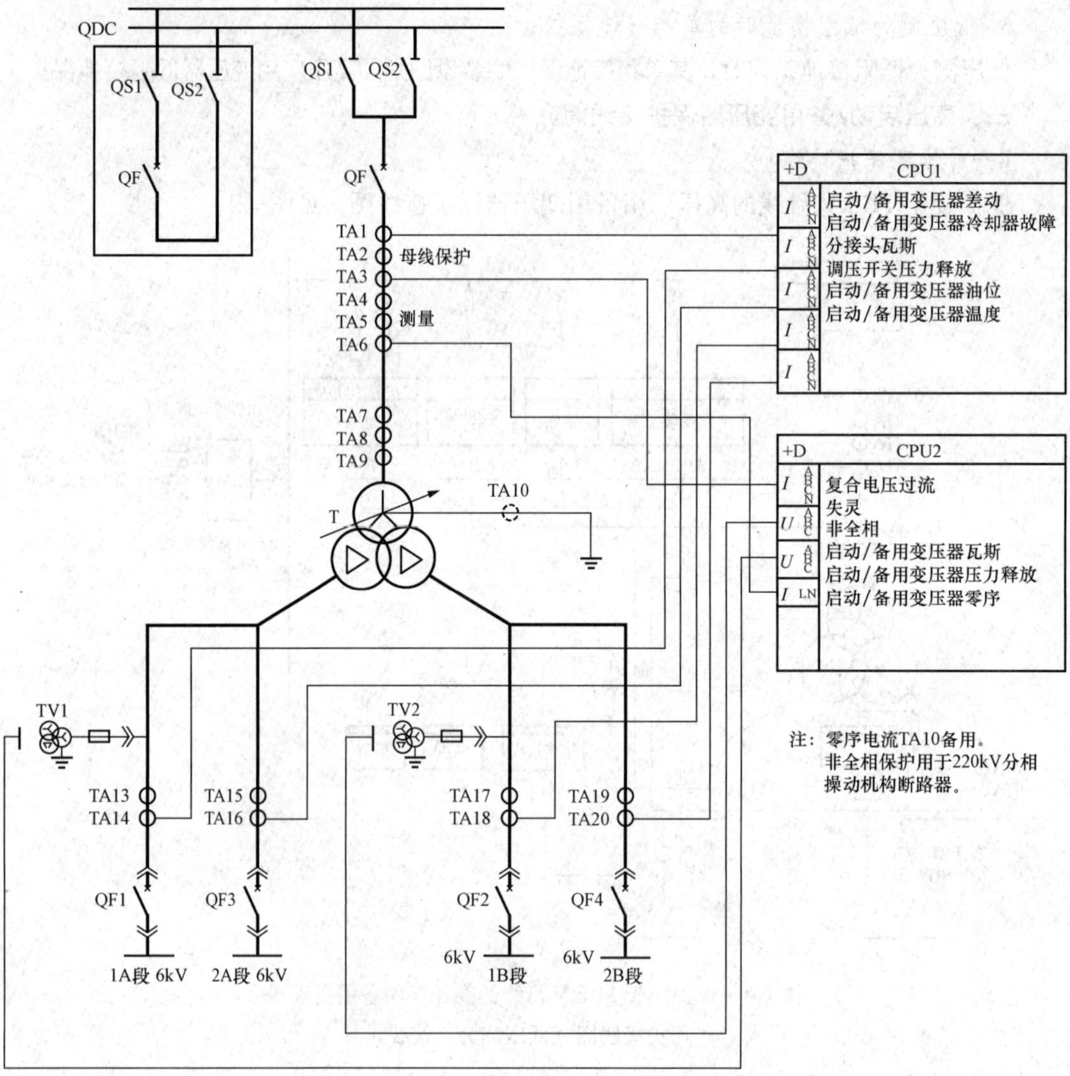

注：零序电流TA10备用。
非全相保护用于220kV分相操动机构断路器。

图 5-2　接于 110kV 母线的微机型启动/备用变压器保护配置接线图（低压侧为 D 接线双分支）

TA，电压量应取自低压分支的 TV。这样，保护整定可不必躲过自启动电流，从而达到提高保护灵敏度的目的。分支限时电流速断保护及分支过流保护拟装设在就地高压开关柜上，采用综合保护装置。零序电流保护也可以与高压侧复合电压闭锁的过电流保护 TA 公用由软件自产零序电流。

另外，根据目前微机保护使用的情况，建议最好将零序电流保护设计为零序方向闭锁过电流保护，这样不但可以缩短保护动作时间，而且可以简化与系统零序保护的复杂配合。本接线不推荐变压器中性点经击穿间隙接地，当用户要求即可以选择直接接地运行，又可以选择经击穿间隙接地运行时可参考在第三章变压器保护中介绍的方案。与图 5-2 相关的说明如下：

1）电气主接线特点。110（或 220）kV 侧为双母线接线的中性点直接接地系统。备用变压器低压侧为双分裂绕组，△侧接线为双分支。110kV 母线要求三相设有母线 TV，并可经闭锁切换。

2）变压器 TA、TV 配置。变压器高压套管上装设 3 组 TA；6kV 侧 A、B 分支上按已装设 TV 考虑，保护所需电压将取自相应分支线段的 TV 电压和 TA 的二次电流（各侧 TA 可选用 1A 或 5A）。

3）启动/备用变压器的保护配置。反映故障及异常的电量保护有差动保护、变压器零序电流保护、变压器高压侧复合电压过流保护。非电量保护有瓦斯保护、压力释放保护、冷却器故障、变压器温度、变压器油位、变压器调压开关瓦斯保护、调压开关压力释放保护。

顺便说明，当启动/备用变压器接于 220kV 系统，断路器为分相操动机构时，则设有断路器非全相保护、断路器失灵保护。

4）交直流电源配置。保护柜引接一路 110V 或 220V 直流电源，其进线电源不装设自动开关，供电给各 CPU 系统和非电量系统的用电。每个 CPU 系统电源和非电量系统电源分别设有小型直流自动开关。管理机和打印机电源采用交流 220V UPS 电源，设有小型交流自动开关。除打印机电源外，各自动开关均设有监视，可以发出断电信号。

5）保护出口及压板配置。保护柜设置的保护出口分别为：跳 110kV 断路器跳闸线圈Ⅰ或Ⅱ；跳 6kV 1A/1B 段断路器；跳 6kV 2A/2B 段断路器；启动 220kV 断路器失灵保护；启动故障录波器；给出远动信号。母线解列：跳 220kV 母联断路器（或分段）跳闸线圈。在每套保护装置的出口回路设置保护连接片。

6）保护信息输出方式。所有保护信号可通过管理机的 RS485 串行口与微机监控（监测）系统进行通信。每套保护装置输出 3 副信号无源触点，其中 1 副启动故障录波器，另 2 副可送至光字牌和其他用途。同时，每套保护装置还输出一副跳闸触点，启动保护总出口跳闸回路。

7）GPS 对时功能。保护装置具有 GPS 对时功能，用串行口接收 GPS 发出的时钟，并接收 GPS 定时发出的硬同步对时脉冲，刷新 CPU 系统的秒时钟。

（2）分裂变压器低压侧绕组为 yn0 接线低电阻接地的保护配置图示例见图 5-3（a），该保护配置也是按单套配置考虑的，充分考虑了主保护拒动时，后备保护能可靠动作的要求，为微机型保护。与图 5-2 的主要差别就在于变压器低压侧分裂绕组为 yn0 接线，用低电阻接地。保护配置与图 5-2 配置原则相同部分不再详述。

图 5-3（a）接线的特点是启动/备用变压器低压侧是采用中阻接地方式，因此在低压侧中性点装设有零序过流保护，并设两段时限，第一段时限跳本侧分支断路器，第二段时限动作于全停。需要与下一级零序电流保护配合。由于需要装设分支零序电流保护，分支保护考虑下放安装在高压开关柜内。

另外在保护配置中，启动/备用变压器的高压侧也装设有复合电压过电流保护装置，设一段时限，动作于“跳各侧断路器”，它主要是作为高压厂用变压器内部故障的后备保护（在时间整定上应该考虑与低压厂用分支的过电流保护装置的动作时间相配合）。但是，该复合电压过电流保护的电压是取自相应厂用 6kV 母线段上的 TV 电压，这样就需要考虑厂用电源切换引起的误闭锁问题。如果工程设计中，启动/备用变压器的低压侧厂用分支上能装设 TV 时，则宜改为取自厂用分支上 TV 的电压。

（3）超高压系统母线接启动/备用变压器时，差动保护的保护范围及不同侧的电流平衡问题。常规的接法是启动/备用变压器差动保护高压侧的电流取自母线侧的 TA，如图 5-3（a）所示。但在超高压系统，存在的问题是：用母线侧断路器安装处的大电流变比 TA 与低压侧分支的 TA 共同构成的差动保护，由于高压侧用的是与母线保护相当的大电流 TA 变比，两侧相对应的启动/备用变压器二次额定电流相差太大，给保护的平衡调节造成困难。目前设计院与制造厂解决的方法一般是如图 5-3（b）所示。启动/备用变压器差动保护是利用高压套管 TA 与低压侧分支 TA 单独构成一套差动保护，而另外再由高压引线侧 TA 与启动/备用变压器高压套管 TA 构成另一套短引线差动保护来保护高压引线。较为简便的方法采用图 5-3（c）所示方案。只需在高压母线侧 TA 增加一套电流速断保护

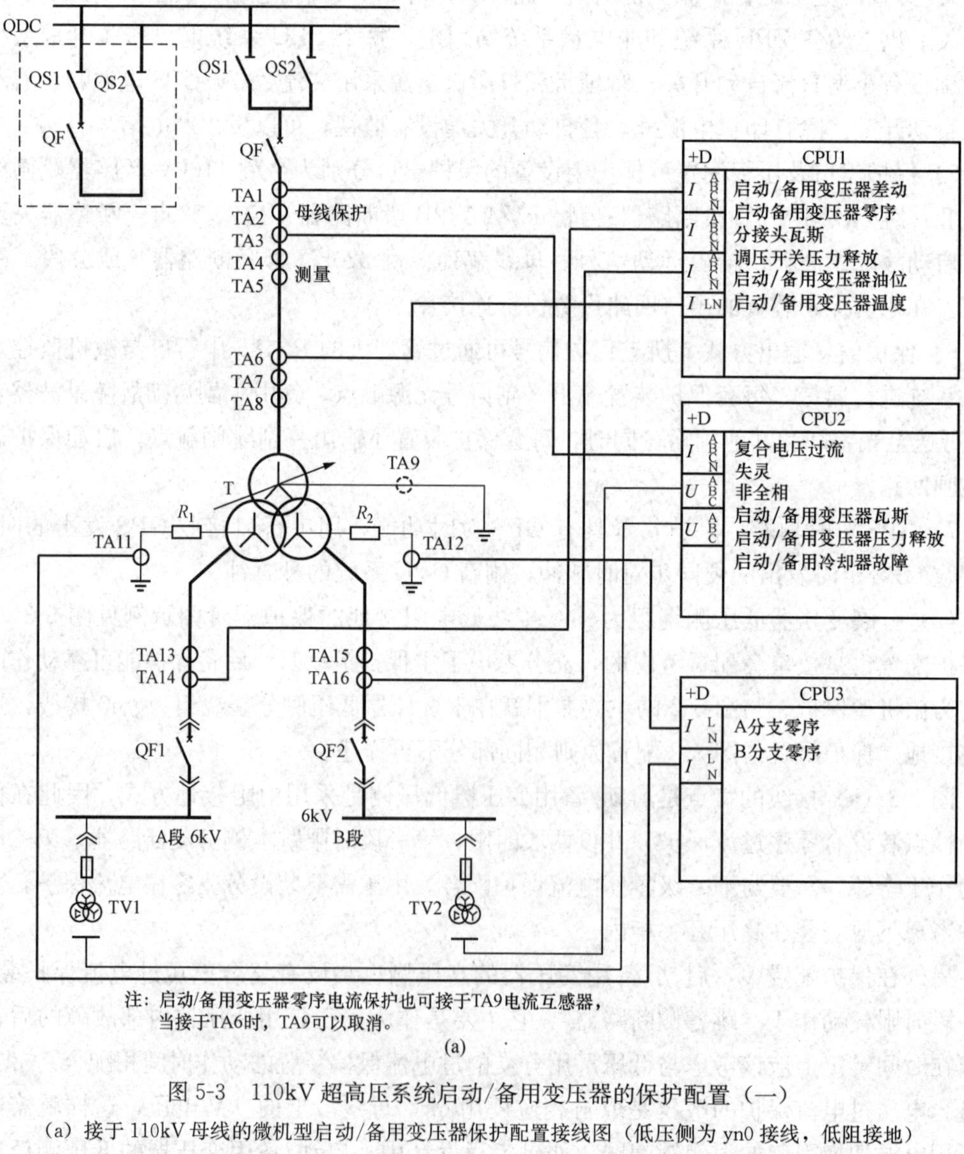

注：启动/备用变压器零序电流保护也可接于TA9电流互感器，
当接于TA6时，TA9可以取消。

(a)

图 5-3　110kV 超高压系统启动/备用变压器的保护配置（一）

(a) 接于 110kV 母线的微机型启动/备用变压器保护配置接线图（低压侧为 yn0 接线，低阻接地）

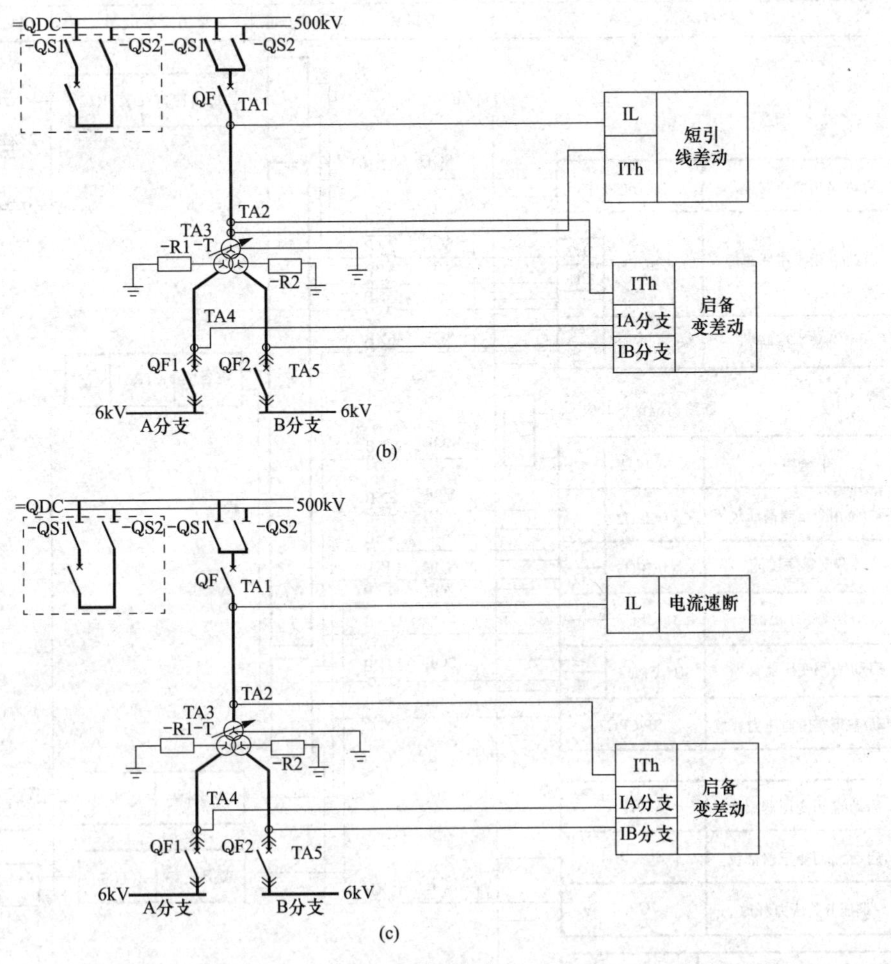

图 5-3　110kV&超高压系统启动/备用变压器的保护配置（二）

（b）超高压系统启动/备用变压器保护差动 TA 电流平衡方案；

（c）超高压系统启动/备用变压器差动 TA 电流平衡方案

（含过电流保护），这样不仅省了一组启动/备用变压器高压侧套管 TA，而且简化了保护接线，尤其是还有一个突出优点：对启动/备用变压器高压绕组部分兼有快速主保护的作用。这种保护方式在线路变压器组接线中早已有成熟的经验。

2. 保护逻辑图

启动/备用变压器的微机保护是基于硬件提供的信息，通过软件编程来实现保护原理，在设计图中一般应有保护原理逻辑框图，以说明每个保护的构成原理、保护的跳闸方式及跳闸出口。应有保护信号中间继电器和出口中间继电器的编号及保护出口压板的编号等，以便用户阅读图纸，调试、维护更加方便。

（1）低压侧为△接线的双分支启动/备用变压器微机保护逻辑回路图见图 5-4，其保护的动作逻辑详见图 5-4 中的逻辑关系。

（2）低压侧为 yn0 接线的低阻接地启动/备用变压器微机保护原理逻辑图见图 5-5，其保护的动作逻辑也详见图 5-5 中的逻辑关系。

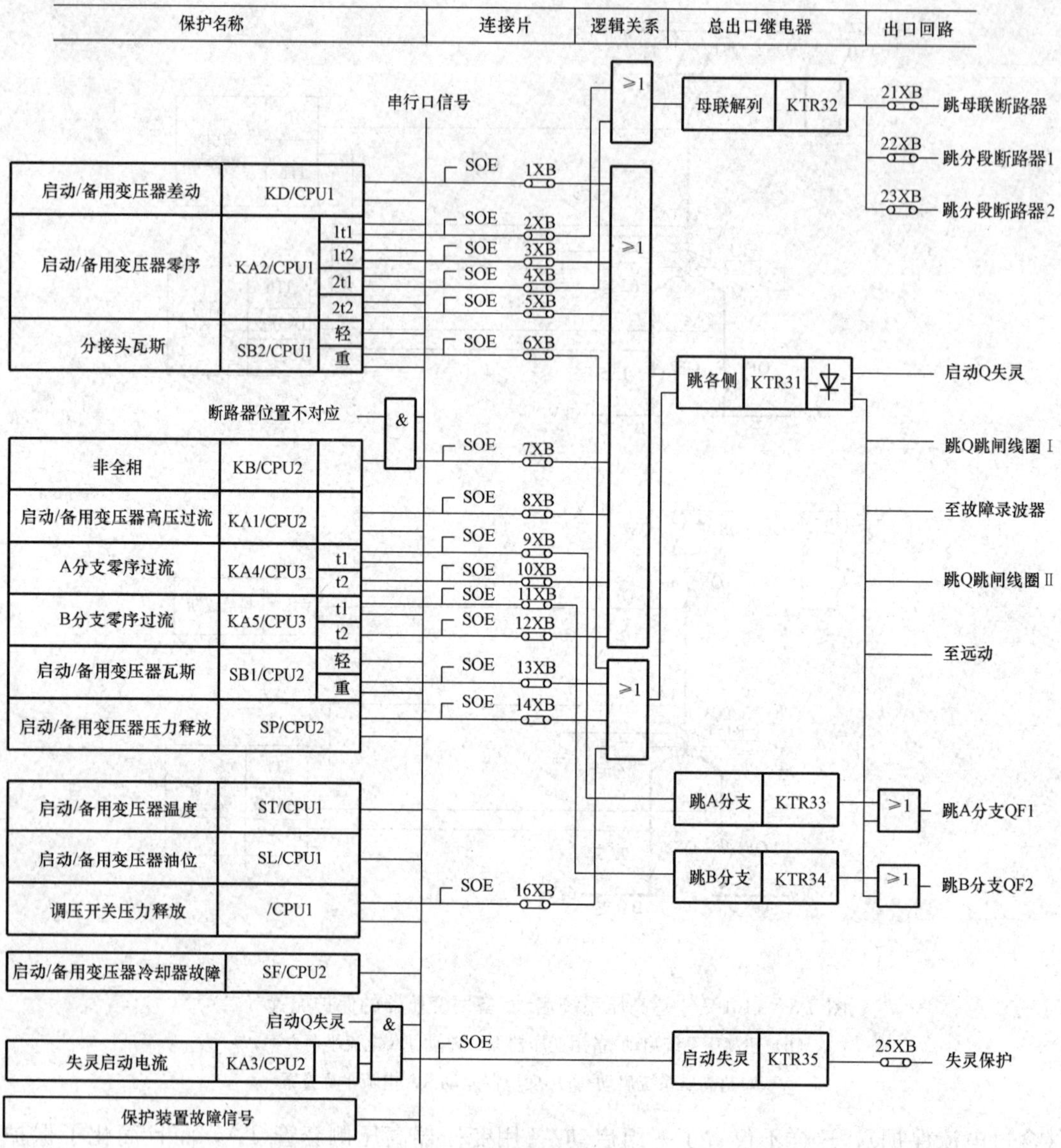

图 5-4　低压侧为△接线的双分支启动/备用变压器微机保护逻辑回路图

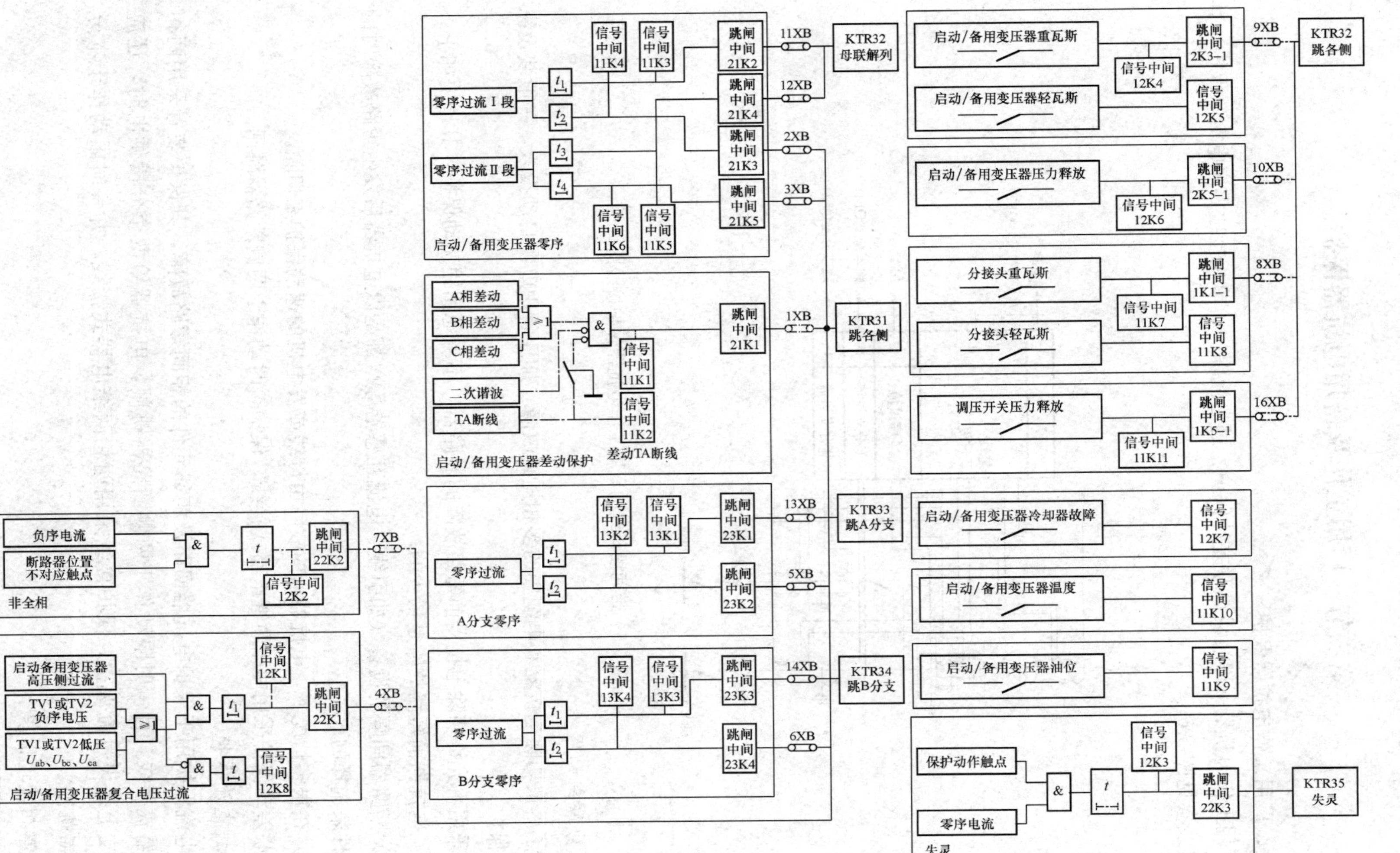

图 5-5　低压侧为 yn0 接线的低阻接地启动/备用变压器微机保护原理逻辑图

第二节 厂用工作及备用电抗器保护

一、厂用工作电抗器保护

厂用工作电抗器一般装设纵联差动保护、过电流保护、单相接地零序电流等保护，其保护接线参见图5-6。

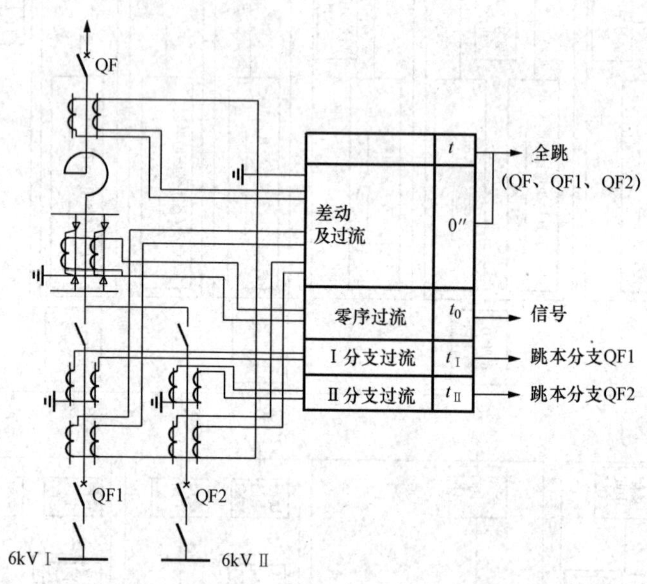

图5-6 带两段母线的厂用工作电抗器保护接线图

1. 纵联差动保护

为了尽快切除电抗器和电缆中的多相短路故障，加速备用电源自动投入，一般装设纵联差动保护。

对采用不允许切除电抗器前短路故障的断路器，不考虑闭锁速动保护，其理由如下：

(1) 电抗器前短路故障是稀少的；

(2) 断路器间隔的设备（如引线、电流互感器等）都是以电抗器后发生短路故障时的短路条件来选择的；

(3) 在很多情况下，电抗器前的故障由母线或发电机的速动保护来切除。

纵联差动保护采用两相两继电器式接线，保护瞬时动作于两侧断路器跳闸。

2. 过电流保护

过电流保护用于保护电抗器回路及相邻元件的相间短路故障，其保护装置采用两相两继电器式接线，且带时限动作于两侧断路器跳闸。电抗器给两个分段供电时，还应在各分支上装设过流保护，保护接线采用两相两继电器式接线，并带时限动作于本分支断路器跳闸。

3. 单相接地保护

当电抗器所接电压系统中的各出线装有单相接地保护时，电抗器回路也需装设单相接地保护，以便有选择性地反应单相接地故障。

保护由接于零序电流互感器上过电流保护构成。当从电抗器接出的电缆为 2 根及以上，且每根电缆分别装设无变比的零序电流互感时，应将各互感器的二次绕组串联后接至电流保护。当采用新型有准确变比的电流互感器时，互感器二次并联后接入零序电流保护。

电缆终端盒的接地线应穿过零序电流互感器，以保证保护正确动作。在非直接接地系统保护带时限动作于信号。

二、厂用备用电抗器保护

厂用备用电抗器一般装设过电流保护、备用分支过电流保、单相接地电流保护等保护，其过电流保护与单相接地保护配置接线见图 5-7。

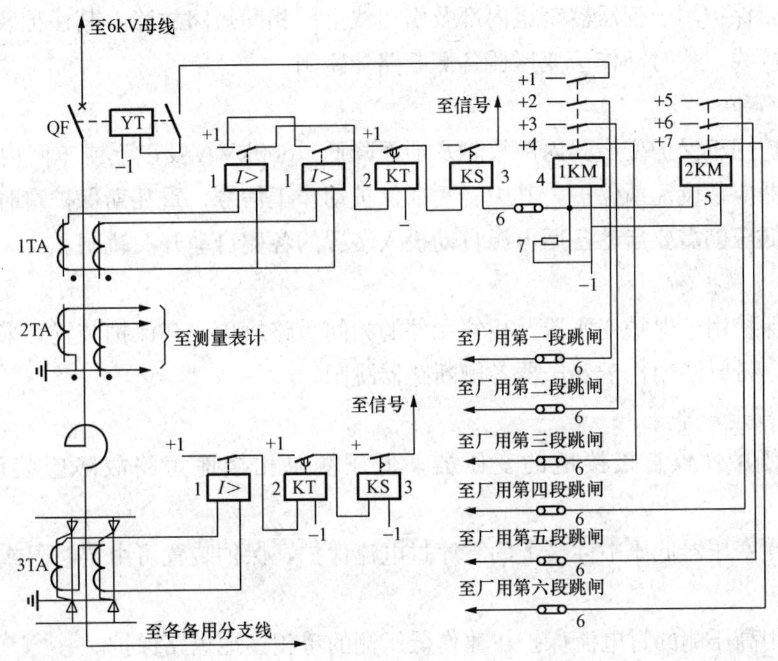

图 5-7　厂用备用电抗器过电流保护与单相接地保护配置接线图

1—电流保护；2—时间继电器；3—信号继电器；4、5—中间继电器；6—连接片；7—电阻器

1. 过电流保护

过电流保护用于保护电抗器回路及相邻元件的相间短路故障，其保护装置采用两相两继电器式接线，带时限动作于电源侧及各分支断路器跳闸。

2. 备用分支过电流保护

备用分支过电流保护用于保护本分段母线及相邻元件相间短路故障，其保护装置采用两相两继电器式接线，带时限动作于本分支断路器跳闸。

当备用电源自动投入至永久性故障时，本保护应加速跳闸，即短时间内应由备用电源自动投入装置动作触点解除延时回路，投入正常运行后发生故障时，应带延时动作。

3. 单相接地保护

备用电抗器单相接地保护装设条件与构成方式同工作电抗器。

第三节 低压厂用工作及备用变压器保护

一、低压厂用工作及备用变压器一般装设保护

1. 纵联差动保护

2MVA 及以上变压器，用电流速断保护灵敏性不符合要求时，应装设纵差保护，保护宜采用三相三继电器式接线，瞬时动作于各侧断路器跳闸。

2. 电流速断保护

电流速断保护用于变压器绕组内部及引出线上的相间短路故障，其保护装置采用两相三继电器式接线，瞬时动作于变压器各侧断路器跳闸。

3. 瓦斯保护

瓦斯保护用于保护变压器内部故障及油面降低。800kVA 及以上或车间内 400kVA 及以上的变压器应装设瓦斯保护，其中轻瓦斯保护动作于信号；重瓦斯保护瞬时动作于高压侧断路器及低压侧需要启动备用电源自动投入装置的各侧自动开关跳闸。

4. 过电流保护

过电流保护用于保护变压器及相邻元件的相间短路故障，其保护装置宜采用两相两继电器式接线，带时限动作于变压器各侧断路器跳闸。

5. 单相接地短路保护

对低压侧中性点直接接地的变压器，低压侧单相接地短路故障应装设下列保护之一：

(1) 装在变压器低压中性线上的零序过电流保护，保护装置可由定时限或反时限电流继电器组成。

(2) 利用高压侧的过电流保护，兼作低压侧的单相接地短路保护。

保护装置带时限动作于变压器各侧断路器。

二、低压变压器保护接线举例

1. 带一段母线 Yyn0 接线低压厂用工作变压器保护接线图举例

图 5-8 使用于主要以电流速断保护和瓦斯保护作为主保护，以过电流保护作为变压器后备保护，以及以低压侧中性点零序电流保护作为低压侧单相接地故障保护的低压变压器。

2. Yyn0 接线的低压厂用备用变压器保护接线图举例

图 5-9 使用于低压厂用备用变压器，其接线要求变压器保护动作跳开各备用分支断路器。

3. 带两段母线 Yyn0 接线低压厂用工作变压器保护接线图举例

当变压器供给 2 个分段及以上时，应在各分支线上装设过电流保护，带时限动作于本分支断路器跳闸，其保护接线图见图 5-10。

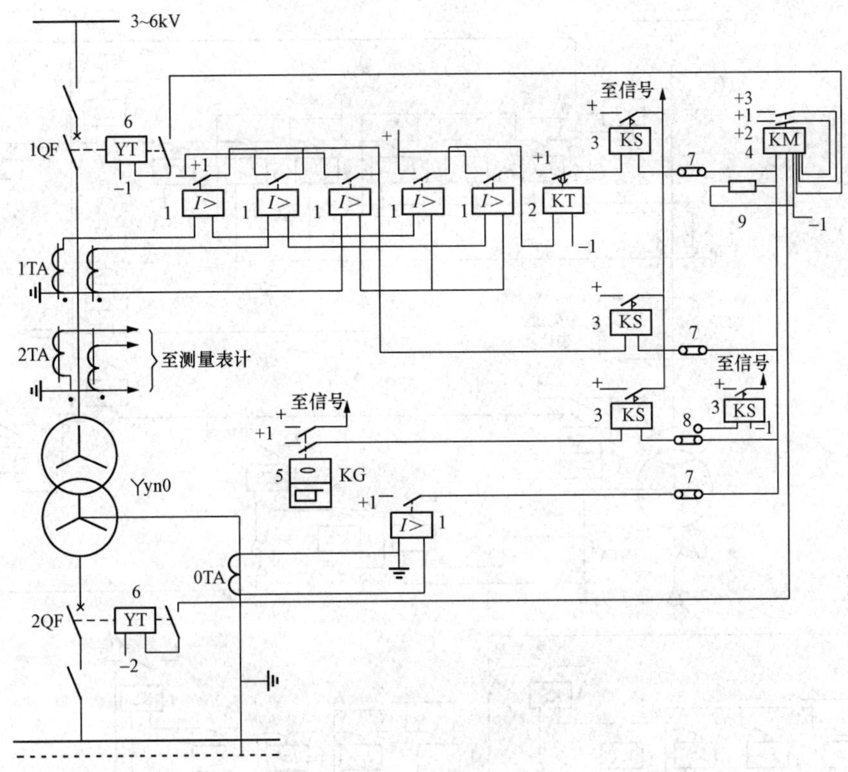

图 5-8　带一段母线 Yyn0 接线低压厂用工作变压器保护接线图

1—电流继电器；2—时间继电器；3—信号继电器；4、5—中间继电器；

6—气体继电器；7—连接片；8—切换片；9—电阻器

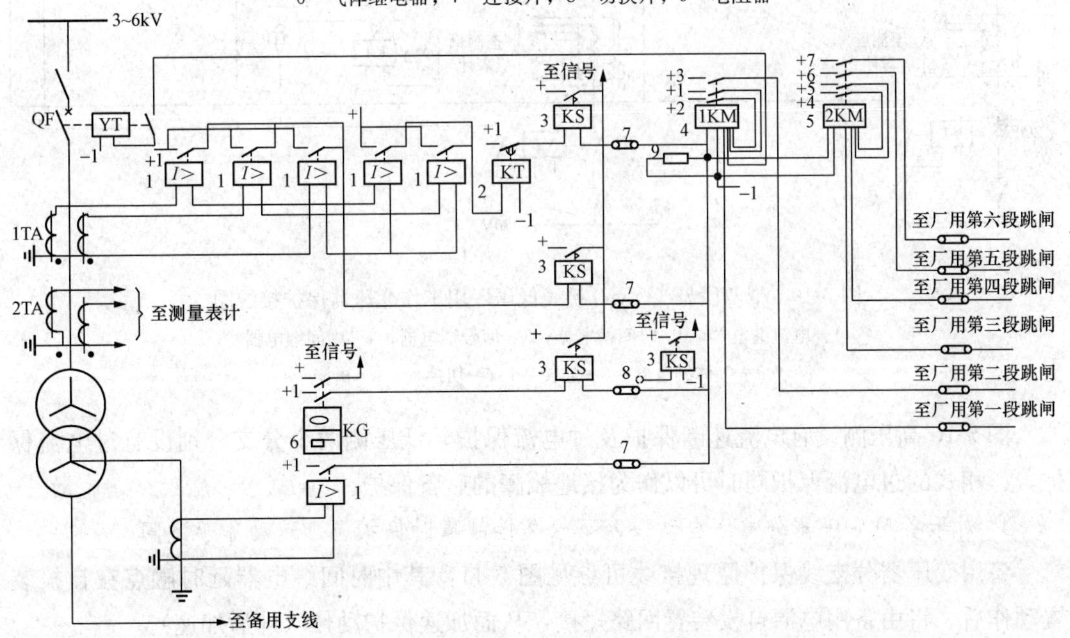

图 5-9　Yyn0 接线的低压厂用备用变压器保护接线图

1—电流保护；2—时间继电器；3—信号继电器；4、5—中间继电器；

6—气体继电器；7—连接片；8—切换片；9—电阻器

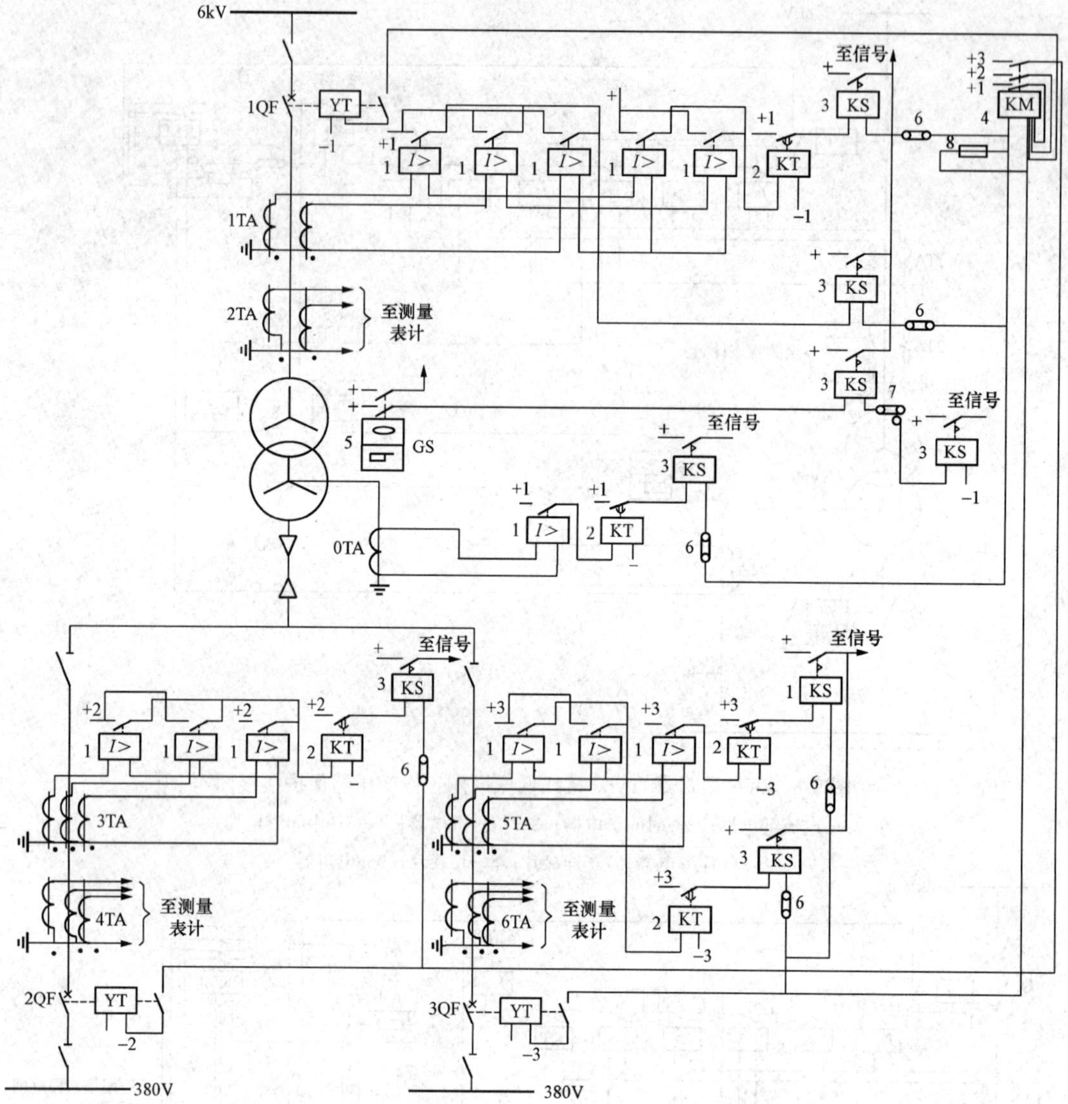

图 5-10　带两段母线 Yyn0 接线低压厂用工作变压器保护接线图

1—电流继电器；2—时间继电器；3—信号继电器；4—中间继电器；
5—气体继电器；6—连接片；7—切换片；8—电阻

图 5-10 高压侧设有电流速断保护及过电流保护，低压侧两个分支分别设有过电流保护，三相式的过电流保护同时可以作为接地故障的后备保护。

4. 对于备用变压器分支线自动投入至永久性故障时保护应加速动作于跳闸

备用变压器分支线保护原理接线可参见图 5-11，其中时间继电器延时触点在自投装置动作后，将由备用电源自投装置回路短接，从而加速保护动作（即后加速）。

当变压器远离保护安装处时，为了节省电缆，高压侧的电流保护有的用两相三继电器式接线，从而省去低压侧的零序过电流保护，低压侧电流分布见图 5-12。此时，对低压侧单相接地保护可适当降低灵敏系数，灵敏系数可取 1.25。

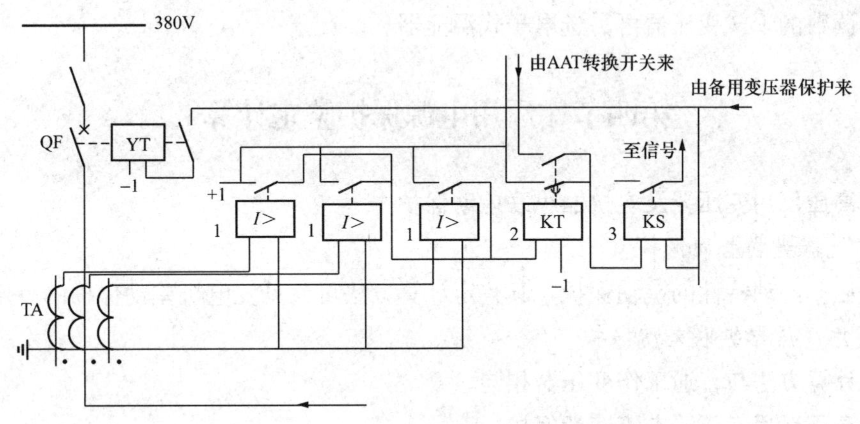

图 5-11 低压厂用备用变压器低压侧各分支线保护原理接线图

1—电流继电器；2—时间继电器；3—信号继电器

当变压器远离供电地点，变压器高压侧的保护动作于各侧断路器跳闸有困难时，可以只动作于高压断路器，低压侧可另设低电压保护，带时限动作于低压侧断路器跳闸。

当变压器低压侧有分支时，可利用分支上的零序滤过器回路构成零序保护，保护装置可由定时限或反时限电流继电器组成，带时限动作于本分支断路器跳闸。

当变压器中性点为高阻接地时，零序电流保护延时动作于信号。

5. 高压侧单相接地保护

当所连接的高压厂用电系统各出线装有单相接地保护时，则在变压器高压侧也应装设单相接地保护，保护的构成方式同电抗器的单相接地保护。

当所连接的高压厂用电系统为低阻接地系统时，变压器高压侧及引线单相接地时，零序电流保护动作于跳闸。

6. 高阻接地低压厂用电系统的单相接地保护

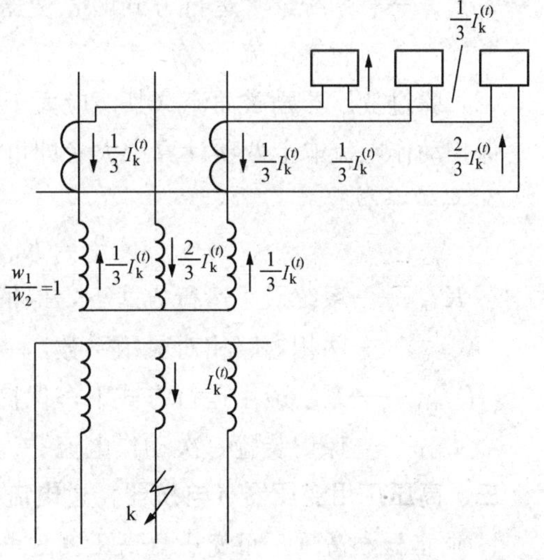

图 5-12 低压厂用变压器低压侧单相接地短路时电流分布图

高阻接地低压厂用电系统，单相接地保护应利用中性点接地设备上产生的零序电压或零序电流来实现。保护动作后应向值班地点发出接地信号。

低压厂用中央母线上的馈线回路应装设接地故障检测装置，接地检测装置宜由反应零序电流的元件构成，动作于就地信号。

7. 温度保护

400kVA 及以上的车间内干式变压器，均应装设温度保护。400kVA 及以下及 400kVA 及以上非车间内干式变压器也应装设温度保护，对于选用非电子类膨胀式温控器启动风扇、报警、跳闸，应能在不停电条件下进行检查。

远方读数的干式变压器可另选电子式温显器。

第四节 厂用电源保护整定计算

一、高压厂用变压器及电抗器纵联差动保护

1. 电抗器纵联差动保护

采用比率制动特性的差动保护，其整定计算方法可参见发电机差动保护的整定计算。

2. 厂用变压器纵联差动保护

整定计算方法与普通工作变压器相同。

二、高压厂用变压器电流速断保护

1. 动作电流整定

连接在相电流上的电流保护动作电流，可按下列条件整定。

(1) 躲过外部短路时流过保护的最大短路电流。该保护的动作电流按躲开系统最大运行方式时变压器二次侧母线的最大穿越短路电流来整定，其一次动作电流计算公式为

$$I_{op.1} = K_{rel} I''^{(3)}_{k2.max} \tag{5-1}$$

式中 K_{rel} ——可靠系数；

$I''^{(3)}_{k2.max}$ ——系统最大运行方式时，变压器二次侧母线三相短路，折算到一次侧的次暂态电流。

(2) 躲过变压器励磁涌流（其值应大于5～7倍额定电流）。

保护动作电流取上两项计算中大者即可，一般前者较大，故取前者。

2. 灵敏系数校验

$$K^{(2)}_{sen} = K_{sen.re} I''^{(3)}_{k\,min} / I_{op.1} \tag{5-2}$$

式中 $K^{(2)}_{sen}$ ——系统最小运行方式下，保护安装处发生两相短路时，保护的灵敏系数；

$K_{sen.re}$ ——两相短路相对灵敏系数，一般为0.87；

$I''^{(3)}_{k\,min}$ ——系统最小运行方式下，保护安装处的三相次暂态短路电流；

$I_{op.1}$ ——保护装置一次动作电流。

三、高压厂用变压器（电抗器）过电流保护

1. 电抗器和高压厂用变压器高压侧过电流保护

过电流保护动作电流可按下列三个条件整定计算：

(1) 躲过变压器（电抗器）所带负荷及需要自启动的电动机最大启动电流之和为

$$I_{op.1} = K_{rel} \frac{K_{st} I_N}{K_r} \tag{5-3}$$

式中 I_N ——变压器一次额定电流（有时用最大负荷电流 $I_{l.max}$）；

K_{rel} ——可靠系数；

K_r ——继电器的返回系数，一般取0.9；

K_{st} ——自启动时所引起的过负荷倍数。

用计算方法确定 K_{st} 时，应考虑变压器在最严重情况下的过负荷，不同情况下的 K_{st}

值计算如下：

1）备用电源为明备用（启动/备用变压器）时，未带负荷情况有

$$K_{st}=\frac{1}{\frac{U_k\%}{100}+\frac{s_N}{K'_{st}s_{st\Sigma}}} \tag{5-4}$$

式中　$U_k\%$——变压器短路电压百分数；

$s_{st\Sigma}$——需要自启动的全部电动机的总容量；

s_N——变压器额定容量；

K'_{st}——电动机启动时的电流倍数，一般慢速启动为取 K'_{st} 的平均值 5，快速启动参照国外取 2.5 或现场经验数据。

2）备用电源为明备用（启动/备用变压器）时，已带一段厂用负荷，再投入另一段厂用负荷的情况有

$$K_{st}=\frac{1}{\frac{U_k\%}{100}+\frac{0.58s_N}{K'_{st}s_{st\Sigma}}} \tag{5-5}$$

3）当备用电源为暗备用（厂用工作变压器）时有

$$K_{st}=\frac{1}{\frac{U_k\%}{100}+\frac{s_N}{0.6K'_{st}s_{st\Sigma}}} \tag{5-6}$$

上两式中　$s_{st\Sigma}$——需要自启动的全部电动机的总容量；

K'_{st}——电动机启动时的电流倍数，一般慢速启动为取 K'_{st} 的平均值 5；快速启动参照国外取 2.5 或现场经验数据；

$U_k\%$——变压器短路电压百分数；

s_N——变压器额定容量。

（2）躲过低压侧一个分支负荷自启动电流和其他分支正常负荷总电流

$$I_{op.1}=K_{rel}(I'_{st}+\sum I_{lo}) \tag{5-7}$$

（3）按与低压侧分支过流保护配合整定

$$I_{op.1}=K_{rel}(I'_{op.1}+\sum I_{lo}) \tag{5-8}$$

上两式中　K_{rel}——可靠系数，取 1.2；

I'_{st}——一个分支自启动电流值；

$\sum I_{lo}$——其余各分支正常总负荷电流；

$I'_{op.1}$——一分支过流保护的动作值。

保护二次动作电流按下式计算

$$I_{op.2}=K_{wi}\frac{I_{op.1}}{n_{TA}} \tag{5-9}$$

式中　K_{wi}——接线系数，星形接线或不完全星形接线时其值取 1，三角形接线取 $\sqrt{3}$；

$I_{op.1}$——保护装置一次动作电流按式（5-3）计算；

$I_{op.2}$——保护二次动作电流按式（5-9）计算，取式（5-3）、式（5-7）和式（5-8）结果中最大者计算；

n_{TA} ——电流互感器的变比。

用保护装置二次电流来计算保护的灵敏系数为

$$K_{sen}^{(2)}=\frac{I_{k.r.min}}{I_{op.2}}\geqslant 1.5 \tag{5-10}$$

式中 $I_{k.r.min}$ ——最小运行方式下厂用电抗器后或厂用变压器低压侧两相短路时，流过继电器的最小短路电流，在工程计算中可取稳态短路电流值；

$I_{op.2}$ ——保护二次动作电流，由式（5-9）求出。

对 Yy0 接线变压器，其低压侧没有装单独的零序过电流保护，通常对过电流保护采用两相三继电器式接线，接于相电流上，低压侧单相接地短路时，要求

$$K_{sen}=\frac{\frac{2}{3}I_{k.min}^{(1)}}{I_{op.2}} \tag{5-11}$$

式中 $I_{k.min}^{(1)}$ ——最小运行方式厂用变压器低压侧单相短路时，流过保护的最小短路电流；

$I_{op.2}$ ——保护二次动作电流。

2. 高压厂用变压器高压侧低电压启动的过电流保护

过电流保护的动作值

$$I_{op.1}=K_{rel}I_{nt}/K_{r} \tag{5-12}$$

式中 K_{rel} ——可靠系数，取 1.3；

I_{nt} ——变压器的额定电流；

K_{r} ——返回系数，取 0.85。

灵敏系数为

$$K_{sen}=\frac{I_{k.r.min}}{I_{op.r}} \tag{5-13}$$

式中 $I_{k.r.min}$ ——最小运行方式下厂用变压器低压侧两相短路时，流过继电器的最小短路电流；

$I_{op.r}$ ——继电器的动作电流。

低电压启动元件的动作电压整定值应按厂用母线的 65%来考虑，即

$$U_{op.1}=\frac{0.65U_{N}}{K_{rel}K_{r}} \tag{5-14}$$

式中 $U_{op.1}$ ——保护装置的一次动作电压；

U_{N} ——厂用母线的额定电压；

K_{rel} ——可靠系数，取 1.2；

K_{r} ——继电器的返回系数，可取 1.2。

灵敏系数为

$$K_{sen}=\frac{U_{op.1}}{U_{k.max}} \tag{5-15}$$

式中 $U_{op.1}$ ——保护装置的一次动作电压；

$U_{k.max}$ ——该保护范围发生金属性三相短路时保护安装处的最大相间电压。

3. 高压厂用变压器高压侧复合过电流保护

变压器带额定负荷运行时，电流互感器一相断线，保护不应误动作。

负序电流元件的整定值为

$$I_{2.op} = 0.5I_N \tag{5-16}$$

式中　I_N ——额定负荷电流值。

单相电流元件整定同式（5-3）、式（5-7）和式（5-8）。

保护灵敏系数如下：

（1）负序电流元件

$$K_{sen} = \frac{I_{2.k\,min}^{(2)}}{I_{2.op}} \tag{5-17}$$

式中　$I_{2.k\,min}^{(2)}$ ——最小运行方式下，低压母线两相短路负序电流值。

（2）单相电流元件

$$K_{sen} = \frac{I_{k\,min}^{(3)}}{I_{op.1}} \tag{5-18}$$

式中　$I_{k\,min}^{(3)}$ ——最小运行方式下，低压母线三相短路电流值。

4. 高压厂用变压器高压侧复合电压启动的过电流保护

高压厂用变压器的高压侧，可采用复合电压启动的过电流保护，作为高压厂用变压器差动保护的后备保护，其整定计算方法详见本书第六章中有关复合电压启动的过电流保护。

5. 高压厂用变压器低压侧分支过电流保护

（1）按躲过本段母线负荷及所接电动机最大启动电流之和整定，可用下式计算

$$I_{op.1} = K_{rel}\frac{K_{st}I_n}{K_r} \tag{5-19}$$

式中，I_n 取分支线的额定电流，其他符号含义同式（5-3）。

（2）与接于本段母线的低压厂用变压器过电流保护配合整定

$$I_{op.1} = K_{rel}(I'_{op} + \sum I_{lo}) \tag{5-20}$$

式中　K_{rel} ——可靠系数，取 1.2；

I'_{op} ——低压厂用变压器过电流保护动作电流值；

$\sum I_{lo}$ ——除低压厂用变压器外其他正常负荷总电流。

继电器动作电流

$$I_{op.2} = \frac{K_{wi}I'_{op}}{n_{TA}} \tag{5-21}$$

式中　K_{wi}——接线系数。

灵敏系数

$$K_{sen} = \frac{I_{r.k\,min}^{(2)}}{I_{op.2}} \geqslant 2 \tag{5-22}$$

式中　$I_{r.k\,min}^{(2)}$ ——最小运行方式下，高压厂用变压器低压母线上两相短路时，流过继电器

的最小短路电流。

6. 高压厂用变压器低压侧分支延时电流速断保护

高压厂用变压器的低压侧所接的母线通常不设母线差动保护。在厂用变压器低压侧装设带时限的电流速断保护作为母线故障主保护和馈线故障的后备保护，以及过电流保护作为馈线过电流保护的后备。

延时电流速断保护的动作电流可按下式整定

$$I_{op.2}=\frac{I_{kmin}^{(2)}}{K_{sen}n_{TA}} \tag{5-23}$$

式中 $I_{kmin}^{(2)}$——低压母线两相金属性短路时，流过变压器低压侧的最小短路电流；

K_{sen}——灵敏系数，取2；

n_{TA}——电流互感器的变比。

按上述公式整定可保证在馈线出口短路时保护有不小于2的灵敏系数，保护的动作时间可取0.3～0.5s。

7. 高压厂用变压器低压侧低电压启动或复合电压启动的分支过电流保护

对于分裂绕组变压器分支过流保护灵敏系数小于1.5时，可采用低压启动或复合电压启动方式，其电压元件可与高压侧所装保护的电压元件合用，微机保护可以信息共享。保护的整定计算方法参见本章类似部分或第六章相应实例内容。

四、高压厂用变压器（电抗器）单相接地零序过电流保护

保护一次动作电流按满足以下两个条件整定。

(1) 保证选择性。保护动作电流应躲过被保护线路有电的联系的其他线路发生单相接地故障时，由被保护线路本身提供的接地电容电流，即

$$I_{op.1}=K_{rel}I_{C.1} \tag{5-24}$$

式中 K_{rel}——可靠系数，当保护作用于瞬时信号时，考虑过渡过程的影响，采用4～5；当保护作用于延时信号时，采用1.5～2；

$I_{C.1}$——被保护回路本回路的接地电容电流。

(2) 满足灵敏性要求。满足灵敏系数要求的一次动作电流按下式计算

$$I_{op.1}\leqslant\frac{I_{C.\Sigma l}-I_{C.1}}{K_{sen}} \tag{5-25}$$

式中 $I_{C.\Sigma l}$——网络单相接地电流，无补偿装置时为自然电容电流，有补偿装置时为补偿后的残余电流；

K_{sen}——灵敏系数，考虑到接地程度的影响，取2。

当接地零序电流保护灵敏系数不够时，可选用新型灵敏的接地保护装置。

应当指出当采用优良的接地检测装置时，即不需要上述保护。

五、启动/备用变压器零序电流保护整定计算

1. 零序电流保护安装于变压器高压侧出口处

(1) 可按大于额定电流整定

$$I_{0.op} = K_{rel} I_N \tag{5-26}$$

式中　K_{rel}——可靠系数，取1.3；

I_N——变压器额定电流。

(2) 按与母线接地时流经零序保护装置的电流整定

$$I_{0.op} = K_{rel} K_{0.br} I_{b.k}^{(1)} \tag{5-27}$$

式中　K_{rel}——可靠系数，取1.3；

$K_{0.br}$——零序电流分支系数；

$I_{b.k}^{(1)}$——母线单相接地故障短路电流。

2. 零序电流保护安装于变压器中性线上

(1) 保护整定值应与出线零序保护配合，其定值计算式为

$$I_{0.op.m} = K_{co} K_{0.br} I_{0.op.l} \tag{5-28}$$

式中　$I_{0.op.m}$——Ⅰ段或Ⅱ段（母线对应Ⅰ或Ⅱ）零序过电流保护动作电流；

$K_{0.br}$——零序电流分支系数，其值等于线路零序过电流保护Ⅰ段或Ⅱ段相应保护区末端发生接地短路时，流过本保护的零序电流与流过线路的零序电流之比，取各种运行方式的最大值；

K_{co}——配合系数，取1.1；

$I_{0.op.l}$——与之相配合的线路保护相关段（Ⅰ段或配合的后备段）动作电流。

(2) 保护动作时间整定。110kV及220kV变压器Ⅰ段或Ⅱ段零序过电流保护以$t=t_0+\Delta t$（t_0为线路保护配合段的动作时间）以较短时间断开母联或分段断路器；以较长时间断开变压器各侧断路器。

凡直接接地的零序电流均可按式（5-28）计算。不论全绝缘中性点接地运行或分级绝缘中性点接地运行。

3. 零序差动过流保护

保护接于变压器高压侧出口TA与变压器高压侧中性线TA。保护动作电流的整定计算见本书第三章变压器保护相应部分，延时可整定0.3～0.5s。

该保护的突出优点是灵敏系数高，且不需要与系统保护配合，动作速度快，由于稍带延时，比零序差动保护抗干扰性能较为优越，有条件是可以采用。

4. 备用分支零序过电流保护

保护构成方式同备用电抗器及高压厂用变压器高压分支零序过电流，保护具体接线视一次接线和所采用的保护形式确定。

5. 高压厂用变压器低压侧中性点低阻接地的零序电流保护

(1) 保护动作电流，应保证母线端发生接地短路时保护有足够的灵敏度，并注意上下级保护灵敏度的适当配合，即

$$I_{0.op} = (0.1 \sim 0.3) I_{ek} \tag{5-29}$$

其中

$$I_{ek} = \frac{U_N}{\sqrt{3} R_n}$$

式中　U_N——高压厂用变压器低压侧额定电压；

R_n——接地电阻额定电阻值。

(2) 保护动作时限。

1) 当分支线上也装设零序电流保护时，中性线上的零序电流保护可只带一级时限，动作于全跳，即

$$t = t_{br} + \Delta t \tag{5-30}$$

式中 t_{br}——分支线零序电流保护动作时间；

Δt——时间级差可取0.3～0.5s。

2) 当分支线上未装设零序电流保护时，中性线上的零序电流保护可设两级时限 t_1 和 t_2，即

$$t_1 = t_0 + \Delta t \tag{5-31}$$

$$t_2 = t_1 + \Delta t$$

式中 t_0——负荷侧零序电流保护的动作时间；

Δt——时间级差可取0.3～0.5s。

t_1 动作于跳分支断路器，t_2 动作于全跳。

六、低压厂用变压器过电流保护整定计算

(一) 工作变压器过流及分支过流保护

1. 工作变压器高压侧过流保护

(1) 躲过变压器已带正常负荷并带一台最大电动机启动时的电流

$$I_{op.1} = K_{rel} K_{st} I_N \tag{5-32}$$

$$K_{st} = \frac{(I_{st.max} + \sum I_{lo})}{I_N} \tag{5-33}$$

式中 K_{rel}——可靠系数，取1.2；

I_N——变压器的额定电流；

K_{st}——自启动系数，一般工作变压器在带上负荷后，再启动一台最大的电动机时最为严重；

$I_{st.max}$——单台电动机的最大启动电流；

$\sum I_{lo}$——除 $I_{st.max}$ 外其他正常负荷总电流；

I_N——变压器的额定电流。

式(5-32)不考虑发生故障后由工作变压器再强送电的情况。

(2) 按与低压侧分支过流保护配合整定

$$I_{op.1} = K_{co} I'_{op.1} \tag{5-34}$$

式中 K_{co}——配合系数，取1.2；

$I'_{op.1}$——分支过流保护的动作值。

2. 变压器低压分支过流保护

按躲过本段母线所带正常负荷电流与最大一台电动机启动电流之和整定，计算参考式(5-32)和式(5-33)，其中 I_N 取本分支额定电流。

（二）低压备用变压器过流及分支过流保护

1. 变压器高压侧过流保护

保护动作电流按下列三个条件计算：

（1）躲过变压器所带负荷中需参加自启动的各电动机的最大启动电流之和，即

$$I_{op.1} = K_{rel}K_{st}I_N \tag{5-35}$$

式中　K_{rel}——可靠系数，取1.2；

I_N——变压器的额定电流；

K_{st}——需自启动的全部电动机在自启动时的自启动系数，根据不同情况可分别按以下各式求出。

1）备用电源为明备用时，未带负荷情况有

$$K_{st} = \frac{1}{\frac{U_k\%}{100} + \frac{s_N}{K'_{st}s_{st\Sigma}}\left(\frac{380}{400}\right)^2} \tag{5-36}$$

式（5-36）中，引入（380/400）^{2} 是因为变压器额定电压为400V而电动机的额定电压380V，是为了归算到同一电压基准而考虑的。

2）备用电源为明备用时，已带一段厂用负荷，再投入另一段厂用负荷的情况有

$$K_{st} = \frac{1}{\frac{U_k\%}{100} + \frac{0.7s_N}{1.2K'_{st}s_{st\Sigma}}\left(\frac{380}{400}\right)^2} \tag{5-37}$$

3）备用电源为暗备用时有

$$K_{st} = \frac{1}{\frac{U_k\%}{100} + \frac{s_N}{0.6K'_{st}s_{st\Sigma}}\left(\frac{380}{400}\right)^2} \tag{5-38}$$

上三式中　$s_{st\Sigma}$——需要自启动的全部电动机的总容量；

K'_{st}——电动机启动时的电流倍数，一般取K'_{st}的平均值为5。

（2）躲过低压侧一个分支负荷自启动电流和其他分支正常负荷总电流

$$I_{op.1} = K_{rel}(I'_{st} + \sum I_{lo}) \tag{5-39}$$

（3）按与低压侧分支过流保护配合整定

$$I_{op.1} = K_{rel}(I'_{op.1} + \sum I_{lo}) \tag{5-40}$$

上两式中　K_{rel}——可靠系数，取1.2；

I'_{st}——一个分支自启动电流值；

$\sum I_{lo}$——其余各分支正常总负荷电流；

$I'_{op.1}$——一个分支过流保护的动作值。

2. 变压器低压侧分支过流保护

变压器低压侧分支过流保护按以下条件整定：

躲过本段母线所接电动机最大启动电流之和，整定计算同式（5-35）及式（5-37）。分支过流保护没有必要要求与最大电动机的速断保护配合整定。

(三) 低压厂用变压器零序电流保护

对低压侧为中性点直接接地系统，其零序电流保护动作电流按以下两个条件整定。

(1) 躲过正常运行时变压器中性线上流过的最大不平衡电流，此电流一般不应超过低压绕组额定电流的25%，即

$$I_{\mathrm{op.1}} = K_{\mathrm{rel}}(0.25I_{\mathrm{N}}) \tag{5-41}$$

式中 K_{rel}——可靠系数；

I_{N}——变压器低压绕组额定电流。

(2) 与相临元件保护的动作电流相配合：

1) 当低压厂用变压器无分支线时，与低压电动机相间保护相配合；躲过未单独装设接地保护的最大容量电动机的相间保护（兼做接地保护）的动作电流

$$I_{\mathrm{op.1}} = K_{\mathrm{rel}}K_{\mathrm{co}}K_{\mathrm{st}}I_{\mathrm{N}} \tag{5-42}$$

式中 K_{rel}——可靠系数，取1.2；

K_{co}——配合系数，取1.1；

K_{st}——电动机启动电流倍数；

I_{N}——电动机额定电流。

2) 当低压厂用变压器有分支线时，与厂用分支线零序保护相配合

$$I_{\mathrm{op.1}} = K_{\mathrm{co}}I_{\mathrm{0.op.br}} \tag{5-43}$$

式中 K_{co}——配合系数，取1.1；

$I_{\mathrm{0.op.br}}$——厂用分支线上零序保护的动作电流。

灵敏系数为

$$K_{\mathrm{sen}} = \frac{I_{\mathrm{kmin}}^{(1)}}{I_{\mathrm{op.1}}} \tag{5-44}$$

式中 $I_{\mathrm{kmin}}^{(1)}$——最小运行方式下，变压器低压母线上单相接地短路时，流经变压器中性线上电流互感器的电流值。

(四) 低压厂用分支线的零序电流保护

保护电流按以下条件整定。

(1) 躲过正常时可能流过厂用分支线的最大不平衡负荷电流。

(2) 躲过未单独装设接地保护的最大容量电动机相间保护动作电流，整定计算公式与式(5-42)相同。

由于熔断器的熔断时间特性是反时限的，所以作为后备的零序过流继电器也宜用反时限特性，两条反时限特性曲线要互相配合。用定时限保护配合便于保证选择性动作，必要时可把熔断器改用自动开关。

第五节 高压电动机保护及整定计算

一、高压电动机的各种故障和不正常运行方及保护装设原则

本节主要讲述的是在发电厂广泛应用的异步高压电动机保护，涉及同步电动机保护的

内容仅是原则性的问题。

（一）高压电动机的主要故障和不正常运行方式

1. 高压电动机的主要故障

高压电动机通常为3～10kV的电动机，有异步和同步电动机之分，主要故障有定子绕组的相间短路、单相接地以及一相绕组的匝间短路。

相间短路会引起电动机的严重损坏，造成供电网络的电压降低，并破坏其他用户的正常工作，因此要求尽快地切除这种故障。

供电给高压电动机网络的中性点一般都是非直接接地的。高压电动机单相接地故障率较高，在单相接地电流大于10A时造成电动机定子铁芯烧损；单相接地故障有时会发展成匝间短路，而电动机的高压电缆发生单相接地故障时，很容易发展为相间短路。

一相绕组的匝间短路不仅局部发热严重，而且将破坏电动机的对称运行，并使相电流增大，电流增大的程度与短路的匝数有关。目前还没有简单而完善的匝间短路保护。

2. 高压电动机的不正常运行方式

电动机最常见的不正常运行方式是由过负荷所引起的过电流。产生过负荷的原因很多，如电动机所带机械部分的过负荷；由于电压和频率的降低而使转速下降；电动机长时间启动和自启动；由于供电回路一相断线所造成的两相运行以及电动机堵转等。

长时间的过负荷将使电动机绕组温升超过容许的数值，绝缘迅速老化，从而降低电动机的使用寿命，严重时甚至会烧毁电动机。因此，应根据电动机的重要程度及不正常运行发生的条件而装设过负荷保护，使之动作于信号、跳闸或自动减负荷。

在电压短时降低或消失后又恢复供电时，未被断开的电动机将参加自启动。由于其内阻随着滑差值增大而减少。因此，自启动开始时将使电动机承受较大的过电流。

供电回路发生一相断线时，流入电动机定子绕组的电流可分解为正序电流和负序电流，并在电动机定子与转子间的空气隙中分别产生正序和负序旋转磁场，这由于旋转磁场与其在转子绕组中感应的电流相互作用分别产生方向相反的正序转矩 M_1（即工作转矩）和负序转矩 M_2（即制动转矩）。电动机的综合旋转转矩为

$$M = M_1 - M_2 \tag{5-45}$$

在电动机静止状态若发生一相断线，即滑差 $s=1$ 时（电动机不旋转），工作转矩 M_1 与制动转矩 M_2 相等，此时综合旋转转矩 M 为零，如无外力驱动，则电动机不可能转动起来。在运行中滑差 $s\neq1$（电动机旋转），供电回路发生一相断线，如综合旋转转矩不小于电动机的机械阻力矩，则电动机仍能继续转动。但在此情况下，电动机的最大转矩倍率和临界滑差将大大减少，而非故障相电流增大，使带重负荷的电动机绕组可能达到不容许的发热程度。另外，当供电回路发生不对称的电压下降时，例如在电动机端子上发生两相金属性短路，此时正序电压等于负序电压，其值约为额定相电压的一半。电动机的转矩与电压平方成正比，故其正序转矩减小到额定转矩的1/4。当正序滑差 $s_1=1$ 时，正序转矩与负序转矩相等（$M_1=M_2$），综合旋转转矩 M 为零；当 $s_1\neq1$ 时，综合旋转转矩也很小。所以电动机端子上发生两相金属性短路时，在不对称电压时下降最严重。此时，电动机的运行情况与上述一相断线的情况相似，对于带重负荷的电动机，可能会使绕组发热甚至烧

坏电动机。

（二）高压电动机保护的装设原则

高压异步电动机和同步电动机应装设定子绕组的相间短路保护、单相接地保护、过负荷保护和低电压保护及相电流不平衡及断相保护等。同步电动机还应装设相应的失磁和失步保护，以及防止非同步冲击的保护。

1. 电动机的定子绕组及其引出线的相间短路故障

对电动机的定子绕组及其引出线的相间短路故障，应按下列规定装设相应的保护：

（1）2MW 以下的电动机，装设电流速断保护。

（2）2MW 及以上的电动机，或 2MW 以下但电流速断保护灵敏系数不符合要求时，可装设纵联差动保护。纵联差动保护应防止在电动机自启动过程中误动作。

上述保护应动作于跳闸，对于有自动灭磁装置的同步电动机保护还应动作于灭磁。

2. 单相接地保护

对单相接地故障，当接地电流（指自然接地电流）大于 5A 时，应装设单相接地保护。单相接地电流为 10A 及以上时，保护带时限动作于跳闸。单相接地电流为 10A 以下时，保护可动作于跳闸或信号。

保护由零序电流互感器及与之连接的电流继电器构成。当采用一般的电流继电器灵敏性不够时，应采用新型灵敏性高的继电器、接地选线保护装置或微机型保护。

3. 过负荷保护

下列电动机应装设过负荷保护：

（1）运行过程中易发生过负荷的电动机。保护应根据负荷特性带时限动作于信号或跳闸，有条件时可自动减负荷。

（2）启动或自启动困难（如直接启动时间在 20s 及以上）的电动机，需要防止启动或自启动时间过长时的过负荷，保护应带时限动作于跳闸。其时限应躲开电动机的正常启动时间。具有冲击负荷的电动机，还应躲开电动机所允许的运行过程中短时冲击负荷的持续时间。

4. 低电压保护

下列电动机应装设低电压保护，保护应动作于跳闸：

（1）当电源电压短时降低或中断后又恢复时，为保证重要电动机的启动而需要断开的次要电动机，或根据生产过程不允许或不需要自启动的电动机。保护应带时限动作于跳闸。保护的电压整定值：异步电动机一般为额定电压，同步电动机一般为 50%～70%额定电压。保护的动作时限一般为 0.5～1.5s。

（2）需要自启动，但为保证人身和设备安全在电源电压长时间消失后须从电网中自动断开的电动机，需装设低电压保护。保护的电压整定值一般为 40%～50%额定电压，时限一般为 5～10s。

（3）属Ⅰ类负荷并装有自动投入装置的备用机械的电动机，需装设低电压保护。

5. 负序过流保护

2MW 及以上或重要的较大电动机为反应电动机相电流的不平衡，也作为短路故障的

主保护的后备保护，可装设负序过流保护，保护动作于信号或跳闸。

6. 失步保护

对同步电动机失步，应装设失步保护，保护带时限动作。对于重要电动机，动作于再同步控制回路，不能再同步或不需要再同步的电动机，则应动作于跳闸。

失步保护按原理可分为：

(1) 反应定子过负荷的失步保护，适用于下列电动机。

1) 短路比不小于1.0，且负荷平稳的电动机。

2) 短路比为0.8～1.0，且负荷平稳的电动机，或短路比为0.8及以上且负荷变动大的电动机，但此时应增设失磁保护。

(2) 反应转子回路出现交流分量的失步保护。

(3) 反应定子电压与电流间相角变化的失步保护或转子位置与系统电压角度变化的失步保护等。

(4) 对于负荷变动大的同步电动机，当用反应定子过负荷的失步保护时，应增设失磁保护。失磁保护带时限动作于跳闸。

(5) 对不允许非同步冲击的同步电动机，应装设防止电源中断再恢复时造成非同步冲击的保护。

保护应确保在电源恢复前动作。重要电动机的保护，宜动作于再同步控制回路。不能再同步或不需要再同步的电动机，保护应动作于跳闸。

保护可反应功率方向、频率降低、频率下降速度，或由有关的保护和自动装置联锁动作，应确保在电源恢复前动作。

二、高压电动机的电流速断、过流及过负荷保护

1. 瞬时电流速断、过电流保护

高压电动机一般都运行在中性点非直接接地的配电网中，故瞬时电流速断和过电流保护保护一般按两相式构成，通常采用两相两继电器不完全星形接线方式，如图5-13所示。为在电动机内部和电动机与断路器间的连接线上发生相间短路时，保护均能动作，电流互感器应尽可能安装在靠近断路器侧。图5-13中，速断与过流保护分别接在A、C两相电流互感器的二次回路中。数字式保护的主要优点之一是信息可以共享，A、C相的电流速断和过电流保护是同一信息来源，出口应为不同的或门电路。速断与过电流保护二者的主要区别在于：

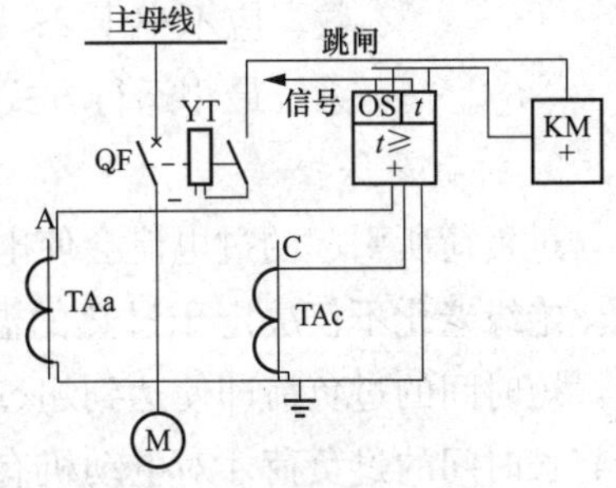

图5-13　电动机电流速断及过电流保护接线示意图

(1) 二者动作定值不同，电流速断保护动作定值需要考虑短路电流的影响，而过电流保护动作定值则是按工作电流或启动电流考虑。

(2) 过电流保护需要有计时回路，需带时限动作，有定时限与反时限两种保护类型。定时限保护上下级容易配合，而反时限上下级则不便配合，最困难的是现场能否得到真实的电动机过热/过负荷特性曲线或数据。

2. 常用瞬时电流速断与过电流保护的整定计算

(1) 因为电动机的启动时间很长，所以过电流保护也需要按躲过启动电流整定。故异步电动机的瞬时电流速断与过电流保护的动作电流都应按躲过电动机的启动电流整定。保护的动作电流计算式为

$$I_{op.1} = K_{rel} I_{st.max} = K_{rel} K_{st} I_{n.m} \tag{5-46}$$

$$I_{op.r} = K_{wi} I_{op.1} / n_a \tag{5-47}$$

式中 $I_{op.1}$——保护装置一次动作电流；

K_{st}——电动机启动电流倍数；

K_{rel}——可靠系数，一般取 1.4～1.6；

$I_{st.max}$——电动机启动电流周期分量的最大有效值；

$I_{n.m}$——电动机额定电流；

$I_{op.r}$——继电器动作电流；

K_{wi}——接线系数，当继电器接于相电流时，$K_{wi}=1$，当继电器接于两相电流之差时，$K_{wi}=1.73$；

n_a——电流互感器变比。

目前新型电动机保护、实际过电流保护，经常是采用能保护电动机断相、启动时间过长、堵转或逆相的负序过电流保护和过热保护，老式的过电流保护已不太使用。关于负序过电流保护和过热保护的具体应用，可见本小节 5. 反时限过热/过负荷保护特性的保护以及第六小节微机型综合电动机保护有关部分及其后面的保护整定计算例题。

(2) 保护装置的灵敏性按下式校验

$$K_{sen}^{(2)} = \frac{I''^{(2)}_{k.min}}{I_{op.1}} \tag{5-48}$$

式中 $K_{sen}^{(2)}$——系统最小运行方式，电动机端子上发生两相短路时，保护装置的灵敏系数，应不小于 2；

$I''^{(2)}_{k.min}$——系统最小运行方式，电动机端子上的两相次暂态短路电流。

3. 过负荷保护

过负荷所引起的过电流会使电动机绕组温度升高、绝缘老化，严重时甚至会烧毁电动机。绝缘老化不仅决定于过热的温度，而且还决定于过热状态的持续时间。运行经验证明，短时间的过负荷即使达到超过绕组容许的持续温升值，也不致使绝缘水平显著恶化，只有长时间的过负荷才对电动机有危害。

电动机的过负荷能力通常用过电流倍数与其允许通过时间的关系来表示，又称过负荷特性曲线，即

$$t = \frac{\tau}{I_*^2 - 1} \tag{5-49}$$

式中 t——过负荷的允许时间；

τ——电动机允许的发热时间常数；

I^*——过电流倍数，即已知电流与额定电流之比。

电动机的过负荷特性曲线（或称热力特性曲线）如图 5-14 所示。

设计电动机的过负荷保护时，一方面应考虑能使它保护不允许的过负荷；另一方面，在考虑原有负荷和周围介质温度的条件下，有可能充分利用电动机的过负荷特性，因此过负荷保护的时限特性最好是与电动机的过负荷特性一致，并比它稍低一些（如图 5-14 中的虚线）。按照这一要求，3～10kV 电动机的过负荷保护一般宜采用有限反时限特性的过电流继电器。

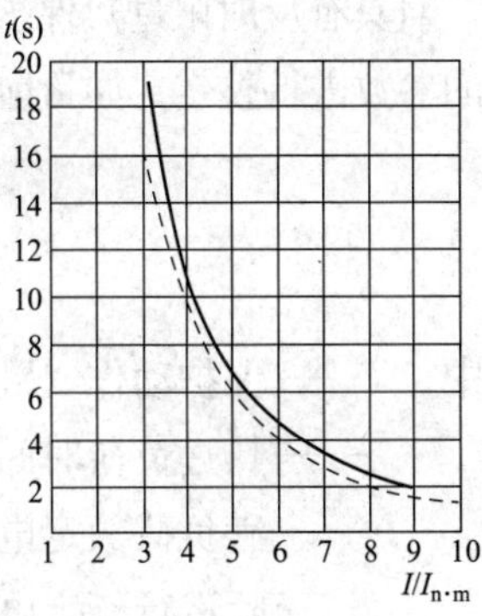

图 5-14　电动机的过负荷特性曲线和保护特性曲线

高压电动机的过负荷保护常采用有限反时限特性的过电流继电器，既作为电动机的瞬时电流速断保护，又作为过负荷保护。应当注意，反时限过流保护上下级不便配合，最困难的是现场是否能提供实际的电动机过热/过负荷特性曲线或数据。

4. 常用定时限过负荷保护装置的整定计算

电动机的定时限过负荷保护动作电流应按躲开电动机的额定电流整定。保护的动作电流计算式为

$$I_{op.1}=\frac{K_{rel}I_{n.m}}{K_r} \tag{5-50}$$

$$I_{op.2}=K_{wi}\frac{I_{op.1}}{n_a} \tag{5-51}$$

式中　$I_{op.1}$——保护装置一次动作电流；

K_{rel}——可靠系数，当保护装置动作于信号时，取 1.05～1.1，动作于跳闸时，取 1.2～1.25；

$I_{n.m}$——电动机额定电流；

K_r——返回系数根据实际使用的保护装置取值，常取 0.9；

$I_{op.2}$——保护二次动作电流；

K_{wi}——接线系数，当继电器接于相电流时，$K_{wi}=1$，当继电器接于两相电流差时，$K_{wi}=1.73$；

n_a——电流互感器变比。

电动机的过负荷保护动作时限，一方面应大于被保护电动机的启动及自启动时间；另一方面，不应超过过电流通过电动机的允许时间。由于前一个时间显著较后者为短，故用前一个条件决定保护的动作时限 t_{op}，t_{op}按以下原则确定：

（1）躲开电动机的启动时间 t_{st}，即 $t_{op}>t_{st}$；

（2）躲开参与自启动的电动机的自启动时间，对一般电动机为

$$t_{op}=(1.1\sim1.2)t_{st} \tag{5-52}$$

对传动风机型力矩负荷的电动机为

$$t_{op}=(1.2\sim1.4)t_{st} \tag{5-53}$$

（3）具有冲击负荷的电动机躲开正常生产过程中出现的冲击负荷持续时间。

5. 反时限过热/过负荷保护特性的保护

对具有反时限过热保护特性的微机型保护，应根据不同厂家的样本说明书结合现场电动机的参数进行整定。如目前能反应电动机过热的PCS-9626C型电动机保护装置的动作方程是

$$T=\tau\cdot\ln\frac{I^2-I_p^2}{I^2-(kI_B)^2} \tag{5-54}$$

$$I^2=K_1I_1^2+K_2I_2^2$$

式中 T——保护动作（跳闸）时间，s；

τ——热过负荷时间常数；

I_B——满负荷额定电流，对应定值热过负荷基准电流［装置的设定电流（电动机实际运行额定电流反映到TA二次侧的值）即可取$I_B=I_e$］；

I_p——热负荷启动前稳态电流；

k——热累积系数，对应定值“热过负荷系数”（厂家推荐1.05～1.15）；

I——等效有效电流有效值；

I_1——电动机运行电流的正序分量，A；

I_2——电动机运行电流的负序分量，A；

K_1——正序电流发热系数，启动时间内为0.5，启动时间过后变为1；

K_2——负序电流发热系数，可在3～10的内整定。

该保护的具体应用整定计算见第六章第四节高压电动机保护整定计算示例。

三、高压电动机的纵联差动保护

容量为2000kW及以上的电动机主保护一般采用差动保护。保护瞬时动作于断路器跳闸。在非直接接地系统采用两相式接线的优点在第三章已有介绍。

纵联差动保护的电流互感器TA应具有相同的磁化特性，并在外部短路或电动机启动电流通过时仍能满足10%误差的要求。电动机的差动保护不存在变压器保护的励磁涌流、两侧TA相角不同、TA变比不同的问题，也不存在调压引起的误差问题，其保护整定要比变压器差动保护简单得多。故其对电动机差动保护的动作原理不再重复。电动机差动保护采用比率制动特性的差动原理，以保证发生外部短路时不误动作。制动侧最好设在中性点侧，使电动机内部短路时差动量最大而制动量较小（系统侧的短路电流不产生制动作用）。外部短路时差动量最小，而制动量相对较大，这可以由制动系数保证。详细的计算可参考本节微机型电动机差动保护装置的定值整定部分式（5-73）或第四章变压器差动保护的整定计算。根据经验，对单侧设有制动的比率制动的差动保护的二次起始动作电流和最小制动电流计算式可为

$$I_{op.min}=(0.3\sim0.5)I_{m.n}/n_a \tag{5-55}$$

$$I_{res.min}=(0.8\sim1)I_{m.n}/n_a \tag{5-56}$$

式中 $I_{m.n}$——电动机的额定电流；

n_a——电流互感器的变比。

制动系数同样可以参考第二章式（2-25）进行计算。经验值为0.3～0.5。

图5-15为大型高压电动机进线侧与中性点侧同相电缆线穿过同一TA的磁平衡差动

保护接线示意图。

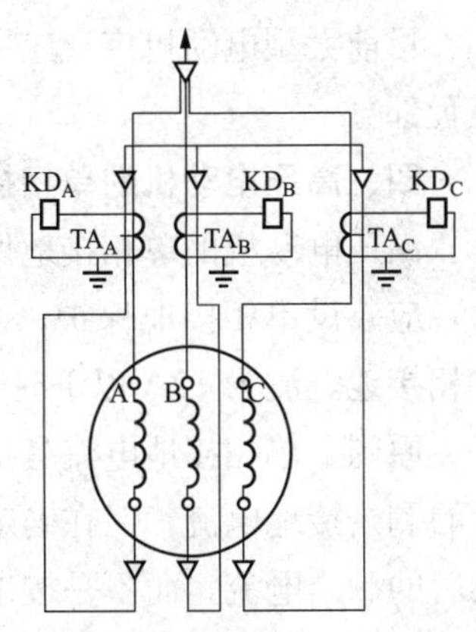

图 5-15　进线侧与中性点侧电缆线穿过同一 TA 的磁平衡差动保护接线示意图

显然可见，这样只要一次 TA 与电缆安装保证质量，正常运行或外部短路故障时从 TA 二次流出的不平衡电流将会很小，而内部短路则会流出相当于短路电流的总电流，而内部故障灵敏度则会大大提高。根据经验为可靠不误动，保护的动作电流可为

$$I_{op.2}=(0.1\sim0.3)I_{m.n}/n_a \tag{5-57}$$

式中　$I_{m.n}$——电动机的额定电流；

n_a——电流互感器的变比。

同步电动机外部短路故障时不平衡电流可能较大，可取其中较大值。保护的灵敏性按式（5-48）校验，但用保护二次动作电流校验时应乘以电流互感器的变比。

图 5-16 为用两个电流继电器组成的两相式纵联差动保护原理接线示意图，由于机端与中性点侧采用相同的差动保护用 TA，区外短路故障的不平衡误差不会很大，这种差动保护接线往往也能满足灵敏度要求，可用于 2000kW 以下的高压电动机。

图 5-17 给出了用两个电流继电器组成的两相式纵联差动保护原理接线示意图，由于机端与中性点侧采用相同的差动保护用 TA，并且是要求选择具有比率制动特性的继电器，不需按躲过外部短路不平衡电流整定，因而大大提高了保护的灵敏度，从而在大型电动机中得到了广泛的应用，常用于 2000kW 以上的高压电动机。

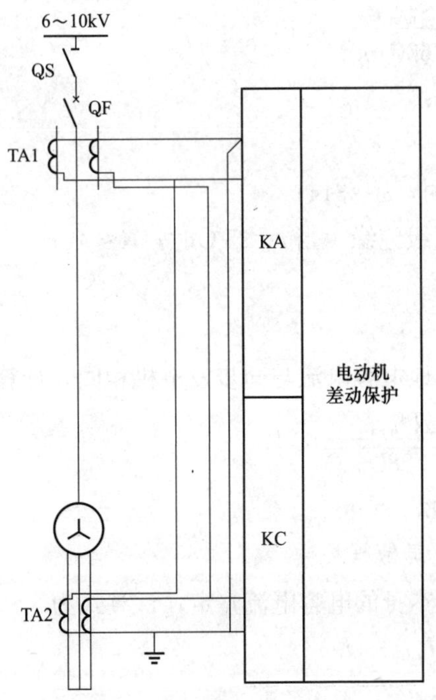

图 5-16　两个电流继电器组成的两相式纵联差动保护原理接线示意图

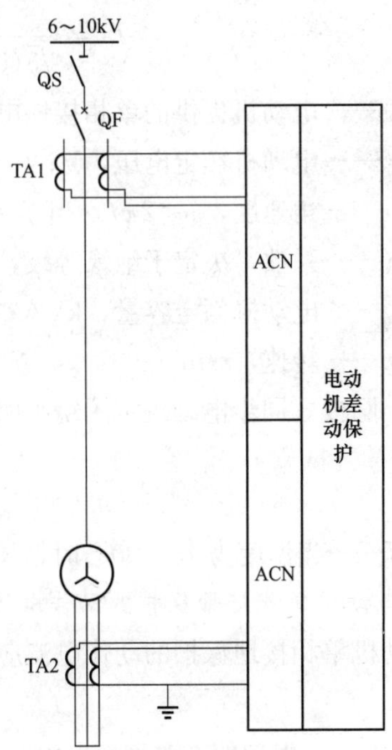

图 5-17　常用电动机纵联差动保护原理接线图示意图

目前大型电动机广泛应用的微机型比率差动保护请见第六节的微机型电动机差动保护装置部分。

四、高压电动机的单相接地保护

高压电动机的单相接地保护的装设原则为：当接地电流（指自然接地电流）大于5A时，应装设单相接地保护；当单相接地电流为10A及以上时，保护带时限动作于跳闸；单相接地电流为10A以下时，保护可动作于跳闸或信号。

原则上单相接地电流是指自然接地电流，即未经补偿的自然接地电流，而不是按补偿后的剩余接地电流，但在确定装有补偿装置的电网中的单相接地保护灵敏性时，必须按补偿后的剩余电流，而不是按未经补偿的自然接地电流。这样考虑较为安全可靠。

高压电动机的单相接地保护的零序电流通常由进线端零序TA提供，接线比较简单，故从略。

对于高压厂用变压器中性点经电阻接地的系统，电动机也应装设零序过电流保护，电动机零序过电流保护的动作电流和动作时间，应与变压器或其分支的零序过流保护的灵敏度及动作时间相配合。

1. 电机的电容电流计算

（1）异步电动机的电容电流很小，可忽略不计（对异步电动机的单相接地保护，可按躲过供电给本电动机的馈电线路的单相接地电容电流来整定）。

（2）凸极式同步电动机定子绕组的单相接地电容电流 I_C 可以按制造厂提供的电容值进行计算，也可按下式估算

$$I_C = \frac{U_{n.m}\omega K S_{n.m}^{3/4}}{\sqrt{3}(U_{n.m}+3600)n^{1/3}} \times 10^{-6} \tag{5-58}$$

式中 I_C——电动机提供的单相接地电容电流；

$U_{n.m}$——电动机额定电压，V；

ω——角速度，$\omega=2\pi f$，当 $f=50$Hz时，$\omega=314$；

K——系数，决定于绝缘等级，对于B级绝缘，当 $t=25$℃时，$K\approx40$；

$S_{n.m}$——电动机额定容量，kVA；

n——转速，r/min。

（3）隐极式同步电动机定子绕组的单相接地电容电流与同步发电机相同，计算式为

$$I_C = \frac{2.5 K S_{n.m}\omega U_{n.m}}{\sqrt{3U_{n.m}(1+0.08U_{n.m})}} \times 10^{-3} \tag{5-59}$$

式中 K——当温度为15～20℃时，$K\approx0.0187$。

2. 电动机单相接地保护的动作电流整定及灵敏性校验

电动机单相接地保护的动作电流应按躲开本身的电容电流整定，计算式为

$$I_{op.1} \geqslant K_{rel}(I_{g.L1}+I_C) \tag{5-60}$$

式中 $I_{op.1}$——保护的一次动作电流；

K_{rel}——可靠系数，当保护瞬时动作时，取4～5，当保护延时动作时，取1.5～2.0；

$I_{g.L1}$——供电给该电动机的馈电线路的单相接地电容电流。

电动机的单相接地保护的动作电流应满足灵敏系数要求，计算公式为

$$I_{op.1} \leqslant \frac{I_{g.\Sigma L}-(I_{g.L}+I_C)}{K_{sen}} \tag{5-61}$$

式中　$I_{g.\Sigma L}$——电网的单相接地电流，无补偿装置时为自然电容电流，有补偿装置时为补偿后的剩余电流，当校验异步电动机单相接地保护灵敏系数时，可按式中 $I_C=0$ 校验；

K_{sen}——灵敏系数，取 2。

必须指出，只有当计算式（5-60）和式（5-61）均成立时，才可考虑装设反应基波零序电流的零序电流保护，否则没有意义，应考虑装设其他原理先进的零序电流保护方案或小电流接地选线保护装置。

五、高压电动机的低电压保护

对电动机低电压保护的基本要求有以下几点：

（1）能反应对称和不对称的电压下降。这是因为在不对称短路时，电动机可能被制动，而当电压互感器发生一次侧一相及两相断线或二次侧各种断线时，保护不应误动作，并应发出断线信号，但此时如果母线真正失压或电压下降到规定值时，保护仍应正确动作。

（2）当电压互感器一次侧隔离开关或隔离触头因误操作被断开时，保护不应误动作，并应发出信号。

（3）不同动作时间的低电压保护的动作电压应能分别整定。

目前微机型电动机保护多是在电动机保护装置中常设置低电压保护，其逻辑框图参见图 5-18。

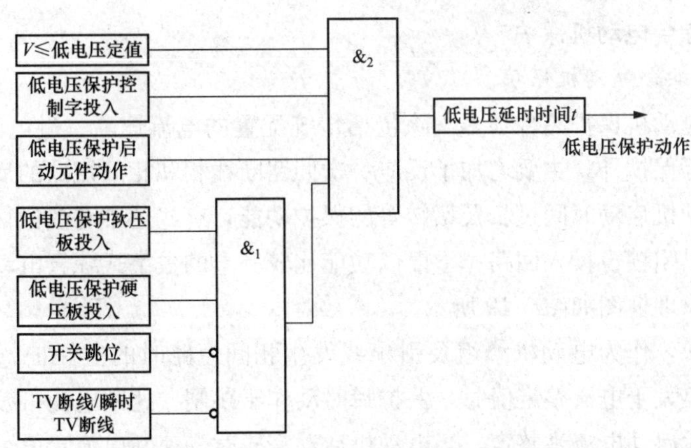

图 5-18　高压电动机低电压保护逻辑框图

首先对图 5-18 中与门 1 包括两个非门回路说明如下：其中一个非门是各种情况的 TV 断线都必须闭锁低电压保护的要求，另一个非门则是开关在断开位置时（常用跳闸位置继电器接点）闭锁低电压保护的要求。低电压保护动作的充分条件是：没有被闭锁，且图中所设三个控制字压板均已在投入位置，低电压保护的启动元件已经启动（定值高于低电压保护定值取 1.05 倍），且三相电压（一般为线间电压）均低于低电压保护要求的定值，并

达到整定的延时即应动作。控制字和电压启动元件都有防止出口误动的功能。

电动机的低电压保护动作电压可按下列情况整定：

(1) 不需要或不允许自启动的电动机，按电动机的过载能力考虑。

对异步电动机，保护动作电压为

$$U_{op.2}\leqslant(0.6\sim0.7)\frac{U_N}{n_V} \tag{5-62}$$

对同步电动机，保护动作电压为

$$U_{op.2}\leqslant(0.5\sim0.7)\frac{U_N}{n_V} \tag{5-63}$$

(2) 需要自启动或重要负荷的电动机，保护动作电压为

$$U_{op.2}\leqslant0.5\frac{U_N}{n_V} \tag{5-64}$$

上三式中 $U_{op.2}$——保护的二次（继电器的）动作电压；

n_V——电压互感器变比；

U_N——网络额定电压。

电动机的低电压保护动作时限按下列情况整定：

(1) 不参加自启动的电动机，保护动作的时限原则是：上级配变电站送出线装有电抗器时，当在电抗器后短路时，因其母线电压降低不大，故一般比本级配变电站其他送出线短路保护大一时限阶段；当上级配变电站送出线未装电抗器时，一般比上一级配变电站送出线短路保护大一时限阶段，一般为0.5～1.5s。具体时限根据实际配合要求确定。

(2) 参加自启动的电动机，保护动作时限一般取9s。

六、微机型综合电动机保护

(一) 微机型综合电动机保护

微机型综合电动机保护品种很多，除包括传统配置的电流速断、过电流、零序过流、过负荷、低电压等保护外，主要增加了反应一次回路断线相和相间短路的反时限负序电流保护以及反应电动机启动时间过长及堵转等的保护功能，有些还带有热记忆功能，当余热危及电动机时可以闭锁再投入回路。下面以功能比较齐全的数字式综合电动机保护装置为例进行介绍，其原理框图如图5-19所示。

(1) 速断保护，作为电动机绕组及引出线发生相间短路时的主保护。当机端（电源侧）最大相电流值大于电流整定值时，保护瞬时动作于跳闸。速断电流可按躲过电动机在额定负荷下的最大启动电流米整定。当电动机启动完毕时，速断电流定值可设计为自动减半，既可有效防止启动过程中因启动电流过大引起的误动，同时还能保证正常运行中保护有较高的灵敏度。

速断保护设有一段延时，当延时整定为0s，即为瞬时动作。对于采用F-C回路控制的电动机，保护装置设有跳闸闭锁措施。

(2) 启动时间过长保护。电动机启动时间过长会造成转子过热。当装置实际测量的启动时间超过整定的允许启动时间时，保护动作于跳闸。装置测量电动机启动时间 T_{st} 的方

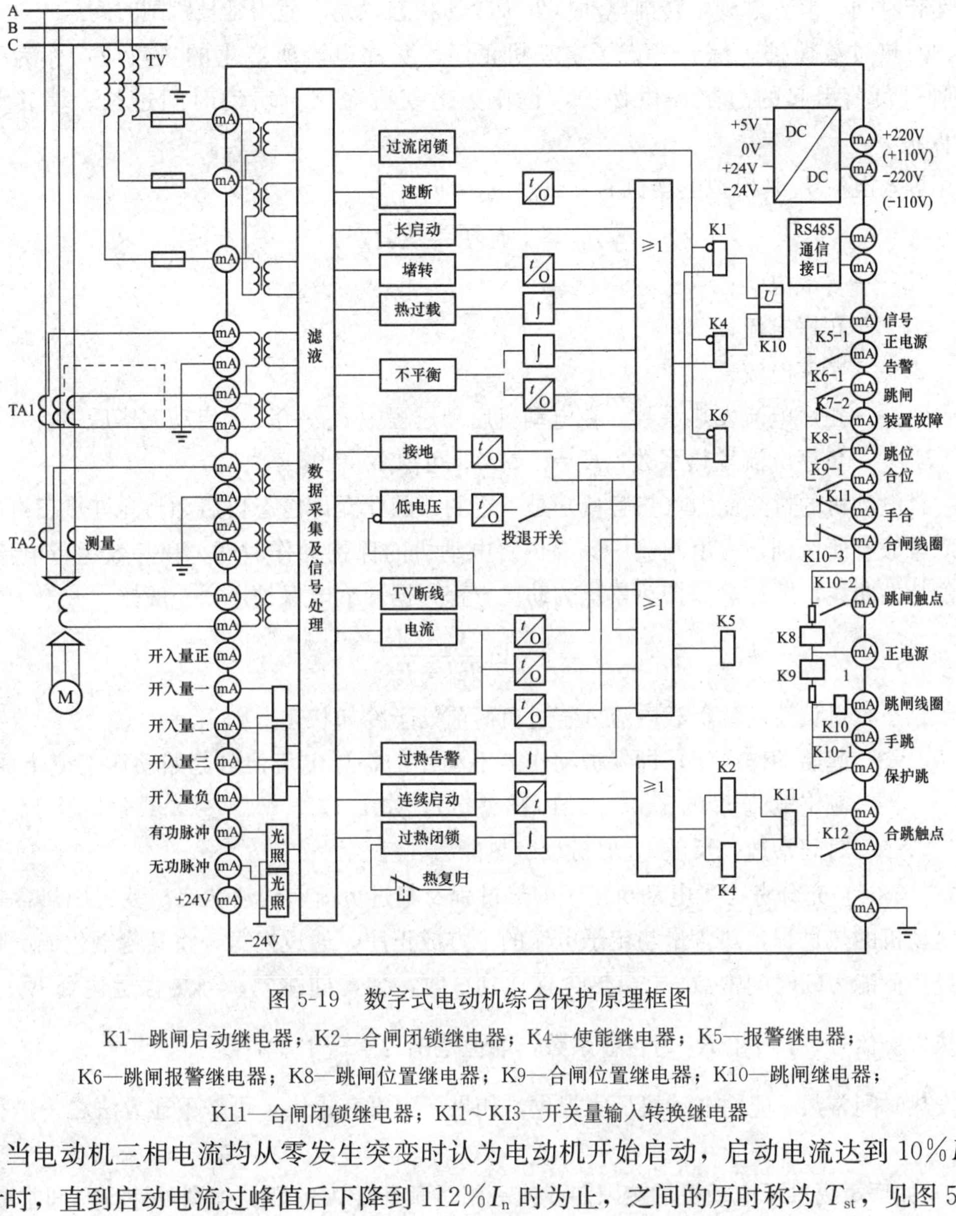

图 5-19　数字式电动机综合保护原理框图

K1—跳闸启动继电器；K2—合闸闭锁继电器；K4—使能继电器；K5—报警继电器；
K6—跳闸报警继电器；K8—跳闸位置继电器；K9—合闸位置继电器；K10—跳闸继电器；
K11—合闸闭锁继电器；KI1～KI3—开关量输入转换继电器

法：当电动机三相电流均从零发生突变时认为电动机开始启动，启动电流达到 10%I_n 开始计时，直到启动电流过峰值后下降到 112%I_n 时为止，之间的历时称为 T_{st}，见图 5-20。图中 $I_{st.max}$为最大启动电流；t_{st}为从 10%I_n 达到最大启动电流的时间。

（3）堵转保护。当电动机转子处于停滞状态时（滑差 s=1），电流将急剧增大，造成电动机的烧毁事故。此时，若正序电流大于整定值，保护经整定的延时动作于跳闸。堵转保护还可以作为短路保护的后备。

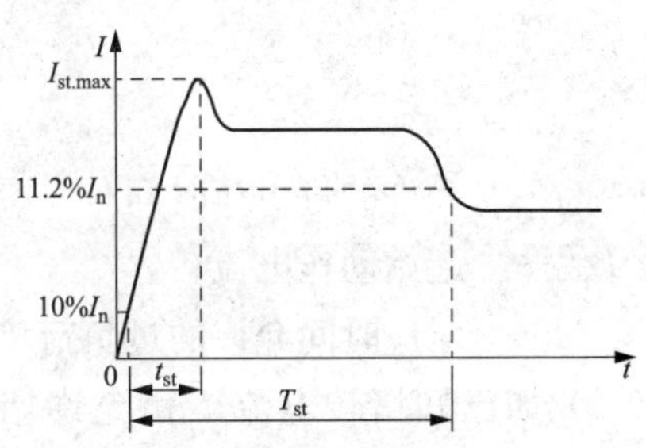

图 5-20　异步电动机启动电流特性

堵转保护在电动机启动时自动退出，启动结束后自动投入。若在电动机启动过程中发生堵转，启动时间过长保护会动作，虽然动作时间可能大于允许的堵转时间，但考虑到堵转前电动机处于冷却状态，允许适当延长跳闸时间。

（4）热过载保护，综合考虑了电动机正序、负序电流所产生的热效应，作为电动机各种过负荷引起的过热提供保护，也作为电动机短路、启动时间过长、堵转等的后备保护。

用等效电流 I_{eq} 来模拟电动机的发热效应，即

$$I_{eq}=\sqrt{K_1 I_1^2+K_2 I_2^2} \tag{5-65}$$

式中 I_{eq}——等效电流；

I_1——正序电流；

I_2——负序电流；

K_1——正序电流发热系数，在电动机启动过程中 $K_1=0.5$，启动完毕后 $K_1=1$；

K_2——负序电流发热系数，$K_2=3\sim10$，可取 $K_2=6$。

一台电动机的过热能力（热容量）是一定的，因此允许冷态再启动与允许热态再启动的时间常数有所区别，应由制造厂家提供。电动机的保护动作时间 t 和等效运行电流 I_{eq} 之间的特性曲线，即过热保护热累积的动作方程判据，继电保护厂家一般按

$$t=\tau\cdot\ln\frac{I_{eq}^2-I_{lo}^2}{I_{eq}^2-I_{op.0}^2} \tag{5-66}$$

式中 I_{lo}——过负荷前的负载电流（若过负荷前处于冷却状态，则 $I_{lo}=0$）；

$I_{op.0}$——起始动作电流，即保护动作与不动作的临界电流值（起始动作电流 I_{∞} 可按额定电流 I_n 的 1.05～1.15 倍整定），如 1.1；

τ——时间常数，反映电动机过载/热能力。

式（5-66）充分考虑了电动机定子的热过程及其过负荷前的热状态。装置用热含量来表示电动机的热过程，热含量与定子电流的平方成正比，通过换算，将其量纲化成反映电动机过负荷能力的时间常数 τ。当热含量达到 τ 时，装置即跳闸；当热含量达到 $K_a\tau$ 时。发过热告警信号，其中，K_a 为告警系数，取值范围为 $\left(\frac{I_{eq}}{I_{\infty}}\right)^2<K_a<1$。

发热时间常数 τ 应由电动机厂家提供，如果厂家没有提供，可按下述方法之一进行估算：

1）如厂家提供了电动机的热限曲线或一组过负荷能力的数据，则可计算时间常数 τ，求出一组 τ 后取较小的值。其计算式为

$$\tau=\frac{t}{\ln\frac{I^2}{I^2-I_{op.0}^2}} \tag{5-67}$$

式中 t——允许的过负荷时间；

$I_{op.0}$——起始动作电流；

I——对应时间允许的过负荷倍数。

2）如已知堵转电流 I 和允许堵转时间 t，也可按式（5-67）计算出时间常数 τ，但其中时间 t 和电流 I 的含义不同：t 为允许堵转时间；$I_{op.0}$ 为起始动作电流；I 为堵转电流。

必须强调，电动机招标时，应明确要求供货厂家提供允许堵转时间和堵转电流数值，否则将给现场整定计算造成麻烦。

3）也可直接计算 τ，计算式为

$$\tau=\frac{\theta_n K^2 T_{st}}{\theta_0} \tag{5-68}$$

式中　θ_n——电动机的额定温升（与运行电动机的绝缘等级有关）；

K——启动电流倍数；

θ_0——电动机启动时的温度；

T_{st}——电动机启动时间。

（5）负序过流保护（电流不平衡保护）。当电动机电流不对称时，会出现较大的负序电流，将在转子中产生 2 倍工频电流，使转子发热大大增加，危及电动机的安全运行。电流不平衡保护为匝间短路、断线、反相等故障的主保护，还可以作为不对称短路时的后备保护。

装置有反时限和定时限两种动作特性供选择。

反时限的动作判据为

$$\left(\frac{I_2^2}{I_{2st}^2}-1\right)\times t\geqslant A \tag{5-69}$$

式中　I_2——负序电流；

A——时间常数；

I_{2st}——负序启动电流。

负序启动电流 I_{2st} 可按电动机长期允许的负序电流下能可靠返回来整定，可取为 $1.05I_{2\infty}$，$I_{2\infty}$ 为电动机长期允许的负序电流。为整定方便，采用负序电流 $I_2=3I_{2st}$ 时的允许时间 t_{3st} 来代替时间常数 A 的整定，即 $A=8t_{3st}$。

定时限采用二段式负序过流，动作判据为

$$I_2>I_{2st\,\mathrm{I}}\quad (t_1<t\leqslant t_2) \tag{5-70}$$

或

$$I_2>I_{2st\,\mathrm{II}}\quad (t>t_2) \tag{5-71}$$

负序过流保护Ⅰ段主要保护电动机匝间短路、断线、反相等故障，可取 $I_{2st\,\mathrm{I}}$ 为（0.6～1）I_n（I_n 为额定电流），时限按躲过开关不同期合闸出现的暂态过程的时间整定。

负序电流保护Ⅱ段作为灵敏的不平衡电流保护，一般取 $I_{2st\,\mathrm{II}}$ 为（0.15～0.3）I_n。

当外部供电系统出现不平衡时，电动机的负序电流可能引起负序过流保护误动。由于区内、外发生不对称短路时 I_2/I_1 的比值不同，经验表明，当 $I_2\geqslant 1.2I_1$、$I_1\geqslant I_{op.0}$ 条件满足时，可将负序过流保护闭锁。式中，$I_{op.0}$ 为门槛动作电流，可为厂家内部设定。当保护装置设有此闭锁功能时，即不必在时间整定时再延时与外部回路配合。

必须指出：热过载保护与负序过流保护两种保护的判据都与负序电流相关，电动机过流保护 TA 接线宜为三相完全星形接线。而采用两相不完全星形接线会导致误跳闸。所以，当采用两相不完全星形接线时，厂家必须在软件编程上采取措施或将装置作成两相三

继电器式接线，并保证合成的b相电流接线极性的正确性（应等效于B相装TA）。

(6) 接地保护。对于接地故障电流较大的系统（如低电阻接地系统），若装有三相TA，零序电流可由三相电流之和求得（但整定计算时应注意三相TA不一致引起的误差，有条件时宜装设专用零序TA）。对于接地故障电流较小的系统，当电动机定子单相接地电流大于规程规定值时，应装设单相接地保护。保护用零序电流应取自零序电流专用TA。保护可选择动作于发信或跳闸。

保护的零序电流定值可按躲过电动机外部单相接地时的零序基波电流整定，动作时间宜整定为较短的延时。

(7) 低电压保护。当供电母线电压短时降低或短时中断时，为防止电动机自启动时使电源电压严重降低，往往需在一些较次要电动机或不需要自启动的电动机上装设低电压保护。该装置单独装设低电压保护。当任一相（或任一相间）电压低于整定电压，保护经整定的延时动作于跳闸。

当装置通过计算出现负序电压但不出现负序电流且各相均有电流时，判为TV断线，此时，闭锁低电压保护并发TV断线告警信号。

保护的低电压定值可按躲过电动机启动时的最低电压整定或参考第五节的公式整定。

为防止现场操作TV回路时低电压保护误动作，可将装置面板上的低电压保护投退开关拨到退出位置。

(8) 热过载闭锁合闸。当电动机由运行到停机时，如果此时电动机热含量大于$K_b\tau$，则闭锁合闸回路，以防止在短时间内重新启动而造成电动机过热。当热含量小于$K_b\tau$时，则自动解除闭锁。其中，K_b为闭锁系数，其取值范围为

$$\left(\frac{I_{eq}}{I_{\infty}}\right)^2 < K_b < 1 \tag{5-72}$$

式中 I_{∞}——起始动作电流，即保护动作与不动作的临界电流值（起始动作电流I_{∞}可按额定电流I_n的1.05～1.15倍整定）；

I_{eq}——停机前的等效电流（标幺值）。

为适应现场有时需要紧急启动以及试验，厂家对热过载闭锁设有复归按键，如连续按两下“复归”键，热含量自动清零，闭锁即被解除。

(9) 连续启动闭锁合闸。电动机启动结束后，装置开始闭锁合闸回路，直至整定的延时为止，以防止无时间间隔地连续启动，造成电动机严重过热。如果启动电流大于$112\%I_n$，则在启动电流下降到$112\%I_n$时闭锁合闸回路。如果启动电流小于$112\%I_n$，则到达允许的启动时间T_{start}时闭锁合闸回路。如果启动过程非正常中止（如保护动作、手跳），则在中止时刻闭锁合闸回路。

(10) F-C过流闭锁跳闸。对于熔断器—高压接触器（F-C）控制的电动机，如果任一相故障电流超过接触器的遮断电流时，保护出口被闭锁，接触器便不能断开，此时，应由熔断器熔丝熔断来切除故障。

(11) 电流保护。电流保护由过流保护和过负荷保护组成。过流保护设一段延时，当最大相电流大于整定值时，经整定时间后跳闸。过负荷保护可设二段延时t_1和t_2，当最

大相电流大于整定值时，经延时 t_1 发过负荷告警信号，经延时 t_2 跳闸。

电流保护可在电动机启动时自动退出，启动结束后自动投入。

应当注意，使用不同厂家的保护装置应当根据供货厂家技术说明书，按有关规程或导则结合现场具体实际要求整定，绝不可生搬硬套。

（二）微机型电动机差动保护装置

1. 保护原理和定值整定

微机型电动机差动保护装置的原理框图如图 5-21 所示。

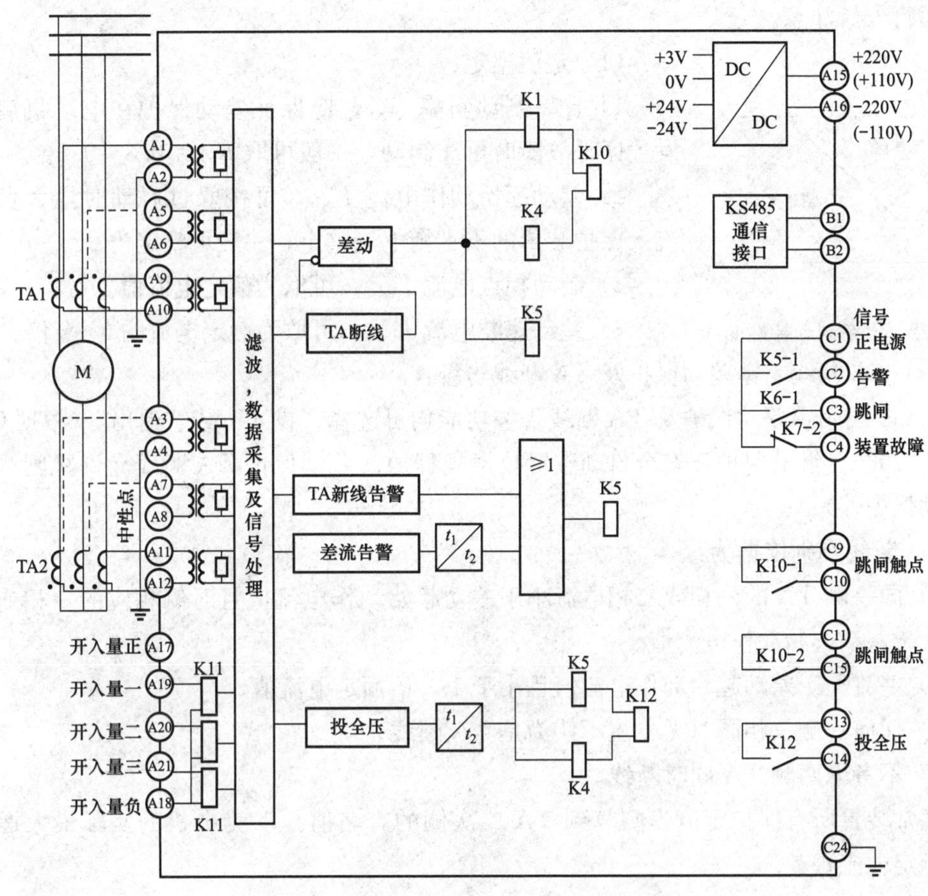

图 5-21　微机型电动机差动保护装置原理框图

该保护采用二相三元件式或三相三元件式比率制动原理。若为三相三元件式，当输入量取自电动机机端 A、C 相电流（以 $\dot{I}_t$ 表示）和中性点 A、C 相电流（以 $\dot{I}_n$ 表示）时，其中 B 相电流 $\dot{I}_b = -(\dot{I}_a + \dot{I}_c)$，在装置内部生成。保护反映电动机内部及引出线相间短路故障。

动作判据为

$$\left.\begin{array}{ll} I_d > I_{op.0} & (I_{res} < I_{res.0}) \\ I_d - I_{op.0} > K_{res}(I_{res} - I_{res.0}) \text{ 或 } I_d > I_{d.ins} & (I_{res} \geqslant I_{res.0}) \end{array}\right\} \tag{5-73}$$

式中　I_d——差电流，$I_d = |\dot{I}_t + \dot{I}_n|$；

I_{res}——制动电流，$I_{res}=\frac{|\dot{I}_t-\dot{I}_n|}{2}$；

$I_{op.0}$——差动起始动作电流；

$I_{res.0}$——制动拐点电流；

K_{res}——比率制动斜率（近似于制动系数）；

$I_{d.ins}$——差动速断电流。

动作特性见图 5-22。当 $I_d>I_{da}$ 时，经过整定的延时后，装置可发差电流告警信号，引起运行人员注意。

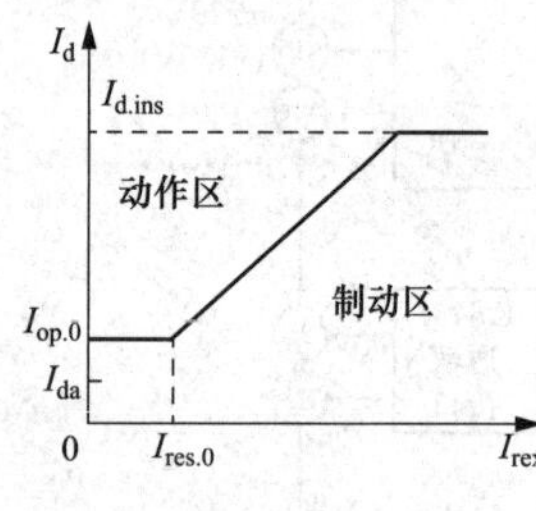

图 5-22 比率制动特性曲线

(1) 定值整定：

1) 比率制动斜率 K_{res}，应保证差动保护在电动机启动和发生区外故障时可靠制动，一般可取 $K_{res}=0.3\sim0.6$。

2) 差动起始动作电流 $I_{op.0}$，可按躲过启动时最大负荷下流入保护装置的不平衡电流整定，一般可整定为 $0.3\sim0.5I_n$。

3) 制动拐点电流 $I_{res.0}$，可取为额定电流值。

4) 差动速断电流 $I_{d.ins}$，可取为额定电流的 3～8 倍。

(2) TA 断线闭锁差动保护及 TA 断线告警：

TA 断线闭锁差动保护及 TA 断线告警功能均可选择“投入”或“退出”（根据 GB/T 14285—2006《继电保护和安全自动装置技术规程》)，差动保护 TA 断线允许跳闸（除母线差动保护外）。

TA 断线判别依据为：

1) 同一侧 TA 的一相或二相电流小于差动起始动作电流值且对侧相应的一相或二相电流大于差动起始动作电流值。

2) 差流大于差动起始动作电流值且小于 1.3 倍额定电流值。

3) 任何一侧三相同时无电流不认为是 TA 断线。

4) 不考虑两侧 TA 同时断线。

通常装置所有保护定值为归算到 TA 二次侧的有名值。I_n 为电机的实际最大运行电流（额定电流)。

2. 装置概述

微机型电动机差动保护装置主要用作大型异步电动机（2000kW 及以上）的差动保护，可与本节前面介绍的微机型电动机综合保护装置共同组成大型异步电动机的全套保护。

由于具体工程不同厂家的保护装置会有差异，在此不再具体说明，应以厂家供货技术说明书为准。

第六章 保护整定计算实例

本章包括对发电机—变压器组保护的整定计算以及联络变压器、启动/备用变压器保护和低压厂用工作变压器保护的整定计算举例。由于对保护整定配合的技术要求比较高，需要从全局出发并兼顾上下左右，一次、二次接线和具体设备综合考虑，有时还需要用经验值。本章实例的内容只是展示介绍整定计算的主要方法、步骤或思路。在工程具体整定计算中，必须密切结合工程实际，按现行的规程规范和保护厂家的技术说明书，或在厂家技术人员的配合下，按所在工程的电气接线和被保护设备的实际要求进行整定计算，不可生搬硬套。

应当指出，由于不同厂家同种保护在构成原理或动作判据上多为大同小异，但也有的会有较大区别，在整定时要善于具体对待，灵活处理。

在算例中为了方便识别，文字符号的脚注均以大写字母 N 表示为 TA/TV 一次额定值；以小写字母 n 表示为 TA/TV 二次额定值。

第一节　发电机—变压器组保护整定计算实例

发电机—变压器组保护整定计算包括了发电机、主变压器、高压厂用变压器、励磁变压器等的整定计算，即从一次线上被归于发电机—变压器组范围的主设备的保护整定计算，保护的整定计算主要依据前面各章列出的些国内应用的基本公式，有的也根据不同保护产品，给出了特定的公式，希望读者通过举例能够举一反三，灵活运用。由于继电保护技术的发展，而且《大型发电机变压器继电保护整定计算导则》（DL/T 684—2012）也已不能完全适应发电机—变压器组保护、变压器保护实际使用微机保护整定计算的需要，希望读者能从本章中看到些有关整定计算的新内容和配合技巧，如结合 RCS 型、G60 型等保护对发电机保护进行的整定计算。关于短路电流计算本章仅通过 300MW 机工程为例进行计算，其他机组读者可以举一反三灵活运用，在书中不再一一列出。在同种保护整定计算举例中，可能列举有不同容量、不同厂家保护整定计算的例子（如差动保护），凡举例中涉及机组的所用参数或有关数据将在例题中直接给出，以缩短篇幅，便于读者抓住计算要点，避免费时于繁琐的短路电流计算之中。

一、原始数据及短路电流计算

（一）*原始数据*

发电机—变压器组保护整定计算基本原始数据，如表 6-1 所示。

表 6-1　　发电机—变压器组保护整定计算基本原始数据表

序号	名　称	类别符号或计算公式	数　值
1.0	发电机	G	
1.1	额定视在功率	S_G(MVA)	353.00
1.2	额定有功功率	P_G(MW)	300.00
1.3	额定无功功率	Q_G(Mvar)	186.00
1.4	额定功率因数	$\cos\varphi_G$	0.85
1.5	额定电压	U_G(kV)	20.00
1.6	额定电流	I_G(A)	10189.00
1.7	额定频率	f_G(Hz)	50.00
1.8	以 S_G 为基准的电抗标幺值		
1.8.1	直轴同步电抗	X_d	185.477
1.8.2	直轴瞬变电抗	X'_d	22.598
1.8.3	直轴超瞬变电抗	X''_d	15.584
1.8.4	负序电抗	X_2	17.183
1.8.5	横轴同步电抗	X_q	185.477
1.9	以 100MVA 为基准的电抗标幺值		100.00
1.9.1	直轴同步电抗	$X_{d*}=X_d\dfrac{100}{S_G}$	52.54
1.9.2	直轴瞬变电抗	$X'_{d*}=X'_d\dfrac{100}{S_G}$	6.40
1.9.3	直轴超瞬变电抗	$X''_{d*}=X''_d\dfrac{100}{S_G}$	4.41
1.9.4	横轴同步电抗	$X_q=X_q\dfrac{100}{S_G}$	52.54
2.0	主变压器	MT	
2.1	额定容量	S_M(MVA)	370.00
2.2	高压额定电压	U_{MhI}(kV)	242.00
2.3	低压额定电压	U_{MlI}(kV)	20.00
2.4	高压额定电流	I_{MhI}(A)	883.00
2.5	低压额定电流	I_{MlI}(A)	10681.00
2.6	接线组别	YNd11	
2.7	以 S_M 为基准短路压降标幺值	$\Delta U_M\%$	14.00
2.8	以 100MVA 为基准电抗标幺值		100
2.8.1	以 100MVA 为基准主变压器电抗标幺值	$X_M=\dfrac{\Delta U_M\%}{100}\dfrac{100}{S_M}$	0.038
3.0	高压厂用变压器	AT	
3.1	高压额定容量	S_{AhI}(MVA)	50.00
3.2	低压额定容量	S_{AlI}(MVA)	31.50
3.3	高压额定电压	U_{AhI}(kV)	20.00
3.4	低压额定电压	U_{AlI}(kV)	6.30

续表

序号	名　称	类别符号或计算公式	数　值
3.5	高压额定电流	$I_{A\,\mathrm{I}}$ (A)	1443.00
3.6	低压分支电流	$I_{Al\,\mathrm{I}}$ (A)	2887.00
3.7	低压额定电流	$I_{Al\,\mathrm{I}}$ (A)	4582.00
3.8	接线组别	Dyn1yn1	
3.9	绕组分裂系数	K_s	3.5
3.10	以 $S_{A\,\mathrm{I}}$ 为基准半穿越电抗标幺值	$\Delta U\%$	15.00
3.11	以 100MVA 为基准的高压厂用变压器电抗标幺值	$X_A=\dfrac{\Delta U\%}{100}\times\dfrac{100}{S_{A\,\mathrm{I}}}$	0.30
4.0	励磁变压器	ET	
4.1	额定容量	S_E(MVA)	3.20
4.2	高压额定电压	$U_{Eh\,\mathrm{I}}$ (kV)	20.00
4.3	低压额定电压	$U_{El\,\mathrm{I}}$ (kV)	0.90
4.4	高压额定电流	$I_{Eh\,\mathrm{I}}$ (A)	92.38
4.5	低压额定电流	$I_{El\,\mathrm{I}}$ (A)	2052.86
4.6	接线组别	Yd11	
4.7	以 S_E 为基准的电抗标幺值	$\Delta U\%$	8.00
4.8	以 100MVA 为基准电抗标幺值		100.00
4.9	以 100MVA 为基准励磁变电抗标幺值	$X_E=\dfrac{\Delta U\%}{100}\cdot\dfrac{100}{S_E}$	2.50
5	主变压器高压端子与系统之间电抗	$X_s(X_{con})$	
5.1	以 100MVA 为基准电抗标幺值		100.00
5.1.1	最大运行方式		
5.1.1.1	正序	X_{smin1}	0.02907
5.1.1.2	负序	X_{smin2}	0.02907
5.1.1.3	零序	X_{smin0}	0.02575
5.1.2	最小运行方式		
5.1.2.1	正序	X_{smax1}	0.05816
5.1.2.2	负序	X_{smax2}	0.05816
5.1.2.3	零序	X_{smax0}	0.04802
6.0	TA 变比		
6.1	发电机定子	n_{gTA}=15000/5A	3000.00
6.2	升压变电站	n_{msTA}=2×600/5A	1200/5=240
6.3	主变压器套管	n_{mTA}=600～1200/5A	1200/5=240
6.4	主变压器中性点	n_{mnTA}=200～600/5A	300/5=60
6.5	主变压器中性点间隙	n_{mnTA}=100/5A	100/5=20
6.6	高压厂用变压器高压侧	$n_{\mathrm{I}\,TA}$=2000/5A、5000/5A	400、3000
6.7	高压厂用变压器低压侧	$n_{\mathrm{II}\,TA}$=3000/5A	3000/5=600

续表

序号	名称	类别符号或计算公式	数值
6.8	高压厂用变压器低压中性点	$n_{nTA}=100\sim300/5A$	100/5=20
6.9	励磁变压器高压侧	$n_{E\text{I}TA}=200/5A$	200/5=40
6.10	励磁变压器低压侧	$n_{E\text{II}TA}=3000/5A$	3000/5=600
7.0	TV 变比		
7.1	发电机出线端 TV	$n_{GTV}=\frac{20}{\sqrt{3}}\Big/\frac{0.1}{\sqrt{3}}kV$	200.00
7.2	发电机出线端 TV 开口三角	$n_{GTV0}=\frac{20}{\sqrt{3}}\Big/\frac{0.1}{3}kV$	346.40
7.3	发电机中性点配电变压器 TV	$N_{GnTV}=20/0.23kV$	单相接地抽压 100V
7.4	升压变电站 TV	$n_{hTV}=\frac{220}{\sqrt{3}}\Big/\frac{0.1}{\sqrt{3}}kV$	2200.00
7.5	中压开关柜 TV	$n_{mTV}=\frac{6.3}{\sqrt{3}}\Big/\frac{0.1}{\sqrt{3}}kV$	63.00

(二) 电抗网络图

(1) 系统为最大运行方式阻抗网络图见图 6-1。

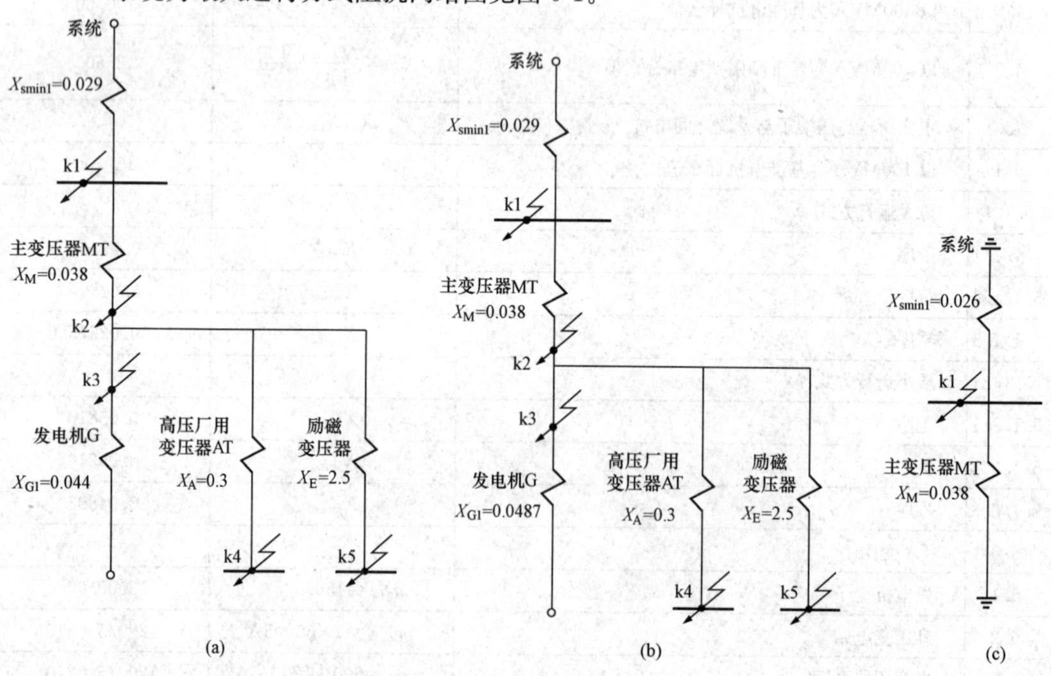

图 6-1 系统为最大运行方式阻抗网络图

(a) 最大运行方式正序网络阻抗图；(b) 最大运行方式负序网络阻抗图；

(c) 最大运行方式零序网络阻抗图

(2) 系统为最小运行方式阻抗网络图见图 6-2。

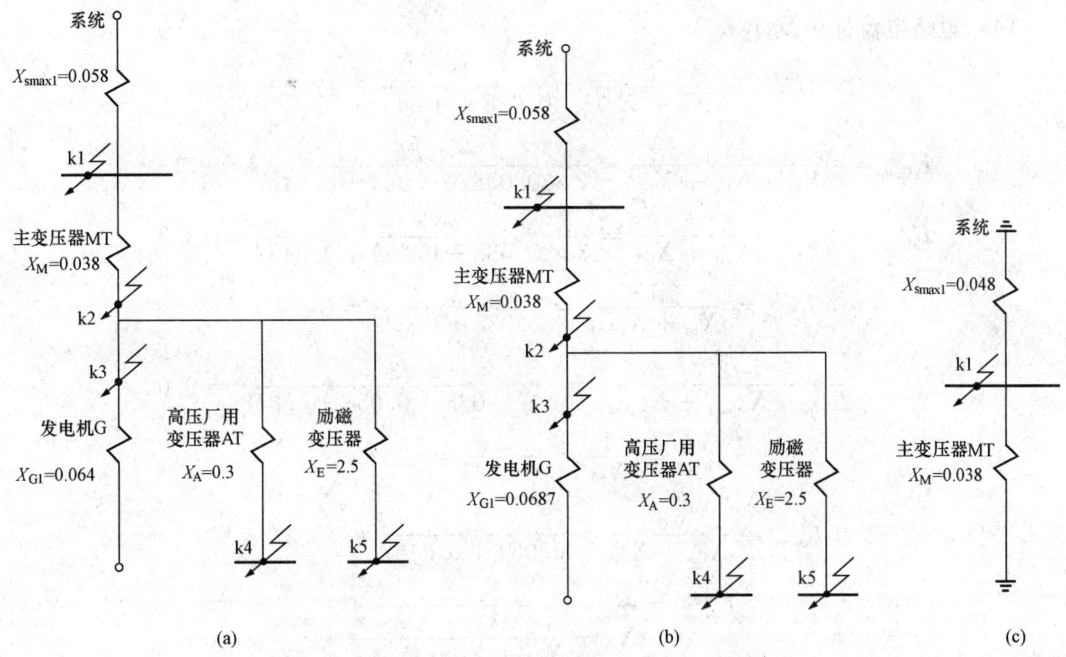

图 6-2　系统为最小运行方式阻抗网络图

（a）最小运行方式正序网络阻抗图；（b）最小运行方式负序网络阻抗图；（c）最小运行方式零序网络阻抗图

（三）短路电流计算

（1）计算中以 100MVA 为基准的不同电压等级的常用基准电流值，如表 6-2 所示。

表 6-2　　常用基准电流值（S_b＝100MVA）

基准电压 U_b（kV）	6.3	10.5	13.8	15.8	18	20	37	63	115	230	345	525
基准电流 I_b（kA）	9.16	5.5	4.18	3.67	3.21	2.89	1.56	0.916	0.502	0.251	0.167	0.11
基准电抗 X_b（Ω）	0.397	1.1	1.91	2.48	3.24	4.00	13.7	39.7	132	529	1190	2756

（2）短路点或短路形式标识，见表 6-3。

表 6-3　　短路点或短路形式标识

标记	短路点/短路形式	标记	短路点/短路形式
k1	高压母线	k5	励磁变压器低压侧
k2	主变压器低压侧	(3)	三相短路
k3	发电机出线侧	(2)	两相短路
k4	高压厂用变压器低压侧	(1)	单相短路

（3）系统运行方式及阻抗标识，见表 6-4。

表 6-4　　系统运行方式及阻抗标识

标　记	系统运行方式	系统阻抗
max	最大运行方式	min
min	最小运行方式	max
·	与系统不连接	

(4) 短路电流标识及计算

$$I_{k1min}^{*(3)}=\frac{1}{X_M+X_{G1}}=\frac{1}{0.038+0.044}=12.2$$

$$I_{k1min}^{*(2)}=\frac{\sqrt{3}}{2X_M+X_{G1}+X_{G2}}=\frac{\sqrt{3}}{2\times0.038+0.064+0.0487}=9.18$$

$$I_{k1min}^{*1)}=\frac{3}{3X_M+X_{G1}+X_{G2}}=\frac{3}{3\times0.038+0.064+0.0487}=13.2$$

$$I_{k2max}^{*(3)}=\frac{1}{X_M+X_{smin1}}=\frac{1}{0.038+0.029}=14.9$$

$$I_{k2min}^{*(2)}=\frac{\sqrt{3}}{2X_M+X_{smax1}+X_{smax2}}=\frac{\sqrt{3}}{2\times0.038+0.058+0.058}=9.02$$

$$I_{k3min}^{*(3)}=\frac{1}{X_{G1}}=\frac{1}{0.0441}=22.6$$

$$I_{k3min}^{*(2)}=\frac{\sqrt{3}}{X_{G1}+X_{G2}}-\frac{\sqrt{3}}{0.064+0.0487}=15.37$$

$$I_{k4max}^{*(3)}=\frac{1}{X_A+\dfrac{X_{G1}(X_M+X_{smin1})}{X_{G1}+X_M+X_{smin1}}}$$

$$=\frac{1}{0.3+\dfrac{0.044(0.038+0.029)}{0.044+0.038+0.029}}=3.06$$

$$I_{k4min}^{*(2)}=\frac{\sqrt{3}}{2X_A+\dfrac{X_{G1}(X_M+X_{smax1})}{X_{G1}+X_M+X_{smax1}}+\dfrac{X_{G1}(X_M+X_{smax2})}{X_{G1}+X_M+X_{smax2}}}$$

$$=\frac{\sqrt{3}}{2\times0.3+\dfrac{0.064(0.038+0.0582)}{0.064+0.038+0.0582}+\dfrac{0.0487(0.038+0.0582)}{0.0487+0.038+0.0582}}$$

$$=2.582$$

$$I_{k4min}^{*(1)}=\frac{U_{a\text{II}}}{\sqrt{3}\times R}=\frac{6300}{\sqrt{3}\times40}=91$$

$$I_{k5max}^{*(3)}=\frac{1}{X_E+\dfrac{X_{G1}(X_M+X_{smin1})}{X_{G1}+X_M+X_{smin1}}}$$

$$=\frac{1}{2.5+\dfrac{0.044(0.038+0.029)}{0.044+0.038+0.029}}$$

$$=0.395$$

$$I_{k5min}^{*(2)}=\frac{\sqrt{3}}{2X_E+\dfrac{X_{G1}(X_M+X_{smax1})}{X_{G1}+X_M+X_{smax1}}+\dfrac{X_{G1}(X_M+X_{smax2})}{X_{G1}+X_M+X_{smax2}}}$$

$$=\frac{\sqrt{3}}{2\times2.5+\dfrac{0.064(0.038+0.0582)}{0.064+0.038+0.0582}+\dfrac{0.0487(0.038+0.0582)}{0.0487+0.038+0.0582}}$$

$$=0.34$$

$$
\begin{aligned}
I_{k1max}^{*(1)} &= \frac{3}{X_{smin1} \parallel (X_{G1}+X_{M}) + X_{smin2} \parallel (X_{G2}+X_{M}) + X_{smin0} \parallel X_{M}} \\
&= \frac{3}{\frac{0.029(0.044+0.038)}{0.029+0.044+0.038} + \frac{0.029(0.0487+0.038)}{0.029+0.0487+0.038} + \frac{0.026\times 0.038}{0.026+0.038}} \\
&= \frac{3}{0.0214+0.0217+0.0154} \\
&= 51.2
\end{aligned}
$$

300MW 和 125MW 发电机—变压器组短路电流计算结果，分别如表 6-5 和表 6-6 所示。

表 6-5　　300MW 发电机—变压器组短路电流计算结果表

短路点	故障类型		
	三相	两相	单相
k1	$I_{k1\cdot}^{*(3)}=12.2$	$I_{k1\cdot}^{*(2)}=9.18$	$I_{k1max}^{*(1)}=51.2$ $I_{k1\cdot}^{*(1)\Phi}=13.2$
k2	$I_{k2max}^{*(3)}=14.9$	$I_{k2min}^{*(2)}=9.02$	—
k3	$I_{k3\cdot}^{*(3)}=22.6$	$I_{k3\cdot}^{*(2)}=15.37$	—
k4	$I_{k4max}^{*(3)}=3.06$	$I_{k4min}^{*(2)}=2.58$	$I_{k4min}^{*(1)}=91$
k5	$I_{k5max}^{*(3)}=0.395$	$I_{k5min}^{*(2)}=0.34$	—

注　标有符号 * 的数值是以 100MVA 为基准的标幺值表示；标有符号 · 表示仅发电机—变压器组提供的短路电流（与系统不连接）。

表 6-6　　125MW 发电机—变压器组短路电流计算结果表

短路点	故障类型		
	三相	两相	单相
k1	$I_{k1\cdot}^{*(3)}=5.68$	$I_{k1\cdot}^{*(2)}=4.56$	$I_{k1\cdot}^{*(1)}=6.24$
k2	$I_{k2max}^{*(3)}=7.97$	$I_{k2min}^{*(2)}=3.47$	—
k3	$I_{k3\cdot}^{*(3)}=11.2$	$I_{k3\cdot}^{*(2)}=8.4$	—
k4	$I_{k4max}^{*(3)}=1.785$	$I_{k4min}^{*(2)}=1.51$	—
k5	$I_{k5max}^{*(3)}=0.165$	$I_{k5min}^{*(2)}=0.1427$	—

注　1. 标有符号 * 的数值是以 100MVA 为基准的标幺值表示；标有符号 · 表示仅发电机—变压器组提供的短路电流（与系统不连接）。

2. 为减少篇幅，只给出计算结果，未列出计算过程，具体工程应根据实际系统参数进行计算。

二、发电机—变压器组保护整定计算示例

（一）发电机差动保护定值计算

【例 6-1】　WFB-800（或 DGT801）型比率制动式差动保护，发电机额定功率 135MW，额定功率因数 0.85，额定电压 15.75kV，发电机最大外部短路电流 36.25kA，差动保护两侧采用 5P20 型，TA 的变比均为 8000/5，TA 均采用星形接线。

解 式(2-7)与式(2-8)差动动作方程如下

$$I_{op} \geqslant I_{op.0} \quad (I_{res} \leqslant I_{res.0} \text{ 时})$$

$$I_{op} \geqslant I_{op.0} + S(I_{res} - I_{res.0}) \quad (I_{res} > I_{res.0} \text{ 时})$$

其中差动电流 $$I_{op} = |\dot{I}_T + \dot{I}_N|$$

制动电流 $$I_{res} = \left|\frac{\dot{I}_T - \dot{I}_N}{2}\right|$$

式中,$\dot{I}_T$、$\dot{I}_N$ 分别为机端、中性点电流互感器(TA)二次侧的电流,TA 的极性见图 2-4。

(1)保护最小动作电流定值(倍数)确定。根据式(2-19)得

$$I_{GN} = \frac{P_{GN}/\cos\varphi}{\sqrt{3}U_{GN}} = \frac{135/0.85}{\sqrt{3}\times 15.75} = 5822(A)$$

根据式(2-21)得

$$I_{op.0} = K_{rel} \times 2 \times 0.05 I_{GN}/n_{TA} = 2 \times 2 \times 0.05 I_{GN}/n_{TA} = 0.2 I_{GN}/n_{TA}$$

根据运行经验,为避免误动,故取

$$I_{op.0} = 0.3 I_{GN}/n_{TA} = 0.3\,\frac{5822}{1600} = 0.3 \times 3.64 = 1.09(A)$$

(2)确定制动特性的拐点,拐点横坐标为

$$I_{res.0} = (0.5 - 1.0) I_{GN}/n_{TA}$$

根据上式,常取 1 倍额定电流,则

$$I_{res.0} = 1 \times I_{GN}/n_{TA} = 5822/1600 = 3.64(A)$$

(3)按最大外部短路电流下差动保护可能的最大不平衡动作电流。根据式(2-23)及式(2-24)得

$$I_{op.max} = K_{rel} K_{ap} K_{cc} K_{er} I_{k.max}^{(3)}/n_{TA} = 2 \times 2 \times 0.5 \times 0.1 \times 9.9 \times 10^3/1600 = 1.238(A)$$

(4)比率制动特性曲线的斜率 s。根据式(2-26)得

$$s = \frac{I_{op.max} - I_{op.0}}{(I_{k.max}^{(3)}/n_{TA}) - I_{res.0}} = \frac{4.531 - 1.09}{(36.25 \times 10^3/1600) - 3.64} = 0.183$$

根据运行经验和厂家推荐值一般取 0.3~0.5,现取 0.4。

按上述原则整定的比率制动特性,当发电机机端两相金属性短路时,差动保护的灵敏系数一定满足要求,不必进行灵敏度校验。

(5)负序电压闭锁启动值

$$U_{op} = 0.08 U_n = 0.08 \times 100 = 8(V)$$

(6)TA 断线动作值

$$I_{op} = 0.15 I_n = 0.15 \times 3.64 = 0.546(A)$$

TA 断线动作值,如果厂家设置软件中,用户就可以不用计算了。

(7)差动速断。对于发电机的差动速断,可取

$$I_{d\cdot in} = 4 I_n = 4 \times \frac{5822}{1600} = 14.55(A)$$

【例 6-2】 采用 RCS-985 变制动系数（斜率）比率差动保护，发电机额定功率 125MW，额定功率因数 0.85，额定电压 13.8kV，发电机最大外部短路电流 46.95kA，差动保护两侧采用 5P20 型，TA 的变比均为 8000/5，TA 均用星形接线。

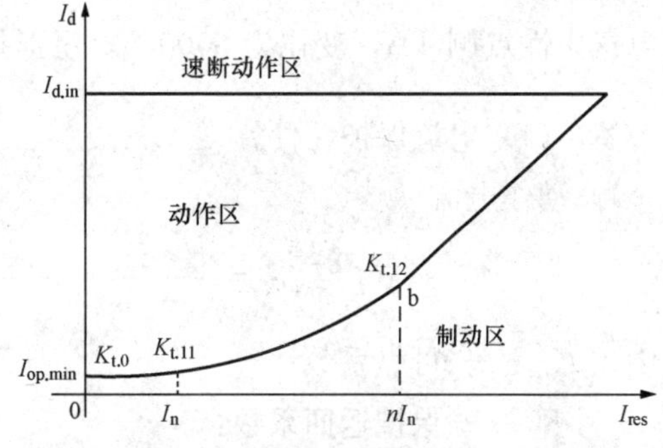

图 6-3　变斜率比率差动保护动作特性曲线图

解　保护动作判据如式（2-11）所示，保护动作特性曲线如图 6-3 所示。

（1）发电机额定电流计算

$$I_{GN}=\frac{P_{GN}/\cos\varphi}{\sqrt{3}U_{GN}}=\frac{125/0.85}{\sqrt{3}\times 13.8}=6152(\text{A})$$

$$I_{gn}=\frac{I_{GN}}{n_{TA}}=\frac{6152}{8000/5}=3.85(\text{A})$$

（2）保护最小动作（启动）电流定值确。根据式（2-21），结合运行经验，为避免误动取

$$I_{op.min}=0.3I_{GN}/n_{TA}=0.3\times 3.84=1.15(\text{A})$$

（3）确定制动特性的拐点。根据式（2-22），取

$$I_{res.0}=1I_{GN}/n_{TA}=3.85\ (\text{A})$$

（4）最大不平衡电流。发电机外部短路时，差动保护的最大不平衡电流参考式（2-24）进行估算

$$I_{unb.max}=K_{ap}K_{cc}K_{er}I_{k.max}^{(3)}=2\times 1\times 0.1\times 46950=9390(\text{A})$$

（5）比率制动系数。$K_{t.0}$ 为比率差动起始斜率，定值范围为 0.05～0.1，取 0.1；$K_{t.max}$ 为最大比率差动斜率，参考厂家技术和使用说明书可有

$$K_{t.max}=\frac{I_{unb.max}-I_{op.0}-2K_{t.0}}{I_{K.max}-2}=\frac{(9390/6152)-0.3-2\times 0.1}{(46950/6152)-2}=0.183$$

厂家可整定范围为 0.30～0.70，经验值一般取 0.5；n 为最大比率制动系数时的制动电流倍数（当小于 4 时取 4），即

$$n=\frac{1}{X''_d}=\frac{1}{0.1606}=6.26$$

ΔK_t 为比率差动制动系数增量，由保护装置根据给定的 $K_{t.max}$、$K_{t.0}$ 及 n 进行计算。

$K_{t.11}$ 与 $K_{t.12}$ 为变比率差动制动系数，也不需用户计算。

（6）差动速断动作电流

$$I_{d\cdot in}=K_{rel}I_{gn}=4\times 3.84=15.36(\text{A})$$

式中　K_{rel}——可靠系数；

I_{gn}——发电机二次额定电流。

（二）发电机复压闭锁过电流保护计算

【例 6-3】 发电机额定功率 125MW，额定功率因数 0.85，额定电压 13.8kV，保护用

发电机中性点侧 TA，变比为 8000/5，星形接线，发电机机端 TV 变比 $\frac{13.8}{\sqrt{3}}\Big/\frac{0.1}{\sqrt{3}}\Big/\frac{0.1}{3}$。

解 （1）电流保护元件。

1）动作电流

$$I_{op.2}=\frac{K_{rel}I_{gn}}{K_r}=\frac{1.25\times3.84}{0.95}=5.05(A)$$

式中 K_{rel}——可靠系数；

K_r——保护返回系数：

I_{gn}——发电机二次额定电流。

2）灵敏系数校验

$$K_{sen}=\frac{I^{(2)}_{k1\cdot min}}{I_{op\cdot2}\times n_{TA}}=\frac{4.56\times4183.6}{5.05\times1600}=2.36>1.3$$

式中 $I^{(2)}_{k1.min}$——由发电机提供给高压侧母线的两相短路电流；

n_{TA}——保护用的电流互感器变比。

（2）发电机低电压元件

$$U_{op}=\frac{0.7U_{GN}}{n_{TV}}=\frac{0.7\times13.8\times10^3}{138}=70(V)$$

灵敏系数

$$K_{sen}=\frac{U_{op^*}}{X_{t^*}\ I_*{}^{(3)}_{k1.max}}=\frac{0.7}{0.087\times5.68}=\frac{0.7}{0.494}=1.42>1.3$$

式中 U_{op^*}——低电压元件的动作电压（也可用标幺值校验）；

X_{t^*}——变压器的标幺值阻抗；

$I_*{}^{(3)}_{k1.max}$——由发电机提供给高压侧母线的最大短路电流标幺值。

（3）发电机负序电压元件动作电压

$$U_{op\cdot2}=\frac{0.07U_{GN}}{n_{TV}}=\frac{0.07\times13.8\times10^3}{138}=7(V)$$

式中 U_{GN}——发电机额定电压；

n_{TV}——电压互感器的变比。

（4）动作时间整定。只有一段可与线路后备保护配合，为设备安全可取 $t_{1.op}=1.7s$，跳母联断路器；取 $t_{2.op}=2s$，全跳（变压器端子允许的最大短路电流时间不超过 2s)。

（三）发电机定子过负荷保护定值计算

【例 6-4】 发电机额定功率 125MW，额定功率因数 0.85，额定电压 13.8kV，保护用中性点侧 TA 变比为 8000/5，发电机允许过负荷的发热时间常数为 37.5s。发电机技术协议允许的过负荷特性如表 6-7 所示。

表 6-7　　发电机技术协议允许的过负荷特性

过负荷倍数	2.26	1.54	1.3	1.16
允许时间（s）	10	30	60	120

解　(1) 定时限过负荷。

1) 定时限过负荷动作电流

$$I_{op.2}=K_{rel}\frac{I_{GN}}{K_r\times n_{TA}}=1.05\times\frac{6152}{0.95\times1600}=4.25(A)$$

式中　K_{rel} ——可靠系数；

K_r ——保护返回系数：

I_{GN} ——发电机的额定电流；

n_{TA} ——保护用的电流互感器变比。

2) 动作延时，一般取 9s 以下，现取 $t_{op}=5s$。

(2) 反时限过负荷。

1) 上限动作电流

$$I_{op.max}=K_{rel}\frac{I_{k1.max}^{(3)}n_T}{n_{TA}}=1.2\times\frac{5.68\times502\times(121/13.8)}{1600}=18.75\ (A)$$

式中　K_{rel} ——可靠系数；

$I_{k1.max}^{(3)}$ ——由发电机提供给高压侧母线的最大短路电流；

n_T ——变压器的变比；

n_{TA} ——保护用的电流互感器变比。

2) 动作时限，应可靠躲过变压器外部故障，取 $t_{op}=0.5s$。

(3) 反时限部分。厂家给出的保护动作判据

$$t=\frac{K_{tc}}{I^{*2}-1}$$

式中　K_{tc} ——发电机允许过负荷的发热时间常数，s；

I^* ——以发电机额定电流为基准的过负荷倍数。

根据与发电机厂的技术协议，在 1.3 倍时允许 60s，可求得

$$K_{tc}=t(I^{*2}-1)=60(1.3^2-1)=41.4$$

为可靠保护发电机，现按保护计算导则推荐值取 37.5，即为

$$t=\frac{K_{tc}}{I^{*2}-1}=\frac{37.5}{2.26^2-1^2}$$

再根据发电机技术协议各点分别校验如下

$$t=\frac{K_{tc}}{I^{*2}-1}=\frac{37.5}{2.26^2-1^2}=9.12(s)<10s$$

$$t=\frac{K_{tc}}{I^{*2}-1}=\frac{37.5}{1.54^2-1^2}=27.3(s)<30s$$

$$t=\frac{K_{tc}}{I^{*2}-1}=\frac{37.5}{1.3^2-1^2}=54.35(s)<60s$$

$$t=\frac{K_{tc}}{I^{*2}-1}=\frac{37.5}{1.16^2-1^2}=108.5(s)<120s$$

经验证，发电机的过负荷保护曲线校验结果如表 6-8 所示。

表 6-8　　发电机的过负荷保护曲线校验结果

过负荷倍数	2.26	1.54	1.3	1.16
允许时间（s）	10	30	60	120
保护动作时间（s）	9.12	27.3	54.35	108.5

可见，过负荷保护曲线能够满足发电机过负荷保护要求。

（4）下限动作定值。

1）下限动作电流

$$I_{op.min}=K_cK_{rel}\frac{I_{gn}}{K_r}=1.05\times1.05\frac{3.84}{0.95}=4.45$$

式中　K_c——与定时限的电流配合系数；

K_{rel}——可靠系数；

K_r——保护返回系数；

I_{gn}——二次侧的发电机额定电流。

2）动作时间

$$t=\frac{K_{tc}}{I^*-1}=\frac{37.5}{\frac{1.05\times1.05}{0.95}-1}=108.12(s)$$

（四）发电机负序过负荷保护定值计算

【例 6-5】 发电机中性点侧 TA 变比 8000/5，转子表层承受负序电流的时间常数，本机为 10。

解　（1）定时限电流保护。

1）动作电流

$$I_{op}=\frac{K_{rel}I_{2\infty}}{K_r}=\frac{1.05\times（8\%\times I_{gn}）}{0.95}=\frac{1.05\times8\%\times3.85}{0.95}=0.323（A）$$

式中　K_{rel}——可靠系数；

K_r——保护返回系数；

$I_{2\infty}$——发电机长期运行允许的负序电流；

I_{gn}——发电机二次额定电流。

2）动作延时

$$t_{op}=5s\quad（发信号）$$

（2）负序反时限过流保护。

1）动作判据

$$t=\frac{A}{I_2^{*2}-I_{2\infty}^2}\quad（继电器动作方程）$$

$$t=\frac{A}{I_2^{*2}-K_{saf}I_{2\infty}^2}=\frac{10}{I_2^{*2}-1\times0.08^2}$$

式中　A——转子表层承受负序电流的时间常数，本机为 10；

I_2^*——发电机负序电流的标幺值；

$I_{2\infty}$ ——发电机长期允许负序电流的标幺值；

K_{saf} ——安全系数，从动作方程分析宜等于或小于 1。

2）上限电流按躲过高压侧两相短路计算

$$I_{2.op.2}=K_{rel}\frac{I_{k1.max}^{*(2)}I_b}{2\times n_{TA}}=1.2\times\frac{4.56\times4183.6}{2\times1600}=7.15\text{（A）}$$

式中　K_{rel} ——可靠系数；

$I_{k1.max}^{(2)}$ ——由发电机提供给高压侧母线的最大两相短路电流；

n_{TA} ——保护用的电流互感器变比；

I_b ——基准容量下发电机电压的基准电流。

3）上限时限按可靠躲过线路速动保护整定，取 0.5s。

4）保护灵敏性校验。应当指出，该保护主要是为了保护发电机而装设的，可按发电机出口两相短路校验，即

$$K_{sen}=\frac{I_{k3.}^{*(2)}\times4183.6}{2n_{TA}\times I_{op.2}}=\frac{8.4\times4183.6}{2\times1600\times7.15}=1.53>1.3\quad\text{（满足）}$$

5）下限动作电流。负序反时限动作特性的下限动作电流和时限整定：

根据式（2-68），通常下限动作时限计算值大于 1000s，可取 $t_{1.op}=1000s$。此时可用式（2-69）再反求反时限下限电流的标幺值为

$$I_{2op.min}^{*}=\sqrt{(A/1000+K_{fh}I_{2\infty}^{2})}=\sqrt{\frac{10}{1000}+1\times0.08^{2}}=0.128$$

式中　K_{fh}——散热系数，为保证设备安全可取不大于 1 的数值。

然后乘以发电机实际在 TA 二次的额定电流即可求出其保护整定值，即

$$I_{2.op}=0.128\times3.84=0.492(\text{A})$$

6）长期允许电流

$$I_{2.\infty}=8\%I_n=0.08\times3.84=0.307(\text{A})$$

（五）发电机基波定子接地保护定值计算

【例 6-6】 保护采用 RCS-985 型，发电机额定功率 125MW，额定功率因数 0.85，额定电压 13.8kV，发电机机端 TV 变比 $\frac{13.8}{\sqrt{3}}\bigg/\frac{0.1}{\sqrt{3}}\bigg/\frac{0.1}{3}$；中性点 TV 变比 13.8/0.1。

解　（1）基波零序过电压保护零序电压动作基波值确定。

该保护的动作电压 U_{op} 应按躲过正常运行时中性点单相电压互感器或机端三相电压互感器开口三角绕组的最大不平衡电压 $U_{unb.max}$ 整定，根据式（2-70）并结合运行经验。当用机端 TV 时（需要断线闭锁）有：

高定值取 $U_{op}=10V$，动作时间取 $t_{op}=5s$；

低定值取 $U_{op}=5V$，动作时间取 $t_{op}=5s$。

通常为可靠躲过高压侧接地故障，根据经验数据可取 $U_{0.op}=10V$（有三次谐波滤过器时可适当降低）机组启动后也可实测零序不平衡电压适当降低定值，以提高灵敏性。经验数据很重要，在给出初始定值整定并投入后，应在运行中不断根据运行及故障录波获得

数据修正定值，从而获得本机组最佳的定值。

当用中性点 TV 时（不需要断线闭锁），由于变比大$\sqrt{3}$倍，故：

高定值取$U_{op}=5.77$V，动作时间取$t_{op}=5$s；

低定值取$U_{op}=2.89$V，动作时间取$t_{op}=5$s。

（2）发电机三次谐波比较保护定值计算

1）概述。它与中性点基波定子接地保护共同构成100%接地保护，由于三次谐波保护误动概率较大，我国《大型发电机变压器组保护整定计算导则》推荐仅作用于信号。

2）保护动作值。

一是三次谐波比率接地保护。动作判别方程

$$\frac{|\dot{U}_{t.3}|}{|\dot{U}_{N.3}|}>\alpha \tag{6-1}$$

根据厂家推荐 RCS-985 预整定值可取

$$\alpha=K_{rel}\frac{3\times n_{TV\cdot n}}{n_{TV\cdot 0}}=1.4\times\frac{3\times 138}{239}=2.45$$

式中 K_{rel}——可靠系数；

$n_{TV\cdot n}$——发电机中性点 TV（或配电变压器）变比；

$n_{TV\cdot 0}$——机端电压互感器一次绕组与开口三角二次绕组的变比。

实际运行并网前应整定为$(1.3\sim1.5)\alpha_1$，现取$1.4\alpha_1$，其中α_1为并网前实测比值。

实际运行并网后应整定为$(1.3\sim1.5)\alpha_2$，现取$1.4\alpha_2$，其中α_2为并网后实测比值。

二是三次谐波电压差接地保护。动作判别方程

$$|\dot{U}_{t3}-\dot{K}_p\dot{U}_{n3}|>K_r|\dot{U}_{n3}| \tag{6-2}$$

式中 $\dot{U}_{t3}$——机端三次谐波电压；

$\dot{U}_{n3}$——中性点侧的三次谐波电压；

$\dot{K}_p$——调整系数向量（装置自动跟踪）；

K_r——制动系数（厂家建议取0.3）。

三是动作时限整定。延时躲过区外后备保护动作时限，可取5s。

（六）发电机定子绕组匝间短路保护定值计算

【例6-7】 采用RCS-985型保护，发电机额定功率125MW；额定电压13.8kV；匝间保护 TV 变比$\frac{13.8}{\sqrt{3}}\Big/\frac{0.1}{\sqrt{3}}\Big/\frac{0.1}{3}$。

解 （1）动作值为

$$|3U_0|>U_{op}$$

1）高定值。按躲过外部短路最大不平衡电压8～12V确定，经验数据$U_{op}=10$V。运行后可根据实录的开口三角零序电压数据适当修正。

2）灵敏段。按躲过发电机正常运行最大不平衡电压0.5～3V确定，经验数据$U_{op}=3$V。运行后可根据实测数据适当修正。

(2) 动作时间。为防止暂态不平衡电压及抗干扰，动作时间取 0.2s。工频变化量匝间保护灵敏度相当于灵敏段，定值不需用户整定，延时一般取 0.5s。

（七）发电机失磁保护定值计算

【例 6-8】 采用 RCS-985 型保护，发电机机端或中性点侧 TA 变比 8000/5；主变压器高压侧 TV 变比 $\frac{110}{\sqrt{3}}\Big/\frac{0.1}{\sqrt{3}}\Big/0.1\text{kV}$；发电机机端 TV 变比$\frac{13.8}{\sqrt{3}}\Big/\frac{0.1}{\sqrt{3}}\Big/\frac{0.1}{3}$。

解 (1) 低电压判据（系统侧）。考虑一般主变压器高压侧额定电压比高压侧电压互感器额定电压高（10%左右），两者不一致需要修正，一般取 0.9～0.95U_n，可视具体系统情况定，即

$$U_{op}=0.95U_n=95(\text{V})$$

发电机二次基准阻抗为

$$Z_b=\frac{U_B^2}{S_B}\times\frac{n_{TA}}{n_{TV}}=\frac{(13.8)^2}{(125/0.85)}\times\frac{1600}{138}=15\ (\Omega)$$

式中 U_B——基准电压，以发电机的额定电压为基准，kV；

S_B——基准容量，以发电机的额定容量为基准，MVA；

Z_b——以发电机额定值为基准，归算至二次的基准阻抗；

n_{TA}——保护用的电流互感器变比；

n_{TV}——保护用的电压互感器变比。

(2) 异步边界圆。与系统联系紧密的发电机失磁保护一般采用异步边界圆，即

$$X_a=\frac{X'_d}{2}\times Z_b=\frac{0.208}{2}\times 15=1.56(\Omega)$$

$$X_b=-\left(X_d+\frac{X'_d}{2}\right)\times 15=-\left(2.048+\frac{208}{2}\right)\times 15=32.3(\Omega)$$

上两式中 X_a——正向阻抗定值，Ω；

X_b——负向阻抗定值，Ω；

X_d——发电机同步电抗标幺值；

X'_d——发电机暂态电抗标幺值。

(3) 静稳边界圆

$$X_c=X_S\times Z_b=0.0686\times\frac{147.1}{100}\times 15=1.514(\Omega)$$

$$X_b=-\left(X_d+\frac{X'_d}{2}\right)\times 15=-\left(2.048+\frac{208}{2}\right)\times 15=32.3\ (\Omega)$$

式中 X_c——发电机与系统间的联系电抗定值，Ω；

X_b——负向阻抗定值，Ω；

X_d——发电机同步电抗标幺值；

X'_d——发电机暂态电抗标幺值；

X_S——发电机额定视在功率为基准的系统联系电抗标幺值；

Z_b——以发电机额定值为基准，归算至二次的基准阻抗。

(4) 无功方向（辅助判据）

$$Q=-\left(15\%\times\frac{P_{\mathrm{b}}}{n_{\mathrm{TA}}\times n_{\mathrm{TV}}}\right)=-0.15\times\frac{12.5\times10^{6}}{1600\times138}=-84.9(\mathrm{var})$$

式中 P_{b}——发电机的基准功率（额定功率），W；

n_{TA}——保护用的电流互感器变比；

n_{TV}——保护用的电压互感器变比。

(5) 减出力有功定值

$$P_{\mathrm{op.2}}=40\%P_{\mathrm{n}}=0.4\times\frac{12.5\times10^{6}}{n_{\mathrm{TA}}\times n_{\mathrm{TV}}}=0.4\times\frac{12.5\times10^{6}}{1600\times138}=226.4(\mathrm{W})$$

式中 P_{n}——发电机的额定功率，W；

n_{TA}——保护用的电流互感器变比；

n_{TV}——保护用的电压互感器变比。

(6) 转子低电压定值

$$U_{\mathrm{fd.op}}=K_{\mathrm{rel}}U_{\mathrm{fd.0}}=0.5\times64.7=32.35(\mathrm{V})\ (\text{取 }32\mathrm{V})$$

式中 K_{rel}——可靠系数；

$U_{\mathrm{fd.0}}$——发电机的额定空负荷励磁电压。

(7) 变励磁电压电压判据

$$S_{\mathrm{b}}=\frac{S_{\mathrm{N}}}{n_{\mathrm{TA}}\times n_{\mathrm{TV}}}=\frac{147.1\times10^{6}}{1600\times138}=666.2(\mathrm{W})$$

$$U_{\mathrm{fd.op}}=KU_{\mathrm{fd.0}}\frac{P-P_{\mathrm{t}}}{S_{\mathrm{b}}}=KU_{\mathrm{fd.0}}\frac{P-P_{\mathrm{t}}}{666.2}=1.7U_{\mathrm{fd.0}}\frac{P}{666.2\ (w)}$$

其中

$$K=K_{\mathrm{rel}}(X_{\mathrm{d}}+X_{\mathrm{c}})=K_{\mathrm{rel}}[X_{\mathrm{d}}+(X_{\mathrm{s}}+X_{\mathrm{t}})]$$

$$=0.75\left[2.048+(0.0686+0.087)\times\frac{147}{100}\right]=1.7$$

上三式中 S_{b}——发电机的二次基准功率，W；

S_{N}——发电机的额定视在功率，W；

n_{TA}——保护用的电流互感器变比；

n_{TV}——保护用的电压互感器变比；

$U_{\mathrm{fd.0}}$——发电机额定空负荷励磁电压；

P——发电机负荷功率；

P_{t}——发电机凸极功率（汽轮机 $P_{\mathrm{t}}\approx0$）；

S_{b}——发电机二次基准功率（二次额定视在功率）；

K——转子电压判剧系数；

K_{rel}——可靠系数，推荐值 0.7～0.85；

X_{d}——发电机同步电抗标幺值；

X_{c}——归算至发电机基准的发电机与系统的联系电抗标幺值，$X_{\mathrm{c}}=X_{\mathrm{s}}+X_{\mathrm{T}}$；

X_s ——归算至发电机基准的系统电抗；

X_t ——归算至发电机基准的变压器阻抗。

一段延时 $t_1 = 0.5s$，减出力并切换厂用；

二段延时 $t_2 = 0.5s$，解列；

三段延时 $t_3 = 1s$，停机；

四段延时 $t_4 = 10min(< 15min)$，停机。

（八）发电机失步保护定值计算

【例 6-9】 采用 RCS-985（或 WFB-800）型保护，发电机额定功率 300MW；额定电压 20kV；发电机机端 TV 变比 $\frac{20}{\sqrt{3}}\Big/\frac{0.1}{\sqrt{3}}\Big/\frac{0.1}{\sqrt{3}}\Big/\frac{0.1}{3}$。发电机机端（或中性点侧）TA 变比 15000/5，拟采用三元件式失步保护，其整定计算如图 6-4 所示。

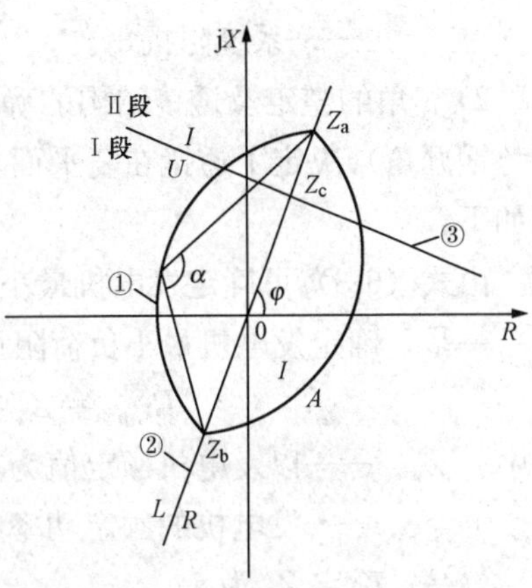

图 6-4　三元件式失步保护特性

解 （1）动作判别。透镜两个半圆以内为动作区，被 Z_a、Z_b 线分为左半部和右半部，动作区电抗线以上为Ⅱ段，电抗线以下为Ⅰ段，动作判别：

1）遮挡器由参数 Z_a、Z_b、φ 确定。

2）α 角的整定决定了给定条件下透镜在复数平面横轴方向的宽度，即透镜的形状。

3）发电机加速失步从右端进阻抗透镜。从右向左移动，在透镜内停留时间大于给定时间（约 50ms 或模式另有约定）。

4）发电机减速失步，从左端进入阻抗透镜从左至右移动，在透镜内停留时间大于给定时间。

（2）保护整定。

1）遮挡器特性整定。决定遮挡器特性的参数是 Z_a、Z_b、φ，如果失步保护装在机端，按图 6-4 得出归算发电机的基准电抗为

$$Z_B = \frac{U^2{}_B}{S_B} = \frac{(20kV)^2}{(300/0.85)MVA} = 1.133(\Omega)$$

$$Z_{b.2} = Z_B \times \frac{n_{TA}}{n_{TV}} = 1.133 \times \frac{3000}{200} = 17(\Omega)$$

$$Z_a = X_c Z_{b.2} = (0.038 + 0.029) \times \frac{353}{100} \times 17 = 4.02(\Omega)$$

$$Z_b = -X'_d Z_{b.2} = 0.22589 \times 17 = 3.84(\Omega)$$

$$\varphi = 80^\circ \sim 85^\circ, 取\ \varphi = 82^\circ$$

上式中　Z_a ——正向阻抗定值，Ω；

Z_b ——负向阻抗定值，Ω；

U_B ——基准电压，以发电机的额定电压为基准，kV；

S_B ——基准容量，以发电机的额定容量为基准，MVA；

$Z_{b.2}$——以发电机额定值为基准，归算至二次的基准阻抗；

n_{TA}——保护用的电流互感器变比；

n_{TV}——保护用的电压互感器变比；

Z_B——归算至发电机的基准电抗；

X'_d——发电机暂态电抗；

X_c——系统联系电抗（变压器阻抗与系统电抗和）；

φ——系统阻抗角。

2）α 角的整定及透镜结构的确定。对于某一给定的 Z_a+Z_b，透镜内角 α（即两侧电动势摆开角）决定了透镜在复平面上横轴方向的宽度。参考图 2-38，确定透镜结构的步骤如下：

由式（6-3）可确定发电机最小负荷阻抗 $R_{L.min}$ 并确定 Z_r：

一是，确定发电机最小负荷阻抗（设为额定负荷时）

$$R_{L.min}=Z_{b.2}\cos\varphi_n=17\times0.85=14.45\ (\Omega)$$

式中　$Z_{b.2}$——以发电机额定值为基准，归算至二次的基准阻抗；

$\cos\varphi_n$——发电机的额定功率因数。

二是，确定 Z_r 为

$$Z_r\leqslant R_{L.min}\ (\Omega)=\frac{14.45}{1.3}=11.12\ (\Omega)$$

三是，确定内角 α。由式（2-105）可计算得

$$\alpha=180°-2\arctan\frac{2Z_r}{Z_a+Z_b}=180°-2\arctan\frac{2\times11.12}{4.02+3.84}=180°-141°=39°$$

但为了可靠取 $\alpha\geqslant90°$ 使之为圆或扁透镜圆，现取 $\alpha=90°$。

3）电抗线 Z_c 的整定。一般 Z_c 选定为变压器阻抗 Z_t 的 90%，即 $Z_c=0.9Z_t$。在图 6-4 中过 Z_c 作 Z_aZ_b 的垂线，即为失步保护的电抗线。电抗线是Ⅰ段和Ⅱ段的分界线，失步振荡在Ⅰ段还是在Ⅱ段取决于阻抗轨迹与遮挡器相交的位置，在透镜内且低于电抗线为Ⅰ段，高于电抗线为Ⅱ段，即

$$Z_c=0.9Z_t=0.9\times0.038\times60=1.836\ (\Omega)$$

$$Z_b=\frac{(20\times10^3)^2}{100\times10^6}\frac{n_{TA}}{n_{TV}}=4\times\frac{3000}{200}=60\ (\Omega)\ (20\text{kV},\ 100\text{MVA 基准值})$$

失步保护可检测的最大滑差频率 f_{smax} 与 α 角存在着如下关系

$$\alpha=180°\ (1-0.05\times f_{smax})\tag{6-3}$$

或

$$f_{smax}=20\times\left(1-\frac{\alpha}{180°}\right)$$

$$f_{smax}=20\times\left(1-\frac{\alpha}{180°}\right)=20\times\left(1-\frac{90°}{180°}\right)=10\ (\text{Hz})$$

式中　f_{smax}——可检测的最大滑差频率，Hz。

即可检测到的最小震荡周期 $T_{min}=\frac{1}{10}=0.2\text{s}$。

4）跳闸允许电流整定。装置自动选择在电流变小时作用于跳闸，跳闸允许电流定值

为辅助判据，根据断路器允许遮断容量选择。因为发电机—变压器组断路器允许遮断容量裕度较大，现取断路器开断容量的1/4（归算至发电机电压侧）为跳闸电流闭锁定值，即

$$I_{op.b.2}=\frac{K_{rel}n_T I_{brk}}{n_{TA}}=\frac{0.25\times 12.1\times 50\times 10^3}{15000/5}=50.4(\text{A})\ (\text{可取 }50\text{A})$$

式中　$I_{op.b.2}$——断路器跳闸电流闭锁二次定值；

K_{rel}——可靠系数（小于1）；

n_T——变压器变比；

n_{TA}——保护用发电机侧的电流互感器变比；

I_{brk}——发电机—变压器组断路器允许的开断电流。

若按躲过震荡中心落在发电机变压器内部的最大振荡电流计算

$$I_{osc.max}=\frac{2I_{GN}}{(X'_d+X_T+X_S)n_{TA}}$$

一般不超过发电机额定电流的6倍。

当按功角 $\delta=90^\circ$ 或 $\delta=270^\circ$ 允许断开，则

$$I_{osc.max}=\frac{\sqrt{2}I_{GN}}{(X'_d+X_T+X_S)n_{TA}}$$

上两式中　X'_d—— 发电机的次暂态电抗标幺值；

X_T——以发电机为基准的变压器阻抗标幺值；

X_S——以发电机为基准的系统阻抗标幺值；

n_{TA}——保护用发电机侧的电流互感器变比；

I_{GN}—— 发电机的额定电流。

实用时可取4～5倍发电机的二次整定电流，有的装置则把允许电流计算作在软件中，使断路器在回路电流较小时才被断开，这样对断路器的运行更为有利。

5）失步保护滑极定值整定。振荡中心在区外时，失步保护动作于信号，振荡中心在区内时滑极1～3次动作于跳闸。

振荡中心在区内Ⅰ段时，滑极一般整定2次动作于跳闸。Ⅱ段次数可整定较大，如整定5次发信号，也有的将其退出。并且应当注意接在同一母线上的两台机宜整定为不同时限，以免两台机并列运行失步时引起全厂停电。

（九）发电机逆功率保护定值计算

【例6-10】 发电机机端（或中性点侧）TA变比为15000/5；发电机机端TV变比为 $\frac{20}{\sqrt{3}}\Big/\frac{0.1}{\sqrt{3}}\Big/\frac{0.1}{\sqrt{3}}\Big/\frac{0.1}{3}$；汽轮机逆功率最小机械损耗911kW（参考）；发电机空负荷损耗1690kW。

解　(1) 动作功率计算

$$P_{op.1}=K_{rel}(P_1+P_2)=0.5\times(911+1690)=1300.5(\text{kW})$$

式中　K_{rel}——可靠系数，取0.5；

P_1——汽机逆功率最小机械损耗；

P_2——发电机空负荷损耗。

归算至二次为

$$P_{op.2}=\frac{P_{op.1}}{n_{TV}\times n_{TA}}=\frac{1300.5\times10^3}{200\times3000}=2.17(W)$$

动作方向可按要求由保护装置整定确定（应按厂家说明书的要求设定）。

（2）动作时限。

1）经主汽门闭锁的程序跳闸逆功率，则

t_1=0.5s 启动并发信；

t_1=1.5s 动作于全停（时间元件）。

2）不经主汽门闭锁的逆功率，则

t_1=0.5s 启动并发信；

t_2=60s（时间元件）全停。

（十）发电机电压互感器平衡（TV 断线）保护定值计算

因为实际是反映两组相同电压的电压互感器相电压差，故灵敏度较高，可整定在10～20V,灵敏系数不需校验。

（1）动作值

$$U_{op}=15V$$

（2）动作时间。因为需闭锁有关保护（如发电机失磁保护、失步保护），故要求瞬动，即

$$t_{op}=0.00s\text{（可取装置固有动作时间）}$$

（3）返回延时 t_{rs}=1s。

（十一）发电机过励磁保护定值计算

【例 6-11】 采用 G60 VOLTS/HZ，发电机机端 TV 变比为 $\frac{20}{\sqrt{3}}\Big/\frac{0.1}{\sqrt{3}}\Big/\frac{0.1}{\sqrt{3}}\Big/\frac{0.1}{3}$，发电厂确认的发电机过励磁能力如表 6-9 所示。

表 6-9 **发电机过励磁能力**

U^*/f^*	1.05	1.07	1.08	1.09	1.10	1.12	1.15	1.19	1.25
允许时间（s）	长期	60	45	30	20	15S	10	7.5	5

注 U^*—电压标幺值；f^*—频率标幺值。

解 （1）定时限。

1）过励磁倍数

$$\frac{U^*}{f^*}=1.1$$

2）动作时间

$$t_{op}=10s\text{（发信号）}$$

（2）反时限过励磁保护。

反时限动作方程时间常数确定。G60 保护可采用的反时限曲线方程

$$T = \frac{T_{MD}}{\left(\frac{U^*}{f^*}\Big/P_{ick}\right)^{0.5} - 1} \tag{6-4}$$

式中　T——保护的动作时间

T_{MD}——过励磁保护时间常数；

$\frac{U^*}{f^*}$——电压标幺值与频率标幺值的比；

P_{ick}——电压标幺值与频率标幺值比的初始动作值。

以发电厂确认的发电机过励磁能力曲线中 1.15 倍 10s 和以 1.1 倍 20s 可得联立方程，再确定 P_{ick} 值和 T_{MD} 值为

$$10 = T_{MD}\Big/\left[\left(\frac{1.15}{P_{ick}}\right)^{0.5} - 1\right] \tag{6-5}$$

$$20 = T_{MD}\Big/\left[\left(\frac{1.1}{P_{ick}}\right)^{0.5} - 1\right] \tag{6-6}$$

设$\left(\frac{1}{P_{ick}}\right)^{0.5}=\alpha$，则 $P_{ick}=\frac{1}{\alpha^2}$，解方程可得：$P_{ick}=1.052$，$T_{MD}=0.455$（为照顾全线配合取 $T_{MD}=0.45$），代入式（6-4）得出

$$T = \frac{0.45}{\left(\frac{U}{f}\Big/1.052\right)^{0.5} - 1}$$

过励磁保护特性校验如表 6-10 所示。

表 6-10　　过励磁保护特性校验表

U^*/f^*	1.05	1.07	1.08	1.09	1.10	1.12	1.15	1.19	1.25
允许时间（s）	长期	60	45	30	20	15	10	7.5	5.0
T（s）		52.8	34.0	25.1	19.9	14.2	9.9	7.1	4.9

由表 6-10 可见，基本能满足保护发电机的要求。

顺便指出，目前存在的问题是有的是缺乏厂家变压器过励磁能力曲线的数据，或者是厂家给出的保护动作判据不一定能很好满足变压器过励磁特性的保护要求，因此建议有条件时能进行如表 6-10 的校验。

（十二）发电机过电压保护定值计算

【例 6-12】 发电机机端 TV 变比为 $\frac{20}{\sqrt{3}}\Big/\frac{0.1}{\sqrt{3}}\Big/\frac{0.1}{\sqrt{3}}\Big/\frac{0.1}{3}$，过电压保护可作为过励磁保护的后备。

解　(1) 报警值。

1) 动作电压

$$U_{op.2} = K_{rel}U_n = 1.1U_n = 1.1 \times 100 = 110(\text{V})$$

式中　K_{rel}——可靠系数；

U_n——发电机电压互感器的二次额定电压（线）。

2）动作延时

$$t_{op} = 5s$$

(2) 跳闸值。

1）动作电压

$$U_{op} = K_{rel}U_n = 1.3U_n = 1.3 \times 100 = 130(V)$$

式中 K_{rel} ——可靠系数；

U_n ——发电机电压互感器的二次额定电压（线）。

2）动作延时

$$t_{op} = 0.5s$$

（十三）发电机异频保护定值

【例 6-13】 发电机额定功率 300MW；额定电压 20kV；发电机机端 TV 变比为 $\frac{20}{\sqrt{3}}\Big/\frac{0.1}{\sqrt{3}}\Big/\frac{0.1}{\sqrt{3}}\Big/\frac{0.1}{3}$，按机组的异频保护要求整定，发电机异频运行限制见表 6-11。

表 6-11　　发电机异频运行限制

频　率 (Hz)	允许运行时间	
	累计（min）	每次（s）
51.5	>30	>30
48.5～51	连续运行	
48.0	>300	>300
47.5	>60	>60
47	>10	>10

解 保护整定如下：

(1) 低频异常保护。为保护低频异常，可按三段与厂家要求的频段相配合整定，动作时间整定应小于允许时间并留裕度。

(2) 过频异常保护。动作时间按小于允许时间整定并留裕度。

异频累计功能应能按机组要求整定。

顺便说明，异频保护往往与机组的谐振频率有关，当机组有特定要求时，应当把该频段整定在机组要求的动作范围之内，低频目前一般动作于信号，过频动作于跳闸。

（十四）发电机误上电保护定值计算

【例 6-14】 采用 G-60 型微机保护，发电机机端（或中性点侧）TA 变比 15000/5，发电机机端 TV 变比为 $\frac{20}{\sqrt{3}}\Big/\frac{0.1}{\sqrt{3}}\Big/\frac{0.1}{\sqrt{3}}\Big/\frac{0.1}{3}$，保护原理为过电流、低频、低电压元件和发电机离线逻辑组合，保护用于发电机盘车或减速或启动过程中过程误合闸。

解 (1) 过流元件。取发电机 0.2 倍额定电流作为电流定值

$$I_{op.2} = \frac{0.2P_{GN}}{\sqrt{3}U_{GN} \times \cos\varphi \times n_{TA}} = \frac{0.2 \times 300 \times 10^3}{\sqrt{3} \times 20 \times 0.85 \times 3000} = 0.679(A)$$

(2) 低电压元件。躲过可能出现的最大故障电压

$$U_{op.2}=K_{rel}\frac{X_G^{*}{}''}{X_G^{*}{}''+X_T^{*}+X_{s.min}^{*}}\times 100$$

$$=1.3\times\frac{0.044}{0.044+0.038+0.029}\times 100=51.5(V)$$

式中 K_{rel}——可靠系数；

$X_G^{*}{}''$——以100MVA为基准的发电机次暂态标幺值电抗；

X_T^{*}——以100MVA为基准的变压器短路标幺值电抗；

$X_{s.min}^{*}$——以100MVA为基准的系统最大运行方式的标幺值电抗。

(3) 低频闭锁元件。可在额定频率的80%～90%范围内整定，可取85%。

（十五）发电机起停机保护定值计算

【例6-15】 采用G-60型微机保护，发电机机端TV变比为$\frac{20}{\sqrt{3}}\Big/\frac{0.1}{\sqrt{3}}\Big/\frac{0.1}{\sqrt{3}}\Big/\frac{0.1}{3}$；配电变压器变比20/0.23kV。

解 (1) 基波零序电压（保护单相接地）。定值计算可参见定子接地保护。

(2) 相过流保护动作值

$$I_{op.2}=\frac{K_{rel}I_{GN}}{K_r n_{TA}}=\frac{1.2\times 10189}{0.95\times 3000}=4.3(A)$$

式中 K_{rel}——可靠系数；

K_r——保护返回系数；

I_{GN}——发电机的额定电流；

n_{TA}——保护所接电流互感器的变比。

(3) 低频闭锁元件

$$f_{op}=(0.8\sim 0.9)f_n$$

式中 f_n——电网额定频率。

(4) 动作时间。不需要与外部配合，可取0.5s。

（十六）发电机转子接地保护

【例6-16】 发电机为空冷，保护装置为乒乓式电桥原理。

解 按《继电保护和安全自动装置技术规程》(GB/T 14285—2006) 只投转子一点接地保护，保护动作值：

灵敏段电阻 $R_{op}\leqslant 40k\Omega$；

不灵敏段电阻 $R_{op}\leqslant 10k\Omega$；

延时 $t_{op}=5s$。

（十七）发电机励磁过负荷保护定值计算

【例6-17】 发电机额定励磁电流1325A，保护接励磁变压器高压侧电流互感器（TA）变比为100/5，励磁变压器的变比为13.8/0.44。

解 (1) 求额定励磁二次电流

$$I_{en.2}=\frac{K_{dac}\times I_{en}}{n_T\times n_{TA}}=\frac{0.816\times 1325}{(13.8/0.44)\times(100/5)}=1.724(A)$$

式中 K_{dac}——三相桥式整流直流换算为交流的系数；

I_{en}——发电机额定励磁电流（直流）；

n_T——励磁变压器的电压变比；

n_{TA}——保护所接的电流互感器变比。

（2）定时限保护。

1）报警电流二次定值计算。取额定二次电流1.72A为基准电流

$$I_{al.2}=\frac{K_{rel}I_{en.2}}{K_r}=\frac{1.05\times 1.724}{0.95}=1.905(A)$$

2）报警延时

$$t_{op}=15s\ (\text{躲过强励时间})$$

（3）反时限保护。

1）反时限动作判据

$$t=\frac{K}{I^{*2}-1}$$

式中 K——转子绕组允许的发热时间常数，s；

I^*——以额定励磁电流为基准的励磁绕组电流标幺值。

2）根据动作判据和实际发电机厂家资料求取K值，见表6-12。

表6-12 **K值计算表**

过电压时间（s）	10	30	60	120
额定励磁电压（%）	208	146	125	112
对应K值（s）	33.26	33.95	33.75	30.52

取平均K值=32.9s。

3）反时限下限（低）定值。

下限动作电流值

$$I_{l.op}=K_{co}I_{al.2}=1.1\times I_{al.2}=1.1\times 1.905=2.1(A)$$

式中 K_{co}——与定时限报警的配合系数；

$I_{al.2}$——定时限报警电流二次定值，A。

下限动作时限

$$t_{l.op}=\frac{K}{I_{l.op}^{*2}-1}=\frac{32.9}{\left(\frac{2.1}{1.72}\right)^2-1}=67\ (s)$$

式中 $I_{l.op}^*$——以额定励磁电流为基准的下限动作电流的标幺值。

4）反时限上限（高）定值

$$I_{op.h}=K_{rel}K_{fd.0}I_{en.2}=1.05\times 2\times 1.72=3.6(A)$$

$$t_{op}=11s\ (>10s\ \text{强励时间})$$

式中　K_{rel}——可靠系数；

$K_{fd.0}$——强行励磁电流倍数；

$I_{en.2}$——额定励磁二次电流。

（十八）主变压器差动保护

【例 6-18】 采用 RCS-985 变制动系数（斜率）比率差动保护，变压器额定容量 150MW，高压侧额定电压 121kV，低压侧额定电压 13.8kV；差动保护高、低压侧均采用 5P20 型电流互感器，TA 的变比分别为 1200/5 与 8000/5。另外高压厂用变压器的 TA 变比为 2000/5，所有 TA 均采用星形接线。

解 (1) 变压器高、低压侧额定电流计算

$$I_{N.h}=\frac{S_N}{\sqrt{3}U_{N.h}}=\frac{150}{\sqrt{3}\times 121}=0.7157(\text{kA})$$

$$I_{N.l}=\frac{S_N}{\sqrt{3}U_{N.l}}=\frac{150}{\sqrt{3}\times 13.8}=6.2755(\text{kA})$$

式中　S_N——变压器的额定容量，MVA；

$U_{N.h}$——变压器高压侧的额定电压，kV；

$U_{N.l}$——变压器低压侧的额定电压，kV。

(2) 变压器额定二次电流计算

$$I_{n.h}=\frac{I_{N.h}}{n_{TA}}=\frac{715.7}{1200/5}=2.98(\text{A})$$

$$I_{n.l}=\frac{I_{N.l}}{n_{TA}}=\frac{6275.5}{8000/5}=3.92(\text{A})$$

$$I_{n.a}=\frac{I_{N.l}}{n_{TA}}=\frac{6275.5}{2000/5}=15.69(\text{A})\text{（高压厂用变压器高压侧）}$$

(3) 差动各侧平衡系数计算

$$K_{bl.h}=\frac{3.92}{2.98}=1.315$$

$$K_{bl.a}=\frac{3.92}{15.69}=0.25\text{（高压厂用变压器高压侧）}$$

RCS-985 保护通常选主变低压侧为基准侧，当按厂家要求在定值表中输入了系统参数后，平衡系数不需要再计算装置软件可自动平衡。

(4) 纵差保护最小动作电流的整定值为

$$I_{op.min}=0.5I_{n.l}=0.5\times 3.92=1.96(\text{A})\text{（实际各侧都是本侧的 }0.5I_n\text{）}$$

(5) 起始制动电流 $I_{res.0}$ 的整定。按下式计算起始制动电流现取 1 倍额定电流，即

$$I_{res.0}=1.0I_{n.l}=3.92\ (\text{A})$$

(6) 比率动作系数的整定。

1）起始斜率一般为 0.1～0.2，现取 0.15；

2）变斜率为最大斜率，根据经验一般可取 0.6～0.7。

(7) 二次谐波制动比取经验值 0.15（一般 0.1～0.2 越小制动越强）。

(8) 差动速断保护。通常取 5～6 I_n，发电机—变压器组区外故障短路电流不大，现取 5 I_n，即

$$I_{d.in} = 5I_n = 5 \times 3.92 = 19.6(A)$$

(十九) 发电机—变压器组差动保护 (RCS-985)

【例 6-19】 采用 RCS-985 变制动系数（斜率）比率差动保护，发电机额定功率 125MW，额定功率因数 0.85，额定电压 13.8kV；变压器额定容量 150MW，高压侧额定电压 121kV，低压侧额定电压 13.8kV；差动保护高压侧、发电机侧及高压厂用变压器低压侧均采用 5P20 型电流互感器，TA 的变比分别为 1200/5 与 8000/5 及 2000/5（高压厂用变压器低压侧）。

解 (1) 发电机—变压器组保护各侧的额定电流计算

$$I_{N.h} = \frac{S_N}{\sqrt{3}U_{N.h}} = \frac{150}{\sqrt{3} \times 121} = 0.7157(kA)$$

$$I_{N.l} = \frac{S_N}{\sqrt{3}U_{N.l}} = \frac{150}{\sqrt{3} \times 13.8} = 6.2755(kA)$$

$$I_{N.l.l} = \frac{S_N}{\sqrt{3}U_{N.ll}} = \frac{150}{\sqrt{3} \times 6.3} = 13.746(kA)$$

式中 $U_{N.ll}$ ——高压厂用变压器低压侧的额定电压，kV。

(2) 各侧额定二次电流计算

$$I_{n.h} = \frac{I_{N.h}}{n_{TA}} = \frac{715.7}{1200/5} = 2.98(A)$$

$$I_{n.l} = \frac{I_{N.l}}{n_{TA}} = \frac{6275.5}{8000/5} = 3.92(A)$$

$$I_{N.ll} = \frac{I_{N.ll}}{n_{TA}} = \frac{13746.4}{2000/5} = 34.37(A)\text{（高压厂用变压器 A/B 分支）}$$

(3) 差动各侧平衡系数计算。RCS-985 保护通常选主变低压侧为基准侧。当按厂家要求在定值表中输入了系统参数后，平衡系数不需要再计算，装置软件可自动平衡。

(4) 纵差保护最小动作电流的整定。按下式计算的最小动作电流应大于变压器额定负荷时的不平衡电流，即

$$I_{op.min} = 0.5I_{n.l} = 0.5 \times 3.92 = 1.96(A)\text{（实际各侧都是本侧的 } 0.5I_n\text{）}$$

(5) 起始制动电流 $I_{res.0}$ 的整定。按下式计算起始制动电流现取 1 倍额定电流，即

$$I_{res.0} = 1.0I_{n.l} = 3.92\ (A)$$

(6) 比率动作系数的整定。

1) 起始斜率一般为 0.1～0.2，现取 0.15；

2) 变斜率为最大斜率，根据经验一般可取 0.6～0.7。

(7) 二次谐波制动比取经验值 0.15。

(8) 差动速断保护。通常取 5～6I_n，发电机—变压器组区外故障短路电流不大，现取 5I_n，即

$$I_{d.in} = 5I_{n.l} = 5 \times 3.92 = 19.6(A)$$

（二十）主变压器零序过电流保护

主变压器零序过电流保护定值通常由调度给出，当有相关的系统保护资料时零序电流可按下列例题公式计算。变压器的Ⅰ段零序过流的动作电流应与相邻线路零序过流保护的Ⅰ段或Ⅱ段相配合由于与线路一段保护配合有时灵敏度不能保证，因此可与线路零序Ⅱ段或Ⅲ段配合。变压器的Ⅱ段零序过流的动作电流应与相邻线路零序过流的后备段相配合，一般为Ⅲ段或Ⅳ段。为简化计算，其中一段电流也可以考虑按母线短路灵敏度为1.5～2整定。

【例6-20】 主变压器高压侧零序TA变比300/5；以100MVA为基准的系统最小运行方式零序阻抗为0.0486及变压器的零序阻抗为0.087，线路保护TA变比1200/5，线路零序Ⅰ段二次动作电流15.8A；线路零序Ⅱ段二次动作电流6.98A，动作时限为0.7A；线路零序Ⅲ段二次动作电流1.93A，动作时限为1.6s。

解 1. 变压器零序保护Ⅰ段定值计算

（1）动作电流整定。

1）Ⅰ段与线路零序电流保护Ⅰ段配合，其零序一次动作电流可按下式计算

$$I_{op.0.m.I}=K_{co}K_{0.br}I_{op.02.I}\frac{n_{TA.1}}{n_{TA0.T}}=1.15\times 0.36\times 15.8\times (1200/5)/(300/5)=26.16(A)$$

其中 $$K_{0.br}=\frac{X_{0S.max}}{X_{0T}+X_{0S.max}}=\frac{0.0486}{0.087+0.0486}=0.36\text{（分支系数）}$$

式中 K_{co}——变压器零序电流保护与线路零序电流保护的配合系数；

$I_{op.02.I}$——需配合的相邻线路（取其中最大者）零序Ⅰ段二次动作电流；

$n_{TA.1}$——线路保护的电流互感器变比；

$n_{TA0.T}$——变压器零序电流保护的电流互感器变比；

$X_{0S.max}$——系统最小运行方式时系统零序阻抗标幺值；

X_{0T}——变压器的零序阻抗标幺值。

2）Ⅰ段与线路零序电流保护Ⅱ段配合，其零序一次动作电流可按下式计算

$$I_{op.0.m.I}=K_{co}K_{0.br}I_{op.02.II}\frac{n_{TA.1}}{n_{TA0.T}}$$
$$=1.15\times 0.36\times 6.98\times (1200/5)/(300/5)=11.6(A)$$

3）按线路出口单相接地保证灵敏度为1.5计算

$$I_{0.op.2}=\frac{K_{0.br}I_{kl.}^{(1)}}{K_{sen}n_{TA}}=\frac{0.36\times 6.24\times 502}{1.5\times (300/5)}=12.5\ (A)$$

式中 $I_{ki.}^{(1)}$——高压母线单相接地短路由发电机—变压器组侧所供的零序短路电流；

K_{sen}——灵敏系数；

n_{TA}——零序电流互感器的变比；

$K_{0.br}$——变压器与线路的零序电流分支系数。

（2）Ⅰ段保护保护动作时间整定。

1）第一级时限

$$t_{op.1}=t_{0.1}+\Delta t=0.7+0.3=1(s)\text{（与线路Ⅱ段配合，跳母联断路器）}$$

式中 $t_{0.1}$——线路零序Ⅰ段或Ⅱ段的动作时限，s；

Δt——配合时限级差 0.3～0.5s。

2）第二级时限

$$t_{op.2}=t_{0.1}+\Delta t=1+0.3=1.3(s)\text{（跳发电机—变压器组断路器）}$$

（3）灵敏系数校验。

1）与Ⅰ段配合，考虑分支系数（助增）影响时

$$K_{sen}=\frac{K_{0.br}3I_{k.0.min}}{I_{op.02}n_{TA}}=\frac{0.36\times6.24\times502}{26.16\times(300/5)}=0.7<1.2$$

式中 $I_{k.0.min}$——母线（线路出口）接地短路时流过保护安装处的最小零序电流；

$I_{op.02}$——Ⅰ段零序过电流保护的二次动作电流；

n_{TA}——保护所接电流互感器的变比；

$K_{0.br}$——变压器与线路的零序电流分支系数。

2）当与线路零序Ⅱ段配合时

$$K_{sen}=\frac{K_{0.br}3I_{k.0.min}}{I_{op.o2}n_{TA}}=\frac{0.36\times6.24\times502}{11.6\times(300/5)}=1.62>1.2\text{（满足要求）}$$

2. 变压器零序保护Ⅱ段定值计算

（1）动作电流整定。Ⅱ段与线路零序电流保护Ⅲ段配合，其零序一次动作电流可按下式整定为

$$I_{op.0.m.I}=K_{co}K_{0.br}I_{op.02.III}\frac{n_{TA.1}}{n_{TA0.T}}=1.15\times0.36\times1.93\times(1200/5)/(300/5)=3.2(A)$$

（2）Ⅱ段动作时限整定。

1）第一级动作时限

$$t_{op.1}=t_{0.1}+\Delta t=1.6+0.3=1.9(s)\text{（与线路Ⅲ段配合，跳母联断路器）}$$

式中 $t_{0.1}$——线路零序Ⅲ段的动作时限，s；

Δt——配合时限级差 0.3～0.5s。

2）第二级动作时限

$$t_{op.2}=t_{0.1}+\Delta t=1.9+0.3=2.2(s)\text{（跳发电机—变压器组断路器）}$$

（二十一）主变压器零序电流/电压保护

【例 6-21】 变压器中性点经放电间隙接地，零序电流互感器 TA 变比 $n_{TA0}=\frac{100}{5}$，零序电压取自变比为 $\frac{110}{\sqrt{3}}\Big/\frac{0.1}{\sqrt{3}}\Big/0.1$kV（开口三角额定电压 100V）。

解 （1）间隙零序电流保护定值计算。

1）动作电流。根据经验数据，保护一次动作电流可取 100A。保护一次动作电流为

$$I_{0.op.2}=\frac{100A}{n_{TA0}}=\frac{100A}{(100/5)}=5(A)\text{（为提高灵敏度也可以整定稍小些如 3/4A）}$$

2）动作时限

$$t_{op}=0.3s\text{（动作于变压器断路器跳闸）}$$

（2）零序电压保护定值。

1）零序电压保护定值。一般根据经验值取180V。

2）零序电压保护动作时限

$t_{op}=0.3s$（动作于变压器断路器跳闸）

（二十二）发电机—变压器组非全相保护

【例6-22】 发电机—变压器组高压侧断路器为分相操动机构，保护用主变压器高压侧电流互感器TA变比1200/5，发电机额定电流10189A，发电机长期允许的负序电流为发电机额定电流的10%，变压器的额定变比为242/20，变压器高压侧的额定电流883A。

解 （1）负序电流保护动作电流计算

$$I_{2.op.2}=\frac{K_{rel}I_{2\infty}}{n_{TA}n_{T}}=\frac{1.05\times(0.1\times10189)}{(1200/5)(242/20)}=0.55(A)$$

式中　K_{rel}——可靠系数（1～1.05），应保证足够灵敏；

$I_{2\infty}$——发电机运行长期允许的负序电流；

n_{TA}——保护用的电流互感器变比；

n_{T}——实用的变压器变比。

（2）零序电流保护动作电流计算

$$I_{0.op.2}=\frac{0.5I_{tN}}{n_{TA}}=\frac{0.5\times883}{1200/5}=1.84(A)$$

式中　I_{tN}——变压器高压侧的额定电流，A；

n_{TA}——保护用的电流互感器变比。

（3）保护动作时间

$$t_{op}=0.3s$$

（二十三）断路器失灵保护

【例6-23】 发电机—变压器组高压侧断路器为分相操动机构，保护用主变压器高压侧电流互感器TA变比1200/5，变压器的额定电流883A，发电机长期允许的负序电流为发电机额定电流的10%，变压器的额定变比为242/20。

解 （1）三相过电流定值计算

$$I_{op.2}=\frac{K_{rel}I_{lmax}}{K_{r}n_{TA}}=\frac{1.2\times883}{0.95\times(1200/5)}=4.65(A)$$

（2）负序动作电流。按发电机长期允许负序电流（或非全相保护失灵）整定

$$I_{2.op.2}=\frac{K_{rel}I_{2\infty}}{K_{r}n_{T}n_{TA}}=\frac{1.15\times1018.9}{0.95\times12.1\times(1200/5)}=0.425(A)$$

（3）零序动作电流

$$I_{0.op.2}=0.5\frac{I_{N.t}}{n_{TA}}=\frac{0.5\times883}{1200/5}=1.84(A)$$

（4）动作时间

$t_{1}=0s$（启动失灵并重跳本断路器）

$$t_2=0.3\text{s}$$（跳母联或分段断路器）

$$t_3=0.5\text{s}$$（跳本回路所在母线其他所有断路器）

t_2、t_3 可由系统失灵保护完成。

顺便指出，发电机—变压器组故障由高压侧的母线低电压闭锁失灵保护不合理，采用发电机—变压器组低电压保护再去解除闭锁，其措施对有的保护（如匝间短路）也存在灵敏度问题，应当引起重视。因此，建议采用发电机—变压器组保护动作触点解除。

由于失灵动作影响面大，有的负荷很重要，失灵跳闸可能引起重要负荷失电从而造成重大损失，况且非全相造成的负序不必立即眺闸，可以在保护发负序过负荷信号后，根据情况采取人工措施。因此，失灵保护负序是否需要整定的很灵敏值得进一步探讨。

（二十四）主变压器通风启动计算

【例 6-24】 保护用主变压器高压侧电流互感器 TA 的变比 1200/5，变压器高压侧额定电流 883A。

解 (1) 启动通风保护电流定值。通常为变压器额定电流的 0.5～0.7 倍，一般取额定电流的 2/3，具体应参考地区及环境温度综合考虑。当厂家有特殊要求时，按厂家要求，即

$$I_{\text{op.2}}=\frac{0.66I_{\text{N.h}}}{n_{\text{TA}}}=\frac{0.66\times 883}{1200/5}=2.43(\text{A})$$

式中 $I_{\text{N.h}}$——变压器高压侧的额定电流；

n_{TA}——电流互感器的变比。

(2) 保护动作时间可取 3～9s，即

$$t_{\text{op}}=5\text{s}$$

（二十五）高压厂用变压器差动保护

【例 6-25】 采用 RCS-985 变制动系数（斜率）比率差动保护，变压器额定容量 31.5MW，高压侧额定电压 13.8kV，低压侧额定电压 6.3kV；差动保护高低压侧均采用 5P20 型电流互感器，TA 的变比均为 2000/5。

解 (1) 变压器额定电流计算

$$I_{\text{N.h}}=\frac{S_{\text{N}}}{\sqrt{3}U_{\text{N.h}}}=\frac{31.5}{\sqrt{3}\times 13.8}=1.3179(\text{kA})$$

$$I_{\text{N.l}}=\frac{S_{\text{N}}}{\sqrt{3}U_{\text{N.l}}}=\frac{31.5}{\sqrt{3}\times 6.3}=2.886.7(\text{kA})$$

式中 S_{N}——变压器的额定容量，MVA；

$U_{\text{N.h}}$——变压器高压侧的额定电压，kV；

$U_{\text{N.l}}$——变压器低压侧的额定电压，kV。

(2) 变压器额定二次电流计算

$$I_{\text{n.h}}=\frac{I_{\text{h.N}}}{n_{\text{TA}}}=\frac{1317.9}{2000/5}=3.29(\text{A})$$

$$I_{n.1}=\frac{I_{N.1}}{n_{TA}}=\frac{2886.7}{2000/5}=7.22(A)$$

（3）差动各侧平衡系数。RCS-985保护通常选高压厂用变压器高压侧为基准侧。平衡系数可由装置根据输入的已知系统参数进行平衡。

（4）纵差保护最小动作电流的整定

$$I_{op.min}=0.5I_n=0.5\times3.29=1.65(A)$$

（5）起始制动电流 $I_{res.0}$ 的整定。起始制动电流现取1倍额定电流，即

$$I_{res.0}=1.0I_n=3.29\ (A)$$

（6）比率动作系数的整定。

1）起始斜率一般为0.1～0.2，现取0.15；

2）变斜率为最大斜率，为了可靠防误动，最大斜率取为0.6。

（7）二次谐波制动比取经验值0.15。

（8）差动速断保护。通常取5～$6I_n$，区外故障短路电流不大，现取$6I_n$，即

$$I_{d.in}=6I_n=6\times3.29=19.74(A)$$

（二十六）高压厂用变压器复合电压闭锁过电流保护

【例6-26】 变压器额定容量50MVA，高压侧额定电压20kV，压侧额定电压6.3kV；保护电压取自用6kV的A、B分支电压互感器，其变比为$\frac{6.3}{\sqrt{3}}\Big/\frac{0.1}{\sqrt{3}}\Big/\frac{0.1}{3}$；保护用高压厂用变压器高压侧电流互感器的变比为2000/5，分支过流保护动作时间为1s。

解 （1）高压厂用变压器过电流保护。

1）动作电流

$$I_{op.2}=\frac{K_{rel}I_{N.h}}{K_r n_{TA}}=\frac{1.2\times1443.3}{0.95\times400}=4.56(A)$$

式中，符号意义同前。

2）动作时间

$$t_{op}=1+0.3=1.3s\ (与分支过流保护配合)$$

3）灵敏性校验

$$K_{sen}=\frac{I_{k.min}^{(2)}}{n_{TA}I_{op.2}}=\frac{2.58\times2886}{4.56\times2000/5}=4.08>1.5$$

式中　$I_{k.min}^{(2)}$——高压厂用变压器6kV母线最小两相短路电流，参见表6-5短路电流计算结果表。

（2）高压厂用变压器低电压闭锁。

1）低电压闭锁定值。应躲过电动机自启动引起的低电压

$$U_{op}=0.55U_n=55\ (V)$$

2）低电压闭锁灵敏性校验

$$K_{sen}=\frac{U_{op}}{U_{r.max}}\geqslant1.3$$

式中　$U_{r.max}$——6kV母线三相短路最高残压，接近于0。

(3) 高压厂用变压器负序电压闭锁。

1) 负序闭锁电压动作值(线电压)。取经验值0.06~0.08倍额定电压，即

$$U_{op.2}=\frac{0.07U_N}{n_{TV}}=\frac{0.07\times6300}{\left(\frac{6.3}{\sqrt{3}}\Big/\frac{0.1}{\sqrt{3}}\right)}=0.07\times100=7(V)$$

式中 n_{TV}——电压互感器对称分量的电压变比$\left(注意有的为\frac{6}{\sqrt{3}}\Big/\frac{0.1}{\sqrt{3}}\right)$。

2) 复合电压闭锁负序电压灵敏系数校验。按6.3kV母线两相短路校验

$$K_{u.sen}^{(2)}=\frac{U_{k.2.min}^{*(2)}}{U_{2.op}^{*}}=\frac{0.5}{0.07}=7.14>2.0(满足要求)$$

式中 $U_{k.2.min}^{*}$——6.3kV母线两相短路负序电压标幺值；

$U_{2.op}^{*}$——负序闭锁电压动作标幺值。

以上电压均以变压器6.3kV额定电压为基准。

(二十七) 高压厂用变压器分支零序过电流保护定值计算

【例6-27】 高压厂用变压器A/B分支中性点TA变比100/5，中性点接地电阻40Ω，下级零序电流保护动作时限为0.4s。

解 (1) 电流定值计算(A/B分支中性点)。若按离1/5中性点绕组处接地时有灵敏度计算(即母线接地地灵敏系数为5)，因为目前没有明确规定，当要求较高灵敏度时，可取较高的灵敏系数计算，但取过高的灵敏度需考虑误动的可能，具体整定可根据工程要求确定，即

$$I_{op}=\frac{I_R}{K_{sen}\times n_{TA0}}=\frac{91}{5\times20}=0.91(A)$$

(2) 动作时间整定。

1) 第一级时限

$$t_{op.1}=t_{op}+\Delta t=0.4+0.3=0.7(s)(跳分支断路器)$$

2) 第二级时限

$$t_{op.2}=t_1+\Delta t=0.7+0.3=1(s)(跳变压器高压侧断路器)$$

考虑上下级的保护配合，下级的灵敏系数应更高，下级保护可与变压器中性点回路电流定值再进行配合，灵敏系数不需再校验校。

(二十八) 高压厂用变压器通风启动

【例6-28】 变压器额定容量31.5MW，高压侧额定电压13.8kV；保护用高压厂用变压器高压侧TA变比为2000/5。

解 (1) 启动电流整定

$$I_{op}=\frac{0.66I_{N.h}}{n_{TA}}=\frac{0.66\times31.5\times10^3}{\sqrt{3}\times13.8\times400}=\frac{0.66\times1317.8}{400}=2.17(A)$$

式中，符号同前。

(2) 启动时间

$$t_{op}=5s$$

（二十九）励磁变压器保护

【例 6-29】 干式励磁变压器额定容量 3.2MVA，高压侧额定电压 20kV，低压侧额定电压 0.9kV，以变压器额定容量为基准的短路阻抗标幺值为 8%；保护用高压侧电流互感器的变比为 200/5。

解 1. 瞬时电流速断保护计算（$n_{TA}=200/5$）

为保护全部变压器，按低压侧端子两相短路保证灵敏系数为 2 整定（是一种提高灵敏度的方法，单一供用电回路，不影响下级负荷的供电可靠性），即

$$I_{op.1}=\frac{I^{(2)}_{k.min}}{K_{sen}}=\frac{0.34\times 2886}{2}=490.6(A)$$

式中 $I^{(2)}_{k.min}$——励磁变压器低压侧母线最小两相短路电流，参见表 6-5 短路电流计算结果表。

2. 励磁变过电流保护计算（$n_{TA}=200/5$）

（1）动作电流计算。根据躲过强行励磁电流（按归算到高压侧交流）整定。

1）强励最大负荷电

$$I_{lo.max}=\frac{2\times 0.816I_e}{n_T}=\frac{2\times 0.816\times 2075}{20/0.9}=152.39(A)$$

式中 I_e——额定（直流）励磁电流，A；

n_T——励磁变压器的电压变比。

2）过电流保护二次动作电流计算

$$I_{op.2}=\frac{K_{rel}I_{lo.max}}{K_r n_{TA}}=\frac{1.5\times 152.4}{0.95\times 40}=6.01(A)$$

式中，符号同前。

（2）动作时间

$$t_{op}=1s$$

（3）灵敏系数校验

$$K_{sen}=\frac{I^{(2)}_{k.min}}{I_{op.2}\times n_{TA}}=\frac{0.34\times 2886}{I_{op.2}\times n_{TA}}=\frac{0.34\times 2886}{6.01\times 40}=4.089>2$$

式中 $I^{(2)}_{k.min}$——励磁变压器低压侧母线最小两相短路电流，参见表 6-5 短路电流计算结果表。

（三十）高压厂用变压器分支电流保护

【例 6-30】 高压厂用变压器额定容量 31.5MVA，低压绕组一个分支的额定电流 1466.3A，最大分支总启动容量 15MVA，分支 TA 的变比为 2000/5，应与下一级配合的低压变压器额定容量 1600kVA（高压侧额定电流 146.6A），该低压变压器的短路阻抗为 8%，下级最大高压电动机电流速断保护动作电流 4847.7A。

解 1. 限时电流速断保护

（1）与低压变压器电流速断保护配合。低压变压器低压侧短路不允许高压厂用变压器分支限时电流速断保护动作。

1）动作电流计算

$$I_{op.2.br}=\frac{K_{co}K_{rel}I_{kat.max}^{(3)}}{K_r n_{TA.br}}=\frac{1.1\times1.3\times\frac{146.6}{0.08}}{0.9\times(2000/5)}=7.3(A)$$

2）灵敏系数校验

$$K_{sen}=\frac{I_{k.min}^{(2)}}{I_{op.2.br}\times n_{TA.br}}=\frac{8578}{7.3\times(2000/5)}=2.9>1.3$$

(2) 与最大高压电动机电流速断保护配合。

1）动作电流计算

$$I_{op.2.br}=\frac{K_c I_{op.M}}{n_{TA.br}}=\frac{1.1\times4847.7}{(2000/5)}=13.33(A)$$

式中 $I_{op.M}$——最大高压电动机电流速断保护的一次动作电流；

K_c——保护配合系数，取1.1；

$n_{TA.br}$——被保护分支电流互感器的变比（2000/5）。

2）灵敏系数校验

$$K_{sen}=\frac{I_{k.min}^{(2)}}{I_{op.2.br}}=\frac{8578}{13.33\times(2000/5)}=1.6>1.3$$

由计算结果可知，两个计算定值都能满足灵敏度要求。选与高压电动机电流速断保护配合较为可靠，当选与高压电动机电流速断保护配合不满足灵敏度要求时，也可以取与低压变压器电流速断保护配合（选择性则可由时限配合实现）。因为没有灵敏度的保护是没有意义的保护，因此首先应保证灵敏性。

(3) 动作时限与下一级0s瞬时电流速断保护配合，即

$$t_{op.br}=0+\Delta t=0+0.3=0.3(s)$$

2. 分支过电流保护

(1) 动作电流计算

$$I_{op.2.br}=\frac{K_{rel}K_{st}I_{TA.br}}{K_r n_{TA.br}}=\frac{1.3\times1.55\times1466.3}{0.9\times(2000/5)}=8.2(A)$$

其中
$$K_{st}=\frac{1}{X_a+\frac{S_{aN}}{N_{st\Sigma}S_{st\Sigma}}}=\frac{1}{0.18+\frac{31.5}{4.5\times15}}=1.55$$

式中 K_{rel}——可靠系数；

$I_{TA.br}$——高压厂用变压器低压绕组一个分支的额定电流；

$n_{TA.br}$——被保护分支电流互感器的变比；

K_r——继电器的返回系数；

K_{st}——自启动系数，为该段母线需自启动的全部电动机自启动时所引起的过电流倍数（以分支额定电流为基准）；

X_a——高压厂用变压器电抗的标幺值；

$N_{st\Sigma}$——电动机平均自启动电流倍数，取4.5；

$S_{st\Sigma}$——参加自启动电动机的总容量；

S_{aN}——高压厂用变压器的额定容量。

（2）灵敏系数校验

$$K_{sen}=\frac{I_{k.min}^{(2)}}{I_{op.2.br}\times n_{TA.br}}=\frac{8578}{8.2\times(2000/5)}=2.6>1.3$$

（3）动作时限

$$t_{op.br}=t_{op.l.max}+\Delta t=0.7+0.3=1(s)$$

式中　$t_{op.l.max}$——下一级电流保护的最长动作时限。

第二节　联络变压器常用保护整定计算实例

一、联络变压器比率差动保护整定计算

【例 6-31】　联络变压器额定容量 240MW，高压侧额定电压 363kV，中压侧额定电压 242kV，低压侧额定电压 38.5kV；差动保护高、中、低压侧均采用 5P20 型电流互感器，TA 的变比分别为 1200/1、1200/5、1600/5，采用比率差动保护。

解　（1）变压器高、中、低压侧额定电流计算

$$I_{N.h}=\frac{S_N}{\sqrt{3}U_{N.h}}=\frac{240}{\sqrt{3}\times363}=0.3817(kA)$$

$$I_{N.m}=\frac{S_N}{\sqrt{3}U_{N.m}}=\frac{240}{\sqrt{3}\times242}=0.5726(kA)$$

$$I_{N.l}=\frac{S_N}{\sqrt{3}U_{N.l}}=\frac{240}{\sqrt{3}\times38.5}=3.5991(kA)$$

式中　S_N——变压器的额定容量，MVA；

$U_{N.h}$——变压器高压侧的额定电压，kV；

$U_{N.m}$——变压器中压侧的额定电压，kV；

$U_{N.l}$——变压器低压侧的额定电压，kV。

（2）变压器额定二次电流计算

$$I_{n.h}=\frac{I_{N.h}}{n_{TA}}=\frac{381.7}{1200/1}=0.318(A)$$

$$I_{n.m}=\frac{I_{N.m}}{n_{TA}}=\frac{572.6}{1200/5}=2.386(A)$$

$$I_{n.l}=\frac{I_{N.l}}{n_{TA}}=\frac{3599.1}{1600/5}=11.247(A)$$

式中　n_{TA}——电流互感器的变比。

（3）计算各绕组电流互感器的裕度系数 I_{mg}

$$I_{mg.h}=\frac{1200}{318}=3.774$$

$$I_{mg.m}=\frac{1200}{572.6}=2.095$$

$$I_{mg.l}=\frac{1600}{3599.1}=0.444$$

主变压器低压侧裕度为最小，故选其为基本侧，即取为 1。

(4) 差动高、中压侧平衡系数计算

$$K_{bl.h}=\frac{3.774}{0.444}=8.5$$

$$K_{bl.m}=\frac{2.095}{0.444}=4.72$$

通常当按厂家要求在定值表中输入了系统参数后，平衡系数不需要再计算，装置软件可自动平衡。

(5) 纵差保护基本侧最小动作电流的整定，即

$I_{op.min}=0.5I_{n.1}=0.5\times11.247=5.624(A)$ (实际各侧都是本侧的 $0.5I_n$)

(6) 起始制动电流 $I_{res.0}$ 的整定。起始制动电流现取 1 倍额定电流，即

$$I_{res.0}=1.0I_{n.1}=11.247(A)$$

(7) 比率动作系数的整定。根据经验一般为外部故障可靠制动，常取 0.6～0.7。

(8) 二次谐波制动比取经验值 0.15（一般 0.1～0.2 越小制动越强）。

(9) 差动速断保护动作电流。大中型变压器通常取（4～6）I_n ，现取 5 I_n ，即

$$I_{d.in}=5I_{n.1}=5\times11.247=56.235(A)$$

在现场运行时可根据变压器调压抽头可能的变化，对误差的影响进行必要的定值修正（或事先储存不同定值留作备用）。

二、联络变压器复压过流保护整定计算

【例 6-32】 联络变压器接线示意图如图 6-5 所示。联络变压器额定容量 240MVA，低压绕组容量 65MVA，高压侧额定电压 363kV，中压侧额定电压 242kV，低压侧额定电压 38.5kV；保护高、中、低压侧均采用 5P20 型电流互感器，TA 的变比分别为 1200/1、1200/5、1600/5，保护采用复合电压闭锁（三侧均装设）方向过电流保护。与 220kV 方向过流配合的 220kV 线路相间后备段动作时限为 1.6s。与 330kV 方向过流配合的 330kV 线路相间后备段动作时限为 3.2s。

短路电流数据：设高压（330kV）母线为 k1 点短路（高压侧断开）；中压（220kV）母线为 k2 点短路（中压侧断开）；低压（35kV）母线为 k3 点短路（高、中压侧分别断开）；最小运行方式下的两相短路电流计算结果如表 6-13 所示。

表 6-13　最小运行方式下的两相短路电流计算结果表

序号	短路点	短路点标号	330kV 电流(A)	220kV 电流(A)	35kV 电流(A)
1	330kV 母线	k1	1339.09	2012.65	
2	220kV 母线	k2	2148.59	3229.30	
3	35kV 母线	k3	525.30	817.17	4907.05（220kV 断开）

解 1. 联络变压器高、中、低压侧额定电流计算

(1) 一次额定电流计算

$$I_{N.h}=\frac{S_N}{\sqrt{3}U_{N.h}}=\frac{240}{\sqrt{3}\times363}=0.3817(kA)$$

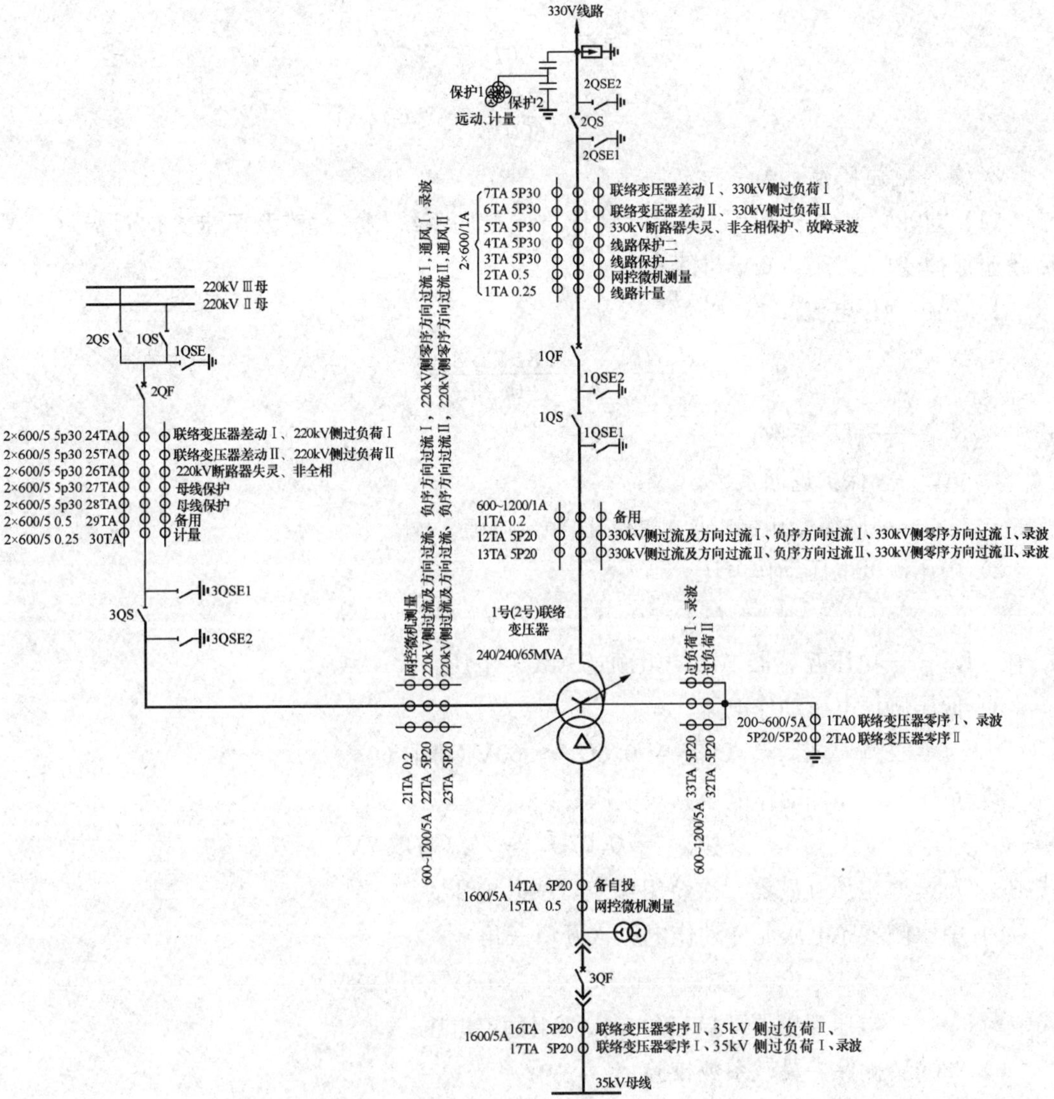

图 6-5　联络变压器接线示意图

$$I_{N.m}=\frac{S_N}{\sqrt{3}U_{N.m}}=\frac{240}{\sqrt{3}\times 242}=0.5726(kA)$$

$$I_{N.l}=\frac{S_N}{\sqrt{3}U_{N.l}}=\frac{65}{\sqrt{3}\times 38.5}=0.9747(kA)$$

式中　S_N——变压器的额定容量，MVA；

$U_{N.h}$——变压器高压侧的额定电压，kV；

$U_{N.m}$——变压器中压侧的额定电压，kV；

$U_{N.l}$——变压器低压侧的额定电压，kV。

（2）二次额定电流计算

$$I_{n.h}=\frac{I_{N.h}}{n_{TA}}=\frac{381.7}{1200/1}=0.318(A)$$

$$I_{n.m}=\frac{I_{N.m}}{n_{TA}}=\frac{572.6}{1200/5}=2.386(A)$$

$$I_{n.1}=\frac{I_{N.1}}{n_{TA}}=\frac{974.7}{1600/5}=3.05(A)$$

2. 复合电压闭锁过流保护定值计算

(1) 220kV 复合电压闭锁方向（动作方向指向系统侧）过流及不带方向过流（主要后备于保护变压器至 330kV 母线）。

1）保护动作电流

$$I_{op.2}=\frac{K_{rel}I_{n.m}}{K_r}=\frac{1.3\times2.386}{0.95}=3.27(A)$$

式中 K_{rel}——可靠系数；

K_r——保护返回系数；

$I_{n.m}$——联络变压器中压侧的二次额定电流。

2）中压侧低电压动作电压

$$U_{op}=0.7U_n\approx70V\ (可取\ 70V)$$

式中 U_n——电压互感器二次绕组额定（线）电压。

3）低压侧低电压动作电压

$$U_{op.2}=0.6U_n\approx60V\ (可取\ 60V)$$

4）负序电压元件动作电压（线电压）

$$U_{2.op.2}=0.07U_n\approx7V\ (可取\ 7V)$$

式中 U_n——电压互感器二次绕组额定（线）电压。

5）中压侧零序电压元件动作电压（开口三角）

$$U_{0.op.2}=0.08\times U_n\approx8V\ (可取\ 8V)$$

式中 U_n——电压互感器开口三角二次绕组额定电压。

6）220kV 侧保护灵敏系数校验。

220kV 侧方向过流（仅由 330kV 侧提供短路电流）

$$K_{sen}=\frac{I_{k2.min}^{(2)}}{I_{op.2\times}\times n_a}=\frac{3229.18}{3.27\times(1200/5)}=4.11>1.3\ (k2\ 短路)$$

不带方向过流（仅由 220kV 侧提供短路电流）

$$K_{sen}=\frac{I_{k2.min}^{(2)}}{I_{op.2\times}\times n_{TA}}=\frac{2012.65}{3.27\times(1200/5)}=2.56>1.3\ (k1\ 短路)$$

不带方向过流（仅由 220kV 侧提供短路电流）

$$K_{sen}=\frac{I_{k2.min}^{(2)}}{I_{op.2\times}\times n_{TA}}=\frac{817.16}{3.27\times(1200/5)}=1.04<1.3\ (k1\ 短路)$$

7）保护动作时间整定。

第一级时限与线路相间阻抗Ⅲ段配合

$$t_{op.1}=t_{0.1}+\Delta t=1.6+0.3=1.9(s)\ (跳母联断路器)$$

式中 $t_{0.1}$——线路相间阻抗Ⅲ段的动作时限，s；

Δt ——配合时限级差（0.3～0.5s）。

第二级时限与第一级时限配合

$$t_{op.2} = t_{op.1} + \Delta t = 1.9 + 0.3 = 2.2(s)\text{（跳中压侧断路器）}$$

第三级时限与第二级时限配合

$$t_{op.3} = t_{op.2} + \Delta t = 2.2 + 0.3 = 2.5(s)\text{（三侧断路器全跳）}$$

（2）330kV 复合电压闭锁方向（动作方向指向系统侧）过流及不带方向过流（主要后备于保护变压器至 200kV 母线）。

1）保护动作电流

$$I_{op.2} = \frac{K_{rel} I_{n.h}}{K_r} = \frac{1.3 \times 0.318}{0.95} = 0.44(A)$$

式中　K_{rel} ——可靠系数；

K_r ——保护返回系数；

$I_{n.h}$ ——联络变压器高压侧的二次额定电流。

2）高压侧低电压动作电压

$$U_{op.2} = 0.7U_n \approx 70V\text{（可取 70V）}$$

式中　U_n ——电压互感器二次绕组额定（线）电压。

3）低压侧低电压动作电压

$$U_{op.2} = 0.6U_n \approx 60V\text{（可取 60V）}$$

4）负序电压元件动作电压（线电压）

$$U_{2.op.2} = 0.07U_n \approx 7V\text{（可取 7V）}$$

式中　U_n ——电压互感器二次绕组额定（线）电压。

5）高压侧零序电压元件动作电压（开口三角）

$$U_{0.op.2} = 0.08 \times U_n \approx 8V\text{（可取 8V）}$$

式中　U_n ——电压互感器开口三角二次绕组额定电压。

6）330kV 侧保护灵敏系数校验。

330kV 侧方向过流（仅由 220kV 侧提供短路电流）

$$K_{sen} = \frac{I^{(2)}_{k1.min}}{I_{op.2} \times n_{TA}} = \frac{1339.09}{0.44 \times (1200/1)} = 2.54 > 1.3\text{（k1 短路）}$$

不带方向过流（仅由 330kV 侧提供短路电流）

$$K_{sen} = \frac{I^{(2)}_{k2.min}}{I_{op.2\times} \times n_{TA}} = \frac{2148.59}{0.44 \times (1200/1)} = 4.07 > 1.3\text{（k2 短路）}$$

不带方向过流（仅由 330kV 侧提供短路电流）

$$K_{sen} = \frac{I^{(2)}_{k2.min}}{I_{op.2\times} \times n_{TA}} = \frac{525.30}{0.44 \times (1200/1)} = 0.99 < 1.3\text{（k3 短路）}$$

7）保护动作时间整定。

第一级时限与线路相间后备段配合

$$t_{op.1} = t_{0.1} + \Delta t = 3.2 + 0.3 = 3.5(s)\text{（跳高压侧断路器）}$$

式中　$t_{0.1}$ ——线路相间后备段的动作时限，s；

Δt——配合时限级差(0.3s)。

第二级时限与第一级时限配合

$$t_{op.2}=t_{op.1}+\Delta t=3.5+0.3=3.8(s)\text{(三侧断路器全跳)}$$

通过以上灵敏度校验计算可以发现,高、中压侧的过电流保护对低压侧的短路不能满足灵敏度要求,即高、中压侧的过电流保护对低压绕组失去后备保护作用。双重化主保护配置是一个有力措施,但当有一套保护退出运行时即失去了相互的后备作用,应当予以重视。可以考虑研由高中压侧保护共同构成的不完全差动过流保护或方向过流保护方案作为低压绕组的后备。

(3) 35kV复合电压闭锁过电流保护。

1) 保护动作电流

$$I_{op.2}=\frac{K_{rel}I_{n.m}}{K_r}=\frac{1.3\times3.05}{0.95}=4.17(A)$$

式中 K_{rel}——可靠系数;

K_r——保护返回系数;

$I_{n.m}$——联络变压器中压侧的二次额定电流。

2) 低压侧低电压动作电压

$$U_{op.2}=0.6U_n\approx60V\text{(可取 60V)}$$

3) 负序电压元件动作电压(线电压)

$$U_{2.op.2}=0.07U_n\approx7V\text{(可取 7V)}$$

式中 U_n——电压互感器二次绕组额定(线)电压。

4) 灵敏系数校验

$$K_{sen}=\frac{I_{k2.min}^{(2)}}{I_{op.2}\times n_{TA}}=\frac{4907.05}{4.17\times(1600/5)}=3.68>1.3$$

5) 保护动作时间整定。

第一级时限(下级后备保护最长时限2s)

$$t_{op.1}=t_{0.1}+\Delta t=2+0.3=2.3(s)\text{(跳低压侧断路器)}$$

第二级时限(与第一级时限配合)

$$t_{op.2}=t_{op.1}+\Delta t=2.3+0.3=2.6(s)\text{(三侧断路器全跳)}$$

3. 35kV限时电流速断保护

(1) 保护动作电流

$$I_{op.2}=\frac{K_{co}I_{op.L}}{n_{TA}}=\frac{1.1\times3400}{1600/5}=11.6(A)$$

式中 K_{co}——配合系数;

n_{TA}——保护用电流互感器的变比:

$I_{op.L}$——下级回路限时电流速断保护的一次动作电流。

(2) 动作时限

$$t_{op}=t_L+\Delta t=0.5+0.3=0.8(s)\text{(跳变压器 35kV 侧断路器)}$$

(3) 灵敏系数校验

$$K_{sen} = \frac{I_{k2.min}^{(2)}}{I_{op.2} \times n_a} = \frac{4907.05}{11.6 \times (1600/5)} = 1.32 > 1.3$$

三、联络变压器零序及负序过流保护的整定配合

联络变压器零序及负序过流保护定值通常由调度给出，当有相关的系统保护资料时零序电流可按下列实例公式计算。变压器的Ⅰ段零序过流的动作电流应与相邻线路零序过流保护的Ⅰ段或Ⅱ段相配合由于与线路一段保护配合往往灵敏度不能保证，因此可与线路零序Ⅱ段或Ⅲ段配合。变压器的Ⅱ段零序过流的动作电流应与相邻线路零序过流的后备段相配合，一般为Ⅲ段或Ⅳ段。下面仅以 220kV 侧的零序方向过流为例。

（一）联络变压器零序电流保护定值计算

【例 6-33】 联络变压器中性点侧零序电流互感器的变比 600/5；220kV 线路零序方向过流保护电流互感器的变比 2000/5；220kV 线路零序方向过流保护Ⅰ、Ⅱ段不投；线路零序Ⅲ段一次动作电流 1992A；线路零序Ⅲ段二次动作电流 4.98A，动作时限为 0.6s；接地阻抗Ⅱ段动作时限为 0.9s；接地阻抗Ⅲ段动作时限为 1.2s；线路零序Ⅳ段一次动作电流 600A，二次动作电流 1.5A，动作时限为 1.2s；变压器零序电流分支系数为 0.5；线路相间阻抗Ⅲ段动作时限为 1.6s；联络变压器额定容量 240MVA；保护高、中压侧均采用 5P20 型电流互感器，TA 的变比分别为 1200/1、1200/5；220kV 线路相间阻抗Ⅲ段动作时限为 1.6s，动作方向指向系统侧。

解 1. 变压器零序保护Ⅰ段定值计算

为了保证灵敏度，本工程Ⅰ段与线路零序电流保护Ⅲ段配合可参考下式计算

$$I_{0.op.2.t} = K_{co} K_{0.br} I_{op.02.I} \frac{n_{TA.1}}{n_{TA0.T}} = 1.15 \times 0.5 \times 4.98 \times (2000/5)/(1200/5) = 4.77(A)$$

式中　K_{co}——变压器零序电流保护与线路零序电流保护的配合系数；

$I_{op.02.I}$——需配合的相邻线路（取其中最大者）零序Ⅲ段二次动作电流；

$n_{TA.1}$——线路保护的电流互感器变比；

$n_{TA0.T}$——变压器零序电流保护的电流互感器变比；

$K_{0.br}$——变压器零序电流分支系数。

2. 零序保护保护动作时间整定

（1）第一级时限与线路零序Ⅲ段及接地阻抗Ⅱ段配合，跳母联断路器

$$t_{op.1} = t_{0.1} + \Delta t = 0.9 + 0.3 = 1.2(s)$$

式中　$t_{0.1}$——线路接地阻抗Ⅲ段的动作时限，s；

Δt——配合时限级差（0.3～0.5s）。

（2）第二级时限跳中压侧断路器

$$t_{op.2} = t_{op.1} + \Delta t = 1.5 + 0.3 = 1.5(s)$$

（3）第三级时限全跳

$$t_{op.3} = t_{op.2} + \Delta t = 1.5 + 0.3 = 1.8(s)$$

3. 变压器零序保护Ⅱ段定值计算

（1）Ⅱ段动作电流。可参考式（3-50）计算出本工程变压器零序保护Ⅱ段与线路零序

电流保护Ⅳ段配合整定为

$$I_{0.op.2.T}=K_{co}K_{0.br}I_{0.op.2.1}\frac{n_{TA.1}}{n_{TA0.T}}=1.15\times0.5\times1.5\times(2000/5)/(1200/5)=1.44(A)$$

式中　K_{co}——变压器零序电流保护与线路零序电流保护的配合系数；

$I_{0.op.2.1}$——需配合的相邻线路（取其中最大者）零序Ⅳ段二次动作电流；

$n_{TA.1}$——线路保护的电流互感器变比；

$n_{TA0.T}$——变压器零序电流保护的电流互感器变比；

$K_{0.br}$——变压器零序电流分支系数。

（2）Ⅱ段动作时限。

1）第一级时限与线路Ⅳ段配合，跳母联断路器

$$t_{op.1}=t_{0.1}+\Delta t=1.2+0.3=1.5(s)$$

式中　$t_{0.1}$——线路零序Ⅲ段的动作时限，s；

Δt——配合时限级差（0.3～0.5s）。

2）第二级时限跳中压侧断路器

$$t_{op.2}=t_{op.1}+\Delta t=1.5+0.3=1.8(s)$$

3）第三级时限全跳断路器

$$t_{op.3}=t_{op.2}+\Delta t=1.8+0.3=2.1(s)$$

灵敏系数校验，可参见第三章变压器式（3-51）零序电流灵敏系数校验计算公式。

4. 自耦联络变压器中性点零序过电流保护计算

（1）中性点零序过电流保护动作电流。根据式（2-54）得

$$I_{op.0}=K_{rel}\frac{I_{unb.0}}{n_{TA0}}=2\frac{0.1\times I_{N.m}}{600/5}=2\frac{0.1\times572}{120}=0.95(A)$$

式中　$I_{N.m}$——自耦联络变压器中压侧（公共绕组）的额定电流。

实际中，可根据式（3-55），取电流互感器额定电流的0.5倍（用其可取的最大变比）得

$$I_{op.0}=0.5I_n=0.5\frac{600}{600/5}=2.5(A)$$

（2）中性点零序过电流保护动作时间。与自耦联络变压器高、中侧带方向零序保护最长时限配合。

（3）灵敏系数校验可按式（3-56）计算。

（二）变压器负序电流保护定值计算

【例6-34】　220kV线路保护电流互感器的变比2000/5，线路相间阻抗Ⅲ段动作时限为1.6s，联络变压器额定容量240MVA，220kV负序电流保护采用5P20型电流互感器，TA的变比为与1200/5，负序方向过电流保护动作方向指向本侧线路侧。

解　（1）负序电流保护动作电流定值计算。负序电流保护与线路相间阻抗保护Ⅲ段（动作时间最长）配合，故负序二次动作电流可按式（3-48）计算

$$I_{2.op.2}=\frac{0.6\times I_{N.m}}{n_{TA}}=\frac{0.6\times572}{1200/5}=1.43(A)$$

式中　$I_{N.m}$——自耦联络变压器中压侧的额定电流（220kV 侧）。

（2）负序保护保护动作时间整定。

1）第一级时限与线路相间阻抗Ⅲ段配合，跳母联断路器

$$t_{op.1}=t_{0.1}+\Delta t=1.6+0.3=1.9(s)$$

式中　$t_{0.1}$——线路相间阻抗Ⅲ段的动作时限，s；

Δt——配合时限级差（0.3～0.5s）。

2）第二级时限跳自耦联络变压器中压侧断路器

$$t_{op.2}=t_{op.1}+\Delta t=1.9+0.3=2.2(s)$$

3）第三级时限自耦联络变压器三侧断路器全跳

$$t_{op.3}=t_{op.2}+\Delta t=2.2+0.3=2.5(s)$$

（3）灵敏系数可按式（3-49）校验。

四、自耦联络变压器过负荷保护计算

（1）高压绕组过负荷定值计算

$$I_{op.h}=\frac{K_{rel}S_N}{\sqrt{3}U_{N.h}K_r n_{TA}}=\frac{1.05\times240\times10^3}{\sqrt{3}\times363\times0.9\times(1200/1)}=0.37(A)$$

式中　S_N——变压器的额定容量，kVA；

$U_{N.h}$——变压器高压侧的额定电压，kV；

K_{rel}——可靠系数；

K_r——保护返回系数；

n_{TA}——电流互感器的变比。

（2）中压侧过负荷定值计算

$$I_{op.m}=\frac{K_{rel}s_N}{\sqrt{3}U_{N.m}K_r n_{TA}}=\frac{1.05\times240\times10^3}{\sqrt{3}\times242\times0.9\times(1200/5)}=2.78(A)$$

式中　$U_{N.m}$——变压器中压侧的额定电压，kV；

其他符号含义同前。

（3）低压绕组过负荷定值计算

$$I_{op.l}=\frac{K_{rel}s_N}{\sqrt{3}U_{N.l}K_r n_{TA}}=\frac{1.05\times65\times10^3}{\sqrt{3}\times38.5\times0.9\times(1200/5)}=3.55(A)$$

式中　$U_{N.l}$——变压器低压绕组的额定电压，kV；

其他符号含义同前。

（4）公共绕组过负荷。

1）公共绕组的额定容量计算

$$S_{com.N}=K_\eta S_N=\left(1-\frac{1}{n_T}\right)S_N=\left(1-\frac{242}{363}\right)\times240=80(MVA)$$

式中　K_η——自耦变压器的效益系数；

其他符号含义同前。

2）公共绕组的过负荷定值计算

$$I_{op.com}=\frac{K_{rel}S_{N.com}}{\sqrt{3}U_{N.com}K_r n_{TA}}=\frac{1.05\times80\times10^3}{\sqrt{3}\times242\times0.9\times(600/5)}=1.86(A)$$

式中 $U_{N.com}$——变压器公共绕组的额定电压，kV；

其他符号含义同前。

以上过负荷保护均可取 5～9s 动作于信号。

第三节 启动/备用变压器和低压厂用工作变压器保护整定计算实例

本节将通过对启动/备用变压器保护和低压厂用变压器保护的整定计算两个算例，说明通常对启动/备用变压器保护整定计算以及对一般低压厂用工作变压器的整定计算的主要内容和步骤（未包括不同厂家不同产品所要设定的特定项目），为了节省篇幅，短路电流计算被放在启动/备用变压器保护最前面，在低压工作变压器部分不再另列专门计算。启动/备用变压器的零序过流保护一般由调度给出，其整定计算可参考前面发电机变压器组的变压器零序电流保护和联络变压器的零序电流保护整定计算，为节省篇幅不再专门进行计算。下面仅列出作者认为对启动/备用变压器较为合适的零序方向过电流保护的整定计算。因为启动/备用变压器不是电源，用零序方向过电流不仅动作灵敏速度快，而且可省去与系统的复杂配合，尤其纯粹零序过电流保护复杂的配合结果往往并不理想，只能靠较长延时切除故障。况且启动/备用变压器的零序电流保护并不能真正切除系统中的接地故障，和系统零序电流保护纠缠在一起并无必要。另外，启动/备用变压器采用零序电流差动或零序差电流保护（比过流灵敏）也是一种好的选择。

一、启动/备用变压器短路电流计算

【例 6-35】 以系统倒送电时为例：最大运行方式系统阻抗 0.0686，最小运行方式系统阻抗 0.1625（基准容量 S_B＝100MVA)。启动/备用变压器额定容量 S_N＝31.5MVA，高压额定电压 115kV，低压额定电压 6.3kV，以 S_N 为基准半穿越电抗标幺值：$\Delta U\%$＝17.53%，接线组别 YNd11d11。翻车机变压器（离 6kV 配电装置电气距离最远，故以此为例），额定容量 S_N＝1.25MVA，高压额定电压 6.3kV，低压额定电压 0.4kV，以 S_N 为基准电抗标幺值：$\Delta U\%$＝8%，接线组别 Dyn11。

顺便说明，为缩小计算篇幅，变压器及电缆线的阻抗下面均已换算为以 S_B＝100MVA 为基准容量的电抗标幺值。

解 1. 网络阻抗

(1) 系统为最大运行方式阻抗网络图见图 6-6。

(2) 系统为最小运行方式网络阻抗图见图 6-7。

2. 短路电流计算

(1) 计算中常用的以 100MVA 为基准的不同电压级基准电流如下：

110kV　　$I_{b.110}$＝0.502kA

6.3kV　　$I_{b.6.3}$＝9.16kA

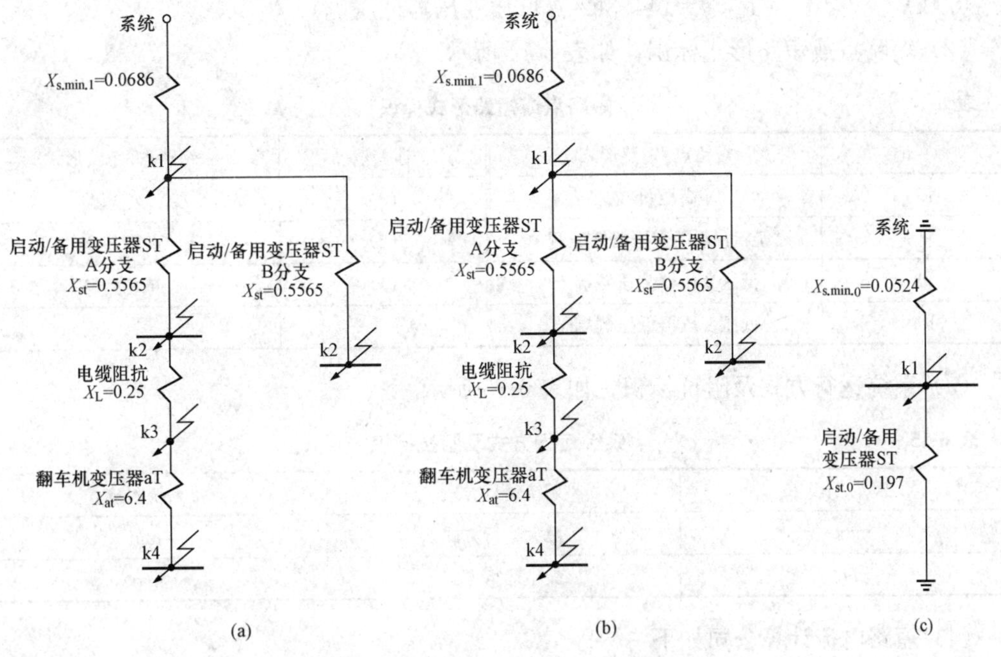

图 6-6　系统最大运行方式网络阻抗图

（a）最大运行方式正序网络阻抗图；（b）最大运行方式负序网络阻抗图；

（c）最大运行方式零序网络阻抗图

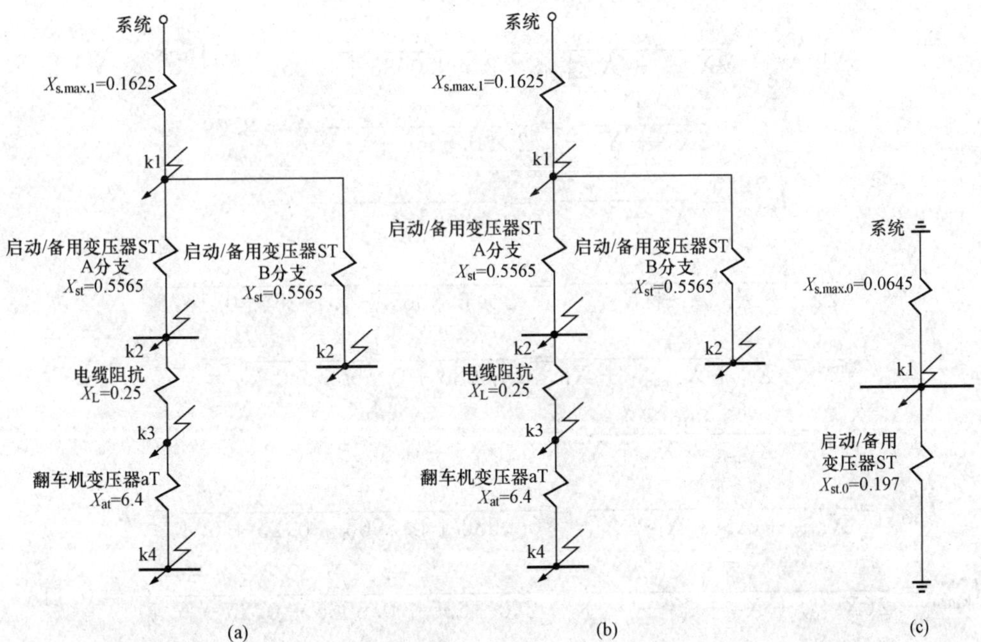

图 6-7　系统最小运行方式网络阻抗图

（a）最小运行方式正序网络阻抗图；（b）最小运行方式负序网络阻抗图；

（c）最小运行方式零序网络阻抗图

0.4kV　　　$I_{b.0.A}=144.3kA$（低压变压器低压侧）

（2）短路点或短路形式标识，如表 6-14 所示。

表 6-14　　短路点或短路形式标识

标　记	短路点/短路形式	标　记	短路点/短路形式
k1	高压母线	(3)	三相短路
k2	启动/备用变压器低压侧	(2)	两相短路
k3	低压变压器高压侧端子	(1)	单相短路
K4	低压变压器低压侧端子		

（3）系统运行方式及阻抗标识，如表 6-15 所示。

表 6-15　　系统运行方式及阻抗标识

标　记	系统运行方式	系统阻抗
max	最大运行方式	min
min	最小运行方式	max

（4）短路电流计算公司如下

$$I_{k1}^{*(3)}=\frac{1}{X_{s.min}}=\frac{1}{0.0686}=14.58$$

$$I_{k1}^{*(2)}=\frac{\sqrt{3}}{X_{s.max.1}+X_{s.max.2}}=\frac{\sqrt{3}}{2\times0.1625}=5.33$$

$$I_{k1.s.max}^{*(1)}=\frac{3}{2X_{s.min}+X_{s.min.0}}=\frac{3}{2\times0.0686+0.0524}=15.8$$

$$I_{k1.st}^{*(1)}=\frac{3}{2X_{st}+X_{st.0}}=\frac{3}{2\times0.5565+0.197}=2.29$$

$$I_{k2max}^{*(3)}=\frac{1}{X_{st}+X_{s.min.1}}=\frac{1}{0.5565+0.0686}=1.6$$

$$I_{k2min}^{*(2)}=\frac{\sqrt{3}}{2X_{st}+X_{s.max.1}+X_{s.max.2}}=\frac{\sqrt{3}}{2\times0.5565+0.1625+0.1625}=1.2$$

$$I_{k3max}^{*(3)}=\frac{1}{X_{st}+X_{s.min.1}+X_{l}}=\frac{1}{0.0686+0.5565+0.25}=1.14$$

$$I_{k3min}^{*(2)}=\frac{0.866\times1}{X_{s.max}+X_{st}+X_{l}}=\frac{0.866}{0.1625+0.5565+0.25}=0.894$$

$$I_{k4max}^{*(3)}=\frac{1}{X_{s.min}+X_{st}+X_{l}+X_{at}}=\frac{1}{0.0686+0.5565+0.25+6.4}=0.137$$

$$I_{k4min}^{*(2)}=\frac{\sqrt{3}}{2(X_{s.max}+X_{st}+X_{l}+X_{at})}=\frac{\sqrt{3}}{2(0.1625+0.5565+0.25+6.4)}=0.118$$

$$I_{k4min}^{*(1)}=\frac{3}{X_{1\Sigma}+X_{2\Sigma}+X_{0\Sigma}}=\frac{3}{2\times(X_{s.max}+X_{st}+X_{l}+X_{at})+X_{at.0}}$$

$$=\frac{3}{2(0.1625+0.5565+0.25+6.4)+0.197}=0.2$$

（5）短路电流计算结果，如表 6-16 所示。

表 6-16　　短路电流计算结果表

短路点	故障类型		
	3 相	2 相	1 相
k1	$I_{k1}^{*(3)}=14.58$	$I_{k1}^{*(2)}=5.33$	$I_{k1.smax}^{*(1)}=15.8$ $I_{k1.st}^{*(1)}=2.29$
k2	$I_{k2max}^{*(3)}=1.6$	$I_{k2min}^{*(2)}=9.02$	—
k3	$I_{k3max}^{*(3)}=1.14$	$I_{k3min}^{*(2)}=0.894$	—
k4	$I_{k4max}^{*(3)}=0.137$	$I_{k4min}^{*(2)}=0.118$	$I_{k4min}^{*(1)}=0.0455$

注　符号上角标有“*”的数值是以 100MVA 为基准的标幺值表示。

二、启动/备用变压器和低压厂用变压器保护的整定计算举例

（一）启动/备用变压器保护整定计算

【例 6-36】　启动/备用变压器高压绕组额定容量 S_{NI} 31.5MVA，低压绕组额定容量 18MVA，高压额定电压 115kV，低压额定电压 6.3kV，高压额定电流 158.1A，额定低压电流 2886.7A，接线组别 YNd11d11，以 S_{NI} 为基准半穿越电抗标幺值：$\Delta U\%=17.53\%$，系统最小运行方式阻抗 0.1625（基准容量 $S_B=100$MVA）；6kV 电压互感器变比 $\frac{6kV}{\sqrt{3}}\Big/\frac{0.1kV}{\sqrt{3}}\Big/\frac{0.1kV}{3}$。启动/备用变压器高压侧 TA 变比为 600/5，采用星形接线；启动/备用变压器 A、B 绕组各分支 TA 变比均为 2000/5，都采用星形接线。

解　1. 启动/备用变压器差动保护计算

（1）各侧额定电流计算

高压侧　$$I_{N.h}=\frac{31.5}{\sqrt{3}\times 115}=158.1(A)$$

高压侧二次　$$I_{n.h}=\frac{158.1}{n_{TA}}=\frac{158.1}{600/5}=1.32\ (A)$$

低压侧　$$I_{N.l}=\frac{31.5}{\sqrt{3}\times 6.3}=2886.7(A)$$

低压侧二次　$$I_{n.l}=\frac{2886.7}{n_{TA}}=\frac{2886.7}{2000/5}=7.21\ (A)$$

低压分支　$$I_{N.l.b}=\frac{18}{\sqrt{3}\times 6.3}=1650(A)$$

（2）绕组 TA 裕度

$$I_{mgargin.h}=\frac{600}{158.1}=3.79$$

$$I_{mgargin.l}=\frac{2000}{1650}=1.21$$

低压分支裕度最小宜作为基准侧，当短路电流倍数不大不会引起不允许的误差时，也

可以选高压侧为基准侧。

(3) 最小动作电流

$$I_{\mathrm{op.min}}=K_{\mathrm{rel}}(K_{\mathrm{cc}}K_{\mathrm{er}}+\Delta u+\Delta m)I_{\mathrm{N}}/n_{\mathrm{TA}}$$
$$=1.5(1\times0.1+0.1+0.05)I_{\mathrm{N}}/n_{\mathrm{TA}}=0.375I_{\mathrm{N}}/n_{\mathrm{TA}}$$

式中 K_{rel}——可靠系数；

K_{cc}——电流互感器的同型系数，取1；

K_{er}——电流互感器的比误差，取0.1；

Δu——变压器调压引起的误差，取调压范围中偏离额定值（百分值）的最大值，即$8\times1.25\%=0.1$；

Δm——TA变比未完全匹配产生的误差，取0.05。

根据运行经验取得太小外部故障切除暂态引起的不平衡误动较多，故取$0.5I_{\mathrm{N}}$，以低压侧为基准，则低压侧TA二次差动保护的最小动作电流为

$$I_{\mathrm{op.l.min}}=\frac{0.5I_{\mathrm{n}}}{n_{\mathrm{TA}}}=\frac{0.5\times2886.7}{2000/5}=3.6(\mathrm{A})$$

高压侧应设平衡系数（RCS—985T厂家可根据变压器基本参数在软件中平衡，有的厂产品必须用户设定平衡系数）

$$K_{\mathrm{h.bl}}=\frac{n_{\mathrm{TA.l}}}{n_{\mathrm{T}}n_{\mathrm{TA.h}}}=\frac{2000\times6.3}{600\times115}=0.183$$

则高压侧最小动作电流（与以高压侧为基准侧直接计算定值结果相同，而平衡系数会有变化）

$$I_{\mathrm{op.h.min}}=K_{\mathrm{bl.h}}I_{\mathrm{op.h.min}}=0.183\times3.6=0.66(\mathrm{A})$$

上两式中 $n_{\mathrm{TA.l}}$——低压侧电流互感器的变比；

$n_{\mathrm{TA.h}}$——高压侧电流互感器的变比；

n_{T}——变压器的变比。

(4) 起始拐点制动电流

$$I_{\mathrm{res.0.b}}=\frac{I_{\mathrm{N}}}{n_{\mathrm{TA}}}=\frac{2886.7}{400}=7.2(\mathrm{A})$$

(5) 始斜率

$$K_{\mathrm{S.0}}=0.1\text{（推荐值）}$$

(6) 制动拐点。厂家推荐$6I_{\mathrm{n}}$（一般可按区外最大短路电流取）。

(7) 最大制动斜率

$$K_{\mathrm{s.max}}=K_{\mathrm{rel}}(K_{\mathrm{ap}}K_{\mathrm{cc}}K_{\mathrm{er}}+\Delta u+\Delta m)=1.4(2\times1\times0.1+0.05+0.1)=0.49$$

式中 K_{rel}——可靠系数；

K_{ap}——非周期分量系数，P级电流互感器取1.5～2，取2；

K_{cc}——电流互感器的同型系数，取1；

K_{er}——电流互感器的比误差，取0.1；

Δu——变压器调压引起的误差，取调压范围中偏离额定值（百分值）的最大值，

$8\times1.25\%=0.1$；

Δm——TA变比未完全匹配产生的误差，取0.05，为可靠制动取0.6（推荐值为0.5～0.8）。

(8) 灵敏度。特性曲线已可保证灵敏度，一般不需校验。

(9) 二次谐波制动比可取15%（经验值）。

(10) 差流报警

$$I_{op.d.al}=K_{rel}I_n=0.2\times1.32=0.264\ (A)$$

(11) 差动速断。小变压器取较大值，注意躲过励磁涌流现取$7I_n$，即

$$I_{op.i}=\frac{7I_N}{n_{TA}}=\frac{7\times158.1}{600/5}=9.22(A)$$

差动速断灵敏度校验，按高压侧两相最小短路电流

$$K_{sen}=\frac{0.866\times\frac{502}{0.1625}/n_{TA}}{I_{op.i}}=\frac{2675.3\times600/5}{9.22}=2.42>2$$

故速断可保证高压侧短路灵敏度。

(12) TA断线报警。一般可按$0.1I_n$整定或由装置自动整定

$$I_{op.al}=0.1I_n=0.1\times1.32=0.132\ (A)$$

(13) RCS-985T启动/备用变压器差动保护定值单，如表6-17所示。

表6-17　RCS-985T启动/备用变压器差动保护定值单

序　号	定值名称	定　值	备　注
1	比率差动启动定值	$0.5I_n=0.66A$	110kV侧 $n_{TA}=600/5A$
2	差动速断定值	$7I_n=9.24A$	110kV侧 $n_{TA}=600/5A$
3	比率差动起始斜率	0.1	
4	比率差动最大斜率	0.6	
5	谐波制动系数	0.15	二次谐波闭锁
6	差流报警定值	$0.2I_n=0.264A$	

2. 启动/备用变压器高压侧复合电压闭锁过电流保护

6kVA/B分支所用TV变比为$\frac{6.3}{\sqrt{3}}\Big/\frac{0.1}{\sqrt{3}}\Big/\frac{0.1}{3}$，高压侧TA变比为600/5。

(1) 启动/备用变压器过电流。

1) 过电流保护动作电流

$$I_{op}=\frac{K_{rel}I_N}{K_rn_{TA}}=\frac{1.4\times158.1}{0.9\times600/5}=2.05(A)$$

启动/备用变压器以100MVA为基准的半穿越阻为

$$X_a=\frac{\Delta U\%}{100}\frac{100}{S_{aI}}=\frac{17.53}{100}\frac{100}{31.5}=0.5565$$

2) 保护灵敏性校验

$$K_{sen}=\frac{I_{k.min}^{(2)}}{n_{TA}I_{op}}=\frac{0.866\times\frac{502}{X_{S.max}+X_{ST}}}{2.05\times600/5}=\frac{0.866\times\frac{502}{0.1625+0.5565}}{2.05\times120}=2.46>1.5$$

3）保护动作时间。与分支过流保护配合

$$t_{op}=t_{br}+\Delta t=1+0.3=1.3\ (s)$$

(2) 启动/备用变压器闭锁低电压整定。

1）动作电压

$$U_{op}=\frac{U_{st.min}}{K_{rel}K_r}=\frac{70}{1.2\times1.05}=55.5V\ (可取 55V)$$

式中 $U_{st.min}$——自启动最低母线电压。

2）灵敏性校验

$$K_{sen}=\frac{U_{op}}{U_{r.max}}\geqslant1.3$$

式中 $U_{r.max}$——6kV 母线短路最高残压（三相短路，接近于 0）。

(3) 启动/备用变压器负序电压元件。

1）负序动作电压

$$U_{2.op.2}=\frac{0.07U_N}{n_{TV}}=0.07U_n\approx7V\ (相间电压，可取 7V)$$

2）灵敏性校验。按 6.3kV 母线两相短路负序电压灵敏系数校验，故有

$$K_{u.sen}^{(2)}=\frac{U_{2.k.min}^{*(2)}}{U_{2.op.2}^{*}}\approx\frac{0.5}{0.07}\approx7.14>1.3\ (满足要求)$$

式中 $U_{2.k.min}^{*(2)}$——6.3kV 母线两相短路负序电压的标幺值；

$U_{2.op.2}^{*}$——负序动作电压的标幺值。

以上均以高压厂用变压器 6.3kV 额定电压为基准。

3. 启动/备用变压器零序方向过电流保护的整定计算

动作方向指向变压器，按躲过低压侧三相短路不平衡电流整定。

(1) Ⅰ段零序方向过电流保护。

1）动作电流。按躲过变压器低压侧短路最大不平衡整定

$$I_{0.op.I.2}=\frac{K_{rel}K_{er}K_{cc}K_{ap}I_{k.max}^{(3)}}{K_r n_{TA}}=\frac{1.5\times0.1\times0.5\times2\times\frac{158.1}{0.175}}{0.9\times600/5}=1.25(A)$$

式中 K_{rel}——可靠系数；

K_{er}——三相短路时三相电流互感器的误差；

K_{cc}——电流互感器的同型系数；

K_{ap}——非周期分量系数。

2）时间整定

$$t_{0.op.I}=0.2\sim0.3s\ (跳启动/备用变压器各侧)$$

(2) Ⅱ段零序方向过电流保护。

1）动作电流

$$I_{0.op.Ⅱ.2}=K_{co}I_{0.op.Ⅰ.2}=1.05\times1.25=1.3(A)$$

2）时间整定

$$t_{0.op.Ⅱ}=t_{0.op.Ⅰ}+\Delta t=0.2s+0.3s=0.5s\text{（跳启动/备用变压器各侧）}$$

4. 启动/备用变压器通风启动

启动/备用变压器高压侧 TA 的变比为 600/5。

（1）启动电流整定。通常按额定负荷的 2/3 整定（变压器厂家有特殊要求的可按厂家要求）

$$I_{op}=\frac{0.66I_N}{n_{TA}}=\frac{0.66\times158.1}{120}=0.87(A)$$

（2）启动通风时间

$$t_{op}=5s$$

（二）低压厂用变压器保护整定计算

【例 6-37】 翻车机变压器（离 6kV 配电装置电气距离最远，故以此为例），额定容量 S_t 为 1.25MVA，高压额定电压 6.3kV，低压额定电压 0.4kV，高压额定电流 114.6A，低压额定电流 1804.2A，接线组别 Dyn11，以 S_{aI} 为基准电抗标幺值：$\Delta U\%=8\%$。

解　1. 电流速断保护

（1）一次动作电流。按躲过低压侧最大三相短路电流整定

$$I_{op.1}=K_{rel}I_{k4.max}^{(3)}=1.3\times0.137\times9160=1631.4(A)$$

（2）二次动作电流

$$I_{op.2}=\frac{I_{op.1}}{n_{TA}}=\frac{1631.4}{200/5}=40.78\ (A)$$

（3）保护动作时间

$$t=0s\text{（保护装置固有动作时间）}$$

（4）灵敏系数校验

$$K_{sen}=\frac{I_{k.min}}{I_{op.1}}=\frac{0.894\times9160}{1631.4}=5.01\text{（合格）}$$

2. 过电流保护

按躲过自启动电流整定（保守计算经验值可直接取 4 倍二次额定电流，但灵敏度校验必须合格）。

（1）求启动电流倍数

$$K_{st}=\frac{1}{X_t+\dfrac{S_t}{K_{m.st}\Sigma S_{m.st}}}=\frac{1}{0.08+\dfrac{1250}{5\times0.65\times1250}}=\frac{1}{0.08+3.077}=2.58$$

式中　X_t——翻车机变短路阻抗百分数 8%；

$K_{m.st}$——电动机平均启动电流倍数取 5；

$\Sigma S_{m.st}$——总的电动机启动容量，根据电动机负荷并留有适当余度，经验值取 0.65 倍变压器容量；

S_t——翻车机变压器容量。

(2) 过电流保护的动作电流（躲自启动）。

1) 一次动作电流

$$I_{op.1}=\frac{K_{rel}K_{st}I_N}{K_r}=\frac{1.3\times 2.58\times 114.6}{0.9}=427(A)$$

2) 二次动作电流

$$I_{op.2}=\frac{I_{op.1}}{n_a}=\frac{427}{200/5}=10.7(A)$$

上两式中 K_{rel} ——可靠系数；

K_{st} ——启动电流倍数（计算如前）；

I_N ——启动/备用变压器高压侧额定电流（146.6A）。

取 $I_{op.2}=10.7A$。

3) 动作时间

$$t_{op}=0.7s$$

$$K_{sen}=\frac{I_{k3.min}^{(2)}}{I_{op.1}}=\frac{0.118\times 9160}{427}=2.53$$

灵敏系数满足要求。

3. 负序过电流保护

保守计算，按断相或逆相整定。

(1) 负序过电流保护一次动作电流

$$I_{2.op.1}=K_{rel}I_N=1\times 114.6=114.6\ (A)$$

(2) 负序过电流保护二次动作电流

$$I_{2.op.2}=\frac{K_{rel}I_N}{n_{TA}}=\frac{1\times 114.6}{200/5}=2.86(A)$$

(3) 负序过电流保护动作时间

$$t_{op}=0.7s\text{（取与过电流保护相同时限）}$$

(4) 灵敏系数校验

$$K_{sen}=\frac{I_{2.k.min}^{(2)}}{2_{2.op.1}}=\frac{I_{k.min}^{(2)}/\sqrt{3}}{I_{2.op.1}}=\frac{0.118\times 9160/\sqrt{3}}{114.6}=5.45$$

灵敏系数满足要求。

4. 厂用变压器低压侧中性点零序过流保护

根据《电力变压器运行规程》规定，变压器单相负荷电流不得超过变压器额定电流的25%。为便于上下级保护配合，采用定时限保护。根据经验一般按此条件整定能够取得与下级电流保护的配合，下级接地短路电流保护的动作值应小于此定值，可以配合系数1.05～1.15进行上下级配合，同时特别注意时限配合级差，一般微机保护可取 $\Delta t=0.2\sim 0.3s$，通常取0.3s。

(1) 中性点零序过电流一次动作电流

$$I_{0.op.1}=\frac{K_{rel}\times 0.25I_N}{K_r}=\frac{1.3\times 0.25\times 1804}{0.9}=651.4(A)$$

（2）中性点零序过电流二次动作电流

$$I_{0.op.2}=\frac{I_{op.0.1}}{n_{TA}}=\frac{651.4}{1200/5}=2.71(A)$$

（3）中性点零序过电流二次动作时间

$$t_{op}=0.7s\text{（取与过电流保护相同时限）}$$

（4）灵敏性校验

$$K_{sen}=\frac{I_{k4.min}^{(1)}}{I_{0.op.1}}=\frac{0.0455\times\frac{100}{\sqrt{3}\times0.4}}{651.4}=10.08$$

灵敏系数满足要求。

5. 定时限过负荷保护

（1）保护二次动作电流

$$I_{op.2}=\frac{K_{rel}I_N}{K_r n_{TA}}=\frac{1.05\times114.6}{0.9\times200/5}=3.34(A)$$

（2）保护动作时限。宜躲过自启动时间，取 $t_{op}=9s$。

第四节　高压电动机保护整定计算实例

【例 6-38】 H 电厂为 10kV 为中性不接地系统，1000kW 引风机电动机的保护整定计算示例如下。

已知：10kV 引风机电动机采用某公司微机型综合保护，该保护装置未含专用过热保护。保护装置包括相电流速断保护、过电流保护，负序过电流保护、零序过流保护、过负荷保护、低电压保护等。

电动机容量 1000kW，采用真空断路器。保护 TA 变比 $n_a=100/5A$，10P20。零序电流互感器变比 $n_{TAO}=75/5A$。电动机回路额定工作电流 $I_N=72A$。铜芯电缆截面积为 3×70、总长 296m）。

1. Ⅰ段相电流速断保护

（1）TA 二次额定电流计算式为

$$I_n=I_N/n_a=72/(100/5)=3.6(A)$$

式中　I_N——电动机额定工作电流，A；

I_n——电动机额定工作二次电流，A；

n_a——电流互感器 TA 的电流变比。

（2）相电流速断保护定值计算，相电流速断保护按躲过电动机自启动电流计算

$$I_{op.2}=K_{rel}K_sI_n=1.5\times7\times3.6=37.8$$

式中　K_{rel}——可靠系数，取 1.5；

K_s——电动机自启动电流倍数，取 7；

I_n——电动机额定工作二次电流，A。

（3）时间定值

$t=0s$　（固有动作时间）　断路器跳闸

（4）灵敏系数校验

$$K_{sen}=\frac{I_{k\,min}^{(2)}}{I_{op.2}n_a}=\frac{13608.57}{37.8\times 20}=18>2$$

满足灵敏度要求。

2. Ⅱ段过电流保护/电动机堵转保护

因为按传统过电流保护整定需躲过电动机启动电流，灵敏度与电流速断保护相同，难以保护电动机内部故障，而本保护装置未设专用堵转保护，故将过流保护按能保证正常可靠运行（过电流保护应躲过最大过负荷整定），并应保护电动机发生堵转时的保护灵敏性要求，按取电动机额定电流 7 倍整定。

（1）过流保护定值计算

$$I_{op.2}=K_{rel}\times I_n$$

式中　K_{rel}——可靠系数，根据经验取 2.5；

I_n——电动机二次额定电流。

则　$I_{op.2}=K_{rel}I_n=2.5\times 3.6=9$（A）。

（2）过电流/堵转保护灵敏系数校验。

过电流灵敏度校验

$$K_{sen}=\frac{I_{k.\,min}^{(2)}}{I_{op.2}n_a}=\frac{13608.57}{9\times 20}=75.6>2$$

堵转灵敏度校验

$$K_{sen}=\frac{I_{sta.2}}{I_{op.2}}=\frac{7I_n}{2.5I_n}=2.8>1.5$$

均满足灵敏度要求。

（3）保护动作时间整定。

按可靠躲过自启动时间，选下面方式之一整定时间，最好装置有两段时限：

$t_{op}=1.4t_{st}=1.4\times 20=28$（s）　（报警）

$t_{op}=2t_{st}=2\times 20=40$（s）　（跳闸）

现场投运时可根据录波记录的启动时间，并留有足够裕度适当调整。

3. 负序过流保护

（1）负序过流Ⅰ段保护。

1）动作电流定值 I_{2op}

$$I_{2op}=0.8I_n=0.8\times 3.6=2.88(A)$$

2）动作时间。因为引风机属于一级负荷，为防止外部故障引起误动，保护时间整定按照躲开本级母线电动机外部其他负荷回路二相短路的最长切除时间整定，取

$$t_{op}=1s\ （跳闸）$$

（2）负序过流Ⅱ段保护。

1）动作电流定值 I_{2op}

$I_{2op}=0.3I_n=0.3\times 3.6=1.08$（A）（电动机断相运行可动作）

2）动作时间。应能躲过电动机自启动，定时限负序过流保护动作时间

$t_{op}=1.3t_{st}=1.3\times20s=26$（s）

$t_{op}=26s$　（跳闸）

4. 零序过电流保护

回路零序电流互感器变比，Ⅰ段跳闸零序一次动作电流定值取 10A。

$I_{0.op.2}=10/15=0.67$（A）

保护动作时间定值取　$t_{op}=1s$（跳闸）。

Ⅱ段，告警灵敏段零序动作电流定值取 5A

$$I_{0.op.2}=5/n_a=5/15=0.33(A)$$

保护动作时间定值取　$t_{op}=3s$　（发报警信号）

式中　n_a——电动机回路零序电流互感器变比（本回路为 $n_a=75/5=15$）。

5. 过负荷保护

（1）动作电流计算。过负荷保护动作电流按躲过电动机额定电流下可靠返回条件整定，动作电流为

$$I_{op.2}=K_{rel}\frac{I_n}{K_r}=1.05\times\frac{3.6}{0.9}=4.2(A)$$

式中　K_{rel}——可靠系数，本工程取 1.05；

K_r——返回系数，本工程取 0.9。

过负荷保护二次动作值取 4.2A。

（2）动作时间。为避免电动机启动时发信号，需躲过锅炉引风机自启动时间，可取 26s 动作于报警。

6. 低电压保护

引风机为一级重要负荷，低电压保护定值可取

$$U_{op.2}\leqslant0.5\frac{U_N}{n_V}=0.5\times100V=50(V)$$

$t_{op}=9s$　（动作于跳闸）

应当指出，当电动机为变频调速时，其上级开关柜中保护整定值应满足与变频器保护的动作电流及时间配合要求。

7. 最小短路电流计算

取倒送电启动最小运行方式：

（1）阻抗计算。

1）主变压器阻抗（归算至 100MVA）

$$X_{mT.}=0.0808\times\frac{100}{31.5}=0.257$$

2）以 100MVA 为基准，从开关柜至电动机端子电缆 0.296km 电缆的阻抗计算。

a. 电流电阻标幺值计算。查附表 F-1 可得，10kV、$3\times70mm^2$、三芯铜电缆每千米电阻抗标幺值为 0.705。故有

$$r^*=0.705\times0.296=0.21$$

b. 电缆电抗标幺值计算。查附表 F-1 可知，10kV、3×70mm^2、三芯铜电缆每千米电抗标幺值为 0.0717。故有

$$x^{*}=0.0717\times0.296=0.021$$

3）主变压器与电缆串联阻抗计算。最小方式时计及主变压器与 296m 电缆线路至电动机端子串联的总阻抗为

$$Z^{*}_{\sum\max}=\sqrt{0.21^2+(0.257+0.021)^2}=0.35$$

（2）10kV 电缆末端最小两相短路计算。10kV 电缆末端（电动机端子侧）最小两相短路电流

$$I^{(2)}_{k\min}=0.866\frac{5500}{0.35}=13608.57(\text{A})$$

【例 6-39】 辅机冷却水泵 F-C 回路供电的电动机保护整定计算。

已知：M 电厂 6kV 为中阻接地系统，厂用高压变压器中性点接地电阻值（40Ω），分支母线接地零序电流保护灵敏系数为 5。冷却水泵电动机由 6kV 接触器 F-C 回路供电；熔断器额定电流 160A；接触器额定工作电流 400A、额定开断电流 4000A。辅助冷却电动机为 A 级绝缘，容量为 450kW；电动机启动时间 15s；启动倍数为 6；电动机的功率因数 $\cos\varphi=0.8$。采用微机型综合保护（包括电流速断保护、过电流保护、零序过流保护、过热保护、堵转保护、过负荷保护、低电压保护等）；保护用电流互感器为 5P20 级，变比为 $n_a=75/5$A。零序电流互感器变比 $n_{a.0}=150/5$A。电动机端子最小两相短路电流为 12417.3A。

1. 电动机回路额定工作电流

（1）一次回路额定工作电流

$$I_N=\frac{P_N}{\sqrt{3}\times6\times0.8}=\frac{450}{\sqrt{3}\times6\times0.8}=54.13(\text{A})$$

（2）TA 二次额定工作电流

$$I_n=\frac{I_N}{n_a}=\frac{54.13}{75/5}=3.6(\text{A})$$

2. 限时电流速断保护

（1）保护一次动作电流

$$I_{op.1}=K_{rel}K_{st}I_N=1.5\times6\times54.3=488.7(\text{A})$$

（2）保护二次动作电流

$$I_{op.2}=K_{rel}K_{st}I_n=1.5\times6\times3.6=32.40(\text{A})$$

（3）灵敏性校验

$$K_{sen}=\frac{I^{(2)}_{k.\min}}{I_{op.2}\times n_a}=\frac{12417.3}{32.4\times15}=25.53>2$$

满足灵敏度要求。

（4）动作时间。与熔断器配合，保证是由熔断器切断短路电流，取 $t_{op}=0.2$s。

瞬时电流速断保护宜退出。

3. 过电流保护

(1) 电流定值。保护定值应躲开电动机启动电流，当故障电流超过接触器额定开断电流（为接触器额定工作电流的10倍）时保护应能闭锁接触器跳闸。

$$I_{op.2}=K_{rel}K_{st}I_n/K_r=1.5\times6\times3.6/0.9=36.00(\text{A})$$

动作值取36A。

式中 K_{rel}——可靠系数，取1.5；

K_{st}——电动机启动电流倍数，取6；

K_r——返回系数，取0.9。

(2) 灵敏性校验

$$K_{sen}=\frac{I_{k.min}^{(2)}}{I_{op.2}\times n_a}=\frac{12417.3}{36\times15}=23>2$$

灵敏度满足要求。

(3) 过流保护动作时间。动作时间与限时速断保护配合。保护动作时间取 $t=0.5$s。

注：查有关厂家熔断器电流特性曲线，当短路电流等于接触器额定开断电流400A时，熔断器的熔断时间约为0.02s，熔断器能可靠在过流保护动作前切断故障电流。故不需要闭锁接触器跳闸。

4. 零序过流保护

本厂用高压变压器中性点为中电阻接地系统，当回路单相接地时，经零序电流互感器及电流继电器动作于跳闸。

整定原则：按电动机接地保护与高压变压器及启动/备用变压器分支灵敏度配合整定，取配合系数为1.15。

$$I_{op.0}=\frac{U_N/(\sqrt{3}\times R\times n_{a0})}{K_{co}}=\frac{6300/(\sqrt{3}\times40\times30)}{5\times1.15}=\frac{3.03}{5\times1.15}=0.53(\text{A})$$

式中 U_N——厂用高压变压器6kV额定电压为6.3kV；

R——厂用高压变压器中性点接地电阻值（40Ω）；

K_{co}——配合系数取1.15（已知分支母线接地零序电流保护灵敏系数为5）；

n_{a0}——电动机回路零序电流互感器变比150/5。

零序动作电流定值取0.53A，保护动作时间定值取 $t_0=0.4$s。

5. 过热保护

一台电动机的过热能力（热容量）是一定的，因此允许冷态再启动与热态再启动的时间常数有所区别。本工程采用的微机保护，过热保护热累积的动作方程判据通常为

$$t=\tau\cdot\ln\frac{I_{eq}^2-I_{lo}^2}{I_{eq}^2-I_{op.0}^2}$$

$$I_{eq}=\sqrt{K_1I_1^2+K_2I_2^2}$$

式中 I_{lo}——过负荷前的负载电流（若过负荷前处于冷却状态，则 $I_{lo}=0$）；

$I_{op.0}$——起始动作电流，即保护动作与不动作的临界电流值（可按额定电流 I_n 的1.05～1.15倍整定），现取中间值1.1；

τ——热过负荷时间常数，反映电动机过负荷能力；

t——保护动作（跳闸）时间，s；

I_{eq}——等效电流；

I_1——电动机运行电流的正序分量，A；

I_2——电动机运行电流的负序分量，A；

K_1——正序电流发热系数，在电动机启动过程中 $K_1=0.5$，启动完毕 $K_1=1$；

K_2——负序电流发热系数，可在 3～10 的范围内整定，一般取中间值 $K_2=6$。

（1）τ 的整定计算。

1）若按 A 级绝缘电动机冷态启动可连接启动二次考虑，参照式（5-68）

$$\tau_{op}=\frac{\theta_n \times K^2 \times T_{st}}{\theta_0}=\frac{105^{\circ} \times 6^2 \times 15}{52.5^{\circ}}=931.2(\mathrm{s})$$

该电动机是按 A 级绝缘允许温度考虑，取 52.5℃。启动时间取 15s。

2）若考虑到电动机可能在运行后跳闸再热重启一次，可取

$$\tau_{op}=\frac{931.2}{2}=465.6(\mathrm{s})$$

应当指出，具体工程应根据本工程情况及现场积累的经验进行定值修改，但必须注意有关项需一同修改。

（2）电动机散热时间常数整定值。

按电动机过热后冷却至允许启动所需的时间整定，散热时间常数整定一般取

$$4 \times \tau_{op}=4 \times 465.6=1862.4(\mathrm{s})=1862.4/60=31.04(\mathrm{min})$$

应当指出，电动机发热时间常数和散热时间常数，在具体工程可根据其工程的电动机使用条件，结合保护装置来计算设定，注意其某项影响定值参数的变化可能引起相关项的变化，需对相关项进行必要的修正。

（3）过热告警值确定。过热告警是一种预告信号，可在跳闸值的 50%～100%范围内以 1%为级差整定，热告警值可取 50%及以下，以便引起运行人员及时注意。现取 50%。

6. 过负荷保护

1）电流定值

$$I_{op.2}=K_{rel} I_n / K_r=1.05 \times 3.6 / 0.9=4.20(\mathrm{A})$$

动作值取 4.2A。

式中 K_{rel}——可靠系数，取 1.05；

K_r——返回系数，取 0.9。

2）时间整定。为避免电动机启动时误发信号，按躲过水泵启动时间取

$$t_{op}=1.2 \times 15\mathrm{s}=18(\mathrm{s})$$

7. 堵转保护

不引入转速开关的堵转保护在电动机启动结束后自动投入，堵转电流按躲过最大过负荷电流，并保证电动机堵转后有足够的灵敏度整定。

（1）堵转动作整定电流可用下式计算

$$I_{op.2}=K_{rel}I_n=2.5\times3.6=9.00(A)$$

式中　K_{rel}——可靠系数，取 2.5；

I_n——电动机 TA 二次额定电流。

堵转动作整定电流取 9A。

（2）堵转保护动作时间整定，按可靠躲过自启动时间，选下面方式之一时间整定，最好装置有两段时限

$$t_{op}=(1.2\sim1.4)t_{st}=1.4\times15s=21(s)\quad(报警)$$

$$t_{op}=2t_{st}=2\times15s=30(s)\quad(跳闸)$$

灵敏系数校验

$$K_{sen}=\frac{I_{sta.2}}{I_{op.2}}=\frac{7I_n}{2.5I_n}=2.8>2$$

满足堵转时的灵敏度要求。

8. 低电压保护

辅助冷却电机应为Ⅱ级负荷，低电压保护定值可取

$$U_{op.2}\leqslant0.5\frac{U_N}{n_V}=0.5\times100V=50(V)$$

$$t_{op}=9s\quad(动作于跳闸)$$

【例 6-40】 6kV 给水泵电动机的保护整定计算。

已知：M 电厂高压厂用变压器中性点接地电阻值（40Ω），分支母线接地零序电流保护灵敏系数为 5。锅炉给水泵 6kV 电动机容量为 5200kW，功率因数 $\cos\varphi=0.8$，电动机的启动倍数为 6。电动机回路额定工作电流 $I_N=625.46$A；保护差动 TA 装设于电动机机端及中性点侧，TA 选择为 5P20 级，负载能力与饱和倍数均能满足差动保护要求，TA 变比均为 $n_a=800/5$；零序 TA 变比 $n_{a0}=150/5$。差动保护装置为专用微机型比率制动原理。其他保护为微机型综合电动机保护装置，包括负序过流保护、零序过流保护、过热保护、过负荷保护、堵转保护、低电压保护等。电动机端子的最小两相短路电流为 15180.48A。

1. 电动机回路二次额定工作电流计算

（1）一次回路额定工作电流

$$I_N=\frac{P_N}{\sqrt{3}\times6\times0.8}=\frac{5200}{\sqrt{3}\times6\times0.8}=625.46(A)$$

（2）TA 二次额定工作电流

$$I_n=\frac{I_N}{n_a}=\frac{625.46}{800/5}=3.91(A)$$

2. 比率差动保护部分定值

差动保护动作判据及动作特性曲线［参见第五章式（5-73）］，差动保护动作判据如下

$$\left.\begin{array}{ll}I_d>I_{op.0} & (I_{res}<I_{res.0})\\ I_d-I_{op.0}>K_{res}(I_{res}-I_{res.0})\ 或\ I_d>I_{d.ins} & (I_{res}\geqslant I_{res.0})\end{array}\right\}$$

（1）电动机差动速断保护定值计算。

1）差动速断动作电流。差动速断动作值应按躲过电动机启动最大的不平衡差电流计算

$$I_{op.2}=K_{rel}K_{st}I_n=1.5\times6\times3.91=35.19(A)$$

整定动作值电流值取35.19A。

式中 K_{rel}——可靠系数取1.5；

K_{st}——电动机启动系数；

I_n——电动机的二次额定电流。

2）灵敏系数的校验

$$K_{sen}=\frac{I_{k.min}^{(2)}}{I_{op.2}n_a}=\frac{15180.48}{35.19\times160}=2.7>2$$

满足灵敏度要求。

(2) 差动启始动作电流为 $I_{op.0}$

$$I_{op.0}=K_{rel}I_n=0.4I_n=0.4\times3.91=1.56(A)$$

式中 K_{rel}——躲过运行不平衡电流的可靠系数，取0.4；

I_n——电动机的二次额定电流。

(3) 起始制动电流 $I_{res.0}$，可取（0.5～1）I_n，取1较简便，在此取1。

(4) 比率制动系数 K_{res}（斜率），电动机两侧TA型号变比相同，外部故障不会有过大不平衡电流，一般取0.5，灵敏性已由比率制动特性保证，不必校验。

3. 综合保护部分

(1) 负序过流保护。本负序过流保护整定计算从略，整定计算方法参见［例6-38］。

(2) 零序过流保护。本厂用高压变压器中性点为中电阻接地系统，当回路单相接地时，经零序电流互感器及电流继电器动作于跳闸。

整定原则：按电动机接地保护与高压变压器及启动/备用变压器分支灵敏度配合整定，取配合系数为1.15。

$$I_{op.0}=\frac{U_N/(\sqrt{3}Rn_{a0})}{K_{co}}=\frac{6300/(\sqrt{3}\times40\times30)}{5\times1.15}=\frac{3.03}{5\times1.15}=0.53(A)$$

式中 U_N——厂用高压变压器6kV额定电压为6.3kV；

R——厂用高压变压器中性点接地电阻值（40Ω）；

K_{co}——配合系数取1.15（给定分支母线接地零序电流保护灵敏系数为5）；

n_{ao}——电动机回路零序电流互感器变比，取150/5。

零序动作电流定值取0.53A，保护动作时间定值取 t_0=0.4s。

(3) 过热保护。本工程采用微机保护的过热保护热累积动作方程判据

$$t=\tau\cdot\ln\frac{I_{eq}^2-I_{lo}^2}{I_{eq}^2-I_{op.0}^2}$$

$$I_{eq}=\sqrt{K_1I_1^2+K_2I_2^2}$$

式中 I_{lo}——过负荷前的负载电流（若过负荷前处于冷却状态，则 $I_{lo}=0$）；

$I_{op.0}$——起始动作电流，即保护动作与不动作的临界电流值（可按额定电流 I_n 的 1.05～1.15 倍整定），取中间值 1.1；

τ——过负荷时间常数，反映电动机过负荷能力；

t——保护动作（跳闸）时间，s；

I_{eq}——等效电流；

I_1——电动机运行电流的正序分量，A；

I_2——电动机运行电流的负序分量，A；

K_1——正序电流发热系数，在电动机启动过程中 $K_1=0.5$，启动完毕 $K_1=1$；

K_2——负序电流发热系数，可在 3～10 的范围内整定，一般取中间值 $K_2=6$。

1）热过负荷时间常数 τ 的整定。定值按电动机从冷态起，最多可按启动二次考虑：按启动过程 $I_2=0$，当 $I_1=K_sI_n=6I_n$，电动机允许连续启动两次时，热保护动作时间 $t>2\times15=30$（s），则

由热累积动作方程可得

$$\tau=\frac{t}{\ln\frac{I^2}{I^2-I_{op.0}^2}}=\frac{30}{\ln\frac{6^2}{6^2-1.1^2}}=882.35(\mathrm{s})$$

取 $\tau=882.35$s。

具体工程中启动时间应优先采用电机制造厂给出的热过负荷时间常数 τ。需要求取时，保守计算现场可根据实际记录的电动机启动时间来求得时间常数 τ，或根据制造厂家提供的相关数据，按第五章第五节介绍的其他方法求得热过负荷时间常数 τ。

2）电动机散热时间常数定值，为电动机过热后冷却至允许再启动所需的时间，散热时间常数整定一般取 $4\times\tau_{op}$

$$4\tau_{op}=4\times882.35=3529.4(\mathrm{s})=3529.4/60=58.82(\mathrm{min})$$

应当指出，电动机发热时间常数和散热时间常数，在具体工程应根据本工程的电动机使用条件，结合保护装置来计算设定，注意其某项定值修改可能引起的相关变化，并需对相关项同时进行必要的修正。

3）过热告警值确定。过热告警是一种预告信号，可在跳闸值的 50%～100%范围内整定，热告警值可取 50%或较低值，以及早引起运行人员注意。

（4）过负荷保护。

1）过负荷保护整定计算从略。

2）时间整定，为避免电动机启动时误发信号，躲过水泵启动时间可取 18s。

（5）堵转保护。不引入转速开关的堵转保护在电动机启动结束后自动投入，堵转电流按躲过最大过负荷电流，并保证电动机堵转后有足够的灵敏度整定。

1）堵转动作整定电流可用下式计算

$$I_{op.2}=K_{rel}I_n=2.5\times3.91=9.78(\mathrm{A})$$

式中　K_{rel}——可靠系数，取 2.5；

I_n——电动机 TA 二次额定电流。

堵转动作整定电流取 9.78A。

2）堵转保护动作时间整定，按可靠躲过自启动时间整定

$$t_{op} = 1.4t_{st} = 1.4 \times 15s = 21(s) \quad （报警）$$

或 $t_{op} = 2t_{st} = 2 \times 15s = 30(s)$ （跳闸）

3）堵转灵敏系数校验

$$K_{sen} = \frac{I_{sta.2}}{I_{op.2}} = \frac{7I_n}{2.5I_n} = 2.8 > 2$$

满足堵转时的灵敏度要求。

（6）低电压保护。给水泵为Ⅰ级负荷，低电压保护定值取

$$U_{op.2} \leqslant 0.5\frac{U_N}{n_V} = 0.5 \times 100V = 50(V)$$

$$t_{op} = 9s \quad （动作于跳闸）$$

附录A 短路保护的最小灵敏系数

<table>
<tr><th>保护分类</th><th>保护类型</th><th colspan="2">组成元件</th><th>灵敏系数</th><th>备　注</th></tr>
<tr><td rowspan="15">主保护</td><td rowspan="2">带方向和不带方向的电流保护或电压保护</td><td colspan="2">电流元件和电压元件</td><td>1.3～1.5</td><td>200km以上线路，不小于1.3；50～200km线路，不小于1.4；50km以下线路，不小于1.5</td></tr>
<tr><td colspan="2">零序或负序方向元件</td><td>1.5</td><td></td></tr>
<tr><td rowspan="3">距离保护</td><td rowspan="2">启动元件</td><td>负序和零序增量或负序分量元件、相电流突变量元件</td><td>4</td><td>距离保护第三段动作区末端故障，大于1.5</td></tr>
<tr><td>电流和阻抗元件</td><td>1.5</td><td rowspan="2">线路末端短路电流应为阻抗元件精确工作电流1.5倍以上。200km以上线路，不小于1.3；50～200km线路，不小于1.4；50km以下线路，不小于1.5</td></tr>
<tr><td colspan="2">距离元件</td><td>1.3～1.5</td></tr>
<tr><td rowspan="4">平行线路的横联差动方向保护和电流平衡保护</td><td colspan="2" rowspan="2">电流和电压启动元件</td><td>2.0</td><td>线路两侧均未断开前，其中一侧保护按线路中点短路计算</td></tr>
<tr><td>1.5</td><td>线路一侧断开后，另一侧保护按对侧短路计算</td></tr>
<tr><td colspan="2" rowspan="2">零序方向元件</td><td>2.0</td><td>线路两侧均未断开前，其中一侧保护按线路中点短路计算</td></tr>
<tr><td>1.5</td><td>线路一侧断开后，另一侧保护按对侧短路计算</td></tr>
<tr><td rowspan="2">线路纵联保护</td><td colspan="2">跳闸元件</td><td>2.0</td><td></td></tr>
<tr><td colspan="2">对高阻接地故障的测量元件</td><td>1.5</td><td>个别情况下，为1.3</td></tr>
<tr><td>发电机、变压器、电动机纵差保护</td><td colspan="2">差电流元件的启动电流</td><td>1.5</td><td rowspan="3"></td></tr>
<tr><td>母线的完全电流差动保护</td><td colspan="2">差电流元件的启动电流</td><td>1.5</td></tr>
<tr><td>母线的不完全电流差动保护</td><td colspan="2">差电流元件</td><td>1.5</td></tr>
<tr><td>发电机、变压器、线路和电动机的电流速断保护</td><td colspan="2">电流元件</td><td>1.5</td><td>按保护安装处短路计算</td></tr>
<tr><td rowspan="4">后备保护</td><td rowspan="2">远后备保护</td><td colspan="2">电流、电压和阻抗元件</td><td>1.2</td><td rowspan="2">按相邻电力设备和线路末端短路计算（短路电流应为阻抗元件精确工作电流1.5倍以上），可考虑相继动作</td></tr>
<tr><td colspan="2">零序或负序方向元件</td><td>1.5</td></tr>
<tr><td rowspan="2">近后备保护</td><td colspan="2">电流、电压和阻抗元件</td><td>1.3</td><td rowspan="2">按线路末端短路计算</td></tr>
<tr><td colspan="2">负序或零序方向元件</td><td>2.0</td></tr>
<tr><td>辅助保护</td><td>电流速断保护</td><td colspan="2"></td><td>1.2</td><td>按正常运行方式保护安装处短路计算</td></tr>
</table>

注 1. 主保护的灵敏系数除表中注出者外，均按被保护线路（设备）末端短路计算。
2. 保护装置如反应故障时增长的量，其灵敏系数为金属性短路计算值与保护整定值之比；如反应故障时减少的量，则为保护整定值与金属性短路计算值之比。
3. 各种类型的保护中，接于全电流和全电压的方向元件的灵敏系数不做规定。
4. 表内未包括的其他类型的保护，其灵敏系数另作规定。

附录B 短路电流计算常用公式、数据

附表 B-1 以 100MVA 为基准的不同电压级基准电流

基准电压 U_b (kV)	6.3	10.5	13.8	15.8	18	20	37	63	115	230	345	525	787.5
基准电流 I_b (kA)	9.16	5.5	4.18	3.67	3.21	2.89	1.56	0.92	0.502	0.251	0.167	0.11	0.073
基准电抗 X_b (Ω)	0.397	1.1	1.91	2.48	3.24	4.00	13.7	39.55	132	529	1190	2756	6228.3

附表 B-2 电抗标幺值及有名值的换算公式

序号	元件名称	标幺值	有名值
1	发电机/电动机	$X''_d=\frac{X''_d\%}{100}\times\frac{S_B}{P_N/\cos\varphi}$	$X''_d=\frac{X''_d\%}{100}\times\frac{U_B^2}{P_N/\cos\varphi}$
2	变压器	$X_{T*}=\frac{U_k\%}{100}\times\frac{S_B}{S_N}$	$X_T=\frac{U_k\%}{100}\times\frac{U_N^2}{S_N}$
3	电抗器	$X_{ak*}=\frac{X_{ak}\%}{100}\times\frac{U_N}{\sqrt{3}I_N}\times\frac{S_B}{U_B^2}$	$X_{ak}=\frac{X_{ak}\%}{100}\times\frac{U_N}{\sqrt{3}I_N}$
4	线路	$X=X\times\frac{S_B}{U_B^2}$	$X=0.145\lg\frac{D}{0.789r}$ $D=\sqrt[3]{d_{ab}d_{bc}d_{ca}}$

注 1. $X''_d\%$—发电机的次暂态电抗百分值；$X_T\%$—变压器的短路电抗百分值；$X_{ak}\%$—电抗器的百分电抗值；X—每相电抗的欧姆值。

2. S—容量（MVA）；U—电压（kV）；I—电流（kA）。

3. r—导线半径（cm）；D—导线的相间几何均距（cm）；d—相间距离（cm）。

附表 B-3 基准值以及改变基准容量或基准电压换算标幺值的公式

序号	标幺值换算公式	说明
1	$I_*=\frac{S_B}{\sqrt{3}U_B}$	基准容量和基准电压选定后的基准电流
2	$X_B=\frac{U_B}{\sqrt{3}I_B}=\frac{U_B^2}{S_B}$	基准容量和基准电压选定后的基准阻抗
3	$X_{b*}=X_{B*}\frac{S_b}{S_B}$	从某一基准容量 S_B 换算为另一基准容量 S_b
4	$X_{b*}=X_{B*}\frac{U_B^2}{U_b^2}$	从某一基准电压 U_B 换算为另一基准电压 U_b
5	$X_{B*}=X_{S*}\frac{S_B}{S_S}$	从已知系统短路容量 S_S 换算为基准容量 S_B

注 S—容量（MVA）；U—电压（kV）；I—电流（kA）。

附表 B-4　　　　序网组合表

短路种类	符号	序网组合	$I_{k1}=\dfrac{E}{X_{1\Sigma}+X_{\Delta}}$	$I_k = mI_{k1}$
三相短路	(3)	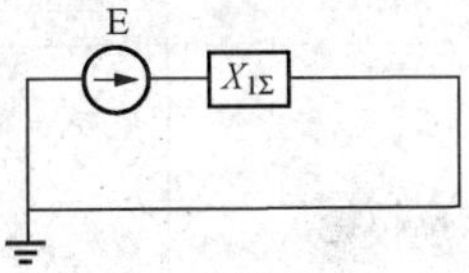 (a)	$X_{\Delta}=0$	$m=1$
两相短路	(2)	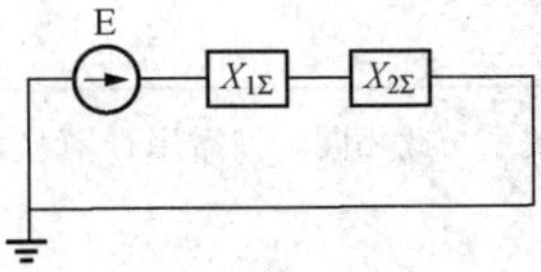 (b)	$X_{\Delta}=X_{2\Sigma}$	$m=\sqrt{3}$
单相短路	(1)	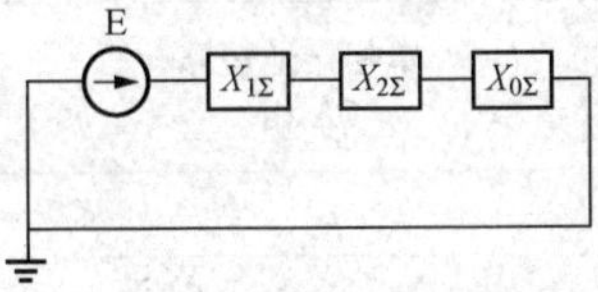 (c)	$X_{\Delta}=X_{2\Sigma}+X_{0\Sigma}$	$m=3$
两相接地短路(见注)	(1.1)	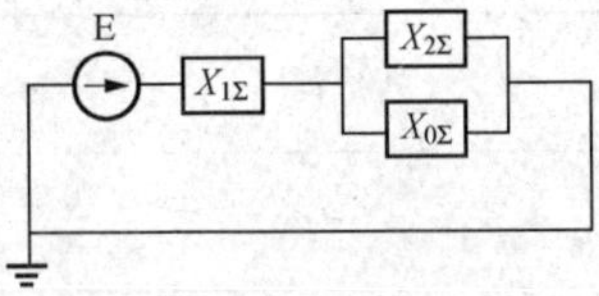 (d)	$X_{\Delta}=\dfrac{X_{2\Sigma}X_{0\Sigma}}{X_{2\Sigma}+X_{0\Sigma}}$	$m=\sqrt{3}\sqrt{1-\dfrac{X_{2\Sigma}X_{0\Sigma}}{(X_{2\Sigma}+X_{0\Sigma})^2}}$

注　1. 由大地中流过的（总零序）电流为

$$I_{ke}^{(1.1)}=3I_0^{(1.1)}=-3I_k^{(1.1)}\frac{X_{2\Sigma}}{X_{0\Sigma}+X_{2\Sigma}}$$

2. 短路负序电流为

$$I_{k2}^{(1.1)}=I_k^{(1.1)}\frac{X_{0\Sigma}}{X_{0\Sigma}+X_{2\Sigma}}$$

附表 B-5　　　　对称分量的基本关系

电流 I 的对称分量	电流 U 的对称分量	算子“α”的性质
相量	电压降	$\alpha=e^{j120^\circ}=-\dfrac{1}{2}+j\dfrac{\sqrt{3}}{2}$
$I_a=I_{a1}+I_{a2}+I_{a0}$ $I_b=\alpha^2I_{a1}+I_{a2}+I_{a0}$ $I_c=\alpha I_{a1}+\alpha^2I_{a2}+I_{a0}$	$\Delta U_1=I_1jX_1$ $\Delta U_2=I_2jX_2$ $\Delta U_0=I_0jX_0$	$\alpha^2=e^{j240^\circ}=e^{-j120^\circ}=-\dfrac{1}{2}-j\dfrac{\sqrt{3}}{2}$ $\alpha^3=e^{j360^\circ}=1$

续表

电流 I 的对称分量	电流 U 的对称分量	算子“α”的性质
序量	短路处的电压分量	$\alpha^2+\alpha+1=0$ $\alpha^2-\alpha=\sqrt{3}e^{-j90^\circ}=-j\sqrt{3}$
$I_{a0}=\frac{1}{3}(I_a+I_b+I_c)$ $I_{a1}=\frac{1}{3}(I_a+\alpha I_b+\alpha^2 I_c)$ $I_{a2}=\frac{1}{3}(I_a+\alpha^2 I_b+\alpha I_c)$	$U_{k1}=E-I_{k1}jX_{1\Sigma}$ $U_{k2}=-I_{k2}jX_{2\Sigma}$ $U_{k0}=-I_{k0}jX_{0\Sigma}$	$\alpha-\alpha^2=\sqrt{3}e^{j90^\circ}=j\sqrt{3}$ $1-\alpha=\sqrt{3}e^{-j30^\circ}=\sqrt{3}\left(\frac{\sqrt{3}}{2}-j\frac{1}{2}\right)$ $1-\alpha^2=\sqrt{3}e^{j30^\circ}=\sqrt{3}\left(\frac{\sqrt{3}}{2}+j\frac{1}{2}\right)$

注 1. 表中的对称分量用电流 I 表示，电压 U 的关系与此相同，只需用 U 置换即可。

2. 1、2、0 注脚表示正、负、零序。

3. 乘以算子“α”即相量反时针方向转 120°，余此例推。

附表 B-6　　不对称短路各相序及各相电流、电压计算公式

序号	短路出的待求量	两相短路（BC 相）	单相接地短路（A 相）	两相接地短路（BC 相）
1	A 相正序电流 $I_{A1}=$	$\frac{E_{A\Sigma}}{j(X_{1\Sigma}+X_{2\Sigma})}$	$\frac{E_{A\Sigma}}{j(X_{1\Sigma}+X_{2\Sigma}+X_{0\Sigma})}$	$\frac{E_{A\Sigma}}{j\left(X_{1\Sigma}+\frac{X_{2\Sigma}X_{0\Sigma}}{X_{2\Sigma}+X_{0\Sigma}}\right)}$
2	A 相负序电流 $I_{A2}=$	$-I_{A1}$	I_{A1}	$-I_{A1}\frac{X_{0\Sigma}}{X_{2\Sigma}+X_{0\Sigma}}$
3	零序电流 $I_0=$	0	I_{A1}	$-I_{A1}\frac{X_{2\Sigma}}{X_{2\Sigma}+X_{0\Sigma}}$
4	A 相电流 $I_A=$	0	$3I_{A1}$	0
5	B 相电流 $I_B=$	$-j\sqrt{3}I_{A1}$	0	$\left(\alpha^2-\frac{X_{2\Sigma}+\alpha X_{0\Sigma}}{X_{2\Sigma}+X_{0\Sigma}}\right)I_{A1}$
6	C 相电流 $I_C=$	$j\sqrt{3}I_{A1}$	0	$\left(\alpha-\frac{X_{2\Sigma}+\alpha^2 X_{0\Sigma}}{X_{2\Sigma}+X_{0\Sigma}}\right)I_{A1}$
7	A 相正序电压 $U_{A1}=$	$jX_{1\Sigma}I_{A1}$	$j(X_{2\Sigma}+X_{0\Sigma})I_{A1}$	0
8	A 相负序电压 $U_{A2}=$	$jX_{2\Sigma}I_{A1}$	$-jX_{2\Sigma}I_{A1}$	$j\left(\frac{X_{2\Sigma}X_{0\Sigma}}{X_{2\Sigma}+X_{0\Sigma}}\right)I_{A1}$
9	零序电压 $U_0=$	0	$-jX_{0\Sigma}I_{A1}$	(同上式)
10	A 相电压 $U_A=$	$2jX_{2\Sigma}I_{A1}$	0	$3j\left(\frac{X_{2\Sigma}X_{0\Sigma}}{X_{2\Sigma}+X_{0\Sigma}}\right)$
11	B 相电压 $U_B=$	$-jX_{2\Sigma}I_{A1}$	$j[(\alpha^2-\alpha)X_{2\Sigma}+(\alpha^2-1)X_{0\Sigma}]I_{A1}$	0
12	C 相电压 $U_C=$	$-jX_{2\Sigma}I_{A1}$	$j[(\alpha-\alpha^2)X_{2\Sigma}+(\alpha-1)X_{0\Sigma}]I_{A1}$	0

续表

序号	短路出的待求量	两相短路（BC 相）	单相接地短路（A 相）	两相接地短路（BC 相）
13	电流相量图	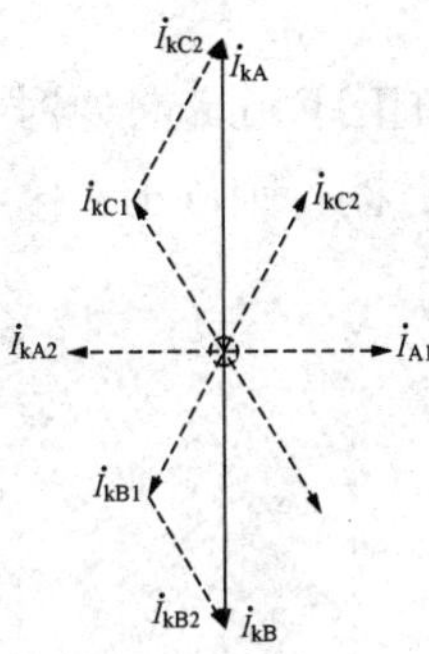	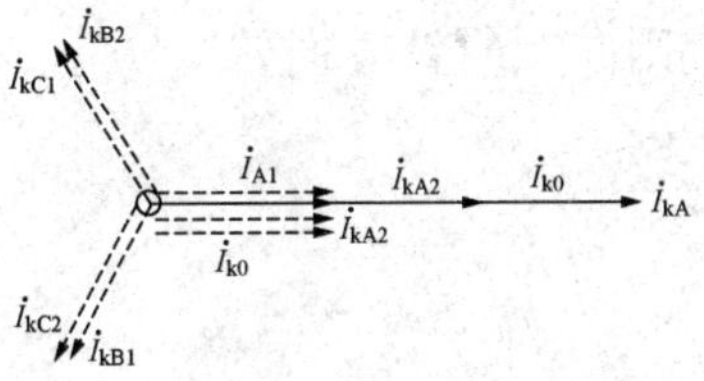	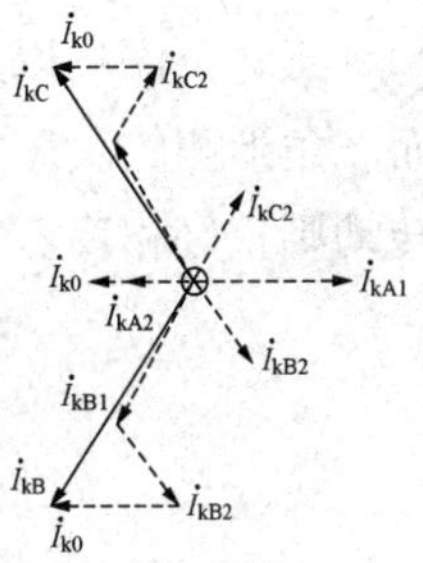
14	电压相量图	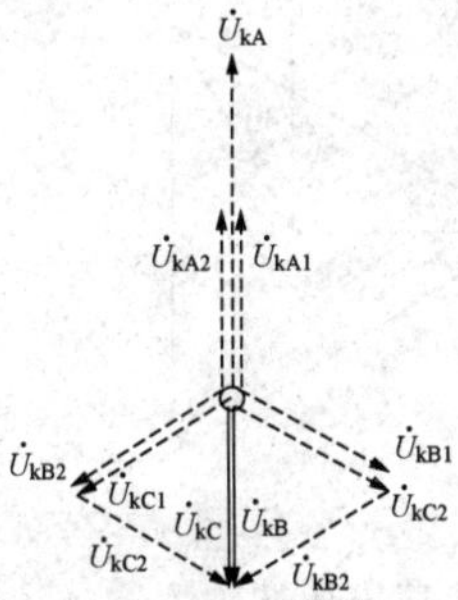	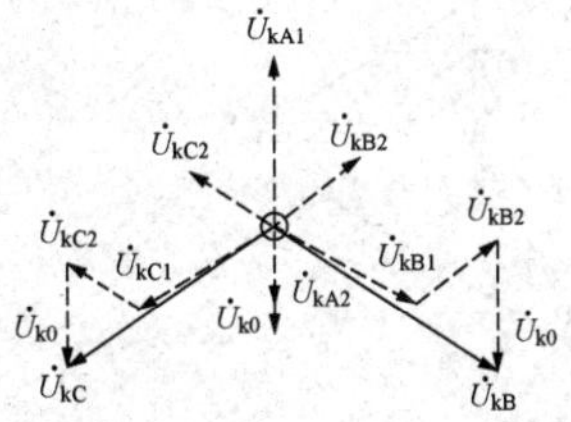	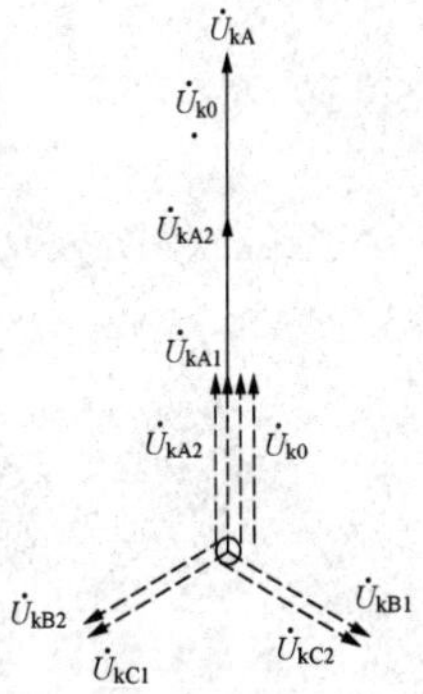

附录C　Yd11 接线变压器正、负序电压在三角形侧的相量转动示意图

正、负序均以星形侧的相量为基准，则三角形侧的正序相量向逆时针方向转＋30°，而三角形侧的负序相量则向顺时针方向转－30°。以此类推，则 Yd11 接线的变压器相量转动则正好相反。

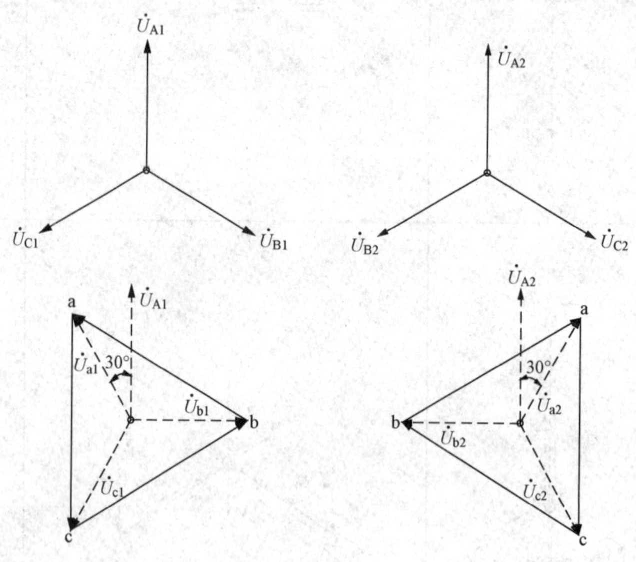

附图 C-1　Yd11 接线变压器正、负序电压在三角形侧的相量转动示意图

附录 D　单相接地电容电流的计算

D.1　查表计算法

因为有时获得线路对地电容的实际值不方便，又由于在进行保护整定计算时已计入了可靠系数和灵敏系数，因此往往可以不精确计算单相接地对地电容电流。最简便实用的方法是通过查表计算法求单相接地电容电流值。对 6～35kV 的单相接地电容电流可采用表 E-1 数值计算后，加上表 E-2 所列变电设备引起的接地电容电流增值而得到更准确值。工程投运后现场可实测得到较为精确的电容值作为计算依据。查得每千米的电流，即不难用乘法求出其全线长总的接地电容电流。

表 D-1　　每千米架空线路及电缆线路单相金属性接地电容电流的平均值　　(A)

线路种类	线路特征	6kV	10kV	35kV
架空线路	无避雷线单回路	—	0.0256	0.078
	有避雷线单回路	0.013	0.032	0.091
	无避雷线双回路	0.017	0.035	0.102
	有避雷线双回路	—	—	0.110
电缆线路截面积（mm^2）	电缆截面 10	0.33	0.46	—
	电缆截面 16	0.37	0.52	—
	电缆截面 25	0.46	0.62	—
	电缆截面 35	0.52	0.69	—
	电缆截面 50	0.59	0.77	—
	电缆截面 70	0.71	0.9	3.7
	电缆截面 95	0.82	1.0	4.1
	电缆截面 120	0.89	1.1	4.4
	电缆截面 150	1.1	1.3	4.8
	电缆截面 185	1.2	1.4	5.2

表 D-2　　变电设备所造成的接地电容增值

额定电压（kV）	6	10	35
接地电容电流增值	18	16	13

D.2　公式估算法

单回架空线无避雷线时

$$I_{ke.3}^{(1)} = 2.7U_{n}L \times 10^{-3}(A) \tag{D-1}$$

单回架空线无避雷线时

$$I_{ke.3}^{(1)} = 3.3U_nL \times 10^{-3}(A) \tag{D-2}$$

电缆线路

$$I_{ke.3}^{1} = 0.1U_nL(A) \tag{D-3}$$

6～10kV 电缆较精确计算公式：

(1) 6kV 不同截面的电缆

$$I_{ke.3}^{(1)} = \frac{95 + 2.84S}{2200 + 6S}U_nL(A) \tag{D-4}$$

(2) 10kV 不同截面的电缆

$$I_{ke.3}^{(1)} = \frac{95 + 1.44S}{2200 + 0.23S}U_nL(A) \tag{D-5}$$

以上式中 U_n——电网额定线电压，kV；

L——线路长度，km；

S——线路截面积，mm^2。

注意：根据以上公式计算的接地电容电流值，仍需加上表 D-2 的增值。

附录 E　中压不同规格电缆单位长度阻抗对应表

表 E-1　　6～35kV 三芯电缆每千米阻抗值（mΩ/km）和以 100MVA 为基准的每千米阻抗标幺值

电缆芯线标称截面积（mm^2）	铝芯电阻		铜芯电阻		6kV 电（感）抗		10kV 电（感）抗		35kV 电（感）抗	
	R（mΩ/km）	R^*（1/km）	R（mΩ/km）	R^*（1/km）	X（Ω/km）	X^*（1/km）	X（Ω/km）	X^*（1/km）	X（Ω/km）	X^*（1/km）
3×25	1.280	3.225	0.740	1.864	0.085	0.214.	0.094	0.0853	—	—
3×35	0.920	2.318	0.540	1.361	0.079	0.199	0.088	0.0798	—	—
3×50	0.640	1.612	0.390	0.983	0.076	0.191	0.082	0.0744	—	—
3×70	0.460	0.159	0.280	0.705	0.072	0.181	0.079	0.0717	0.132	0.00964
3×95	0.340	0.857	0.200	0.504	0.069	0.174	0.076	0.0689	0.126	0.0920
3×120	0.270	0.680	0.158	0.398	0.069	0.174	0.076	0.0689	0.119	0.00869
3×150	0.210	0.529	0.123	0.310	0.066	0.166	0.072	0.0653	0.116	0.00847
3×185	0.170	0.423	0.103	0.260	0.066	0.166	0.069	0.0626	0.113	0.00825

附录F 文字符号说明

一、设备文字符号

G	发电机	TV	电压互感器
T	变压器	TN	中性点接地变压器
M	电动机	FU	熔断器
GE	励磁机	AVR	自动励磁调节器
K	继电器	FG	放电间隙
QF	断路器	C	电容器
QS	隔离开关	L	线路
QSE	接地开关	YT	跳闸线圈
TA	电流互感器		

二、主要物理量文字符号

E	电动势有效值	e	电动势瞬时值
U	电压有效值	u	交流电压瞬时值
I	电流有效值	i	交流电流瞬时值
t	时间	P	有功功率
Q	无功功率	S	视在功率
φ、α、θ	相角、相角差	δ	功角
θ	温差	Δt	时间级差
K	系数	f	频率
n	转速、变比	R（r）	电阻
X	电抗	C	电容
Z	阻抗	T	周期
s	滑差、斜率		

三、主要角标符号

A、B、C或a、b、c	相序	0、1、2	零序、正序、负序
ap	非周期、谐波	cc	同型
co	配合	G、g	发电机
M、m	电动机或中压	T、t	变压器
k	短路	N、n	额定
OP、op	动作	H、h	高
L、l	低	lo	低、负载、负荷
r	返回	rel	可靠
res	制动	sa	饱和

set	整定	sen	灵敏
eq	等效	unb	不平衡
b	平衡	al	允许
d	差动	in、qu	速断
fo	强行励磁	br	分支
ee	励磁涌流	off	断开
st	启动	di	分流
c	计算	con	联系
rms	有效	er	误差
p	保护	N、n	中性点
P、ph	相	s	信号
l	线路	d	直轴
q	横轴	fd	励磁
fde	励磁机励磁	up	上限
dow	下限	brk	切断、遮断
max	最大	min	最小
$\sum$	总和	av	平均
osc	震荡	wi	接线

参考文献

[1] 能源部西北电力设计院. 电力工程设计手册 2. 电气二次部分. 北京：中国电力出版社，1991.

[2] 高有权，高华，魏燕. 配电系统继电保护. 北京：中国电力出版社，2008.

[3] 杨奇逊，主编. 微机型继电保护基础. 北京：中国电力出版社，2000.

[4] 陈树德，主编. 计算机继电保护原理与技术. 北京：中国电力出版社，2000.

[5] 王维俭. 电气主设备继电保护原理与应用. 北京：中国电力出版社，2002.

[6] 崔家佩，孟庆炎，等. 电力系统继电保护与自动装置整定计算. 北京：中国电力出版社，2001.

[7] 高春如，编著. 大型发电机组继电保护整定计算与运行技术. 北京：中国电力出版社，2006.

[8] 高华. 新型继电保护发展现状综述. 电力自动化设备. 2000(05).

[9] 李忠，陈明明，郑华. 可编程逻辑器件在数字保护中的应用与探讨. 电力自动化设备. 2002(12).

[10] 桂国亮，郭伟. 一种用于电力装置的多 CPU 硬件平台. 电力自动化设备. 2003(09).

[11] 魏燕，高华等. 启动/备用变压器保护配置剖析. 电力自动化设备. 2001(02).

[12] 魏燕，高有权. 发电机失磁保护及出口方式研究. 继电器. 2003(02).

[13] 魏燕，高有权. 自耦联络变压器区域化保护配置研讨. 中国电力. 2003(05).

[14] 高有权. 低压厂用系统保护的整定配合. 电力自动化设备. 2002(08).

[15] 高艳，陈雪峰，张棋，高有权. 根据 GB/T 14285—2006 设计发变组保护探讨，电力自动化设备. 2009(07).